AKADEMIE DER WISSENSCHAFTEN DER DDR
ZENTRALINSTITUT
FÜR ALTE GESCHICHTE UND ARCHÄOLOGIE

BIBLIOTHECA
SCRIPTORVM GRAECORVM ET ROMANORVM
TEVBNERIANA

BSB B. G. TEUBNER VERLAGSGESELLSCHAFT
1976

MARII VICTORINI AFRI
OPERA THEOLOGICA

EDIDIT

ALBRECHT LOCHER

LEIPZIG

BSB B. G. TEUBNER VERLAGSGESELLSCHAFT
1976

BIBLIOTHECAE TEVBNERIANAE
HVIVS TEMPORIS
REDACTOR: GÜNTHER CHRISTIAN HANSEN

© BSB B. G. Teubner Verlagsgesellschaft, Leipzig, 1976
1. Auflage
VLN 294/375/93/76 · LSV 0886
Lektor: Dr. phil. Elisabeth Schuhmann
Printed in the German Democratic Republic
Gesamtherstellung: INTERDRUCK Graphischer Großbetrieb, Leipzig
III/18/97
Bestell-Nr. 665 809 4
DDR 48,— Mark

PRAEFATIO

Perpaucis admodum annis post viros doctissimos Paulum Henry et Petrum Hadot editionem criticam Operum theologicorum Marii Victorini Afri publicare ingratissimum est opus[1]). iamque in principio operis totius fatendum mihi est fieri non potuisse, quin virorum illorum vestigia sequerer. de integro enim attingere nemo poterit laborem hunc, qui editionem illam amplissimam noverit. iactantis praeterea esset doctorum illorum peritiam aequare velle.

Consilium igitur mihi fuit, quae contulerunt P. Henry et P. Hadot, quam compendiose commodeque possem, cum his, quae ipse repperi, componere omittendo, quae minus viderentur necessaria, deinde addere indicem vocabulorum philosophicorum, quae sint alicuius momenti ad rationem omnem Marii Victorini illustrandam. quem indicem usui esse ratus sum omnibus, qui eruendis explicandisque student illis, quae e philosophia Graecorum Latine verterit auctor noster, et quemadmodum Platonicorum doctrinam linguae Latinae accommodaverit.

Neque tamen de textu ipso vana erant studia mea: errata compluria, partim scilicet typographorum indiligentia commissa, quae inveniuntur in editione illa, correxi[2]). in quo tamen similem me fuisse non negaverim avi illi parvulae, quae sub pennis aquilae abdita elataque in altum minimo quidem altius evolavit.

Enarrandum hic breviter est, quid effecerint opera theologica haec, quae infra edam, quique quantique viri docti ea noverint, deinde quibus manuscriptis tradita sint:

Constat Augustinum et *libros Platonicorum, quos Victorinus quondam rhetor urbis Romae ... in Latinam linguam transtulisset*[3]), novisse et aliis quoque modis, quae cogitavisset ille, recepisse[4]. Hieronymus

---

1) Marii Victorini Opera Pars I, Opera theologica, recensuerunt Paulus Henry S. I. et Petrus Hadot, CSEL 83, 1971.
2) Ubi eius rei in apparatu critico mentio non est facta, denuo contulisse me manuscripta omnia sciat lector ideoque correctiorem textum a me praeberi.
3) Cf. Augustinus, Conf. VIII 2, 3.
4) Quibus modis hoc factum esse possit, cf. P. Hadot, Marius Victorinus, Traités théologiques sur la Trinité I, Sources Chrétiennes 68, 1960, 84–86.

severissime iudicavit cum de commentariis in Apostolum[1]), tum de operibus theologicis[2]). Orosius presbyter probavisse videtur iudicium Hieronymi: parum intellegi ait scripta Marii Victorini[3]).
Ex viris doctis, qui medio aevo floruerunt, pro certo habemus Hincmarum Remensem et Alcuinum[4]) Victorini opera novisse. et nuperrime probatum est, quod suspicari adhuc non nisi caute potuimus: codicem Bambergensem Patr. 46, qui opusculorum Marii Victorini optimus fere est testis (cf. infra p. VIII—IX adn. 1), a Ioanne Scoto Eriugena non solum lectum, verum etiam correctionibus, glossis supplementisque quibusdam marginalibus tractatum esse[5]).
Postea Hugo quidam Honaugiensis nonnulla ex Victorini operibus theologicis traxit in libro suo *De homousion et homoeusion*[6]). in quo libro complures sententias ex libris quattuor *Adversus Arium* et ex tractatu *De homousio recipiendo*[7]) et reddidit et dilucide commentatus est. Nicolaus Cusanus postremo enumeravit Victorini opera inter libros caute legendos[8]). et Bessarioni Cardinali exemplar quoddam opera Victorini continens in manibus fuisse constat. adscripsit enim excerpta aliqua ex Victorino codici Monacensi graeco cuidam[9]). singula et aliis doctis erant nota, quos praetereundos hic arbitror; alibi breviter compositos inveniet lector[10]).
Codicum descriptioni praemittendum mihi videtur usque ad tempora Alcuini opera theologica Marii Victorini ut unum opus continens tradita esse[11]), ita scilicet, ut ab auctore ipso composita

---

1) Commentarium in Epistulam ad Galatas, Prologus (PL 26, 332 B).
2) De vir. ill. 101; cf. infra p. XVI.
3) Commonitorium ad Augustinum, CSEL 18, cap. 3.
4) Cf. P. Hadot, op. cit. 86—87, et Marius Victorinus, Recherches sur sa vie et ses œuvres, Paris 1971, 21.
5) Cf. L. Traube, Paläographische Forschungen, Fünfter Teil, Autographa des Johannes Scottus, Aus dem Nachlaß herausgegeben von E. K. Rand, München 1912, et Jean Scot, Commentaire sur l'Evangile de Jean, ed. E. Jeauneau, Sources Chrétiennes 180, Paris 1972, 70—73.
6) Cf. N. Haring, The liber *De homousion et homoeusion* by Hugh of Honau, Archives d'histoire doctrinale et littéraire du Moyen Age 42, 1967, 129—253.
7) Cf. infra p. 32—167; 167—171.
8) Cf. Hadot, Traités 87.
9) Cf. H. D. Saffrey, Notes autographes du Cardinal Bessarion dans un manuscrit de Munich, Byzantion 35, 1965, 536—563; verbatim redduntur excerpta illa 547. excerpta illa exstare ex editione Henry/Hadot comperi.
10) Cf. Hadot, Traités 86—88.
11) Cf. P. Hadot, Marius Victorinus et Alcuin, Archives d'histoire doctrinale et littéraire du Moyen Age 29, 1954, 17.

PRAEFATIO

erant[1]), postea vero (nec satis constat quando) separata esse in manuscriptis *opuscula*[2]) (*Candidi Ariani ad Marium Victorinum* ... et *Marii Victorini* ... *ad Candidum*, cf. infra n. 1 et 2 a reliquis tractatibus. non ante editionem a Gallandio factam[3]) partes illae in unum rursus coniunctae sunt.

Quo facilius intellegat lector sequentia, ecce conspectus librorum singulorum, quos habemus a Mario Victorino scriptos, quo demonstretur, qui tituli sint iis impositi in manuscriptis et in editionibus; maxime enim differunt:

1. *Candidi Ariani*[4]) *ad Marium Victorinum rhetorem de generatione divina*. quem titulum codices praebent optimi et editiones (cf. p. 1 app.).   Cand. I
2. *Marii Victorini rhetoris urbis Romae ad Candidum Arianum*.   Ad Cand.
et hic titulus legitur in codicibus et in editionibus.
3. *Candidi Ariani epistula ad Marium Victorinum rhetorem* ut   Cand. II
titulum vulgatum recepi. in codice unico deest titulus, suppleverunt autem correctorum manus (cf. p. 29 app.), et in editione principe deest titulus.
4. *Adversus Arium liber primus* sive LIBER PRIMUS DE TRI-   Adv. Ar. I
NITATE, cf. p. 32 app. librum hunc primum nominavit Iohannes   (Ib)
Sichardus, qui fecit editionem principem librorum 3.−9.[5]) in quo secutum esse eum opinor Hieronymum[6]); re vera autem libri huius pars prima (c. 1−47) ultimus liber est operis unius continentis, quod libros 1. − 4,47 complexum est[7]) quodque casus aliquis diremit[8]). ceterum librum hunc duabus ex partibus constare et Sichardus ipse animadvertit[9]). quod Henry/Hadot in editione respexerunt[10]). ego autem omnia ut sunt servavi.

---

1) Hadot, postquam iudicavit primo quidem (Traités 18−70) ordinem illum, quo opera nobis a manuscriptis praebentur, confusum esse, postea (Platonismus, Zürich/Stuttgart 1967, 33−44 et Victorinus, Paris 1971, 253−262) pro certo docuit ordinem illum genuinum esse exceptis hymnis, qui in ordinem redigi non possent.
2) Terminum hunc ex editione Henry/Hadot recepi.
3) Bibliotheca veterum Patrum antiquorumque scriptorum ecclesiasticorum cura et studio Andreae Gallandi, Tom. VIII, Venetiis 1772.
4) Quae scilicet est persona a M. V. ficta, ut docuit argumentis gravibus Hadot, Victorinus 272−275 (Lit.).
5) Cf. p. XVI−XVII.
6) De vir. ill. 101: *scripsit adversus Arium libros* ..., cf. p. XVI.
7) Cf. Adv. Ar. I, 1 p. 32, 14 sqq.: *In primo sermone huius operis* ..., cf. Wöhrer, Studien 17.
8) Cf. P. Hadot, Victorinus et Alcuin 14−18.
9) Cf. adnotationem Sichardi p. 83, 29 app. meae editionis.
10) Cf. p. 84 app. meae editionis.

PRAEFATIO

Adv. Ar. II 5.[1]) *Adversus Arium liber secundus* sive MARII VICTORINI VIRI CLARISSIMI ET GRAECE ET LATINE DE OMOOYCIΩ CONTRA HERETICOS (cf. p. 100 app.).
Adv. Ar. III 6. *Adversus Arium liber tertius* sive MARII VICTORINI VIRI CLARISSIMI DE OMOOYCIΩ (cf. p. 114 app.).
Adv. Ar. IV 7. *Adversus Arium liber quartus* sive MARII VICTORINI DE OMOOYCION (cf. p. 135 app.).
De hom. rec. 8. *De homoousio recipiendo* sive MARII VICTORINI VIRI CLARISSIMI DE OMOOYCIΩ (cf. p. 167 app.).
hymn. 9. *Hymni* tres (cf. p. 172 app.; 175 app.; 177 app.).

DE MANVSCRIPTIS QVIBVS TRADVNTVR LIBRI 1 ET 2

D Bambergensis Patr. 46, Staatsbibliothek Bamberg[2]), saec. IX, membr., 18,9 × 15,4; 15,7 × 11−12,5 (in his quidem foliis, quibus textus opusculorum continetur: 22r−41r). eademque folia scripserunt manus duae[3]) minuscula Carolina, quae differunt ab illis, quae scripserunt reliqua codicis. qui codex iam temporibus Henrici II Imperatoris in Bibliotheca Bambergensi fuit; unde allatus ignotum. continentur inter excerptum ex Alcuini opere De fide et tractatus quosdam Boethii, quae omnia praecedunt, et tres homilias Heirici Antissiodorensis, quae sequuntur, in fol. 22r−27v CANDIDI ARRIANI AD MARIVM VICTORINVM RHETOREM DE GENERATIONE DIVINA. haec inscriptio in fol. 22r litteris rusticis scripta ab ipso scriptore[4]). in fol. 27v vacuum est ab inferiore parte quattuor fere linearum spatium. hic addidit manus illa, cuius supra mentionem

---

1) Animadvertat lector exinde numeros librorum differre ab editione **Henry/Hadot**.
2) Cf. F. Leitschuh/H. Fischer, Katalog der Handschriften der Königlichen Bibliothek zu Bamberg I, 1903, 409.
3) Textum opusculorum Marii Victorini in hoc codice non ab una manu scriptum esse, ut vulgo putatur, sed a duabus, quae sine firmo ordine invicem sibi succedunt, diligentissime perscrutando repperit Wiebke Schaub Tubingensis probavitque B. Bischoff Monacensis. qui et de ceterorum manuscriptorum aetate accuratius indicanda me docuit vel correxit; cf. infra p. X de codice **P** et p. XII sq. de codice **B**.
4) Quia certe discernere manus duas textum scribentes ipse non possum, unam **ex** duabus manibus hic intellegat lector.

PRAEFATIO

feci[1]): *Marii Victorini rhetoris urbis Romae ad Candidum Arrianum.* **D²** haec manus, quae et alia addidit et correxit vel i. t. vel i. m., insulari minuscula utitur. sequitur in fol. 28r–41r epistula Marii Victorini ad Candidum. folii 41r maxima pars est vacua. ibi **D²** scripsit (partim) Hieronymi prologum Commentarii in Epistulam ad Galatas (PL 26,332 B). in margine exteriore manus ignota scripsit transverso ordine: *omnia vincit amor et nos.*

Invenitur et manus tertia, quae aliquanto est posterior. haec **D³** correctiones scripsit i. t. et i. m., addidit glossas notasque. quam manum editio Henry/Hadot non certe discrevit a scriptore ipso (rectius: scriptoribus) ideoque **D¹** appellavit.

In editione mea haec tantum **D¹** tribuuntur, quae certe ab una **D¹** duarum manuum textum scribentium sunt correcta vel addita.

Sangallensis 831, Stiftsbibliothek St. Gallen, saec. X–XI, membr., **G** 25,5 × 18; 18,5 × 14; binis columnis minuscula Carolina pulchre scriptus, certe non Sangallis; ex Alsacia allatum esse opinatur B. Bischoff[2]). quo codice continentur post Boethii in Topica Tullii Ciceronis, Regulas metricas quasdam (incerti auctoris) et Catalogum bibliothecae incertae in p. 184–259 *Anicii ... Boetii ... explanatio .. super ysagogas Porphirii secundum translationem rhetoris Victorini,* in p. 260–266 CANDIDI ARRIANI AD MARIVM VICTORINVM RHETOREM DE GENERATIONE DIVINA (haec inscriptio p. 260), p. 266–280 MARII VICTORINI RHETORIS VRBIS ROMAE AD CANDIDVM ARRIANVM (haec inscriptio p. 266). sequuntur p. 280–294 Porphyrii Isagoge Boethio interprete (deest et inscriptio et subscriptio), p. 295–331 et p. 333–344 commentarius Boethii in ipsius Isagoges libros II et I, p. 344–359 nonnulla ex commentario Boethii in Isagoges textum a Victorino translatum.[3])

Hic codex usque ad dimidium initialibus litteris rubro vel viridi colore pictis exornatus est. in ceteris atrae sunt litterae initiales. in p. 264 (Ad Cand. 1, p. 10,1) rubricatori est spatium relictum; legitur *agnam tuam ...*

Correctiones perrarae inveniuntur non nisi a scriptore ipso additae. **G¹** glossae verborumque Graecorum versiones Latinae ab eadem manu inter lineas insertae. eademque et ordinem verborum aliquotiens

---

1) Cf. supra p. VI adnot. 5.
2) Cf. B. Bischoff, Mittelalterliche Studien II, Stuttgart 1967, 45–46, Anm. 30.
3) Cf. G. Scherrer, Verzeichnis der Handschriften der Stiftsbibliothek von St. Gallen, Halle 1875, 282–283. adumbrando tantum quae contineantur hoc codice, catalogum illum libere secutus sum.

mutavit. capitula praeterea indicare conata est paragraphis (*Γ*) inserendis.

P Parisinus Latinus 7730, Paris, Bibliothèque Nationale, saec. IX exeuntis, membr., 31 × 25; 26—26,5 × 21; binis columnis scriptus scriptura minuscula Carolina; tituli litteris rusticis sunt scripti, partim et uncialibus. de origine ambigitur[1]. constat autem codicem hunc iam in bibliotheca regia fuisse temporibus Caroli IX regis.

Quo codice continentur (Pseudo?-)Augustini principia dialecticae et Categoriae, Fortunatiani Rhetorica, Apulei Madaurensis Peri hermeneias, Vita Donati Grammatici, Porphyrii Isagoge Boethio interprete et nonnulla scripta theologica Boethii. sequuntur in fol. 48v—50v CANDIDI ARRIANI AD MARIVM VICTORINVM RHETOREM DE GENERATIONE DIVINA (ita inscriptio in fol. 48v), et fol. 50v—54v MARII VICTORINI RHETORIS VRBIS ROMAE AD CANDIDVM ARRIANVM (ita inscriptio in fol. 50v). reliquis foliis haec continentur: carmina duo incerti auctoris, expositio Bedae de figura tabernaculi, cui insertum est glossarium quoddam, Isidori Hispaliensis liber IV de medicina, Centimetrum Sergii Honorati grammatici, Prologus in Boethii librum philosophiae consolationis, Glossae ex primo libro Prisciani et liber Fulgentii episcopi ad Calcidium grammaticum (mutilus).

Litterae initiales permagnae in initio capitulorum. at capitulorum firmus ordo non reperitur.

P[1] Textui opusculorum Marii Victorini adscriptae sunt glossae et correctiones a scriptore ipso. semel quidem et alia manus hoc fecit, cui, quia glossae in hac editione non redduntur, numerum apponere supervacuum.

V Vindocinensis 127, Bibliothèque Municipale de Vendôme, saec. XI, membr., 25,2 × 17,0; 20,5 × 13—13,5; scriptura minuscula Carolina paululum in dexteram vergente, unde venerit ignotum. continentur hoc codice inter Ambrosii et Boethii nonnulla opuscula aliorumque quorundam auctorum[2] in fol. 56r—59v *Candidus Arrianus ad Victorinum rhetorem* (abbreviata scil. inscriptione; cf. p. 1 app.) et in fol. 59v—67v *Marii Victorini rhetoris urbis Romae ad Candidum*

---

1) Cf. M. T. d'Alverny, Les Muses et les sphères célestes, Classical, Mediaeval and Renaissance studies in honor of B. L. Ullmann II, Rome 1964, 10, n. 1. et de codice et de studiis illis docuit me R. Bloch, quae conservatoris fungitur officio in Bibliotheca Nationali Parisiensi.

2) Cf. Catalogue général des Manuscrits des Bibliothèques publiques de France, Départements, t. III, Paris 1885, 433—435.

Arrianum. inscriptiones partim minusculis, partem et maiusculis litteris scriptae sunt.

Scriptoris ipsius manus addidit in margine vocabulorum Graecorum **V**[1] versiones Latinas, glossas aliquot et (raras) correctiones, modo eadem scripturae magnitudine, qua et textus est scriptus, modo litteris multo minoribus.

In fol. 69v haec eadem manus scripsit Hieron. De vir. ill. 101 (cf. p. XVI), sed ... *more dialectico valde obscuro* ... pro *obscuros*, et posuit in dextera paginae parte: *Victorianus Affer*.

Berolinensis Phillipps 1714, Berlin, Deutsche Staatsbibliothek, **M** olim Claromontanus 483, antea Monte Sancti Michaelis, sitne ibidem scriptus ignoratur; saec. XII/XIII, membr., 25,5 × 18; 20 × 12,5; scripturam plane goticam appellare non audeam, at certe minuscula est valde fracta goticae iam simillima. aliquot locis litterae initiales rubro vel caeruleo colore exornatae sunt vel expletae lineamentis oris humani. tres manus discernuntur: scriptoris ipsius manus raro **M**[1] litteras, syllabas vel etiam verba singula, quae defuerunt, supplevit falsoque scripta correxit vel in margine vel inter lineas. manus altera, **M**[2] quae scripsit correctiones et supplementa in margine, partim et inter lineas, magnam partem similis est manui textum ipsum scribenti, quarundam tamen litterarum forma certe est a **M** discernenda[1]). manus tertia quaedam glossas nonnullas adscripsit, de quibus haec **M**[3] notanda videntur: exclamationum in modum scriptae simillimae sunt illis, quae et codici **A** (cf. infra XIII sq.) adscriptae sunt[2]); scripturam intuenti in oculos cadunt hastae litterarum nimis in altum extentae.

Hoc codice continentur post scripta quaedam et epistulas[3]) Gennadii, Sidonii, Claudiani et auctoris anonymi (qui dicitur esse Faustus Reiensis) in fol. 42v–44v *Liber Candidi Arriani ad Marium Victorinum oratorem De generatione divina* (inscriptio fol. 42v) et in fol. 44v–49r *Liber Marii Victorini urbis Romae ad Candidum Arrianum* (inscriptio fol. 44v).

De codice illo *Augustano Sancti Udalrici*, ex quo Iohannes Mabillon **Y** in Veteribus Analectis[4]) edidit opuscula Marii Victorini, nihil certius dicere possum, quia deperditus est. quamquam negari non poterit

---

1) Et haec repperit Wiebke Schaub Tubingensis probavitque B. Bischoff Monacensis.
2) Cf. V. Rose, Verzeichnis der lateinischen Handschriften zu Berlin I, Berlin 1893, 47; Wöhrer, Studien 16.
3) Cf. V. Rose, op. cit. 45–47.
4) Iohannes Mabillon, Vetera Analecta, Nova editio, Parisiis 1723, reimpressa Farnburgensi 1967, 21–26.

PRAEFATIO

Iohannem Mabillon codicem illum in edendo perperam emendavisse vel corrupisse, respicienda tamen videntur, quae scripsit Mabillon (et is quidem non fuit imperitus codicum) in adnotatione quadam[1]: *In Augustano Sancti Udalrici codice, ex quo nos partim, partim R. P. Amandus Supprior hunc libellum descripsimus, mutila est a principio Candidi epistula. obscurissimum reddit hunc libellum tum genus auctoris, tum mendosi quidam loci, quos ope exemplaris sanare non potuimus* ... credere itaque maluerim Iohannem Mabillon accurate descripsisse codicem malum.

T   Tornacensis 74, saec. XII, membr. de hoc codice nihil reperire potui, quia ipse deperditus est anno 1940 et catalogum bibliothecae illius comparare impossibile erat. constat tamen (quod quidem sciam ex editione Henry/Hadot) et hunc codicem praeter opuscula Marii Victorini opera quaedam Boethii continuisse[2]).

Ceterum lectiones codicis huius ex editione illa, quam fecit Iustinus Wöhrer (cf. infra p. XX), novi.

S   Wigorniensis bibliothecae capituli Q. 81[3]), Worcester Cathedral Library, saec. XIII exeuntis, membr. (volumen dissolutum), 24,1 × 17; 18 × 13,1; scriptus binis columnis minuscula valde fracta goticae simili, certe origine insulari. in quo codice in fol. 107r et 107v ita latent capitula 6–11 Epistulae Candidi ad Marium Victorinum (Cand. I) inter excerpta (ex Aristotele) et scripta varia philosophorum Arabicorum, ut in catalogo bibliothecae illius silentio transita sint[4]); anno 1966 demum descriptio accuratissima huius codicis publicata est[5]). neque ornatus invenitur neque rubricae in hac quidem parte manuscripti, de qua hic agendum est[6]). correctiones rarae a scriptore

S¹ ipso sunt factae. manus eadem inseruit paragraphos et verborum Graecorum versiones Latinas.

B   Bernensis 212, Burgerbibliothek Bern, saec. IX ineuntis, membr., 4°[7]). hic codex in fol. 1v excerptum *Ex libro Victorini contra Candidum Arrianum* continet, compendium scilicet huius loci: Ad Cand. 4,

---

1) Ibid. 26.
2) Cf. A. Wilbaux, Catalogue des manuscrits de la ville de Tournai, Tournai 1860; Wöhrer, Studien 10.
3) Codicem hunc exstare non nisi ex editione Henry/Hadot comperi.
4) Cf. J. K. Floyer/S. G. Hamilton, Catalogue of manuscripts preserved in the Chapter Library of Worcester Cathedral, 1906, 150–152.
5) M.-T. d'Alverny, Avicenna Latinus V, Archives d'histoire doctrinale et littéraire du Moyen Age 40, 1965, 297–301.
6) De reliquis cf. d'Alverny, op. cit. 300–301.
7) Cf. H. Hagen, Catalogus codicum Bernensium, Bern 1875, 260–261.

PRAEFATIO

p. 12, 21—25. manus quidem illa (si non codex totus), quae scripsit excerptum hoc minuscula Carolina pulchre scripta, Moguntiacensi origine esse videtur[1]).

Adiungendum hic arbitror in codice Monacensi graeco 547, saec. XV, qui continet Procli opera In Platonis theologiam et Institutionem theologicam, in margine scripta esse excerpta aliqua ex Marii Victorini libro Ad Candidum a manu Bessarionis Cardinalis[2]). *Exemplar Bessarionis*

DE MANVSCRIPTIS QVIBVS TRADVNTVR RELIQVI LIBRI VEL TRACTATVS

Libri Adversus Arium et hymni epistulaque Candidi secunda, quae praemittitur (Cand. II), in quantum verba ,,Candidi" ipsius continet, uno solo codice traduntur: Berolinensis Phillipps 1684, olim **A** Claromontanus 480, Berlin, Deutsche Staatsbibliothek, saec. X, membr., 27 × 23; 19,7 × 15,5; minuscula Carolina cum vetustioribus quibusdam litteris permixta (N maiuscula uncialis, I longa). inscriptiones (vel subscriptiones; cf. infra p. XV—XVI) a tribus manibus varie uncialibus vel rusticis vel etiam goticis litteris sunt scriptae. quia desunt folia initialia, titulus generalis ignoratur[3]). inscriptionum harum scriptores raro usi sunt colore rubro. cumque pertineat ad codicis huius aetatem indicandam: a littera et in modum duarum litterarum c scripta invenitur (cc) et altera recentiore forma (a).

Quem codicem tres manus a scriptore textus ipsius distinguendae tractaverunt. praeter hanc manum ipsam saepius vel supra lineam **A**[1] vel in margine corrigentem vel supplentem duas (**A**[2] et **A**[4]; illam postremam *tertiam* quidem appellando) Rose ipse distinxit[4]). **A**[3] a ceteris seiunxit Henry/Hadot. cum autem in editione mea marginalia posteaque addita tum solum respiciuntur, cum aliquid ad textum ipsum afferunt, non nisi breviter referam, quae sint manuum harum propria: eadem manus, quae et textum ipsum scripsit, saepius in **A**[1] margine correctiones posuit et in textu ordinem interdum verborum mutavit. notis praeterea et signis criticis in margine positis usa est. correcturae illae non coniecturae sunt plerumque, sed ex exemplari descripto sumptae videntur. addiditque haec manus (an ex exempla-

---

1) De quo docuit me B. Bischoff Monacensis.
2) Cf. H. D. Saffrey, op. cit. 547.
3) Cf. V. Rose op. cit. 14—16; Hadot, Victorinus 256, adn. 8.
4) Ibid. 16.

ri descripto sumpta?) marginalia quaedam, quibus iudicia et exclamationes continentur, ut *anathema ista dicenti, hic incipit altius tractare et instanter legendum, adtende lector, philosophicus hic locus et satis obscurus, totum catholicae, bene totum* et similia. vocabulorum Graecorum versiones Latinas eadem manus posuit in margine. fatendum autem arbitror, cui manui sint attribuenda singula, decernere me ausum non esse meo iudicio, sed auctoritatem editorum P. Henry et P. Hadot secutum esse.

A² Manus altera[1]) quaedam saec. X/XI, quae semel inscriptionem supplevit totam (cf. p. 29 app.) et altero loco duo nomina inscriptioni ab **A** scriptae addidit (cf. p. 32 app.), saepius textum corrigere vel mutare studuit, non autem, ut videtur, exemplari descripto vel meliore usa, sed suo ipsius arbitrio. compluribus signis criticis usa est. in fol. 29v–55v nihil inveniri, quod scriptum sit ab hac manu, animadverterunt Henry/Hadot[2]).

A³ Manus illa tertia ab Henry/Hadot de reliquis seiuncta rarissime notatur, quia signis criticis textum tractavit, maximam quidem partem. aliquanto posterior quam **A²** esse videtur.

A⁴ Manus quarta, saec. XII, simili utitur scriptura qua et **M** (cf. p. XI). quae manus addidit saepius in margine partim, partim et inter lineas interpretationes verborum vel Graecorum vel Latinorum; praeterea locos quosdam ex operibus aliorum auctorum in margine posuit, ut Adv. Ar. I 12, p. 42, 6–7, ubi in margine scripsit Augustin., de doctr. christ. II 1, 1–2, et Adv. Ar. I 17, p. 47, 17–18, ubi addidit locum quendam ex scriptis Severiani Gabalitanorum episcopi. ceterum manus haec errati alicuius vel auctor est vel sectator. etenim in fine codicis addidit textui Hieron. De vir. ill. 101 ab **A²** scripto (cf. p. XVI) ... *et in apocalipsin.* item in margine eiusdem paginae posuit *commentatus est in rhetoricam primam Tullii. duos libros.* Rose[3]) et post eum Wöhrer[4]) ex hac re concluserunt nomina illa duo *Fabii Laurentii,* quae **A²** addidit inscriptioni libri Adv. Ar. I (cf. p. 32 app.), ab **A⁴** scripta esse. mihi autem, quia nihil praeterea exstat ab **A⁴** maiusculis litteris scriptum, difficillimum videtur iudicare sintne nomina illa **A²** tribuenda (ita Henry/Hadot) an **A⁴**.

---

1) Non enumero in his manibus illam Iacobi Sirmondi, qui adnotavit in primis foliis aliqua, quae non ad textum ipsum pertinent.
2) Cf. CSEL 83, praef. XX.
3) Op. cit. 15: „Diese Hand ist es daher offenbar, welche mit den nur in den Hss. des Comm. zu Cic. de inventione vorkommenden Namen Fabius Laurentius ... die Rubrik f. 2ᵇ ergänzt hat."
4) Studien 13.

PRAEFATIO

Ab omnibus his manibus seiungendam puto manum, quae in fol. 1r (cf. p. 29 app.) supra titulum ab A² scriptum posuit LIBER DE TRINITATE. huic manui numerum imponere omisi.

Hoc igitur codice sequentia continentur hique sunt impositi tituli: In folio chartaceo, quod non est codicis ipsius, manus Iacobi Sirmondi scripsit: MARII VICTORINI V. C. *De Trinitate Libri IV. ad Candidum* (scil. componendo inscriptionum singularum, quae occurrunt in codice, verba). fol. 1r LIBER DE TRINITATE (manus quaedam posterior alibi non inventa in codice); infra PREFATIO CANDIDI AD VICTORINVM (litteris rusticis A²); infra MULTA LICET COLLIGAS — VICTORINE (prima linea capitalibus litteris scripta); fol. 2r post ... *custodiat domine* in infima parte paginae erasum est, legi autem potest[1]) INCIPIT LIBER I VICTORINI DE TRINITATE; fol. 2v (altius quam alibi incipit spatium litteris completum) in rasura MARII VICTORINI VC̄ INCIPIT LIBER I DE TRINITATE, quibus anteposuit in margine A² FABII LAVRENTII (cf. p. XIV); sequitur IN *primo sermone* ... — fol. 36r paululo supra mediam paginam ... *in omnia saecula saeculorum* (cf. supra p. VII adn. 4 et p. 83 app.). hic invenitur in margine interiore obelus (A²?) et post *saeculorum* in linea coronis vel paragraphus. sequitur in eadem linea: *Spiritus*, ΛΟΓΟC ... — fol. 46v ... *in omnia saecula saeculorum. amen.* (cf. p. 99 app.); infra: MARII VICTORINI VC̄ QVOD TRINITAS OMOOYCIOC SIT (litteris rusticis); infra: *Deum omnipotentem* ... — fol. 56v ... *et a Iesu Christo domino nostro. amen.* (pagina illa ad dimidium tantum litteris completa est). fol. 57r (cf. p. 100 app. et 114 app.) superiore paginae parte: MARII VICTORINI VC̄ ET GRECE ET LATINE DE OMOOYCIΩ CONTRA HERETICOS (litteris rusticis); sequitur: ΛΟΓΟC vel NOYC *divinus* ... — fol. 70r ... *sed et unus deus* (cf. p. 134 app.). fol. 70v: MARII VICTORINI DE OMOOYCION (litteris rusticis) (cf. p. 114 app.); infra: *Vivit ac vita unumne an idem* ... — fol. 93v ... *sic spiritum sanctum. amen.* infra: MARII VICTORINI DE OMOOYCION LIBER PRIMVS EXPLICIT INCIPIT LIBER DE TRINITATE (litteris rusticis) (cf. p. 135 app. et 167 app.). sequitur: *Adesto lumen verum* ... — fol. 95r ... *haec beata unitas* (= Hymnus I, at cf. p. 174.); infra: MARII VICTORINI VC̄ DE TRINITATE HYMNVS SECVNDVS EXPLICIT FELICITER. sequitur in eadem pagina (cf. p. 167 app.):

---

[1]) Ita legendo Henry/Hadot secutus sum; in chartis phototypicis, quae mihi praesto sunt solae, quamvis magno studio pro certo legere haec non possum.

Miror adhuc rationem ... — fol. 97v (media fere pagina) ... *per* OMOOYCION. *amen.* (reliqua pagina vacua). fol. 98r (in superiore parte paginae sine ulla inscriptione; cf. p. 175 app.): *Miserere domine, miserere Christe* ... — fol. 98v ... *gratia salvatus tua* (= Hymnus II). stropharum initia permagnis litteris M indicantur. in eadem pagina sequitur (cf. p. 177 app.): *Deus, dominus, sanctus spiritus* ... — fol. 101v ... *iustifica nos, o beata trinitas*. haec paululo supra mediam paginam scripta sequitur infra: MARII VICTORINI HYMNVS DE TRINITATE EXPLICIT DEO GRATIAS AMEN (litteris rusticis) (= Hymnus III). et hic initia stropharum permagnis litteris initialibus indicantur. infra, praemisso signo CI ornamentis circumdato (= Hieron. De vir. ill. 101) *Victorinus philosophus natione affer rome sub constantio principe rethoricam docuit et in extrema senectute christi se tradens fidei scripsit adversus arrianum libros more dialectico valde obscuros, qui nisi ab eruditis non intelleguntur et commentarios in apostolum* A^2; his addidit (partim in margine) *et in apocalipsin* A^4. de ceteris cf. supra p. XIV.

Σ Exstat praeterea editio princeps[1]), quae eosdem libros eodemque ordine dispositos continet quos et A. quae editio ex bono manuscripto tracta magni est momenti ad textum constituendum. miserandum autem est Iohannem Sichardum, qui fecit illam editionem, mentionem nullam fecisse manuscripti a se descripti[2]) nisi quod *vetustissimum* (cf. p. 83 app.) appellavit.

Editio igitur haec viginti auctorum opera varia complectens hos Marii Victorini libros continet: fol. 40v—41r sine ulla inscriptione Cand. II: *Multa licet colligas* ... — *gratia custodiat, domine*. praemittitur in fol. 40v supra textum ipsum VITA VICTORINI AFRI E. D. HIERONYMO *Victorinus natione Afer, Romae sub Constantio principe rhetoricam docuit, et in extrema senectute Christi se tradens fidei, scripsit adversus Arium libros more dialectico valde obscuros, qui ab eruditis modo intelliguntur, et commentarios in Apostolum*. sequitur in fol. 41r: MARII VICTORINI AFRI VIRI CONSVLARIS ADVERSVS ARIVM LIBER PRIMVS *In primo sermone* ... — fol. 54r ... *in omnia saecula saeculorum* (cf. p. 32 app. et 83 app.). post *saeculorum* crucem posuit et in margine haec scripsit: *Videtur hic nobis fuisse*

---

1) Antidotum contra diversas omnium fere seculorum haereses, Basileae excudebat Henricus Petrus mense Augusto Anno MDXXVIII (Iohannes Sichardus editor in primordio dedicationis nominatur).

2) Cf. P. Lehmann, Johannes Sichardus und die von ihm benützten Bibliotheken und Handschriften, Quellen und Untersuchungen zur lat. Philologie des Mittelalters IV, 1, 1911, 220—221.

PRAEFATIO

secundi libri elenchus. Nam paulo post utetur ipse Victorinus testimonio repetito ex primo libro, ut ipse ait. Et eiusmodi sunt illa, ut facile quivis iudicare possit, sic esse totius libri summam a diligente aliquo lectore perstrictam. Nos tamen religio quaedam vetustissimi exemplaris movit, ne quid novaremus: quod tamen videbamur nobis et excusate et recte facturi. sequitur in textu nullo intervallo interposito in fol. 54r: *Spiritus, λόγος, νοῦς* ... — f. 58r ... *in omnia saecula saeculorum. Amen.* sequitur in fol. 58v: MARII VICTORINI AFRI VIRI CONSVLARIS ADVERSVS ARIVM LIBER SECVNDVS (cf. p. 100 app.). infra: *Deum omnipotentem* ... — fol. 61v ... *a Iesu Christo domino nostro. Amen.* in fol. 62r: MARII VICTORINI AFRI VIRI CONSVLARIS ADVERSVS ARIVM LIBER TERTIVS. infra: *Λόγος*[1]) *vel νοῦς* ... — fol. 67r ... *non solum unum, sed et unus deus.* fol. 67v: MARII VICTORINI AFRI VIRI CONSVLARIS ADVERSVS ARIVM LIBER QVARTVS. infra: *Vivit ac vita* ... — fol. 76r ... *sic spiritum sanctum. Amen.* sequitur in eadem pagina: MARII VICTORINI AFRI VIRI CONSVLARIS HYMNVS DE TRINITATE PRIMVS. infra: *Adesto lumen verum* (cf. p. 172 app.) ... — fol. 76v infima pagina ... *haec beata unitas.* fol. 77r: MARII VICTORINI AFRI VIRI CONSVLARIS DE HOMOVSIO RECIPIENDO. infra: *Miror adhuc* ... — fol. 77v ... *per ὁμοούσιον. Amen.* sequitur in fol. 78r MARII VICTORINI AFRI VIRI CONSVLARIS HYMNVS *Miserere domine* ... — *gratia salvatus tua.* fol. 78v: MARII VICTORINI AFRI VIRI CONSVLARIS HYMNVS TERTIVS. infra *Deus, dominus sanctus* ... — f. 79r ... *o beata trinitas.* hic tertius hymnus nullam habet versuum vel stropharum distinctionem (cf. p. 177 app.). sequitur deinde carmen quoddam *De Macchabaeis,* quod non est Mario Victorino attribuendum.

In hac editione haec videntur notabilia: initiales litterae in initio librorum singulorum permagnae hominum imaginibus exornatae sunt rubro et fulvo colore. capitulorum autem divisio fit nulla. in margine saepissime positae sunt interpretationes et sententiarum quasi compendia; ut: *Cognosci patrem in filio, Declaratur locus Pauli ad Philip. 2, Omnia unum a patre, Filius quare primogenitus dicatur creaturae* vel similia. item loci sanctae scripturae saepe indicantur. multo rarius inveniuntur correcturae.

Addere hic licet praeter titulos libris singulis a Sichardo impositos (et haec illa fuit editio, ex qua sequentes omnes saeculi XVII–XVIII sumptae sunt) et alios notos fuisse inter homines doctos eiusdem

---

[1]) In hoc verbo per indiligentiam typothetae *A* pro *Λ* posita est.

PRAEFATIO

saeculi. etenim Conradus Gesner, doctor medicus Tigurinus[1]), libris singulis Marii Victorini titulos imposuit, qui non ex Σ sumpti esse possunt:

Contra Arianos lib. 2
De sancta Trinitate lib. 1 In primo sermone ...
Contra haereticos lib. 1 Λόγος vel ...
De homousion quoque lib. 1 Vivit ac vita unum ...
De Trinitate hymnorum lib. 1 Adesto lumen verum ...
In Epistolas apostoli Pauli lib. 14[2])
Hymnus primus de Trinitate cum oratione de homousio recipiendo[3]).

miranda haec eo magis sunt, quod paulo infra Gesner editionem a Sichardo factam nomine appellat. Gesner ergo exemplari vel manuscripto (**A**?) vel impresso usus est (vel certe notitiam habebat eius), quod titulos, quos ex manuscripto **A** novimus, praebebat.

C   Parisinus Latinus 13371, Paris, Bibliothèque Nationale, saec. X, membr., 18,5 × 13,5; 13,0 × 7,0; scriptura minuscula Carolina eius speciei, quae in Gallia occidentem versus spectanti usitata erat. hic codex olim abbatiae Cluniacensis erat[4]).

Ecce conspectus scriptorum illorum, quae continentur, ut scriptus est in folio paenultimo, quod est ante textum ipsum, a manu multo posteriore:

Collatio Beati Augustini cum Pascentio Arriano, Praesidente Laurentio Judice delecto a Paschasio Viro spectabili
Epistola Flori Diaconi Lugdunensis contra Amalaricum quondam Lugdunensem Chorepiscopum ad Episcopos Galliarum. Eiusdem opusculum de causa fidei apud Carisiasense Episcoporum concilium
Capitula ex dictis S. Gregorii Nazianzeni
Liber S. Athanasii de observatione Monachorum
Epistola Monachorum Cassiniensium ad Carolum M. Imp.
Breviarium Lectionum per annum secundum usum Cluniacensem

---

1) Bibliotheca Universalis sive Catalogus omnium scriptorum ...... authore Conrado Gesnero Tigurino doctore medico, Tiguri apud Christophorum Froschoverum Mense Septembri Anno MDXLV.
2) Quem quidem numerum ex Hieronymo et numero epistularum apostoli coniecisse Gesnerum opinor.
3) Ibid. fol. 498ᵛ.
4) Cf. L. Delisle, Inventaire des manuscrits de la Bibliothèque Nationale, Fonds de Cluny, Paris 1884, 85–86; de origine codicis docuit me R. Bloch, quae conservator est in Bibliotheca Nationali Parisiensi, de scripturae specie B. Bischoff Monacensis.

PRAEFATIO

Quo in conspectu oblitus esse videtur, qui scripsit, mentionem facere tractatus illius, qui scriptus est in fol. 16v−21 post primum scriptum in conspectu notatum, et cui praemittitur ut inscriptio: ITEM DE OMOVSION (cf. p. 167 app.). infra: *Miror adhuc* ... − fol. 21r ... OMONOIA *per* OMOOYCION. *amen. finit*.
Rarissime correctiones inveniuntur in hoc codice pulchre scripto C^1 in textu tractatus nostri (cf. p. 170−71 app.), quae quin a scriptore ipso factae sint dubium non est.

Coloniensis 54 (olim Darmstadiensis 2049), Erzbischöfliche Diöze- K san- und Dombibliothek Köln, saec. VIII/IX, membr., 25 × 16; 17−18 × 11−12; scriptura minuscula Carolina; tituli (partim rubro colore) semiuncialibus, interdum et rusticis litteris scripti. hic codex certe Coloniae scriptus est; legitur enim in fol. 1r: *Codex SCI Petri sub pio patre Hildebaldo Archiepo*[1]) *scriptus* (litteris capitalibus)[2]).

Hoc codice continetur inter commentarios et homilias Sancti Hieronymi epistula illa Arii, quam praemisit Marius Victorinus libris suis Adv. Ar. (cf. p. 29−31) intra Candidi epistulam. fol. 158v: INCIPIT EPISTOLA ARRII HERESI AD EVSEBIVM NICOMEDIENSEM (litteris uncialibus et rubro colore). sequitur *Domino desiderantissimo* ... − fol. 160r ... *pressurarum nostrarum*. EXPLICIT EPISTOLA (rusticis litteris atris) ARRII AD EVSEBIVM NICOMEDIENSEM (semiuncialibus litteris rubris)[3]).

DE OPERVM THEOLOGICORVM EDITIONIBVS

A. Opusculorum editiones

Iacobi Ziegleri Landaui Conceptionum in Genesim mundi, et z Exodum, Commentarii, Basileae apud Ioannem Oporinum, ... anno Salutis Humanae MDXLVIII; haec editio princeps opusculorum quemadmodum ex manuscriptis pendeat vel cum manuscriptis co-

---

1) Id est inter annum 791 et 819.
2) Cf. Ph. Jaffé / G. Wattenbach, Ecclesiae Metropolitanae Coloniensis Codices manuscripti, Berlin 1874, 17 et B. Bischoff, Karl der Große, Lebenswerk und Nachleben, Bd. II, Das geistige Leben, 235; at nota Anm. 15.
3) Hanc epistulam edidit D. D. De Bruyne, Revue Bénédictine 26, 1909, 93−95.

haereat, difficile est dicere, cum Ziegler textum opusculorum partim mutavisse et interpolavisse inutiliter, partim et Graece vertisse videatur. quae editio consonare aliquot locis videtur cum codice T vel cum codice inde derivato, quia nonnulla errata ei cum hoc codice sunt communia. cum autem de T nihil certius scire possimus, non nisi caute iudicare audeo. ceterum ex hac editione omnes posteriores editiones saeculi XVII et XVIII pendent (praeter illam Mabilloni, quam inter codices ipsos enumeravi; cf. supra p. XIsq.) nec ex aliis manuscriptis quicquam sumunt. qua de causa usque ad studia Iustini Wöhrer „omnes fere, qui textum operum theologicorum Marii Victorini tractaverunt, mendosum editionum exstantium textum questi sunt"[1]). perpaucis ergo locis exceptis editiones in mea editione non respexi; etenim nonnulla menda textui ultro attulerunt et raras admodum coniecturas probabiles fecerunt.

h Ziegleri textum recepit in editione sua Iohannes Herold[2]) anno 1555; quem rursus imprimendum curavit centum fere annis post Andreas Rivinus[3]). haec quidem editio et hymnorum textum continet, sed ita deformatum (ratione metrica) et interpolatum, ut neque ex quo codice neque ex qua editione sumptus sit iudicari possit. harum editionum textum emendare conferendo Y conatus est Andreas Galland[4]), qua in editione opuscula cum ceteris libris rursus coniuncta sunt. Galland coniecturas aliquot attulit, quas (cum editione Henry/Hadot) accipiendas arbitratus sum. Gallandi editio et Patrologiae cursui completo (PL 8) inserta est. editione critica prima, quae *w* facta est ab I. Wöhrer[5]), textus opusculorum vere restitutus est. quae editio quamquam errata nonnulla (an neglegentia typothetae? nam G et T aliquoties confunduntur) continet, omnium tamen codicum collatione fundata magno usui est cuicumque editori posteriori, praesertim cum et codicis T lectiones contineat.

---

1) Wöhrer, Studien 5.
2) Orthodoxographa Theologiae sacrosanctae ac synceri fidei doctores ..., Basileae MDLV, 458–469.
3) Sanctae reliquiae duum Victorinorum, Pictaviensis unius episcopi martyris, Afri alterius Caii Marii, Rhetoris primum Romani et consularis viri ... deinde disputatoris subtilissimi ..., Gothae anno MDCLII.
4) Bibliotheca veterum patrum antiquorumque scriptorum ecclesiasticorum postrema Lugdunensi multo locupletior et accuratior, Tom. VIII, Venetiis 1772.
5) Candidi Arriani ad Marium Victorinum rhetorem de generatione divina et Marii Victorini rhetoris urbis Romae ad Candidum Arrianum, recensuit Iustinus Woehrer, Wilhering 1909/10 (Jahresbericht des Privatuntergymnasiums der Zisterzienser zu Wilhering).

PRAEFATIO

P. Henry et P. Hadot postremo editionem illam operum theologi- *hd*
corum omnium perfectissimam amplissimamque curaverunt, quam
supra (p. V adn. 1) memoravi. qua editione et multi mihi requirendi
labores sublati sunt et errores[1]).

B. Reliquorum librorum editiones

Editio princeps est illa, quam supra (p. XVI—XVII), quia Σ
codicis est instar, inter codices et enumeravi. quae editio, ut ex
apparatu critico facile intellegitur in editione mea, ex uno codice est
sumpta, qui paene eadem testimonii est gravitate qua et manuscriptum **A**. aliqua autem excipienda sunt[2]).

Omnes editiones saeculi XVII et XVIII textum a Σ impressum
receperunt (coniecturis scil. additis aliquot et multis mendis). harum
prima est Iohannis Heroldi Haereseologia[3]), Basileae 1556. cuius editio- *h*
nis textum novis ultro mendis additis imprimendum rursus curavit
Margarinus De la Bigne[4]). notandum est editionem hanc primam in
capitula divisisse textum, librorum autem ordinem ultimorum confusum
retinuisse (De hom. rec. inter hymn. I et II). A. Galland (cf. supra p. VII
adn. 3) textum opusculorum et reliquorum librorum coniunxit. in quo
secutus est editionem priorem Margarini De la Bigne, cuius textum
perpaucis locis emendavit vel etiam inutiliter mutavit. opusculorum
autem textum maximam partem ex Orthodoxographis (cf. supra
p. XX adn. 2) sumpsit admiscendo lectiones ex **Y**[5]). numeros capitulis
mposuit et ordinem librorum ultimorum, qui et in **A** et in Σ conusus est (De hom. rec. inter hymn. I et II), correxit.

---

1) Praetermitti hic posse arbitror editionem illam priorem, quam iidem editores curaverunt (cf. supra p. V adn. 4) cuique additus est commentarius, qui magno mihi usui fuit (Traités théologiques sur la Trinité II, Commentaire, Sources Chrétiennes 69, Paris 1960). nam posterior editio multo est amplior et correctior.
2) Cf. infra p. XXV—XXVI.
3) Haereseologia, hoc est opus veterum tam Graecorum quam Latinorum Theologorum . . ., Basileae . . . Anno MDLVI.
4) Maxima bibliotheca veterum Patrum et antiquorum Scriptorum ecclesiasticorum primo quidem a Margarino De la Bigne . . . in lucem edita, T. IV, Lugduni MDCLXXVII; haec (post 1575 Parisiis et 1618 Coloniae) tertia editio textus eiusdem est; sed haec quidem mihi fuit in manibus.
5) Cf. Bibliotheca veterum Patrum . . ., Prolegomena p. VIII: *Ex hac tamen Mabilloniana editione illud commodi accessit, quod . . . collatione instituta cum anterioribus editis . . . haud pauca loca supplevimus . . . variasque . . . lectiones integritati restituimus.*

PRAEFATIO

Hunc textum additis insuper erroribus aliquot recepit Patrologiae cursus completus (PL 8).

w Incohata est editio librorum horum et a Iustino Wöhrer, qui primus instituit apparatum criticum omnibus manuscriptis collatis[1]). multa ex hac editione didici.

hd Longe optima denique editio illa est, quam fecerunt P. Henry et P. Hadot[2]) cuique plurimum debeo. apparatibus enim quattuor et de signis criticis in codicibus adhibitis et de glossis et correctionibus et de fontibus, locis similibus, testimoniis praeter varias lectiones docet lectorem. multa sine dubio errata in huius editionis manuscripto non animadvertissem, nisi textum apparatumque criticum illius editionis conferre potuissem. coniecturas nonnullas, quas ipse vel non invenissem vel ausus non essem, ex *hd* recepi.

MANVSCRIPTA QVOMODO COHAEREANT

A. Manuscripta opuscula continentia

Quaerenti mihi, quemadmodum manuscripta, quae continent opuscula, inter se cohaereant, maximae difficultates et res repugnantes sibi occurrerunt, ita ut stemma pingere conatus quidem sim, postremo autem omittendum putaverim. manuscriptorum enim rationes adeo sunt difficiles et correctorum manibus confusae, ut nihil
D P V M nisi probabilia quaedam exponere audeam: constat **D P V M** magna affinitate esse, difficilius autem est iudicare, quemadmodum sint
D P V | M affines: primo **M** ab ceteris seiungendus est nonnullis erratis propriis,
? ut Cand. I 1 p. 1,17, ubi *ergo* praebet pro *igitur*; Cand. I 8 p. 7,3−4 om. *opus enim − operator opus*; Ad Cand. 8, p. 15, 9 praebet *invultuatum* pro *vultuatum* et Ad Cand. 32 p. 28, 14 *ignorantiam* habet
P V pro *ignorationem*. deinde artissima affinitate sunt **P** et **V**: Cand. I 9 p. 8, 6 *tota* praebent pro *toto*; Ad Cand. 3 p. 12, 19 *et eorum quae sunt* om. ambo; Ad Cand. 26 p. 24, 15, *animam* iter.; Ad Cand. 30 p. 27, 11 *quam facere si ante fuit verbum* iter. multae praeterea

---

1) ⟨Candidi Arriani ad Marium Victorinum $\overline{VC}$⟩ et ⟨Marii Victorini $\overline{VC}$ ad Candidum Arrianum⟩ (1−15), Wilhering 1911/12 et ⟨Marii Victorini $\overline{VC}$ De OMOOYCION liber secundus⟩, Wilhering 1910/11 (id est Cand. II et Adv. Ar. I 1−15 et De hom. rec. meae editionis).
2) Cf. supra p. V adn. 1.

PRAEFATIO

lectiones seu bonae seu falsae sunt eis communes. cuius consensus si quidem ea est causa, quod alter ab altero codice sit descriptus, apparet P non ex V descriptum esse posse. etenim Cand. I 7 p. 5, 29 – 6, 2 V om. verba compluria, quae P coniciendo supplevisse non potest, et Ad Cand. 1 p. 10, 16 in V quamquam erasum legitur adhuc *unctum*, quod est scriptum i. m. in P. aliquot etiam erratis propriis codicis V, cuius rei sint exempla Ad Cand. 7 p. 14, 22 (*subiecta* pro *subiectum*) et Ad Cand. 10 p. 16, 19 (*inanima* pro *inanimam*), refelli quidem potest P ex V descriptum esse, at ratio inversa minime probatur. quin etiam inveniuntur quaedam, quibus ut dubitem adducor, sitne V ex P descriptus: Cand. I 9 p. 8, 4 praebet P falso *pras*, V autem recte *pars*; Ad Cand. 1 p. 10,19 om. P et^2, V primum scripsit, deinde expunxit; Ad Cand. 7 p. 14,13 V recte praebet *intellegentia*, P falso *intellegia*; Ad Cand. 26 p. 25,1 denique *spiritus* praebet recte V^{ac}, *spiritu* falso P V^{pc}. argui posse contra non ignoro errata haec coniectura correcta esse, at excludi non posse arbitror V aut ex eodem exemplari descriptum esse ex quo et P, aut textum inde descriptum conferendo P correxisse.

Unus solus locus nos docet de ratione illa, qua codicem D cum P et V cohaerere probabile est: Ad Cand. 10 p. 17,8 P et V recte *inintellegens* (V quidem *i* pro e^2) praebent, D falso *intellegens*. multis praeterea locis, ubi consensus illorum codicum occurrit, probari videtur descriptos esse vel ex codice eodem vel ex exemplaribus valde affinibus. certius aliquid affirmare non audeo.

De codice T nihil affirmare pro certo possum, primum quod hunc codicem non nisi ex editione Wöhrer novi apparatusque huius editionis magnam partem est negativus, deinde quia Wöhrer saepius T et G confudisse videtur. affinem autem esse codicibus P et V apparet (omissis erratis propriis aliquot).

In easdem difficultates incurrimus inquirendo, quo pertineat Y codex ille Sancti Udalrici, quem descripserunt Mabillon et confrater eius (cf. supra p. XII). mendosum codicem illum fuisse et Mabillon ipse testatus est. et hic opinari tantum possumus Mabillonum codicum peritissimum non licenter mutavisse textum codicis, sed hunc re vera ita fuisse deformatum, ut variae eius lectiones docent. at ex uno loco concluserim hunc codicem ex eodem codice descriptum esse ex quo et P et V: Ad Cand. 30 p. 27,20 legebatur in Y *modus si ante fuit verbum quam facere et divinior*, verborum profecto series dementissima. animadvertendum hic arbitror codices P et V Ad Cand. 30 p. 27,11 iterare *quam facere si ante fuit verbum*. licebitne ergo suspicari et huius et illius erroris unum fuisse fontem? uno tamen

XXIII

PRAEFATIO

loco pro certo crediderim Mabillonum textum codicis coniectura correxisse: Ad Cand. 6 p. 13,28 Y solus praebet *non vere non* contra ceteros.

D | G
? A codice D aliquot bonis lectionibus et aliquot erratis seiungendus est G. bonarum lectionum exempla haec sunt: Ad Cand. 4 p. 12,24—25 G solus est codex, qui recte praebet *quae sunt est esse* contra omnes ceteros. Ad Cand. 13 p. 18,17 G recte habet *inintellegibile* contra D (*intellegibile*) et omnes ceteros (*intelligibile*); Ad Cand. 16 p. 20,5 in G recte legitur *daemones* contra D et ceteros, qui praebent *aeones*. aliquoties autem in G occurrunt errata, quae eius sunt propria: Cand. I 1 p. 1,1 *senatus* pro *senectus*; Cand. I 3 p. 3,12 *vere* pro *vero*; Ad Cand. 1 p. 10,5 *investigabiles* pro *investigabilia*; Ad Cand. 16 p. 20,2—3 om. G *circa deum — λόγον*; Ad Cand. 30 p. 26,23 *generatio* pro *generatione*, et aliquot alia. accedit, quod G et alia marginalia habet atque ceteri codices et aliis una traditis Marii Victorini opuscula tradit. at contra non desunt loci, quibus D et G ex eodem codice vel ex duobus maxime affinibus descripti esse videantur, cui rei haec sint exemplo: Cand. I 10 p. 8,13: in D inter *ex* et *istis* una littera est erasa; *exhistis* (expuncta *h* littera) praebet G; Ad Cand. 8 p. 15, 4. 12. 13 et 9 p. 15, 17 *non vere sunt* (quod est error gravis) D^{ac} et G communiter praebent; et Ad Cand. 18 p. 21,16 ambo falso legunt *constituendum*, quod est certe falsum; Ad Cand. 20 p. 22,9 denique (cf. ibidem app.) verba aliqua Graece scripta talibus erroribus describunt, ut codicem utrumque ex eodem manuscripto descriptum liceat credere. hanc rationem non refelli existimo locis illis, ubi D solus contra ceteros codices errata praebet, ut Ad Cand. 9 p. 15,21, ubi *intellectualia* scribit pro *intellectuali*, Ad Cand. 9 p. 16,11 (*qualites* pro *qualitates*), Ad Cand. 14 p. 18,23 (*manifestionem* pro *manifestationem*), et Ad Cand. 14, p. 19,4 (*generatione* pro *generationem*).

D G
? ?
M   Cum his duobus codicibus quomodo cohaereat M, pro certo dicere non possum. etenim aliquibus locis cum utroque consentit (exempli gratia: Ad Cand. 1 p. 10,14 *necessarium tibi*; 8 p. 14,26 *nostra comprehendit*; 11 p. 17,23 *intellegentia*; 13 p. 18,19 *ex*; 15 p. 19,16 *solus*), aliis autem cum G solo, ut Ad Cand. 2 p. 11,18 (*omniaque quae*) et Ad Cand. 10 p. 17,8 (*semet ipsam*). sequentia cautissime accipienda esse non ignoro: Ad Cand. 14 p. 19,6 *gravida* ita est scriptum, ut *a* finalis (quae littera in G simillima est signo *et*) pro *et* legi posset. M praebet *gravida et*. quibusdam autem ut suspicer adducor aliqua codicis M propria ex D fluxisse: Cand. I 3 p. 2,30 inter *composita* et *ex* inserunt *ista* D^{3supra} et M; Cand. I 4 p. 3,32 D^{ac}

scripsit *punti* ita, ut legaturne *punti* an *ponti* vix discernatur; *ponti* D
praebet M; Cand. I 7 p. 6,7 *semper ebulliens* scripsit $D^{3\text{i.m.}}$ et M.
etsi his rebus demonstrari non plane potest M vel ex D ipso vel
intercedente aliquo codice descriptum esse, probabile tamen est M
ex codice esse descriptum quodam, qui codici D valde erat affinis.

De reliquis affinitatibus una tantum est aperta. S (quamquam
pauca admodum capitula complectitur) saepius cum G consentit ita,
ut eum ex G descriptum vel ex codice, qui ipse a G derivatus sit,
crediderim: Cand. I 9 p. 7,19—20 *naturam suam nunc intendit, nunc
in semet ipsum residit* G et S recte praebent contra omnes ceteros
codices; ibid. p. 7,20 G et S *modum* contra omnes ceteros habent.
ecce unum ex erratis propriis codicis S: Cand. I 10 p. 8,20 *quoniam*
S contra *ea* ceterorum codicum. paragraphi illis codicis G similes
sunt (cf. p. X).

Omitto ceteras quasdam affinitates, quae quin fortuitae esse
possint quis dubitet, qui consideret suspicia hic potius composuisse
me quam iudicia?

B. Manuscripta reliquos libros continentia

Codicem A et editionem Σ diversorum manuscriptorum textum
recepisse certissime constat. Sichardus nihil novare est ausus, ut
ipse scripsit (cf. supra p. XVII). manuscriptum ergo, ex quo hausit
textum, integre eum reddidisse verisimile est. illud vero codici A
maxime affine fuisse paucis exemplis demonstretur: primum utriusque
codicis in fine eadem occurrit operum Marii Victorini confusio (De
hom. rec. inter hymn. I et II); deinde lectiones complures notabiles
eis sunt communes: Adv. Ar. IV 3 p. 136,17 *unane* et in A et in Σ
accento supra *a* afficitur, quod alibi nusquam fit in his manuscriptis
vel editis. et Adv. Ar. I 41 p. 76,28—77,4 in difficillima textus parte
ad verbum consentiunt; et lectiones aperte falsae nonnullae inveniuntur et in A et in Σ, ut Adv. Ar. IV 32 p. 165,19, ubi in utroque deest
tite. multis autem locis Σ differt ab A, sed huius rei causas partim
intellegere possumus: certe abbreviationes quasdam falso resolvit Σ
legendo *quomodo* pro *quoniam*, quod saepius fit, vel *est* pro *enim*
(Adv. Ar. I 31 p. 65,21) vel *requies* pro *res* (Adv. Ar. I 39 p. 74,5)
vel *contra* pro *eius* (Adv. Ar. III 5 p. 119,12)[1] vel *sunt* pro *si* (Adv.
Ar. I 41 p. 76,26). deinde verba Graeca aliquot locis secundum sensum
correxisse videtur vel Sichardus ipse vel scriptor codicis Sichardi,

---

1) Et hoc erratum in abbreviatione falso lecta positum esse ex praefatione
editionis *hd* (cf. ibid. XXII adn. 41) didici.

PRAEFATIO

ut Adv. Ar. IV, 5 p. 138, 27 et saepius, ubi pro *νοότης* scripsit *νόησις*, vel Adv. Ar. I 8 p. 39,6 et 7, ubi posuit *ὁμοούσιον* cum pro *ὁμοούσιοι* tum etiam pro *ὁμοούσια*. locos sanctae scripturae vel textui vulgato accommodavisse videtur, ut Ad. Ar. I 2 p. 34,26 *mittet* pro *mittit*, vel textui Graeco sibi aliunde noto (cf. Adv. Ar. II 9 p. 109,16 app.). praeterea loci duri vel inusitati ita sunt saepe politi et exspectationi communi accomodati, ut arbitrium scriptoris cuiusdam plus potuisse suspicer quam textum exemplaris describendi: Adv. Ar. I 19 p. 49,33 *omnia* (quod videtur planius) pro *omnium*; Adv. Ar. II 3 p. 104,10 *scripturae quaerit auctoritatem* pro *scripturam quaerit ad auctoritatem*; Adv. Ar. III, 12 p. 127,15 *plenos ac totos* (commodius cum praecedente accusativo *actus* iungitur quam cum sequente nominativo *λόγος*) pro *plenus ac totus*. postremo aliquot locis verba singula vel plura omittit *Σ* vel ordinem eorum invertit. satis ergo constat A et manuscriptum Sichardi ex eodem exemplari descriptos esse.

Codex C quemadmodum cum A et *Σ* cohaereat, tribus locis demonstrari posse videtur. De hom. rec. 2 p. 169,4 A[ac] et C *ΙΔΟC* praebent. cum verba Graeca, quia plerumque non intellegente scriptore sunt scripta, maiore testimonii sint valore, crediderim A et C ex codice communi ipso vel intercedente alio descriptos esse. at alio loco Graece scripto C cum *Σ* consonat: De hom. rec. 2 p. 169,10 C cum *Σ* consonat scribendo *ὁμοντροφέντας*.[1]) tertio autem loco (De hom. rec. 4 p. 171,10 C[ac] consentit codici A (legendo *praeterea*), C[pc] cum *Σ* scribit (i. m.) *o* (expuncto *a* i. t.). ergo, quamquam in ceteris saepius A*Σ* contra C quam AC contra *Σ* consentiunt, illorum trium locorum gravitatem amplitudinis rationi anteponam: si quidem codex C lectionibus singulis et cum *Σ* et cum A est iungendus, ex eodem eum fluxisse fonte constat ex quo et *Σ* et A. omitto requirere, sitne possibile C ex A partim, partim ex *α*, vel partim ex A partimque ex *Σ* descriptum esse ceteraque, quae logice quidem deliberari possunt. talia enim per se ipsa originem codicis cuiusque obscurant.

QVOMODO TEXTVS SIT CONSTITVTVS

A. Quibus manuscriptis maxime sim confisus

In constituendo opusculorum textu maxime confidendum esse existimavi consensui codicum **D** et **G**, qui, cum constet illos codices sua quemque potestate textum codicis cuiusdam prioris (archetypi?)

---

1) Nisi quod C maiusculis, *Σ* autem minusculis Graecis utitur.

tradere, magna probabilitate genuinus haberi potest. excipiendus hic erat locus unus, ubi **P** et **V** contra **D** et **G** lectionem meliorem praebuerunt (cf. supra p. XXIII). ubi **D** et **G** diversa scripserunt nec lectio altera iusto iure ut falsa secludi potuit, totius contextus rationem respexi. ceterum editionis *hd* auctoritatem plerumque sum secutus. iis enim, quae Petrus Hadot attulit collegitque ex scriptis et philosophorum et theologorum saeculorum illorum, nihil ultro addere adhuc potui. subiungere autem non omittam studiis amplioribus, quae fortasse aggrediar et quae ingentis erunt et temporis et operis, demonstrari posse, quemadmodum Marius Victorinus *„latinaverit obscuritatem"*, ut scripsit glossator quidam codicis **A**, Latine scilicet dixerit, quae Graece essent cogitata.

In ceteris libris testimonium codicis **A** validissimum iudicavi exceptis scilicet erroribus apertis. his locis *Σ* praetuli. compluribus autem locis *Σ* textum describendum arbitrio suo mutasse videtur (cf. supra p. XXVI). quis autem pro certo dicat, ubi mutationem talem suspicemur, ubi credamus?

B. Quomodo textus sit institutus

Textus ordinem ac speciem, quia hac editione studiorum adhuc exercitorum fructus exponantur, servavi, ut ex editionibus *w* et *hd* recipi potuit: titulos, capitulorum divisiones et textus intervalla ab *hd* insuper facta paucis exceptis recepi.

Orthographia hodie usitata usus sum, primum quia legendi commoditati serviretur, deinde quod manuscriptorum inconstantia ipsa non nisi magna confusione reddi potuisset. contra manuscripta ergo semper scripsi *comp-*, *imp-*, *ill-*, *imm-* (**D** et **A** semper paene, ceteri codices plerumque *conp-*, *inp-*, *inl-*, *inm-* scribunt); item constanter scripsi *phantasia*, *phantasma*, *Photinus* (cf. infra p. XXVIII), *emphasi* (omnes codices excepto **G** *fantasia* etc. scribunt); constanter scripsi (exceptis titulis, qui ad litteram redduntur) *caelum*, *haereticus*, *haeresis*, *saepe*, *Graece* (**G** raro, **M**, **S** semper paene *celum*, *heresis*, etc.); constanter scripsi *intellegentia* cum **D** et **A** et **G**, qui perpaucis exceptis ita scribunt (**P V M** saepius *intelligere*); et scribendo *exsistentia*, *exsistens* etc. usum praevalentem codicum **D G A** secutus sum. semper scripsi *arcanum*, *character*, *simulacrum* (*archanum* **A**, *caracter* **D P**, *carracter* **S**, *simulachrum* **G P**). *i* et *y* secundum usum hodiernum distinxi (*misterium* **G V**, *Ysaias* **M Y**, *sinodus*, *cybus* **A**). ceterum semper *actio*, *substantia* scripsi contra *substancia*, *accio*, quod legitur interdum in **D G M**, sed considerandum est similitudinem litterarum *c* et *t* in his codicibus magnam esse.

Nominum propriorum formam hodie usitatam semper posui, ut *Arius* contra *Arrius* omnium codicum, *Isaias* (*Esaias* **G P V**, *Ysaias* **M Y**), *Ieremias* (*Hieremia* **A**), *Photinus* et *Photiniani* (*F*- **A**), *Gomorra* (*Gomurra* **A**), *Hebraei* (*hebrei* **D**ᵃᶜ **P V M**, *ebrei* **G**, *ebraei* **A**), *Israel*, quod in **D** *hisrahel* scriptum est, in reliquis codicibus contractum (*isrl*).

De verbis Graecis notandum est in **DG** raro admodum, in **A** rarissime, saepissime vero in **P V M** *A* pro *Λ*, *T* pro *Γ*, *N* pro *H*, interdum et *H* pro *N* scriptum esse, ex quo magna confusio oculo legentis oritur. correctis istis confusionibus saepe lectiones bonae restitui possunt.

Interpunctioni magnae difficultates occurrerunt. ceterum semper interpunxi ante relativa, numquam autem ante vel post ablativos absolutos vel participia coniuncta vel ante praedicativa. praecipue in sententiis talibus, quibus deest copula vel verbum quaeque magnam partem ex nominibus constant, difficillimum interdum fuit et interpunctionem nostrae consuetudini accommodare et sensum inviolatum conservare.

C. Quomodo apparatus sint instituti

In apparatu primo locos praesertim sanctae scripturae composui, quos Marius Victorinus citavit verbatim vel ad quos alludit. quia autem aliquoties discerni non potest, citetne an alludat, semper *cf.* praeposui. locos ex scriptis theologorum vel philosophorum, quos attulit in editione sua *hd*, maximam partem recepi, sed indicando plerumque, non citando verbatim.

Inter apparatum primum et secundum (criticum) suo loco indicavi, ubi testes singuli (ut **S**, **Y**, *Epiph.*, *Theod.*, **K**) accederent.

Apparatum criticum ipsum ita institui, ut sit ratione omni positivus. ut autem quam celerrime commodissimeque perspicuae fierent testium rationes, tum negativum redegi apparatum, cum adnotatione ipsa (*om. transp. add. suppl.* etc.) negativus factus est. insuper vero testes lectionis in textu positae indicavi, cum propter paucitatem codicum (id est in libris praeter opuscula omnibus) dubitari potuit.

Cum *hd* editionem meam consonare ex silentio cognoscat lector, nec indicavi ultro *hd* consonare cum lectionibus codicum illorum, quos praetuli, consentientium. ceterum et apposui aliquoties *hd*,

PRAEFATIO

ubi dubitatio vel minima accidere potuit, perspicuitatem constantiae anteponendo.

Omnes lectiones variae in apparatu inveniuntur exceptis talibus, quae orthographicae tantum sunt rationis, talibusque, ubi scriptor ipse mechanice solum erraverit et ipse correxerit nullusque alius codex erratum idem praebeat. orthographica ergo tum solum in apparatu inveniuntur, cum alia de causa erant ponenda. si autem codices duo vel codex unus et editio quaedam non nisi orthographice diversa praebuerunt, in Latinis verbis breviter illud adnotavi, in Graecis (in quibus plerique codices maiusculis Graecis utuntur, Σ Y *w hd* autem minusculis) siglum alterius testis vel editionis intra uncos posui.

Restat ut gratias agam omnibus doctoribus, consultoribus adiutoribusque, qui mihi affuerunt in his decem annis, qui sunt peracti a primis huius editionis initiis: Academiae Scientiarum Rei Publicae Democraticae Germanicae, quae mihi opus hoc mandavit et necessaria omnia suppeditavit, praesertim codicum omnium tabulas phototypicas; deinde R. P. Bonifatio Fischer, qui me consilio prudenti adiuvit in rebus palaeographicis et ad textum tradendum pertinentibus iam in volumine primo, Bernardo Bischoff Monacensi, cui multa debeo, quae ipse numquam repperissem, et doctae Wiebke Schaub, quae de manibus scriptorum quorundam discernendorum me familiariter docuit, postremo omnibus bibliothecarum curatoribus, quorum consiliis per litteras mihi communicatis ea debeo, quae ex studiis impressis reperiri non potuerunt. in primis instituto illi Parisiensi debeo gratias, quod appellatur Institut de Recherche et d'Histoire des Textes.

Ultimo excellentique loco gratias ago reverendis doctoribus meis Carlo Theodoro Schäfer, Carlo Hermanno Schelkle et Ernesto Zinn, qui prima initia philologiae me docuerunt, et Gunthero Christiano Hansen, qui cum in illa priore tum in hac editione familiariter mihi affuit et a multis erroribus me servavit.

Hirsaviae Tubingensium
Mense Iunio MCMLXXIII

Albrecht Locher

INDEX LIBRORVM

Editionum omnium conspectus chronologico ordine dispositus in praefatione (p. XIX – XXII) datur.

D'Alverny, Marie-Thérèse, Les Muses et les sphères célestes, Classical, Mediaeval and Renaissance studies in honor of B. L. Ullmann II, Rome 1964, 10, 1
—, Avicenna Latinus V, Archives d'histoire doctrinale et littéraire du Moyen Age 40, 1965, 97 – 301

Bardy, Gustave, L'occident et les documents de la controverse arienne, Revue des Sciences Religieuses 20, 1940, 28 – 63
Becker, Gustav, Catalogi Bibliothecarum Antiqui, Bonnae 1885, 22; 24; 32; 330 – 334; 337; 342; reimpressum Catalogi Bibliothecarum Antiqui. Im Anhang Rezension von Max Perlbach und Nachtrag von Gabriel Meier, Hildesheim 1973
Benz, Ernst, Marius Victorinus und die Entwicklung der abendländischen Willensmetaphysik, Stuttgart 1932
Bischoff, Bernhard, Karl der Große, Lebenswerk und Nachleben, Düsseldorf 1965, Bd. II: Das geistige Leben
—, Mittelalterliche Studien II, Stuttgart 1967
Bömer, Franz, Der lateinische Neuplatonismus und Neupythagoreismus und Claudianus Mamertus, Leipzig 1936

Citterio, Bernardo, Osservazioni sulle opere cristiane di Mario Vittorino, Scuola Cattolica 65, 1937, 505 – 515
Clark, Mary Twibill, The earliest philosophy of the living God. Marius Victorinus, PACPhA 16, 1967, 87 – 94
—, The Neoplatonism of Marius Victorinus, Studia Patristica 11: Papers presented to the Fifth International Conference on Patristic Studies held in Oxford 1967, Part II: Classica, Philosophica et Ethica, Theologica, Augustiniana, ed. by Cross, F. L., with a Cumulative index of contributors to Studia Patristica, vols 1 – 10: Texte und Untersuchungen zur Geschichte der altchristlichen Literatur CVIII, Berlin 1972, 13 – 19
Courcelle, Pierre, Nouveaux aspects du platonisme chez saint Ambroise, Revue des Etudes Latines 34, 1956, 220 – 239
—, Parietes faciunt christianos? Mélanges d'archéologie, d'épigraphie et d'histoire offerts à Jérôme Carcopino, Paris 1966, 241 – 248
—, Litiges sur la lecture des «Libri Platonicorum» par saint Augustin, Augustiniana IV, 225 – 239

Dahl, Axel, Augustin und Plotin, Lund 1945
Daniélou, Jean, Eunomius l'Arien et l'exégèse néoplatonicienne du Cratylos, Revue des Etudes Grecques 69, 1956, 412 – 432

INDEX LIBRORVM

De Ghellinck, Joseph, Réminiscences de la dialectique de Marius Victorinus dans les conflits théologiques du onzième siècle, Revue néoscolastique de philosophie 19, 1911, 432—435

Delisle, Léopold, Inventaire des manuscrits de la Bibliothèque Nationale, Fonds de Cluny, Paris 1884, 85—86

Dempf, Alois, Der Platonismus des Eusebius, Victorinus und Pseudo-Dionysius, Sitzungsberichte der Bayerischen Akademie der Wissenschaften, Phil.-Hist. Klasse, 1962 (3), München 1962, 1—18

—, Geistesgeschichte der altchristlichen Kultur, Stuttgart 1964

Dölger, Franz Joseph, Das Garantiewerk der Bekehrung als Bedingung und Sicherung bei der Annahme der Taufe, Antike und Christentum 3, 1932, 260—277

Duval, Yves-Marie, La manœuvre frauduleuse de Rimini. A la recherche du Liber adversus Ursacium et Valentem, Hilaire et son temps, Paris 1969, 51—103

Frassinetti, Paolo, Le confessione agostiniane e un inno di Mario Vittorino, Giornale italiano de filologia 2, 1949, 50—59

Geiger, Godhardt, Marius Victorinus, ein neuplatonischer Philosoph, Progr. Metten, Landshut 1887—1889

Gore, Charles, Art. Victorinus Afer, Dictionary of Christian Biography IV, London 1887, 1128—1139

Grandgeorge, Louis, Saint Augustin et le néoplatonisme, Bibliothèque de l'Ecole des Hautes Etudes, Sciences religieuses 8, Paris 1896

Grelot, Pierre, La traduction et l'interprétation de Phil 2, 6—7, NRTh 93, 1971, 897—922; 1009—1026

Hadot, Pierre, Typos, Stoïcisme et Monarchianisme au IVe siècle d'après Candidus l'Arien et Marius Victorinus, Recherches théologiques anciennes et médiévales 18, 1951, 177—187

—, Victorinus et Alcuin, Archives d'histoire doctrinale et littéraire du Moyen Age 29, 1954, 5—19

—, Marius Victorinus, Traités théologiques sur la Trinité, I, Texte établi par Paul Henry, Introduction, traduction et notes par Pierre Hadot, Sources Chrétiennes 68, Paris 1960 (Hadot, Traités); II, Commentaire par Pierre Hadot (Hadot, comm.)

—, Les hymnes de Victorinus et les hymnes Adesto et Miserere d'Alcuin, Archives d'histoire doctrinale et littéraire du Moyen Age 27, 1960, 7—17

—, Fragments d'un commentaire de Porphyre sur le Parménide, Revue des Etudes grecques 74, 1961, 410—438

—, L'image de la Trinité dans l'âme chez Victorinus et chez saint Augustin, Studia Patristica 6, Berlin 1962, 409—442

—, Christlicher Platonismus, Die theologischen Schriften des Marius Victorinus, übersetzt von P. Hadot und Ursula Brenke, eingeleitet und erläutert von P. Hadot und Ursula Brenke, eingeleitet und erläutert von P. Hadot, Zürich/Stuttgart 1967 (Hadot, Platonismus)

—, Porphyre et Victorinus I et II, Paris 1968 (Hadot, Porphyre); II amplum studiorum conspectum continet (123—131)

—, Marius Victorinus, Recherches sur sa vie et ses œuvres, Paris 1971 (Hadot, Victorinus)

INDEX LIBRORVM

Haring, Nicholas M., The Liber De homousion et homoeusion by Hugh of Honau, Archives d'histoire doctrinale et littéraire du Moyen Age 42, 1967, 129–253

Harnack, Adolf v., Lehrbuch der Dogmengeschichte III, Freiburg 1889

Henry, Paul, Plotin et l'Occident, Louvain 1934

—, The "Adversus Arium" of Marius Victorinus, the first systematic exposition of the doctrine of the Trinity, Journal of Theological Studies N. S. 1, 1950, 42–55

Jeauneau, Edouard (editor), Jean Scot, Commentaire sur l'Evangile de Jean, Sources Chrétiennes 180, Paris 1972, 70–73

Koffmane, Gustav, De Mario Victorino philosopho christiano, Breslau 1880 (Koffmane)

Kohnke, Friedrich Wilhelm, Plato's conception of οὐκ ὄντως οὐκ ὄν, Phronesis 2, 1957, 32–40

Lehmann, Paul, Johannes Sichardus und die von ihm benützten Bibliotheken und Handschriften, Quellen und Untersuchungen zur lat. Philologie des Mittelalters IV, 1, 1911, 220–221

Leusse, H., Le problème de la préexistence des âmes chez Marius Victorinus, Recherches de Science Religieuse 29, 1939, 197–239

Mabillon, Jean, Vetera analecta, Editio nova, Parisiis 1723, Adnotatio p. 26

Margerie, Bertrand de, La doctrine de saint Augustin sur l'Esprit saint, Augustinianum 12, 1972, 107–119

Merlan, Philip, Art. Marius Victorinus, Lexikon der Alten Welt col. 1853

Meslin, Michel, Les Ariens d'Occident, Paris 1968

—, Compte rendu de Marius Victorinus, Traités théologiques ... ed. P. Henry/P. Hadot, Revue de l'histoire des religions 164, 1963, 96–98

Metzger, Michael D., Marius Victorinus and the Substantive Infinitive, Eranos 72, 1974, 65–70

Monceaux, Paul, Histoire littéraire de l'Afrique chrétienne III, Paris 1905, reimpressum 1966, 373–422

Nautin, Pierre, Candidus l'Arien, Mélanges offerts au Père Henri de Lubac I, Paris 1964, 309–320

Places, Edouard des, Les Oracles chaldaïques dans la tradition patristique africaine, Studia patristica 11: Papers presented ..., 27–41

Rist, John M., Mysticisme and Transcendence in Later Neoplatonism, Hermes 92, 1964, 213–225

Rose, Valentin, Verzeichnis der lateinischen Handschriften zu Berlin, Bd. I, Berlin 1893, 14–16; 47

Saffrey, H. D., Notes autographes du Cardinal Bessarion dans un manuscrit de Munich, Byzantion 35, 1965, 536–563

Schanz, Martin, Hosius, Carl, Geschichte der römischen Literatur IV, 1, 2. Auflage München 1914, Neudruck München 1959, 149–161

Schmid, Reinhold, Marius Victorinus und seine Beziehungen zu Augustin, Diss. Kiel 1895

INDEX LIBRORVM

Séjourné, Paul, Art. Victorinus Afer, Dictionnaire de Théologie Catholique XV, 2, 1950, 2887—2954
Simonetti, Manlio, Sull'Ariano Candido, Orpheus 10, 1963, 151—157

Teuffel, Wilhelm, Kroll, Sigmund, W. S. Teuffels Geschichte der römischen Literatur. Sechste Auflage unter Mitwirkung von Erich Klostermann, Rudolf Leonhard und Paul Wessner neu bearbeitet von Wilhelm Kroll und Franz Skutsch, Leipzig 1913, 231—235
Theiler, Willy, Ernst Benz, Marius Victorinus . . . Gnomon 10, 1934, 493—499
—, Forschungen zum Neuplatonismus, Berlin 1966
Traube, Ludwig, Paläographische Forschungen, Fünfter Teil, Autographa des Johannes Scottus, Aus dem Nachlaß herausgegeben von E. K. Rand, München 1912
Travis, Albert, Marius Victorinus, a Biographical Note, Harvard Theological Review 36, 1943

Usener, Hermann, Anecdoton Holderi, Ein Beitrag zur Geschichte Roms in ostgotischer Zeit, Bonn 1877

Van der Lof, L. J., De Invloed van Marius Victorinus Rhetor op Augustinus, Nederlands theologisch Tijdschrift 5, 1950, 287—307

Waszink, Jan Hendrik, Traités théologiques sur la Trinité . . . P. Hadot, Vigiliae Christianae 22, 1968, 66—73
Wessner, Paul, Art. Marius Victorinus, RE XIV, 2 (1930)
Wöhrer, Justinus, Studien zu Marius Victorinus, Jahresbericht des Privat-Untergymnasiums zu Wilhering, Wilhering 1905 (Wöhrer, Studien)

Ziegenaus, Anton, Die trinitarische Ausprägung der göttlichen Seinsfülle nach Marius Victorinus, Münchener theol. Studien, 2. Abt. 41, 1972

SIGLA

COMPENDIA ALIAQVE ABBREVIATA

Codices qui opuscula continent:

D	= Bambergensis Patr. 46, saec. IX
D¹	= manus scriptoris ipsius supra lineam vel i. m. corrigentis
D²	= manus Iohannis Scoti
D³	= manus correctoris aliquanto posterioris
G	= Sangallensis 831, saec. X/XI
G¹	= manus scriptoris ipsius corrigentis
P	= Parisinus Latinus 7730 saec. IX exeuntis
P¹	= manus scriptoris ipsius corrigentis
V	= Vindocinensis 127, saec. XI
V¹	= manus scriptoris ipsius corrigentis
M	= Berolinensis Phillipps 1714, saec. XII/XIII
M¹	= manus scriptoris ipsius (raro) corrigentis
M²	= manus a scriptore discernenda supplens et corrigens
M³	= manus marginalia (glossas) scribens a ceteris discernenda
Y	= codex Sancti Udalrici a Mabillono editus et postea amissus
T	= Tornacensis 74, saec. XII, igne deperditus 1940
S	= Wigorniensis bibliothecae capituli Q. 81, saec. XIII exeuntis
S¹	= manus scriptoris ipsius (raro) corrigentis
B	= Bernensis 212, saec. IX ineuntis
exemplar Bessarionis	= exemplar illud, ex quo Cardinalis Bessarion sumpsit illa, quae codici Monacensi gr. 547 adscripsit

Codices qui ceteros libros continent

A	= Berolinensis Phillips 1684, saec. X
A¹	= manus scriptoris ipsius corrigens vel glossas adscribens
A²	= manus alterius scriptoris corrigens vel supplens
A³	= manus tertia aliquanto posterior (raro) corrigens et signis criticis utens
A⁴	= manus multo posterior (saec. XII) glossas et titulorum supplementa addens
Σ	= Editio princeps a Iohanne Sichardo facta, quae codicem bonum (paucis exceptis) cum fide reddit
C	= Parisinus Latinus 13371, saec. X
C¹	= manus scriptoris ipsius rarissime corrigens
K	= Coloniensis 54, saec. VIII/IX
α	= codex ille, ex quo A, C, Σ sumpta opinor

SIGLA

Editiones opusculorum

z	= editio princeps, Iacobus Ziegler, Conceptiones in Genesim, Basileae MDXLVIII
h	= Orthodoxographa Theologiae sacrosanctae ... Basileae MDLV
w	= Candidi Arriani ad Marium Victorinum ..... et Marii Victorini ad Candidum Arrianum ... Wilhering 1909/10
hd	= Marii Victorini opera, Pars I, Opera theologica, recensuerunt P. Henry S. I. et P. Hadot, CSEL 83, Vindobonae MCMLXXI

Editiones ceterorum librorum

Herold	= Haereseologia, hoc est opus veterum tam Graecorum quam Latinorum Theologorum ... Basileae MDLVI
La Bigne	= Maxima bibliotheca veterum Patrum IV, Lugduni MDCLXXVII
Galland	= Bibliotheca veterum Patrum VIII, Venetiis MDCCLXXII
w	= editio incohata librorum Adv. Ar. et De hom. rec. completa (cf. p. XXII adn. 1)
hd	= editio eadem, quae et opuscula continet
(A) (Σ) (C) (*hd*)	= codicis (vel editionis) cuiusque lectio consentiens exceptis rebus orthographicis (in Graecis)
Lambot apud hd *Séjourné apud hd* *w apud hd*	= coniecturae doctorum illorum, quibus ex notis manuscriptis receptis usus est *hd*[1])

Editiones, quae in apparatu abbreviate notantur

Epiph.	= Epiphanius, Panarion, Herausgegeben im Auftrage der Kirchenväter—Commission der Preussischen Akademie der Wissenschaften von Karl Holl, 3 Bde. Leipzig 1915–1933 (Die Griechischen Christlichen Schriftsteller der ersten drei Jahrhunderte Bde. 25, 31, 37)
Theod.	= Theodoretus, Historia Ecclesiastica, ed. L. Parmentier, Leipzig 1911 (Die Griechischen Christlichen Schriftsteller der ersten drei Jahrhunderte Bd. 19) 2. Auflage, bearbeitet von F. Scheidweiler, Berlin 1954
op	= Athanasius Werke, Herausgegeben im Auftrage der Kirchenväter-Commission der Preussischen Akademie der Wissenschaften von H.-G. Opitz, Bd. III, 1, Urkunden zur Geschichte des arianischen Streits, Leipzig 1934 (editio incohata), continentur hoc volumine et *Theod.*, *Epiph.*, *br*
br	= D. D. De Bruyne, Une ancienne version latine inédite d'une lettre d'Arius, Revue Bénédictine 26, 1909, 93–95
Damascius	= Damascius, Dubitationes et Solutiones de primis principiis, ed. C. E. Ruelle, Paris 1889
Alcuinus	= Alcuini opera PL 101

---

1) Hoc signo usus *hd* ut unam personam nomino.

SIGLA

Loci ex operibus Marii Victorini ita citantur:

Cand. I = Epistula Candidi I
Ad Cand. = Marii Victorini ad Candidum
Adv. Ar. I – IV = Adversus Arium libri I – IV
De hom. rec. = De homoousio recipiendo
hymn. I – III = Hymni I – III
Comm. = Marii Victorini commentarii in Apostolum

Loci eiusdem operis praeposito numero libri tantum vel capituli (omisso ergo operis nomine) citantur. in dubiis perspicuitatem constantiae anteposui.

add. = addidit
corr. = correxit
del. = delevit
eras. = erasit vel erasum
exp. = expunxit
i. l. = in linea
i. t. = in textu
i. m. = in margine
in ras. = in rasura
ins. = inseruit
interp. = interpunxit
iter. = iterat
m. inc. = manus incerta
mut. = mutavit
not. = notavit
om. = omisit
scr. = scripsit
suppl. = supplevit
suprascr. = suprascripsit
suspic. = suspicatus est
transp = transposuit

CANDIDI ARIANI AD MARIVM VICTORINVM RHETOREM DE GENERATIONE DIVINA

1. Omnis generatio, o mi dulcis senectus Victorine, mutatio quae- 1013 C
dam est. immutabile autem est omne divinum, scilicet deus. deus
autem, qui pater est, in omnibus et omnium prima causa. si igitur
deus inversibile et immutabile, quod autem inversibile et immutabile,
5 neque genitum est neque generat aliquid, si igitur hoc sic se habet,
ingenitus est deus. etenim generatio per inversionem et per mutationem
generatio est. nulla etenim neque substantia neque substantialitas
neque exsistens neque essentitas neque exsistentia neque exsistentialitas neque potentia ante deum esse fuit. quis enim potentior deo? num
10 potentia aut exsistentia aut substantia aut ὄν? ista enim omnia aut
ipse est aut post ipsum. ipse enim cuncta praestat. sed fuerunt prius 1013 D
ista. et quomodo potuerunt, cum voluerunt, deum generare? neque
enim erant perfecta neque sui ipsa substitutiva, imperfecta igitur.
quomodo ergo sua et ipsorum potentia aut genuerunt aut fecerunt
15 deum, imperfecta cum essent, perfectum? si autem et deus imperfectus, sine causa est generare, quod iam fuit. eadem ratio, si perfecta
perfectum genuerunt. sive igitur perfecta fuerunt sive imperfecta,
deum generare aut sine causa aut superfluum aut impossibile.
Primo quidem antiquius dicitur ab omni, quod sit, potentia. sed

Candidi Arriani ad Marium Victorinum rhetorem de generatione divina
D G P *hd* Candidus Arrianus ad Victorinum rethorem V Incipit liber Candidi
Arriani ad Marium Victorinum oratorem De generatione divina M FRAGMEN-
TVM CANDIDI ARRIANI ad Marium Victorinum (*mutilus enim est textus ab
initio*) Y ‖ 1 o mi D G P V M^{pc}Y oi (m M$^{2\,supra}$) M^{ac} | senectus D P V M *hd* sena-
tus G ‖ 1.2 quaedam est M$^{2\,supra}$ *om*. M ‖ 2 et 4 inmutabile D^{pc} G P V M in-
motabile (u D$^{3\,supra}$) D^{ac} ‖ 4 quod autem inversibile et inmutabile (u D$^{3\,supra}$)
D$^{1\,i.m.}$ G P V M *om*. D ‖ 6 mutationem D^{pc} G P V M motationem (u D$^{3\,supra}$) D^{ac}‖
7 etenim D^{pc} G P V M enim (et D$^{3\,supra}$) D^{ac} ‖ 8 neque exsistens — exsistentialitas D G P V M$^{2\,i.m.}$ (*excepto* essentia *pro* essentitas) *om*. M ‖ 9 fuit D G P V
potuit M | num D G P V non M ‖ 10 aut substantia D$^{1\,i.m.}$ G P V M *om*.D ‖
13 sui ipsa D G ipsa sui M sub ipsa P V | inperfecta D G V M inpraefecta P |
post igitur *add*. erant M *del*. M^1 ‖ 15 inperfectus D^{pc} G P V M perfectus (in
D$^{1\,i.m.}$) D^{ac} ‖ 17 igitur D G P V ergo M ‖ 19 primo D^{pc} G P V M prima (a *exp.
et* o *suprascr*. D^1) D^{ac} | antiquius D^{pc} P V M *hd* antiquitus (t *eras. m. inc.*) D^{ac}
antiquus G

in ipsum esse aliquid sine actu et operatione non pervenit potentia ipsa per semet, ipsa cum sit potentia, non actio, non potentificata potentia, in generationem alicuius, nedum in dei. manet enim potentia in eo, quod est potentialiter esse, sine actione. unde igitur natus deus? ingenitus igitur deus.

2. Videamus igitur, num forte substantia, num substantialitas, antequam fuit deus, fuerit, num exsistentia, num exsistentialitas. Sed enim substantia magis subiectum cum sit alteri, subiectum est ei, quod in ipso est, et ut alterum est ab eo, quod in ipso est. at vero aliud et aliud non recipitur circa deum. non enim in alio ut aliud est, cum est deus. non enim aliud deus, aliud deum esse. simplex enim quiddam deus, non igitur praeexsistente substantia. ingenitus ergo deus. magis enim praestat deus substantiam, quam praeexsistit substantia ante deum, quae est subiectum et alterius ut aliud et ut receptaculum effecta, illo scilicet potiore, cuius receptaculum est, et idcirco posterius adnata.

Ista eadem oportet intellegere et in exsistentia et in exsistentialitate. differt autem exsistentia ab exsistentialitate, quoniam exsistentia iam in eo est, ut sit ei esse, at vero exsistentialitas potentia est, ut possit esse, nondum est ipsum esse. multo autem magis exsistentia a substantia differt, quoniam exsistentia ipsum esse est et solum esse et non in alio esse aut subiectum alterius, sed unum et solum ipsum esse, substantia autem non esse solum habet, sed et quale aliquid esse. subiacet enim in se positis qualitatibus et idcirco dicitur subiectum. quomodo igitur deus praeexsistente exsistentia aut exsistentialitate sive potentia exsistentiali sive ipsa exsistentia natus est in solo, quod est esse, his exsistentibus et non habentibus actionem vel agendi vim atque virtutem?

3. His igitur sic se habentibus neque ὄν ante deum fuit neque ὀντότης. multiplica enim et composita ex substantia et ex qualitate. si

1 in ipsum *hd* id ipsum **D G** et ipsum **P V** et id ipsum **T** ipsum **M** ad ipsum *zw* ‖ 2 ipsa **D P V M** *hd* ipsam **G** *w* ‖ 3 nedum **D G P V** nec dum **M** ‖ 6—7 num **D G P** (*quater*) non **V M** ‖ 7 exsistentialitas **D G M** exsubstantialitas **P V** ‖ 9 at **D G M** aut **P V** ‖ 10—11 circa deum — aliud deus **D G P V M**² *i.m.* *om.* **M** aliud deum esse. simplex in alio ut aliud est cum est deus: non enim aliud deus **M**^{i.t.} *quibus ex verbis* aliud deum — in alio *exp.*, esse simplex *et del.* **M**² ut aliud — deus *del.* **M**¹ ‖ 11.12 enim quiddam **D G P V** quiddam enim **M** ‖ 12 praeexsistente **D G M** praeexsistentia **P V** ‖ 13 enim **V**¹ *i.m.* *om.* **V** ‖ 15—16 effecta — receptaculum **M**² *i.m. om.* **M** *quamquam* effecta — receptaculum *a* **M**² *post* est (16) *ponenda significantur* (·/.), *tamen contextus ratio ita, ut posui, ponere cogit* ‖ 18 differt — exsistentialitate **M**² *i.m. om.* **M** ‖ 30 multiplica **D**^{ac} **P V**^{ac} **M**^{ac} *w hd* multiplicata (-ta **D**³ *supra*) **D**^{pc} multiplicia **G V**^{pc} (i **V**¹ *supra*) **M**^{pc} (i **M**² *supra*) | *inter* composita *et* ex *add.* ista **D**³ *supra* **M** | qualitate **D G** aequalitate **P V T** equalitate **M**

2

igitur neque potentia neque exsistentia fuit neque exsistentialitas, quae imaginem habent simplicitatis, multo magis et ὀντότης et ὄν et substantialitas et substantia. postgenita enim sunt ab exsistentialitate et ab exsistentia. si ista omnia postgenita, genita ergo sunt. si genita, aliud fuit, a quo genita ista. ingenitum igitur illud, ex quo ista omnia, ex quibus omnia. quid istud illud est, ex quo omnia? deus. ingenitus igitur deus, si quidem causa istorum omnium deus. quid vero? esse deum qualis aut quae causa? hoc ipsum deum esse. etenim prima causa et sibi causa est, non quae sit altera alterius, sed hoc ipsum, quod ipsum est, ad id, ut sit, causa est. ipse sibi locus, ipse habitator, ut non imaginatio veluti duorum fiat. ipse est unum et solum. est enim esse solum, et vero ipsum esse ipsum est et vivere et intellegere. secundum enim quod est, et vivit et intellegit, et secundum quod vivit, et est et intellegit, et secundum quod intellegit, et est et vivit, et secundum unum tria et secundum tria unum et secundum ter tria unum, unalitas simplex et unum simplex. simplex autem principium compositorum. principium autem sine principio. praecedit enim nullum principium ante se habens, propter quod est principium. hoc autem est deus. sine ortu igitur et ingenitus deus. deus ergo ingenitus.

Quod autem ingenitum, sine ortu, quod sine ortu, sine fine. finis enim incipientis. si vero ista duo, infinitum, si infinitum, incomprehensibile, incognoscibile, invisibile, inversibile, immutabile. inversio enim et immutatio principium et finis est, alteri quidem principium, alii autem finis. sed nihil horum deus. inversibilis ergo et immutabilis deus. si autem ista deus, neque generat deus. immutatio enim quaedam est et inversio generare aut generari. huc accedit, quod generare dare est ei aliquid, qui natus est, aut totum aut partem. qui generat aliquid, aut interit, si totum dat, aut minuitur, si partem. sed enim deus manet semper idem. non igitur generat.

4. Hoc idem apparebit, si quis dixerit generationem a deo secundum istos modos esse: iuxta effulgentiam, iuxta radii emissionem, iuxta puncti fluentum, iuxta emissionem, iuxta imaginem, iuxta characte-

---

1 fuit V[1 supra] *om.* V ‖ 4 ista DGPV ita M ‖ 5 igitur DGPV ergo M ‖ 8 deum esse DGPV esse deum M ‖ 11 *post* est *add.* enim M ‖ 12 vero DPVM *w hd* vere G ‖ 15—16 et secundum ter tria unum T[i.m.] *om.* T ‖ 19 autem est DGPV est autem M | deus[1] V[i.m.] *om.* V ‖ 20 *ante* sine[3] *eras.* est et V ‖ 24 horum GPV[pc]M orum DV[ac] (h V[1 supra]) ‖ 25 ista DGPV ita M | enim P[1 supra] *om.* P ‖ 26 accedit D[ac]GPVM accidit (i *in* e *scr.* D[3?]) D[pc] ‖ 28 sed D[pc]GPVM[pc] sed et (et *exp.*) D[ac] si TM[ac] (si *in* sed *corr.* M[2]) ‖ 31 iuxta radii DGVM iusta radii P ‖ 32 puncti GPV *hd* punti *vel* ponti (u *an* o *discerni vix potest*) D[ac] puncti (*vel* poncti) D[pc] (c D[1?supra]) ponti M | characterem *hd* caracterem DPVM characterem G

rem, iuxta progressum, iuxta quod superplenum est, iuxta motum, iuxta actionem, iuxta voluntatem, iuxta nominatum typum, aut si quis alius fuerit ad id istud modus. sine inversione enim nihil istorum talium est.

Primum refulgentia et motus est et assignat tempus et recessionem quandam secedentem in propriam substantiam. quae refulgentia si semper manet, discernibilis est pars a toto. si autem non, vana generatio ab eo, quod semper sit, in id, quod non semper. quid deinde? non est inversio effulgentia? a substantia enim luminali quasi fugiens aut eructatus splendor refulgentia est substantialis, non substantia, et si substantia, non eadem substantia. iam igitur inversio prioris, quod secundum.

5. Videamus igitur generationem iuxta radii emissionem. est quidem connexus radius et connectitur illi, cuius est progressus radius. nihilo minus tamen inversio efficitur, si est genitus, aut non est generatio, si radius semper in ipso manet.

Sed puncti fluentum generatio ibi. et quomodo istud? immobile enim punctum et terminus lineamenti, quod neque partem habet neque alterius pars est. si igitur sic istud est, non procedit a semet ipso. si enim procedit, iam non punctum, sed iam lineamentum. immutatur igitur. sed enim deus inversibile est. non igitur deus, quod punctum. si autem manet punctum, non ab ipso lineamentum. immobile enim punctum. in motu autem vel a motu lineamentum, et iuxta istum modum nulla generatio a deo. quid deinde?

Iuxta emissionem quemadmodum deo generatio? si enim emittit a semet ipso aliquid, primum minuitur aut in substantia aut in divinitate aut in actione aut in aliquod aliud. deinde autem id, quod emittitur, aut ipsius potentiae est aut non ipsius. si ipsius, et quomodo duo dii et aequales, et ut quid duo, si aequales? quod autem potest alter, hoc idem et alter. non necesse est multiplicari perfectam plenitudinem

---

3 quis **D** T^{ac} qui **G P V**^{pc}**T**^{pc} (s *eras.*) **M** quid **V**^{ac} (d *eras.*) | alius **D G P V** aliud **M** | istorum **D G P V M** horum **T** || 5 primum **D G P V M**^{pc} Sprimum (S *exp.*) **M**^{ac} (*an paragraphus archetypi falso textui adiunctus?*) || 7 pars **D G V**^{pc} (*correctum aliquid esse videtur*) **M** pras **P**(**V**^{ac}?) || 9 *inter* in- *et* -versio *scr.* con **D**$^{1,p.i.m.}$ (*in fine scil. lineae, ubi* in- *ab* versio *seiungitur*) | *post* (*an pro?*) fugiens *add.* fulgor **D**^{2} (*an* **D**^{1}?)$^{i.m.}$ || 11 secundum *del.* (*male scriptum*) *et iter. supra* **M**^{1} || 13 generationem **M**$^{2\ supra}$ *om.* **M** || 14 radius^2 *ex* radus *corr.* (i *infra scr.*) **D**^{1} || 17 puncti **D G P V** poncti **M**^{ac} ponti (c *exp.*) **M**^{pc} || 21 inversibile **D G P V** invisibile **T** || 22—23 non ab ipso — punctum **M**$^{2\ i.m.}$ *om.* **M** || 25 deo **D G P V M** dei **T** || 27 aliquod aliud **D G P V**^{pc}**M T** aliquo (d **V**$^{1\ supra}$) aliud **V**^{ac} aliquo alio *w* | quod emittitur **D G P V M** quo dimittitur **T**^{ac} quo demittitur (i^1 *in* e *mut.* **T**^{1}) **T**^{pc} || 28 potentiae **D G P V** potentia **M**

4

in uno. si autem non eiusdem potentiae, quod progreditur, et immutatur deus et a parte totum passus est, quod incongruum deo. nulla igi- 1016 C
tur generatio a deo et iuxta hoc.
   6. Similiter autem et iuxta imaginem. multum enim differt imago
ab imaginali: illud ut substantia, ista iuxta qualitatem solum adum-
bratum phantasma. in alio enim aliquo substantiam habet imago et
non ab se subsistit neque secundum quod ipsa est neque in quo est.
non ergo imago id est, quod genitum a deo. consecutio etenim est imago
illius, cuius imago est.
   Eadem ratio, si et iuxta characterem. character enim signaculum
est substantiae et ipse per semet nihil et in alio qui figuretur. nihil igitur a deo. etenim quod deus generat, oportet id consubstantiale esse.
sed character non est substantialis. non igitur generatio a deo.   1016 D
   Sed iuxta progressum et iuxta motum generatio a deo. differt autem
progressio a motu, quoniam omnis quidem progressio a motu et in
motu, non tamen omnis motus et progressio. intus enim motus non
progressio, sed solum motus. est enim progressio foras pergens motus.
quid igitur dicimus? iuxta progressum generationem esse a deo semel
an saepe an semper? semel: qui usus? et si bonum, quod progreditur:
cur pauper deus in progressu? si saepe vel semper: quid novum genuit?
et prima progressio necessario imperfecta, si aliis indigens fuit in sui
perfectionem.
   7. Ex quibus apparet, quoniam neque consubstantiale neque sine 1017 A
conversione generatio a deo. si autem hoc incongruens deo, nulla generatio a deo. magis autem incongruum nobis apparet, si iuxta motum
generatio. aut enim intus motus est aut progrediens. si intus, nulla
generatio, si progrediens, non eadem. immutatio ergo. et si motus
progrediens, non consubstantialis. deinde si progrediens, in suam substantiam processit aut in alicuius effectionem. primum passus est deus

---

4 — p. 9, 25 S

   5 imaginali **D** (imm-) **GPVMS** imaginabili **T** ‖ 6 substantiam **DGPVS**
substantia **M** | et **DGPVM** quae (q̄) **S** ‖ 7 ab **DGPV**^{pc}**MS** a **V**^{ac} (b **V**$^{1\ supra}$) |
ipsa **D**^{pc}**GPVMS** ipse **D**^{ac} (e *exp. et a suprascr.* **D**^{1}) ‖ 11 semet **DGPVM** se **S** ‖
13 substantialis **DGPVMS** consubstantialis **T** ‖ 15.16 in motu **GPVMS** im-
motu **D** ‖ 16 enim *om.* **M** ‖ 17 *ante* progressio^{1} *add.* et **S** (non **S**$^{1\ supra}$ *om.* **S**) ‖
18 esse a deo **DPVM** *w hd* a deo esse **GS** ‖ 19 *ante* semel *add.* sed **D**$^{1\ ?\ i.m.}$ *sed
eras. esse videtur* ‖ 21 necessario imperfecta **DGPVS** imperfecta necessario **M** |
aliis **DGPVMS** alii **T** ‖ 23 *ante* neque^{2} *add.* quoniam **S**, *sed exp.* ‖ 24 a *iter.* **S** |
hoc *om.* **S** ‖ 26 motus est **DGPVS** est motus **M** ‖ 27 inmutatio **DGPV**^{pc}**MS**
inmotatio (o^{1} *in* u *mut.* **V**^{1}) **V**^{ac} ‖ 28 consubstantialis **GV**^{ac}**S** *hd* consubstan-
tiabilis **DPV**^{pc} (bi **V**$^{1\ supra}$) **TM** *recte suspic. hd* ‖ 29 — p. 6, 2 aut in alicuius —
processit *om.* **V**

motus in motum, et hoc est inversio. deinde si in suam substantiam processit, substantiam non habuit. si in alterius substantiam, aliud fuit a deo, quod aliud operatum est et magis effectum quam generatio a deo. non consubstantiale igitur et conversio prioris, quod secundum est. nulla igitur generatio a deo.

Dicunt autem quidam, quod iuxta superplenum generatio a deo. superplenum autem dicunt, sicuti fons superebulliens habet, quod superabundet, effundens et semper plenus, sic et a deo, quemadmodum et a fonte, quod superest, effunditur, et haec est generatio a deo. in eadem rursus incurrit ratio. si enim superplenum generatio et semper plenum, semper a deo generatio. non deficit quidem fons, quod autem crescit, effunditur. an manet, quod augetur? non. effunditur igitur id, quod superplenum est, quoniam inconveniens non effundi, quod superfluit. sed effundit et semper effundit, semper enim superfluit. ergo et novi angeli et novi mundi. inconveniens enim in nihilum effundi, quod semper fluit, sed semel semper plenum. immutatio ergo dei et inversio duplex. sic et istud incongruum. nulla generatio a deo et iuxta superplenum. insuper nec consubstantiale, quod superfunditur, ipsi deo. deus enim superabundans. quod autem effunditur, ipsum effusum est tantum, non et superabundans.

8. Dicunt quidam iuxta voluntatem generationem et iuxta actionem. est autem ista duo hoc idem accipere voluntatem et actionem magis in deo. simul enim velle et agere est deo. attamen est et differentia, etsi in eo, quod est velle, et actus est deo. etenim velle et in eo, quod est velle, causa est actionis, actio autem effectio voluntatis. aliud ergo voluntas ab actione, et ubi est prius et posterius, impossibile ibi ambo idem. deo igitur primum voluntas, posterius actio, non iuxta tempus

6 quidam ... *cf. Plotin. Enn. V* 2, 1, 7 ‖ 21 quidam ... *cf. Hadot comm.* 681

1 in motum **GPVMS** immotum **D** ‖ 6 superplenum **D**^{pc}**GPVMS** plenum (super **D**^{1,p2,p}) **D**^{ac} ‖ 7 superebulliens **D**^{ac}**GPVTS** *supra* super *punctum posuit et infra punctum iteratum i. m. scr.* vel semper **D**^{3} semper ebulliens **M** ‖ 8 superabundet **D**^{pc}**G** *hd* superhabundet (*inter* super *et* abundet *una littera eras.*) **D**^{ac,p} **PVM** superhabundat **S** ǀ sic et **DGPVM** sic autem **S** ‖ 9 a fonte **DGPVMS**^{pc} a deo fonte (deo *exp.*) **S**^{ac} ǀ est *om. prob.* **T** (*cf. praef. p. XII*) ‖ 11 deficit **DGP VM**^{pc}**S** defecit (fec *exp. et* ficit *suprascr.* **M**^{2}) **M**^{ac} ‖ 13 id *om.* **VS** *suppl.* **S**$^{1\ supra}$‖ 14 superfluit[1] **DGPV**^{pc}**MS** fluit (super **V**$^{1\ i.m.}$) **V**^{ac} ‖ 16 semel semper **DGP**^{pc} **VTS** *hd* semper semper (*supra* -per[1] *scr.* -el **P**[1]) **P**^{ac} semper semel **M** semel superplenum *w sed* semel *fortasse delendum esse suspic. hd* ‖ 17 sic **DGP VM** sicut **S** ‖ 18 nec **D**^{pc}**GPVMS** ne (c **D**$^{1\ supra}$) **D**^{ac} ‖ 19 superabundans **D**^{pc}**G** superhabundans (h *eras.*) **D**^{ac}**PVMS** ‖ 20 superabundans **DGPV** superhabundans **MS** semper abundans **T** ‖ 23 simul — est deo *iter.* **P**, *sed del.* ‖ 25 actionis **DGPVM** actioni **S**

CAND. AD MAR. VICT.

dico, sed iuxta, ut sit, causam alii esse. voluntas igitur in confesso est, quoniam substantia non est neque actio. deinde aliud quid est a voluntate et ab actione ipsum opus. opus enim operantis opus, non tamen ipse operator opus. opus igitur non consubstantiale operanti et
5 non generatio, sed quod effectum, genitum est. quoniam ergo a deo, quod genitum est, et opus, non generatio, neque filietas nec filius neque unigenitus neque consubstantiale, magis cum necdum sit ipsa sub- 1018 A stantia, antequam deus velit generare aliquid. effectum namque dei est omnis substantia. deus igitur non est substantia, per deum enim
10 substantia. quomodo igitur, posterius cum sit substantia, deum substantiam dicimus? si enim dicimus deum substantiam esse, cogit nos ratio et in istud, ut confiteamur substantiam priorem esse a deo. etenim vere substantia subiectum quiddam est. quod autem subiectum est, simplex non est. simul enim intellectus accipit aliud quid esse in
15 subiecto, cum 'subiectum' audierit. sed enim simplum deus est. insubstantialis ergo deus. si autem insubstantialis, nullum ergo consubstantiale cum deo est, etiamsi a deo aut appareat aut natum sit.

9. Dicunt quidam generationem esse a deo iuxta nominatum ty- 1018 B pum. deus enim spiritus est, spiritus autem naturam suam nunc inten-
20 dit, nunc in semet ipsum residit. istius modi motum typum nominant.

18 quidam ... *cf. Hadot comm. 683*

8 dei − p. 28, 17 **Y**

2 quid est **DGPVM** quidem **TS** ‖ 3−4 opus enim − operator opus *om.* **M**‖ 4 opus¹ **D**^{i.t.}**GPVM** vel operis **D**² ^{i.m.} ‖ 5 quod effectum **DGPV**^{pc}**S** quo effectum (d **V**¹ ^{supra}) **V**^{ac} semper effectum **M** ‖ 6 filietas **DGVM** filiaetas **P** *rasura inter* fili *et* etas **S** | nec **DGPM** neque **VS** ‖ 6−7 neque unigenitus **DGPVM** nec unigenitum **S** ‖ 9 est¹ *om.* **M** ‖ 11 deum substantiam esse **DGP VMY S**^{pc} substantiam esse deum (*transp.* **S**¹) **S**^{ac} ‖ 12−13 etenim vere **DGPV MYS** *rasura inter* etenim *et* vere **D** etenim verae **T** ‖ 15 simplum **D**^{pc}**GPVMYS** simplex (um **D**¹ ^{supra}) **D**^{ac} ‖ 16 *post* deus *erant scripta* si autem insubstantialis ergo deus *in* **D** *quae verba del.* **D**¹⁾ | insub- *ex* consub- *corr.* **S** ‖ 17 cum deo **DGPV MS** a deo **Y** | *post* appareat *add.* nasci *prob.* **T** (*cf. praef. p. XII*) ‖ 18 iuxta nominatum typum (typhum **G**) **DGPVM** iuxta nomina a motu typum nominant *et add.* quid deinde vero ab istius modi typo? (*glossam crediderim*) **Y** ‖ 19−20 naturam suam nunc intendit, nunc in semet ipsum residit **GS** *h hd* naturam suam non intenditur et in semet ipsum residit **D**^{ac} natura sua (*virgulae eras.*) non (vel nunc **D**³ ^{supra}) intenditur (*ante* intenditur *duae fere litterae eras.*) et in semet ipsum residet (i² *in* e *mut.* **D**³) **D**^{pc} naturam suam nunc intenditur in semet ipsum residit **PV** (*excepto* residet *pro* residit **V**) **TM** naturam suam nunc intendit in se, mox ipsum residit **Y** *cf. P. Hadot, Typos, Stoïcisme et Monarchianisme au IV*^e *siècle d'après Candidus l'Arien et Marius Victorinus, Recherches théol. anc. méd. 18, 1951, 177−187* ‖ 20 motum **DPVM** *w hd* modum **GS** ‖ 20−p. 8, 1 istius modi − ab *om.* **Y**

7

quid deinde vero? ab istius modi motione repente erumpit filietas quaedam, et haec est generatio a deo. quomodo igitur? ut effluentum an ut emissio? an ut refulgentia an aliud quid horum? quid deinde rursus? ut pars a toto an totum? quorum quodcumque est, aut imperfectus est, si partem effundit, et diminutio efficitur, patris pars cum sit filius, aut vana generatio, si totum a toto apparuit. nulla etenim causa ab eodem ipso id ipsum generari. et si duplex generari necessitas fuit, utrumque ergo imperfectum. et id, quod est prius, in conversione. sed

1018 C enim insurgente in se spiritu apparuit tantummodo aliud sine aliqua effulgentia. id est manifestum, quoniam, quod secundum est, ex his est, quae non fuerunt. factum est ergo, non natum, et idcirco non consubstantiale. a deo igitur nulla generatio.

10. Quid autem ex istis omnibus cogitur atque colligitur, o mi dulcis Victorine? quoniam dei filius, qui est *λόγος apud deum*, Iesus Christus, *per quem effecta sunt omnia, et sine quo nihil factum est*, neque generatione a deo, sed operatione a deo, est primum opus et principale dei, *sed dedit ei nomen supra omnia nomina* filium eum appellans et unigenitum, quod solum opera sua fecit. effecit autem ex his, quae non

1018 D sunt, quoniam potentia dei, quod non est, adducit, ut sit. hoc autem et Iesus, *per quem facta sunt omnia*, hoc est ex his, quae non sunt, ea, quae sunt, effecit. sed isto distat, quod deus fecit Iesum perfectum omnimodis, Iesus autem alia non eodem modo, etsi perfecta fecit. in quo igitur Iesus effector est eorum, quae sunt, de his, quae non sunt, secundum operationem et *in patre est ipse et in ipso est pater* et ambo *unum sunt*. in quo autem non idem potest, ut alter accipitur. non enim aliud omnimodis perfectum operari valet. sed neque propria operatione

1019 A operatur neque propria voluntate, sed eadem vult, quae pater, et ipse,

---

14—15 *cf. Ioh 1, 1. 3* ‖ 17 *cf. Phil 2, 9* ‖ 20 *cf. Ioh 1, 3* ‖ 24 *cf. Ioh 14, 10* ‖ 25 *cf. Ioh 10, 30*

1 filietas **DGVM**[pc]**YS** filiaetas **P** filietas (e *male scr. exp. et suprascr.* **M**[1]) **M**[ac] ‖ 2 est *om.* **M** ‖ effluentum **DGPVMS** effusio **Y** ‖ 3 an aliud **DGPVMS** an ut aliud **Y** ‖ quid **DGPVMY** quiddam **S** ‖ 4 pars **DGVMYS** pras **P** ‖ 6 toto **DGMYS** tota **PV** ‖ 8 conversione **DGMYS** conversatione **PV** ‖ 10 effulgentia **DGPVYS** effugentia **M** ‖ 10 *et* 14 quoniam **DGPVMS** quomodo **Y** ‖ 13 ex istis **D**[pc]**G**[pc]**PVMY** inter ex *et* istis *una littera eras. in* **D** ex histis (*expuncta* h *littera*) **G** ‖ istis omnibus **DGPVMY** omnibus istis **S** ‖ 14 *post* dei *add.* cogitu, *sed exp.* **M** ‖ 17 eum **DGPVMS** ante eum *rasura* **T** meum **Y** ‖ 18 *post* opera *add.* ab (?) **D**[1 *supra*] ‖ 20 ea **DGPVMY** quoniam **S** ‖ 21 effecit **DGPV**[pc]**MY** efficit (i[1] *in* e *mut.* **V**[1]) **V**[ac]**S** ‖ isto **DGPVMS** esto **Y** ‖ distat **DPVMY** hd distant **GS** ‖ 22 alia **DGPVMY** alio **S** ‖ 25 unum sunt *male scriptum i. t. iter.* **D**[3 *i.m.*] ‖ alter **DGM**[pc]**YS** aliter **PVM**[ac] (i *exp.*) ‖ 27 vult quae pater **DGPVMY** quae pater vult **S** ‖ 27—p. 9, 1 pater — ego **M**[2 *i.m.*] (*om.* sed) *om.* **M**

8

etiamsi habet voluntatem, dicit tamen: *sed non ut ego volo, sed ut tu.* et multa in voluntate patris non scit, sicuti iudicii diem. et iste passibilis est, ille impassibilis, et ille, qui misit, iste, qui missus est, et alia istius modi, in eo, quod induit carnem, in eo, quod mortuus est, in eo, quod resurrexit a mortuis, quae ista filio contigerunt, patri autem incongruum, operi autem eius non incongruum, cum sit opus in substantia, quae receptrix est diversarum qualitatum et magis contrariarum.

11. Quod autem deus fecerit Iesum Christum, sacra lectio dicit in actibus apostolorum: *certissime autem sciat omnis domus Israel, quoniam fecit nobis deus dominum Iesum Christum, quem vos crucifixistis.* item apud Salomonem: *fecisti me praepositum ad omnes vias.* hoc autem significat et in evangelio secundum Iohannem: *et quod effectum in eo est, vita fuit.* si in ipso aliquid factum est, et ipse factus est, magis autem, si ipse vita est. nullus igitur velut insuave accipiat Iesum opus esse dei omnimodis perfectum, dei virtute deum, spiritum supra omnes spiritus, unigenitum operatione, potentia filium, substantia factum, non de substantia. etenim omnis et prima substantia Iesus, omnis actio, omnis λόγος, initium et finis. eorum enim, quae facta sunt, est initium et finis, omnium, quae sunt, corporum aut incorporum, intellectibilium aut intellectualium, intellegentium aut intellectorum, sensibilium aut sensuum, praeprincipium aut praecausa et praestatio et effector, capacitas, plenitudo, *per quem effecta sunt omnia, et sine quo nihil,* salvator noster, universorum emendatio, ut servus in nostram salutem, dominus autem in peccatorum et impiorum punitionem, gloria vero et corona iustorum atque sanctorum.

---

1 cf. *Matth 26, 39* ‖ 9—10 cf. *Act 2, 36* ‖ 11 cf. *Prov 8, 22* ‖ 12—13 cf. *Ioh 1, 3—4* ‖ 22—23 cf. *Ioh 1, 3*

2 *inter* iudicii *et* diem *rasura* D ‖ 3 iste **GPVMYS** et iste **D** ‖ 5 resurrexit **DGPVYS** surrexit **M** | contigerunt **DPVMY** *hd* contingerunt **GS** ‖ 6 operi **D**^{pc}**GPVMYS** opus erit (*videtur quidem, nam rasurae sunt inter* p *et* e *supra et post* -eri) **D**^{ac} | eius **S**$^{1\ supra}$ *om.* **S** | cum sit **D**^{pc} (cum **D**$^{3\ supra}$) **M**^{pc} (c̄ **M**$^{2\ supra}$) *hd* sit **D**^{ac}**GPVTYS** consit **M**^{ac} ‖ 7 contrariarum **GY**$^{i.m.}$·**S** *hd* contrarium **DPV TMY**$^{i.t.}$ vel contrariorum **D**$^{2\ i.m.}$ ‖ 11 praepositum **DGPVYS** propositum **M** ‖ 13 *ante* et ipse factus est *ins.* et ipse factum est **T** ‖ 14 igitur **DGPVMY** ergo **S** | accipiat **D**^{ac}**GPVMYS** accepiat (i *in* e *scr.* **D**^{3}) **D**^{ac} ‖ 15 dei virtute deum **DG PVMY** virtute dei deum **S** ‖ 16 substantia **DPVTMYS** *hd* (*recte, cf. Cand. II 2 p. 31, 16*) substantiam **G** *w* ‖ 18 omnis **D**^{pc}**GPVMYS** omnes (?) **D**^{ac} (i *in aliam litteram scr.* **D**^{3}) | facta sunt **DPVMY** *hd* sunt facta **GS** ‖ 19 aut **D**$^{2\ i.m.}$ incorporum **D**$^{2\ i.m.}$ aut incorporum *om.* **D** ‖ 20 intellectualium **DPV MY** *hd* intellectibilium **GS** ‖ 21 praestatio **DPVMY** *hd* praefatio **GS** ‖ 23 nihil **DGMYS** nihili **PV** ‖ 25 Explicit **PVY** Explicit liber Candidi Arriani **M** *subscriptione carent* **DGS**

MARIVS VICTORINVS

MARII VICTORINI RHETORIS VRBIS ROMAE
AD CANDIDVM ARIANVM

1019 C 1. Magnam tuam intellegentiam, o generose Candide, quis fascinavit? de deo dicere super hominem audacia est. sed quoniamsi inditus est animae nostrae νοῦς πατρικὸς et spiritus desuper missus figurationes intellegentiarum inscriptas ex aeterno in nostra anima movet, ineffabiles res et investigabilia mysteria dei voluntatum aut operationum quasi quaedam mentis elatio animae nostrae vult quidem videre, et etiam nunc in tali sita corpore difficile intellegere solum, edicere autem impossibile. dicit enim beatus Paulus: *o altitudo divitiarum et sapientiae et cognoscentiae dei, quomodo investigabilia sunt iudicia dei et sine vestigiis eius viae*. dicit etiam Isaias: *quis enim cognovit domini mentem, aut quis fuit eius consiliator?* vides igitur beati cognitionem **1019 D** de deo. an istas scripturas vanas esse opinaris? sed nomine Christianus necesse habes accipere atque venerari scripturas inclamantes dominum Iesum Christum. si istud necessarium tibi est, et hoc necessarium, ea, quae in ipsis de Christo dicuntur, sic, quemadmodum dicuntur, credere. dicunt enim Iesum Christum filium dei esse unigenitum, ut dicit David propheta: *filius meus es tu, ego hodie genui te*. dicit et **1020 C** beatus Paulus: *qui ne suo quidem filio pepercit*. et rursus: *benedictus pater domini nostri Iesu Christi*. deinde frequenter et ipse dicit: *ego et*

7—8 cf. Hadot comm. 689—690 || 8—10 cf. Rm 11, 33 || 10—11 cf. Is 40, 13; Rm 11, 34 || 17 cf. Ps 2, 7 || 18 cf. Rm 8, 32 || 18—19 cf. Eph 1, 3 || 19—p. 11, 1 cf. Ioh 10, 30

Marii Victorini rhetoris urbis Romae ad Candidum Arrianum **D²GPV** Incipit liber Marii Victorini urbis Romae (*sic!*) ad Candidum Arrianum **M** Responsio Marii Victorini rhetoris urbis Romae ad Candidum Arrianum **Y** || 1 magnam tuam **DPV**^{pc}**Y** agnam tuam (*pingendae litterae initiali relictum spatium*) **G** magnum tuam (a *supra* u **V¹**)**V**^{ac} magnatum (a *supra* u *eras.*) **M** || 2 quoniam inditus *w hd* quoniam si inditus **DGP**^{pc}**V**^{ac}**M** quoniam inditus (si **P¹** ^{supra}) **P**^{ac} **V**^{pc} (si *exp.*) quoniam funditus **Y** || 3 est **V¹** ^{supra} *om.* **V** | *NOYC ΠATPIKOC* **DG** sensus paternus *NOYC ITATPKOC* **PV** *NOYC ITATPIKOC* **MT** νοῦς πατρικός sensus paternus **Y** || 4 movet **D**^{pc}**G**^{ac}**T**^{ac} *hd* vovet **D**^{pc} (v *exp.* e m suprascr.* **D³**) **G**^{pc} (m *male in* v *mut.* **G¹**) **PVMT**^{pc}**Y** || 5 investigabilia **DPVMY** *hd* investigabiles **G** | aut **DGPVMY** atque **T** || 7 in tali sita **DGP**^{pc}**V** in tali sitam **M** sn tali sita **P**^{ac} vitalis ita **Y** || 8 *post* Paulus *add.* ad Romanos **D³** ^{supra} **P¹** $^{i.m.}$**M**$^{ai.m.}$ || 9 investigabilia **DP**^{ac}**V**^{ac}**TM** *hd* ininvestigabilia **GP**^{pc} (in² **P¹**^{supra})**V**^{pc} (in² **V¹**^{supra}) **Y** *w* || 10 etiam **DGY** *hd* enim **PVM** || 14 istud **DPVMY** ustud **G** | necessarium tibi **DGM** tibi necessarium **PVY** || 16 *post* Iesum *rasura in* **V**, *in qua legitur adhuc* salvatorem, *sed scriptum fuisse videtur et* unctum : salvatorem unctum **P¹** $^{i.m.}$ | Christum *iter.* Tom. **M** || 17 es tu **GPVTY** tu es **DM** *w hd* || 18 quidem filio *transp.* **M** || 19 et² *om.* **P** *exp.* **V**

10

pater unum sumus, et: *qui me vidit, vidit et patrem*, et: *ego in patre et pater in me*. haec dicens, si deus fuit, non mentitus est. filius ergo dei Christus. si mentitus est, nec opus est dei. saepe et multimilies dicuntur ista. an tibi non apparet ubique sic dici?

2. Audi aliud de nobis: nos dicimus esse nobis patrem deum? et maxime. qua causa et iuxta quid? quoniam deus caritate *praedestinavit nos in adoptionem per Christum*. numquid et Christum per adoptionem filium deus habet? nullus ausus est dicere, fortasse nec tu. vide, qualis blasphemia ex isto dicto nascatur! dicimus esse nos heredes deo patri et per Christum heredes per adoptionem exsistentes filii, et Christum dicimus non esse filium, per quem nobis efficitur filios esse et coheredes fieri in Christo?

Multa dixisti de Christo, et vera omnia, et ut se habent omnia, quoniam potentia est dei et omnipotens potentia et universus λόγος et omnis operatio et omnis vita et alia plurima. assecutus est ergo istius modi bona effectus ab his, quae non sunt, et beatum est, quod non est ab eo, quod est? sine deo intellectus et sacrilegus plenusque blasphemiae! dominus supra omnia, omnia, quae sunt, omniaque, quae non sunt, ab his, quae non sunt, faceret, quod sit, non ab his, quae sunt? quid enim putamus deum esse? etsi quidem putamus deum esse supra omnia, et quae sunt et quae non sunt, attamen id, quod sit, non id, quod non sit, deum esse credimus. praestat igitur, quod est, et prae-

---

1 *cf. Ioh 14, 9* ‖ 1–2 *cf. Ioh 14, 10* ‖ 5–8 *cf. Alcuinus, Adversus Elipandum IV 9* ‖ 6–7 *cf. Eph 1, 5* ‖ 9–12 *cf. Rm 8, 17*

3 est[2] *om.* **PV** | multimilies **DGPVM** multis milies **Y** | dicuntur *iter.* **D** *sed* dicuntur[2] *del.* ‖ 4 ubique **DGPVMY** undique **T** ‖ 5 aliud **DGPVY** aliquid **M** | de **DPVMY** a **G** ‖ 6 qua **DG** *Alcuinus hd* quae **PVTMY** | *post* quid *ins.* ad Ephesios simile **T** (*e margine scil. exemplaris descripti sumptum*) ‖ 8 ausus est *transp.* **M** | nec **DGPVY** ne **M** ‖ 9 dicto *om.* **V** | esse nos *transp.* **M** ‖ 11 *inter* et *et* Christum per *eras.* **D** ‖ 12 coheredes **DGMY** tu heredes **PV** ‖ 13 omnia et ut se habent omnia **DGM** *hd* omnia se habent et ut omnia **PV** omnia et ut se habent et ut omnia **Y** ‖ 14 ΛΟΓΟC **DP** ΛΟΤΟC **G** ΛΟΤΟC **VM** *ante* ΛΟΓΟC rasura **T** (*nec notantur in sequentibus huiusmodi errata orthographica nisi ubi alia de causa in apparatu ponenda erant*) ‖ 15 est ergo **DM** *hd cf. p. 26, 9* ergo est **GPVTY** ‖ 16 his **DGVMY** is **P** ‖ 17 quod est sine deo **DGPVM** quidem sine dubio **Y** ‖ 18 dominus supra **DGPVM** dominum super **Y** | omniaque quae **GM** *hd* omnia quaeque **DPV** omniaque (que **T**[1 *supra*]) **T** omnia quoque quae **Y** ‖ 19 faceret **G** *hd* facere **DPVTMY** *retinendum fortasse* dominum (**Y**) *et hic legendum* facere *suspic. hd at simili syntaxi utitur et alibi auctor noster* (*cf. Comm. in Ap. praef. XII*) | quae sunt **DGPVT**[pc]**MY** quae non sunt (non *del.*) **T**[ac] ‖ 20 (*bis*) putamus deum **DGPVM** putandum **Y** ‖ 21 attamen **DGPVM** advertamus **Y**

stat per ineffabilem generationem et praestat exsistentiam, *νοῦν*, vitam, non qui sit ista, sed supra omnia. si igitur deus, quod non est, non est, est autem, quod supra, id est, quod est vere *ὄν*, potentia ipsius *τοῦ ὄντος*, quae operatione in generationem excitata ineloquibili motu genuit *τὸ ὄν* omnimodis perfectum a toto potentiae totum *τὸ ὄν*, deus igitur est totum *προόν*, Iesus autem ipsum hoc totum *ὄν*, sed iam in exsistentia et vita et intellegentia universale omnimodis perfectum *ὄν*. hic est filius, hic omnis *λόγος*, hic, qui *apud deum* et in deo *λόγος*, hic Iesus Christus, *ante omnia*, quae sunt et quae vere sunt, prima et omnis exsistentia, prima et omnis intellegentia, primum et omnimodis perfectum *ὄν*, ipsum *ὄν*, primum *nomen ante omnia nomina*. ab isto etenim omnia nomina, sicuti declarabitur.

3. Volo autem audire, o mi dulcissime Candide, quid esse aestimas, quod non est. si enim deus omnium causa est, et eius, cui est esse et cui est non esse, causa deus est. sed si causa, non est id, quod non est. causa enim ut *ὄν* est, sed ut cui sit futurum esse *ὄν*. sed isto hoc ipso, quoniam causa, supra vere *ὄν*. quod igitur nondum *ὄν*, id est, quod non est. hoc autem, quod ad *ὄν* causa est, vere *προὸν* dicitur, et iuxta istam rationem causa est deus et eorum, quae sunt, et eorum, quae non sunt.

4. Diffiniendum igitur id, quod non est, quod quidem intellegitur et vocatur quattuor modis: iuxta negationem, omnino omnimodis ut privatio sit exsistentis, iuxta alterius ad aliud naturam, iuxta nondum esse, quod futurum est et potest esse, iuxta quod supra omnia, quae sunt, est esse.

---

11 *cf. Phil 2, 9* ‖ 12 sicuti declarabitur *cf. p. 20, 1*

21–25 B *et exemplar Bessarionis cf. praef. p. VI et XII–XIII*

2 non qui **DGPVY** numquid **M** ‖ 5 potentiae **DGPVM** potentia **Y** ‖ 6 *προόν hd* (= **Y**, *qui Graeca plurima recte et minusculis Graecis praebet, nec deinde notatur in sequentibus*) *ΠΡ,ΟΝ* **G** pro *ΟΝ* **DPM** proon **V** ‖ 8 in deo **DGPVMY** in deum **T** ‖ 9 vere **DGM** vera **PVY** ‖ 13 autem audire **DPVMY** *hd* audire autem **G** | mi **M**[2 *supra*] *om.* **M** ‖ 16 ut[1] **D**[1 *supra*] *om.* **D** | ut[2] *om.* **PVY** | isto **DG PVM** esto **Y** ‖ 17 quoniam **DGM** quod **PVY** ‖ 18 *προὸν hd* (= **Y**[*i.m.*]) *ΠΡΟΟΝ* pro *ΟΝ* **DPM** proon **V** *et hoc erratum orthographicum praeteribitur in sequentibus; cf. praef. p. XXIX* per *ὄν* **Y**[*i.t.*] | iuxta **DGPVM**[*pc*]**Y** iusta (*del.* **M**[1*p*] *et suprascr.* iuxta) **M**[*ac*] ‖ 19 et[1] *om.* **M** | et eorum quae sunt *om.* **PV** | non **P**[1 *supra*] *om.* **P** ‖ 21 diffiniendum (*cf. p. 14, 14*) **DG** definiendum **PVMBY** *hd* desiniendum *exemplar Bessarionis; et codicem* **A** *defin- scribere notat hd; at facilius fieri potuisse videtur correctio in formam magis usitatam* ‖ 22 ut *iter.* **G**[1 *i.m.*] ‖ 23–24 nondum esse **DGPVMY** non esse dum **B** ‖ 24 supra **DGPVM** supremum **Y** ‖ 24–25 omnia quae sunt est esse **G** *hd* omnia sunt est esse **DPVTMY** *exemplar Bessarionis* omnia sunt esse **B**

Quid igitur dicimus deum? ὄν an τὸ μὴ ὄν? appellabimus utique omnino ὄν, quoniam eorum, quae sunt, pater est. sed pater eorum, quae sunt, non est τὸ ὄν. nondum enim sunt ea, quorum pater est, et non licet dicere, nefas est intellegere eorum, quae sunt, causam ὄν appellare. causa enim prior est ab his, quorum causa est. supra ὄν igitur deus est, et iuxta quod supra est, μὴ ὄν deus dicitur, non per privationem universi eius, quod sit, sed ut aliud ὄν, ipsum quod est μὴ ὄν, iuxta ea, quae futura sunt, τὸ μὴ ὄν, iuxta quod causa est ad generationem eorum, quae sunt, τὸ ὄν.

5. Verum est igitur dicere deum patrem esse et iuxta causam esse et eorum, quae sunt, et eorum, quae non sunt. voluntate igitur dei in generationem veniunt et quae sunt et quae non sunt. et non aestimes, quae non sunt, quasi per privationem eorum, quae sunt. nihil enim istorum neque intellegitur neque exsistit. si enim mundus et illa superna subsistunt omnia et sunt, nullum μὴ ὄν iuxta privationem, sed subintellegentia quaedam est ab his, quae sunt, privationem eorum subintellegere, non subsistentis ne ipsius quidem subintellegentiae neque sic exsistentis, ut eorum, quae sunt. quaedam igitur, quae non sunt, quodammodo sunt, ut ipsa, quae sunt, quae post generationem et sunt et dicuntur, et ante generationem aut in potentia sua aut in alio fuerunt, unde generata sunt, secundum illos modos: iuxta circa aliud naturam et iuxta quod nondum est esse, quod futurum est et potest esse.

6. Primo igitur deus et super quae sunt est et super quae non sunt, quippe generator ipsorum et pater, iuxta quod causa est, deinde secundum generationem a deo aut secundum effectionem, quae sunt, apparuerunt. apparuerunt autem et μὴ ὄντα. ipsorum autem, quae sunt, alia sunt, vere quae sunt, alia, quae sunt, alia, quae non vere non sunt, alia, quae non sunt. at illa, quae vere non sunt, non recepit esse

1 appellabimus D G Y hd appellavimus PVTM | utique D G P V itaque M Y | omnino D G P V M omne Y ‖ 2—3 quae sunt D^{ac} G P V^{pc} M Y quae non sunt (non D^{1? i.m.}) D^{pc} (non exp. V^1) V^{ac} ‖ 4 quae sunt causam D G P V M quia sunt causa Y ‖ 5 et 6 supra D G P V M supremum Y ‖ 6.7 privationem D G P V M^{pc} Y praevaricationem M^{ac} praevarica exp. et suprasc. priva M^2 ‖ 7 est om. T ‖ 9 eorum om. PV | quae D G P V M Y aquae T ‖ 10 est om. M ‖ 11 et eorum quae non sunt D G P^{1supra} V M om. P Y ‖ 12 quae (bis) D G P V M quia Y ‖ 17 ne D G P V Y nec M ‖ 19 sunt^2 om. Y ‖ 20 et sunt et dicuntur et ante generationem D G P^{1 i.m.} V^{1 i.m.} M om. PVY ‖ 26 ante quae add. et T ‖ 28 non vere non (coniecturane an ita legens?) Y hd (cf. p.15, 14—15 et 17, 17—18) non vere D G P V M non verae T ‖ 29 aliaque non sunt ad illa quae vere non sunt V^{1 i.m.} om. V | alia quae D G M Y aliaque PV | at D G M ad PVY |. quae vere D G P V M Y quae verae T | recepit D^{ac} G P V Y hd recipit (i in e scr. D^1) D^{pc} M | esse D^{1 supra} om. D

MARIVS VICTORINVS

plenitudo dei. iuxta enim quod est esse et aliquo modo esse plenitudo plenitudo est sola emphasi exsistente in intellegentia eorum, quae vere non sunt, quae iuxta subiectionem ab his, quae non vere quidem sunt, quodam tamen modo sunt, incipiens imaginata est circa id, quod vere non est. 5

7. Audi, quemadmodum dico: sunt quaedam eius, quod sit, natura manifesta, sicuti sunt, quae vere sunt, et omnia supracaelestia, ut spiritus, νοῦς, anima, cognoscentia, disciplina, virtutes, λόγοι, opiniones, perfectio, exsistentia, vita, intellegentia, et adhuc superius exsistentialitas, vitalitas, intellegentitas et supra ista omnia ὄν solum istud 10 ipsum, quod est unum et solum ὄν. in ista noster νοῦς si recte ingreditur, comprehendit ista et ab his formatur et stat intellegentia iam non in confusione inquisitionis exsistens. sed quoniam intellegentia talis de altero est, comprehensio et diffinitio quaedam efficitur alia ὄντα solum ὄντα esse, quoniam in eo, quod est alterius, est et aliud, ut intel- 15 lectuale ad intellectibile. ergo intellectibilia ea sunt, quae vere sunt, intellectualia, quae sunt tantum. sunt autem ista omnia animarum in natura intellectualium nondum intellectum habentium, sed ad intellegentiam accommodata. excitatus enim in anima ὁ νοῦς intellectualem potentiam animae illustrat et illuminat et invultuat ac figurat, et 20 innascitur animae intellegentia et perfectio. et idcirco et substantia dicitur anima, quoniam omnis substantia subiectum est. subiectum autem alteri alicui subiacet. subiacet autem anima τῷ νῷ et spiritui. substantia igitur anima.

8. Omnia ergo, quae animae sunt, solum ὄντα sunt, non quae vere 25 sunt. anima igitur nostra comprehendit, quae vere sunt, quoniam si ingreditur νοῦς in animam intellectualem, comprehendit item et

---

2 in D¹ *supra om.* D ‖ 3 non² D¹ *supra om.* D ‖ 4 tamen D G P V M^{pc} itamen (i *exp.*) M^{ac} tantum Y ‖ 7 vere D G P V M Y verae T ‖ supracaelestia D G P V M supremum coelestia Y ‖ 8 opiniones D^{pc} G P V M Y opiones (ni D¹ *supra*) D^{ac} ‖ 10 intellegentitas D G P V (i *pro* e²) Y intelligentia M ‖ *ante* istud *add.* id D³ *supra* M ‖ 11 *post* νοῦς *male eras.* seu (?) V ‖ 13 intellegentia talis D^{pc} G V M Y intellegia talis (intellegentia D² *i.m.*) D^{ac} P ‖ 14 comprehensio D G P V M appreh- Y ‖ diffinitio G M difinitio D P V definitio Y *hd* ‖ 14.15 solum ὄντα (*sed onta Latinis litteris scriptum, ut saepe*) V¹ *i.m. om.* V ‖ 15 aliud ut intellectuale D G^{pc} M aliud intellectuale G^{ac} (ut G¹ *supra*) P V Y ‖ 16 vere D G P V M Y verae T ‖ 18 ad M¹ *supra om.* M ‖ 19 ὁ νοῦς *hd* ONOYC D G OHOYC P V M ὁ *om.* Y ‖ 22 subiectum¹ D G P M Y subiecta V ‖ 23 alicui D G M alicubi P V Y ‖ subiacet² D^{pc} G P V M Y subiecet (e¹ *in a corr.* D¹.?) D^{ac} ‖ 24 igitur D G P V M Y agitur T ‖ 25 quae animae *transp.* T ‖ 25—26 quae vere sunt D G P V M Y quae non verae sunt T ‖ 26 anima — sunt *om.* P V ‖ nostra comprehendit D G M non causa apprehendit Y ‖ vere D G M Y verae T ‖ 27 comprehendit D G P V M appreh- Y ‖ item D G P V M Y ita T

14

ὄντα, hoc est ipsa illa intellectualia (intellegit enim anima, quoniam anima est), et sic ab his, quae sunt, intellegentia efficitur ipsorum, quae sunt, hoc est eorum, quae vere sunt.

At vero alia duo, quae non vere non sunt et quae non sunt, ab istis intellegentiam sumunt per conversionem intellegentiae τοῦ ὄντος. etenim non intellegit τὸ μὴ ὂν iuxta τὸ μὴ ὄν, sed iuxta τὸ ὂν τὸ μὴ ὂν accipit. ergo τὸ μὴ ὂν veluti exterminatio τοῦ ὄντος est. exterminatio autem infiguratum quiddam est, sed tamen est, non tamen sicut ὂν est. omne enim τὸ ὂν et in exsistentia et in qualitate figuratum et vultuatum est. ergo τὸ μὴ ὂν infiguratum. est autem aliquid, quod infiguratum est. ergo τὸ μὴ ὂν est aliquid. sunt igitur μὴ ὄντα, et idcirco sunt, quae non vere non sunt, et potiora sunt ad id, quod est esse, ea, quae non vere non sunt, quam quae μὴ ὄντα sunt. propter quod efficitur τῶν ὄντων iste naturalis ordo: ὄντως ὄντα, ὄντα, μὴ ὄντως μὴ ὄντα, μὴ ὄντα.

9. Diximus autem, quae sint, quae vere sunt, et quae, quae sunt. nunc autem dicemus, quae sint, quae non vere non sunt, et quae sint, quae non sunt.

Intellegibilis et intellectualis cum sit dei potentia, iuxta intellegentiam apparuerunt cuncta, quae sunt. sed intellegentia dupliciter operatur: sua propria potentia intellectuali et iuxta imitationem intellegendi etiam sensu. rursus autem sensus, simulacrum cum sit intellecti et imitamentum intellegendi, si perfecte percipit operationem intellegentiae, quae illam fortificat in operari atque agere, efficitur sensus propinquus atque vicinus purae intellegentiae, et ista est, quae caelestia comprehendit et ea, quae in aethere, et ea, quae in natura et in

---

2 et sic ab his D G P V Y quoniam et ab his sic M ‖ 3 vere D G P V M Y verae T ‖ 4 at vero D G V M Y advero P | non vere non sunt D^{pc} P V M Y non vere sunt (non^2 D^3 ^{supra}) D^{ac} G ‖ 6 iuxta τὸ μὴ ὂν sed iuxta τὸ ὂν τὸ μὴ ὂν G M^{pc} D^1 $^{i.m.}$ P^1 $^{i.m.}$ V^1 $^{i.m.}$ om. D P V Y | post intellegit scr. τὸ μὴ ὂν accipit M (= D$^{i.t.}$ P$^{i.t.}$ V$^{i.t.}$) sed del. et scr. iuxta — accipit (= G) ‖ 9 in^1 om. M | vultuatum D G P V Y invultuatum M ‖ 10 — 11 infiguratum est autem aliquid quod infiguratum est M^2,^{p3,p} $^{i.m.}$ om. M ‖ 10 est autem G M hd autem est D T autem om. P V Y ‖ 11 ergo τὸ μὴ ὂν om. M ‖ 12 non vere non sunt D^{pc} P V M Y non vere sunt (non^2 D^{3} ^{supra}) D^{ac} G ‖ 12 — 13 et potiora sunt — non sunt M^2,^{p3,p} $^{i.m.}$ (omisso vere non) om. M ‖ 13 non vere non sunt D^{pc} P V Y non vere sunt (non^2 D^3 ^{supra}) D^{ac} G non sunt M$^{i.m.}$ ‖ 14 μή² om. D ‖ 15 μὴ ὄντα om. M ‖ 16 sint D^{pc} G P V sunt D^{ac} (i D^3 ^{supra}) M Y | quae quae D G P V M quequae T quaeque Y ‖ 17 sint^1 D^{pc} G P V M sunt D^{ac} (i D^1 ^{supra}) Y | non vere non sunt D^{pc} P V Y non vere sunt D^{ac} (non^2 D^3 ^{supra}) G vere non sunt T M ‖ 21 intellectuali G P V M Y hd intellectualia D ‖ 22 sensus D^{pc} G P V M Y sens (us D^1,^{p} ^{supra}) D^{ac} ‖ 23 percipit D^{pc} G P V M Y percepit (i in e scr. D^1) D^{ac} ‖ 26 comprD G P V M appr- Y | aethere D G^{pc} P V M Y aehere (t G^1 ^{supra}) G^{ac}

ὕλη gignuntur et regignuntur, et alia huiusmodi, quorum est potentia in sensuali intellegentia, et est illis esse quodammodo esse et non esse. caelum etenim et omnia in eo et universus mundus ex ὕλη consistens et specie in commixtione est. ergo non est simplex. huius igitur mundi quae partes sunt participantes animae intellectualis, in potentia et in natura sunt eorum, quae ⟨non⟩ vere non sunt. utuntur enim intellegentia, sed iuxta sensum intellegentia, et sunt iuxta sensum versibilia et mutabilia, iuxta vero intellegentiam inversibilia et immutabilia. quomodo autem istud? sensus nihil aliud comprehendit nisi qualitates, subiectum autem, id est substantiam, nec percipit nec comprehendit. versibiles enim qualitates sunt, substantia autem inversibilis. sed cum sit anima substantia, dicitur et ista versibilis. quomodo istud? sic habeto.

10. Cum suscipit et intellegit anima, quae sunt in mundo, si illa intellegit, quae sunt animalia et animata, in eo, quod est habere animam, sunt, quae non vere non sunt. quodam enim modo ὄντα, iuxta quod animam habent, quodammodo μὴ ὄντα, iuxta quod conversibilem ὕλην habent et qualitates versibiles, et sunt haec, quae diximus μὴ ὄντως μὴ ὄντα. cum autem subintellegimus solam inanimam ὕλην (inanimum autem dico, quicquid sine intellectuali anima est), circumlato sensu circa qualitates quasi comprehendit, quae μὴ ὄντα sunt. versibiles enim qualitates, et iuxta hoc μὴ ὄντα. etenim id ipsum subiectum, quae ὕλη dicitur, indeterminatum est, et ideo sine qualitate dicitur. si autem determinatur, qualitas dicitur, non qualis ὕλη. et sunt primae qualitates: ignis, aer, aqua, terra. ipsa secundum se sine commixtione vel alicuius unius. si igitur ista qualitates et ista ὕλη, qualitates igitur ὕλη. non enim ut accidens accidit τῇ ὕλῃ, sed ipsa est qualitas. non potest enim esse qualitas ipsa per semet, sed eo, quod est, hoc ipso ὕλη est, et semper hylica cum sit, nihil aliud quam ὕλη

---

18 quae diximus *cf. p. 15, 14 et 16, 6*

6 non *suppl.* z hd ‖ 9 compr- D G P V M appr- Y ‖ *post* qualitates *add.* sunt M ‖ 10 compr- D G P V M appr- Y ‖ 11 qualitates G P V M Y qualites D ‖ 16 non vere non sunt D^{pc} P V M Y vere non sunt (non¹ D³ ^{supra}) D^{ac} G ‖ 16—17 quod animam — iuxta *om.* M animam habent quodammodo muonta (muonta *exp.*) M²$^{i.m.}$ (*om.* quod¹ *et* iuxta²) ‖ 17 habent D G P^{pc} V M Y habet (*virg. supra et a m. inc.*)P^{ac} ‖ 18—19 MH ΟΝΤΩC MH ΟΝΤΑ D^{ac} MH ΟΝΤΟC MH ΟΝΤΑ G MH ΟΝΤΩC ΟΝΤΑ (MH² *eras.*) D^{pc} MH ΟΝΤΩC MNONTA PV AAHONTOCTΩC MHONTA T AAHOHTΩCAANONTA M μὴ ὄντος μὴ ὄντα Y ‖ 19 *post* solam *exp. et eras.* a D ‖ inanimam D G P T M Y inanima V ‖ 21 compr- D G P V M appr- Y ‖ 22 iuxta D G P V Y iusta M ‖ 25 *ante* ignis *eras.* aer D ‖ 26 unius D G P V M unione Y ‖ 27 accidit M¹^{supra} *om.* M ‖ ipsa D G P V M ista Y ‖ 28 ipsa D G P V Y ipa M ‖ *ante* eo *eras.* d D ‖ 29 hylica G P V M Y ylica D

est. sicuti et anima, iuxta quod intellectualis est, anima est, et iuxta quod semper movetur et a se movetur, non secundum duplicationem neque secundum accidens ista anima est, sed quod istae qualitates, substantia est anima, sic etiam ὕλη ipsa qualitas, ipsa substantia ὕλη.
5 differt autem anima ab ὕλη. dicunt enim quidam, quod anima ὕλη est, quod subiectum et qualitas eadem ipsa sit substantia et animae et ὕλη. sed differt, ut dixi, quoniam anima, intellectualis cum sit, intellegit et semet semet ipsam. at vero ὕλη, omnimodis omnino inintellegens cum sit, neque intellegentiam neque sensum in sensu habet. et
10 idcirco anima ea est, quae sunt, cum ipsa sola pura est, mixta τῇ ὕλῃ ea, quae non vere non sunt, sola autem ὕλη, quae non sunt. omnium nutrix anima, et ὕλη omnium nutrix. sed anima propria virtute omnium nutrix est et vitae generatrix, ὕλη autem sine anima effeta et densa facta in aeternum manet animationem ab anima animam ha-
15 bens. sunt igitur et dicuntur ista μὴ ὄντα. de his, quae non sunt, nunc sic habeto.

11. Habes igitur quattuor: quae vere sunt, quae sunt, quae non vere non sunt, quae non sunt. per conversionem autem et complexionem horum nominum adhuc duo modi subaudiuntur: quae non vere sunt
20 et vere quae non sunt. sed enim quae non vere sunt, ea, quae tantum sunt, significant. solum enim sunt, quae non vere sunt. at vero, quae vere non sunt, ad id, ut sint, locum non habent. deo enim plenis omnibus nefas et impossibile, quae vere non sunt, et dici et esse, quae intellegentia sola, sicuti declaravimus, non ab his, quae non sunt, sed ab his,
25 quae sunt, secundum privationem adnascantur in anima neque in sua substantia neque in intellegentia positis, quae vere non sunt.

12. Eamus ergo ad videndum, quid sit deus et in quibus est. vere quae sunt, prima et honoratiora sunt. numquid in istis deus? sed et his causa est et horum dator et pater. et non est dicere haec esse ipsum,
30 quibus, ut essent, dedit. cum sit enim unus et solus, etsi multa esse

---

24 sicuti declaravimus cf. p.13,15−18 ∥ 27 − p.18,2 cf. Alcuinus, De fide II 1

1 iusta pro iuxta[1] scr. M del. M[1] et i.m. scr. iuxta | est[2] T[1 supra] om. T ∥ 4 ipsa[1] DGPVM ista Y ∥ 6 animae DGPVMY anima T ∥ 8 semet semet ipsam DP VY hd semet ipsam GM | omnino om. M | inintellegens P inintellegens V intellegens DG intelligens TMY ∥ 10 ea om. M | est[2] DGPVM et Y ∥ 11 non[2] om. D | sola − non sunt om. Y ∥ 13 autem om. M | effeta DPV[pc] hd effecta GV[ac] (c exp.) TMY ∥ 16 sic D[pc]GM[pc] si D[ac] (c D[1 supra]) PVM[ac] (c M[1 supra]) | nunc sic habeto om. Y ∥ 18 non[1] (D[3 supra]) om. D ∥ 20 vere[2] DGPVMY verae T∥ 21 non om. M | vere DGPVMY verae T ∥ 22 vere non sunt DGPVY non vere non sunt M ∥ 23 intellegentia DGM intellegentiae PV intelligentiae Y ∥ 26 in om. PVM ∥ 30 etsi multa DG hd et simulata PVTMY

voluit, non illum ipsum unum, sed illud, quod est unum esse, hoc voluit multa esse.

Forte nunc dicis, o Candide: meus hic sermo est, et secundum istam rationem dico ex his, quae non sunt, natum esse filium dei secundum effectionem, non secundum generationem. sed $\mu\dot{\eta}$ $\ddot{o}\nu\tau\alpha$ quae esse diximus? numquid omnino quae non sunt? sed iam in confesso est, quod non. et hoc in confesso est, quoniam, quae non sunt, iuxta modos dicuntur quattuor. ex quibus duo iuxta nihilum omnino, et iuxta super omnia, alii vero, hoc est iuxta ad aliud naturam et iuxta quod nondum est, quod est potentiam esse, non iam actionem esse.

13. Quid igitur vero deus, si ne unum quidem est, neque quae vere sunt neque quae sunt neque quae non vere non sunt neque quae non sunt? ista enim praestat deus ut causa istis omnibus. eorum autem, quae vere non sunt, deum esse nefas est suspicari. necessario per praelationem et per eminentiam $\tau\tilde{\omega}\nu$ $\ddot{o}\nu\tau\omega\nu$ deum dicemus supra omnem exsistentiam, supra omnem vitam, supra omnem cognoscentiam, supra omne $\ddot{o}\nu$ et $\ddot{o}\nu\tau\omega\varsigma$ $\ddot{o}\nu\tau\alpha$, quippe inintellegibile, infinitum, invisibile, sine intellectu, insubstantiale, incognoscibile, et quod super omnia, nihil de his, quae sunt, et quoniam supra quae sunt, nihil ex his, quae sunt. $\mu\dot{\eta}$ $\ddot{o}\nu$ ergo deus est.

14. Quid autem istud $\tau\dot{o}$ $\mu\dot{\eta}$ $\ddot{o}\nu$ super $\tau\dot{o}$ $\ddot{o}\nu$ est? quod non intellegatur ut $\ddot{o}\nu$ neque ut $\mu\dot{\eta}$ $\ddot{o}\nu$, sed ut in ignoratione intellegibile, quoniam $\ddot{o}\nu$ et quoniam non $\ddot{o}\nu$, quod sua ipsius potentia $\tau\dot{o}$ $\ddot{o}\nu$ in manifestationem adduxit et genuit. est autem $\lambda\acute{o}\gamma o\varsigma$ istud sic se habere. quid vero? deus, qui supra $\ddot{o}\nu$ est, ab eo, quod ipse est, sicut ipse est, produxit, an ab alio, an a nullo? ab alio? et quo alio? nihil enim ante deum fuit, neque ut deo ex altero par. a nullo igitur. et quomodo? si enim $\tau\dot{o}$ $\ddot{o}\nu$ produxit, verum est dicere, quoniam a semet ipso, qui super $\tau\dot{o}$ $\ddot{o}\nu$

15—16 *cf. Alcuinus, De fide II 2*

1 illum **D G P V M** illud **Y** | unum[2] **D G P V Y** unde **M** ‖ 7 quod non et hoc in confesso est **D**[1] [i.m.] *om*. **D** ‖ 9 alii **D**[pc] **G P V M Y** alia (i *in a scr*. **D**[3]) **D**[ac] ‖ 11 sine *in* sive *mut*. (ne *exp. et* ve *suprascr*.) **M**[1] | neque *ex* nequae *corr*. (a *exp*.) **P** ‖ 12 neque quae sunt *iter, sed iterata eras*. **D** | non vere non sunt **D**[pc]**G P V M Y** vere sunt (non[1] **D**[1supra] non[2] **D**[3supra]) **D**[ac] ‖ 15 *TΩN ONTΩN* **D G P V** *TΩN OTΩN* **T M** | dicemus **D G P V**[ac]**M Y** dicimus (i *supra* e **V**[1]) **V**[pc] ‖ 17 omne *ON* **D G** omnem *ON* **P V T M Y** ($\ddot{o}\nu$) | inintellegibile **G** *hd* intelligibile **P V M Y** intellegibile **D** | invisibile *ex* ininvisibile *corr*. (in[1] *exp*.) **M** ‖ 18 intellectu **D G M** intellectuali **P V Y** | super **D G P V** supra **T M Y** ‖ 19 ex **D G M** de **P V Y** ‖ 21 non *om*. **M** ‖ 22 ut *MH ON* **D G** ut me on **M** tumeon **P V** $\tau\dot{o}$ $\mu\dot{\eta}$ $\ddot{o}\nu$ **Y** ‖ 22—23 sed ut—quoniam *ON* **M**[2 i.m.] *om*. **M** ‖ 23 manifestationem **G P V M Y** manifestatione **T** manifestionem **D** ‖ 24 *ΛΟΤΟC* **D G** *ΛΟΤΟΝ* **P** *ΛΟΤΟΝ* **V** *ΛΟΤΟC* **M** $\lambda\acute{o}\gamma ov$ **Y** ‖ 25 sicut **D G P V M** sicuti **Y** | est[3] *om*. **M** ‖ 26 an[2] *om*. **M** ‖ 27 *post* quomodo *add*. deo **Y**

est, τὸ ὄν generavit, quam de nihilo. quod enim supra ὄν est, absconditum ὄν est. absconditi vero manifestatio generatio est, si quidem et potentia ὄν operatione ὄν generat. nihil enim sine causa in generatione. et si deus causa est omnium, causa est et τοῦ ὄντος in generationem, quippe cum super τὸ ὄν sit, vicinus cum sit τῷ ὄντι et ut pater eius et genitor. etenim gravida occultum habet, quod paritura est. non enim foetus non est ante partum, sed in occulto est et generatione provenit in manifestationem ὄν operatione, quod fuit ὄν potentia, et ut, quod verum est, dicam, ὄν operatione τοῦ ὄντος. etenim foris operatio generat. quid autem generat? quod fuit intus. quid igitur fuit intus in deo? nihil aliud quam τὸ ὄν, verum τὸ ὄν, magis autem προόν, quod est supra generale ὄν genus, quod supra ὄντως ὄντα, ὄν iam operante potentia. hic est Iesus Christus. dixit enim ipse: *si interrogaverit: quis te misit?, dicito ὁ ὤν.* solum enim illud ὄν semper ὄν ὁ ὤν est.

15. Filius ergo Iesus Christus et solus natus filius, quoniam illud προόν nihil aliud genuit quam ὄν ante omnia et omnimodis perfectum ὄν, quod non potest esse cum altero, et quoniam, quod omnimodis perfectum est, altero non eget. universale enim ὄν unum est et solum ὄν et super genus generale ὄν unum est et solum ὄν. quoniam vero hoc ὄν non illud est ὄν, quod potentiam perfectam habet, potentia natum est istud ὄν *ante omnia,* quae vere sunt et quae sunt, primum ὄν, a quo sunt omnia, quae sunt, et *per* quem et *in* quo. huius gratia ὄν, quod operatione est, imago est illius τοῦ ὄντος, quod potentius est secundum nullum progressum semper in semet manens.

16. Quid deinde? nos dicimus Iesum τὸ ὄν primum, *ante omnia ὄν, per quem* omnia, quae sunt. hoc est enim *nomen supra omne nomen.*

---

14 cf. Ex 3, 13 − 14 ‖ 22 − 23 cf. Col 1, 16 − 17 ‖ 26 − 27 cf. Col 1, 15 − 18 ‖ 27 cf. Phil 2, 9

1 generavit D[pc]GPV (T?) Y generaverit (er[2] *exp.* D[3]) D[ac]M | ante quam *add.* potius T? (G potius *addere w in app. testatur; confunduntur autem saepius in apparatu w* G *et* T) | quam DGPVM quamquam Y | quod DGPVM quid Y | ante est *ins.* prime PVY primae T ‖ 3 generat DGMY genuit PV ‖ 4 et si DG PVM est si Y | deus causa *transp.* M | generationem GPVMY generatione D ‖ 5 TΩ D[pc]PVMY TO D[ac] (Ω D[3 supra]) GT ‖ 6 *post* gravida *add.* et M ‖ 7 est[3] G[1supra] *om.* G ‖ 8 provenit DGPVM pervenit Y ‖ 10 operatio D[pc]PVM operatione (ne *exp.* D[1,p2,?]) D[ac]GY | generat (*bis*) DGPV[pc]MY generatio (io eras.) V[ac] ‖ 12 supra[1] DGPVY super M | ONTΩC D[pc]PVM ONTOC (O[2] *exp.* et Ω D[1supra]) D[ac]GY ‖ 13 operante D[pc]GPVMY operatione (tione *del.* et rante *suprascr.* D[3]) D[ac] | Iesus Christus *transp.* T ‖ 16 solus DGM solum PVY ‖ 19 universale DPVMY universalem G ‖ 20 et super — solum ὄν T[1 i.m.] *om.* T ‖ 21 − 22 potentia natum − ὄν *om.* Y ‖ 23 quem DGPVM quae Y ‖ 27 est *om.* M

19

MARIVS VICTORINVS

principium enim nominum τὸ ὄν et principium substantiarum, sicuti
1029 A frequenter et in multis declaravi. rursum vero Iesum non λόγον circa
deum esse diximus? et magis, et *in principio λόγον*, et ipsum istum
λόγον deum esse dicimus. clamat res ipsa per cerycem Iohannem;
daemones etiam confitentur istud se sic habere. dictum est autem, 5
quoniam *in principio fuit λόγος*. et, ut tu dicis, non est principium,
quod praecedit aliud principium. sine principio enim principium, si
quidem et est et dicitur principium. qui igitur *in principio* fuit, ex
aeterno est, sive in deo sive *circa deum*. erat enim *circa deum λόγος* et
in principio erat. ergo semper fuit. si semper fuit, necesse est non esse 10
eum ab his, quae non sunt, neque factum esse. dicit Iohannes: *deum*
1029 B *nullus vidit aliquando; unigenitus filius, qui est in gremio patris, ipse
enarravit*.

Habemus igitur ista eadem, quoniam Iesus ὄν est, quoniam λόγος
est, quoniam *in principio* fuit, quoniam *circa deum* fuit, quoniam *in* 15
gremio dei est. ista omnia non manifeste et dilucide significant filium
esse, cui attribuuntur ista: ὄν est et ante omnia ὄν? si pater deus,
antequam est ὄν, esse potentia accipitur ipsius, quod ὄν est. quod
quidem τὸ ὄν a sua potentia in suo patre exsiluit, ipsum τὸ ὄν manifestationem
accipiens, quod fuisset occultum. et ista divina et ineffa- 20
bilis generatio est. exterminandum igitur dogma est ex his, quae non
sunt, esse Iesum.

17. Videamus aliud rursus: si λόγος est Iesus, quid est λόγος? dico,
1029 C quoniam patrica activa quaedam potentia et quae in motu sit et quae
se ipsa constituat, ut sit in actu, non in potentia. si istud sic est, quare 25

2 declaravi *cf. p. 12, 6—12; Hadot Victorinus 258—262* || 3 diximus *cf. p. 12,
6—12* || 2—4 *cf. Ioh 1, 1* || 4 cerycem *cf. Ioh 1, 34* || 5 daemones *cf. Luc 4, 41* ||
6 *cf. Ioh 1, 1* | ut tu dicis *cf. Cand. I 3, p. 3, 17—19* || 8—10 *cf. Ioh 1, 1* || 11—13
cf. Ioh 1, 18 || 14—15 *cf. Ioh 1, 1* || 15—16 *cf. Ioh 1, 18* || 23—p. 21, 10 *cf. Alcuinus,
De fide II 13*

1 sicuti D G P V M sicut Y || 2 declaravi M[2i.m.] *om.* M || 2—3 circa deum —
in principio λόγον *om.* G || 3 diximus *ex* dicimus *corr.* (x *supra*) P | istum G P
V M Y istud D || 4 cerycem D G M cerucem P V cervicem Y || 5 daemones G *hd*
aeones D P V T Y Ae'ones M || 6 quoniam D G P V M quia Y | fuit D G P V M Y
fit T | ut G[1supra] *om.* G || 8 qui D G P V T[pc] M Y quid (d *eras.*) T[ac] || 10 non esse
D G P V M enim Y || 12 nullus G P V M Y nemo D | *post* in legitur (*quamquam
eras.*) s V *incipiendo verbo sinu positum suspic. hd* | ipse *om.* Y || 13 enarravit
D[pc] G P V M Y enarrabit (v *in* b *scr.* D[1p3p]) D[ac] || 14 ΛΟΓΟΣ D G ad ΤΟϹ P V M
λόγος Y || 16 dei P[1supra] *om.* P | non D G P V M num Y || 18 est ὄν transp. D
est *om.* Y || 19 exsiluit D[pc] G Y exiluit (s D[1supra]) D[ac] exsilivit P V M || 22 Iesum
D G P V M deum Y || 23 videamus D G V M Y videamur P | aliud rursus D G
rursus aliud P V T M Y || 25 se *om.* T | ipsa D P V M Y *hd* ipsam G | in[1] G[1supra]
om. G | sic D G M Y factum P V

20

ὁ *λόγος* circa deum erat? necessario circa istud ipsum, ut *per* istum *λόγον* gignerentur *omnia* et *sine* illo *nihil*. operatur ergo deus per *λόγον* et semper operatur. *λόγος* igitur activa potentia est et in motu et quae constituat, ut sit actione, quod fuit potentia. istum igitur dicimus, quoniam *in principio* fuit. *in principio* autem esse non generatum esse significat? et vere. propterea *deus* et *λόγος*, quoniam *circa deum* et *in principio* fuit, sicuti et deus non genitus est *λόγος*, cum deus ipse *λόγος* sit, sed silens et requiescens *λόγος*, ut videas necessitatem cognoscendi multo magis non genitum esse *λόγον*, quam ipsum fieri ex his, quae non sunt.

18. Quid deinde? cognoscentia nostra quemadmodum fertur? quomodo movetur? iuxta *λόγον*. non sic *λόγον* videt, quoniam aut propter aliud est aut alterius est. iuxta quod est, ad hoc est, ut aliud esse constituat. et omnino non aliter. pater ergo omnium et generator *λόγος*, *per* quem *omnia effecta sunt, et sine* quo *factum est nihil*. sed huius (hoc est τοῦ *λόγου*) huiusmodi potentiam aliud constituendi et faciendi potentiam non sic oportet audire sicut in omnium causa, deo. ipse enim constitutivus est et ipsius τοῦ *λόγου*. si enim prima causa, non solum omnium causa, sed et sibi ipsi causa est. deus ergo a semet ipso et *λόγος* et deus est.

19. Sed quoniam esse ipsum, quod est moveri et intellegere, hoc est agere, primum est potentia et constitutiva potentia, primum, inquam, est, necessario igitur ipsum esse praecedit. ergo et moveri et intellegere et agere ab eo est, quod est esse. est autem secundum quod est in actu esse, hoc est filium esse. filius ergo et pater idem ipse, et magis istud, quoniam illud ipsum esse, quod est pater, quod est esse, hoc est agere

---

1 cf. *Ioh 1,1* ‖ 2 cf. *Ioh 1,3* ‖ 5—7 cf. *Ioh 1,1* ‖ 15 cf. *Ioh 1,3* ‖ 21— p.22,2 cf. *Alcuinus, De fide II 13*

4 sit **D G V**[ac]**M Y** si **P V**[pc] (t *exp.*) ‖ 6 et[1] **D G P V M** est **Y** | ΛΟΓΟΣ **D G** ΑΟ-ΤΟΣ **M** *λόγος* **Y** ΑΟΤΟΝ **P V T** ‖ 6—7 quoniam — *λόγος falso iter.* **P V** ‖ 7 *inter* deus *et non ins.* non genitus est ΑΟΝΤΟΝ (ΑΟ *in linea*, ΝΤΟΝ *supra*) quoniam circa deum et in principio fuit sicuti et deus **M**[2 i. m.] | *post* deus[2] *eras.* cum **D** ‖ 9 ΛΟΓΟΝ **D G** *λόγον* **Y** ΛΟΤΟΝ **P** ΑΟΤΟΝ **V** ΑΟΤΟΣ **M** ‖ 12 ΛΟΓΟΝ[1] **D G** *λόγον* **Y** ΛΟΤΟΝ **P** ΑΟΤΟΝ **V** ΑΟΤΟΣ **M** ‖ 14 ergo omnium **D P V M Y** omnium ergo **G** ‖ 15 *post* per *rasura quattuor fere litterarum spatio* **D** | sine *ex* sin *corr.* (e *suprascr.*) **V**[1] ‖ 16 est *om.* **T** | potentiam **D G P V Y** potentia **M** | constituendi *z hd* constituendum **D G P V T M Y** ‖ 17 causa deo **D G P V M** causando **Y** ‖ 18 ipsius **D G P V M Y** ipse **T** | prima *in* primum *mut.* **T** ‖ 19 omnium **D G P V M Y** omnino **T** | sibi **P**[1 supra] *om.* **P** | causa[2] *ex* causi *corr.* (i *exp. et a suprascr.*) **M** | semet **D G P V Y** se **M** ‖ 22 agere *ex* agege *corr.* (g[2] *exp.* et r *suprascr.*) **M**[1] ‖ 23 ergo *om.* **Y** ‖ 24 eo **D**[1 supra] *om.* **D**

et operari. non enim aliud ibi esse, aliud operari. simplex enim illud unum et unum et solum semper. in patre igitur filius et in filio pater.

20. Quomodo igitur effectum est, quomodo pater et filius, si simul, neque simul ambo, sed unum et solum et simplex? si hoc oportet quaerere (sufficit enim credere), dicamus, in quantum fas est.

Primum manifestum est, quoniam λόγος neque alius neque ab altero *circa deum.* dicit enim evangelium: *in principio erat λόγος, et λόγος erat circa deum.* rursus dicit: *unigenitus filius, qui est in gremio patris.* quomodo ista dicta aut accipis aut intellegis? Romani πρὸς τὸν θεὸν *apud deum* dicunt quasi penitus intus, id est in dei exsistentia, et hoc verum. in eo enim, quod est esse, inest et operari. in deo enim λόγος, et sic in patre filius. causa enim est ipsum esse ad actionem. oportet enim esse primum, cui inest operari. et sunt ista duo, secundum virtutem dico duo, secundum autem intellegentiam simplicitatis unum et solum. si igitur causa est ipsum esse ad actionem, generatur agere ab eo, quod est esse. esse autem pater est, operari ergo filius.

21. Quae igitur generatio est aut apparentia actionis? primum autem, si oportet istud dicere, ne quis emphasin accipiat temporis, primum secundum intellegentiam dico, primum igitur ipsum esse in semet ipsum conversum et moveri et intellegere intus in requie positam beatitudinem omnimodis perfectam custodit. est autem et ipsum beatitudinis et magnitudinis dei et intus et foris et moveri et operari. omne enim, quod est omne, et intus et foris est. quomodo istud et intus et foris deo exsistente et in omni et in toto, postea dicendum.

22. Nunc autem accipe causam intellegendi emphasin temporis iuxta prius et posterius omnino sine tempore effectis omnibus. ex aeterno enim omnia. deus igitur omnimodis perfectus et supra omnimodis per-

---

7–8 *cf. Ioh* 1, 1 ‖ 8 *cf. Ioh* 1, 18 ‖ 9 *cf. Ioh* 1, 1 ‖ 24 postea dicendum *cf. p.* 23, 16−21

1 ibi esse **D G P V Y** esse ibi **M** ‖ 3 si *om.* **G** ‖ 6 neque[2] *iter. sed* neque[1] *del.* **M** ‖ 7 circa **D G P V M**[pc] **Y** ante (ante *exp. et* circa *suprascr.* **M**[1]) **M**[ac] ‖ 8 erat *om.* **G** ‖ filius qui est **D G P V Y** qui est filius **M** ‖ 9 πρὸς τὸν θεὸν **Y** *hd* ΠΡΟCΤΟΝΘΝ **G** ΠΡΟC (P *supra*) ΤΟΟΝ **D** Θ *archetypi suspicatur hd* proston *ON* **P T M** proston on **V** ‖ 13 sunt **D G P V M Y** deus **T** | r *in* virtutem *exp. et suprascr. rursus* r **D**[1] (?) ‖ 14 autem intellegentiam **D G P V M Y** intellegentiam autem **T** ‖ 15 agere **D G M** a genere **P V T** autem genere **Y** ‖ 18 ne quis **D G P V M** neque **Y** | emphasin **Y** enfasin **D G** *hd* infasin **P V** in fas **T** in fas in **M** | temporis *om.* **T** | accipiat temporis **D G P V M** temporis accipiat **Y** ‖ 21 custodit **D G P V M Y** custodiat **T** ‖ 22 *post* intus *et post* foris *rasura in* **D** ‖ 22−23 et moveri − foris est **D**[2 i.m.] *om.* **D** (*aberratione scil. oculi*) ‖ 23 est omne **D P V M Y** *hd* omne est **G** | et[4] *om.* **P** *exp.* **V** ‖ 25 emphasin temporis **Y** enfasin temporis **D**[pc] **G V** *hd* enfas intemporis **D**[ac] (in *cum* enfas *iunctum*) **P M** en fas in temporis **T**

fectus, is, qui omnia creavit et qui omnium causa est, non ipsum illud solum, quod unum fuit et solum, sed et multa et omnia, quae potentia est esse, fuit et voluit esse omnia. alia vero omnia sine actione quomodo possibile fuit esse? exsiluit igitur dei voluntate actio. ipsa autem actio
5 ipsa voluntas fuit. simplex enim omne ibi. λόγος ergo, qui est *in deo ipse deus*, qui est ipse et voluntas, ipse intellegentia et actio et vita, ex se genito motu ab eo, quod est esse, processit in esse suum proprium, id est, in quod est agere, apparuit ipsum agere, quod quidem effecit omnia. ipsum vero natum est ab eo, quod esse, in id, quod est agere,
10 habens in eo, quod est agere, et esse. sicut illud esse et agere habet et esse, sic hoc agere habet et esse. ipsum autem agere hoc est esse, ut illud esse hoc est, quod agere. unum ergo et simplex haec duo.

23. Id si ita est, neque ex nihilo Iesus, quia ab eo, quod est esse, apparuit actio, cum ipsa actio et in eo fuit, quod est esse, neque non
15 ὁμοούσιον, quia esse, quod substantiale est, unum utrique est et una actio, quippe cum ipsum esse et agere ipsum et agere et esse. hic est filius, hic a patre, hic *circa deum*, hic, qui est *in gremio patris*, hoc est intus, et hic foris. opere enim foris, in eo, quod est esse, intus et in patre, *in deo ipse deus* qui sit, actione autem qui sit filius, et ubicum-
20 que est, et esse est et actio, et isto modo pater est et filius et deus et λόγος.

24. Ubi igitur est ille intellectus nefandus et blasphemus? ubi habet locum aliud quid esse et ab alio et magis ex nihilo Iesum Christum et filium? ubi est ipsum illud, quod nihilum est? quod vere nihil est, non
25 incidit in deum neque in excogitationem dei. vera enim excogitatio dei ex veris est. porro autem, quod vere non est, falsum est. non igitur excogitat deus, quod vere non est. sed nos fallit, quoniam dei potentiam in isto magis credimus, si ab his, quae vere non sunt, efficiat illa,

---

5–6 cf. Ioh 1, 1 ∥ 13–21 cf. Alcuinus, De fide II 13 ∥ 17 cf. Ioh 1, 1; 1, 18

3 est **DGPVM** et **Y** | fuit *male scriptum i. t. iter.* **D**[1 i.m.] ∥ 4 exsiluit **D**[pc] *hd* exiluit **GM** exilivit **PV** exsilivit **Y** exluit (si **D**[1supra]) **D**[ac] ∥ 5 λόγος **Y** *hd* ΛΟΓΟC **D**[3 ?i.m.] **G** ΛΟΤΟC **D**[i.t.] ΛΟΤΟC **PVM** ∥ 6 qui *om.* **T** | *post* ipse[2] *add.* et **V** ∥ 8 quod[1] **DGPV**[pc]**MY** quo (d **V**[1supra]) **V**[ac] | agere[2] **DGPVM** eger **Y** ∥ 11 ipsum autem agere hoc est esse **V**[1 i.m.] *om.* **V** ∥ 12 quod *om.* **V** ∥ 13 quia **DGM** *hd* qui **PVTY** ∥ 15 OMOOYCION **DGP** OMOOYCYON **V** ΛΛΟΟΥCION **M**[ac] (*supra* N *scr.* C **M**[1]) OMOYCION **T** ΛΛΟΟΥCIOC **M**[pc] | utrique **DGPVMY** utique **T** ∥ 17 est[2] *om.* **M** ∥ 18 esse **P**[1 i.m.] *om.* **PV** ∥ 19 ipse *iter.* **V** *sed exp.* ipse[2] | qui[2] **D**[pc]**GPVMY** quae (i *supra* e **D**[3]) **D**[ac] ∥ 20 et esse est et *om.* **V** ∥ isto **DG** **V**[pc]**MY** istum **PV**[ac] (um *exp.* to **V**[1supra]) ∥ 22 ille *om.* **Y** ∥ 26 igitur **DGPVY** enim **M** ∥ 27 excogitat **D**[2] *supra om.* **D** | quoniam **DGPVM** quomodo **Y** ∥ 28 vere **DPVMY** verae **G**

quae sunt. sed in quantum dei potentia omnia potest, in tantum, iuxta quod potentia est, nihil aliud generat quam quod, quorum potentia est, ut sint. eorum autem, quae vere non sunt, omnimodis omnino nulla potentia est.

25. Quomodo igitur nulla exsistente potentia eorum, quae non sunt, effecta est actio eorum, quae sunt? quippe si est dei potentia esse ex his, quae non sunt, ea, quae sunt, iam secundum potentiam esse sunt ὄντα illa ipsa μὴ ὄντα, et idcirco non esse illa diximus, quae in abscondito posita et in potentia nondum apparuerunt actione. fuerunt enim omnia in deo. eorum enim, quae sunt, semen λόγος est, λόγος autem in deo. operatione, id est virtute dei, qui est filius, apparuerunt omnia et facta sunt.

26. Sed dicunt quidam sacrilegi: si *circa deum fuit λόγος* et supra *gremium* dei exsistens filius, non intus in gremio, foris intellegitur, non intus. quid vero? animam hominum inspiravit deus intus ex se, omnium autem creatorem et liberatorem et sanctificatorem ipsius illius animae et totius ipsius hominis salvatorem et erectorem in angelicam virtutem non intus emisit? quid vero autem? hominem de terra formavit et altera pecora et quadrupedia et omnia, et rursus ex aqua animam viventem avium et aliorum in aqua, hoc est ab alio in aliud, et hoc est ab his, quae non sunt. Iesum vero unde dicis? *ante omnia* enim filius. num ergo ab inani et omnimodo de nullo? deinde corpus eius firmavit anima an spiritu? corpus non habuit, antequam in mundum ingrederetur, sed animam. iam igitur et in eum insibilavit? neque in eum. quomodo autem in ipsum? non enim habuit corpus. sed si quod insibilavit, ipsum fuit filius. si ita istud est, a deo filius. sic et spiritum.

5−12 cf. *Alcuinus, De fide II 13* ‖ 8 diximus cf. *p.12,24; 13,18−23* ‖ 13 cf. *Ioh 1, 1* ‖ 14 cf. *Ioh 1, 18* ‖ 15−18 cf. *Gen 2, 7* ‖ 18−21 cf. *Gen 1, 20−25*

1 quae sunt D G P V T[pc] M Y quae vere sunt (vere *del.*) T[ac] | omnia D[1 i.m.] *om.* D ‖ 2 est *om.* P V | nihil *ex* nih *corr.* (il D[1 ?s ?]) D ‖ 4 est *om.* Y ‖ 6 *ante* sunt *in rasura legitur adhuc* non G ‖ 7 sunt[1] D[pc] P V M Y possunt (pos *del.* D[3 ?]) D[ac] G T ‖ 8 *ante* diximus *add.* quae G | abscondito *ex* abscondita *corr.* (o *in a scr.*) G ‖ 10−11 eorum enim − in deo M[2 i.m.] *om.* M ‖ 11 dei D G P V M deus Y | *ante* omnia *add.* autem M ‖ 13 fuit D[1 supra] *om.* D ‖ 14 intus *ex* ingenitus *corr.* (geni *exp.*) M ‖ 15 animam *iter.* P V ‖ 18 virtutem D G P V M virginem Y | quid D G P V M quod Y | de terra D G P V M dextera Y ‖ 19 pecora D[2 supra] *om.* D ‖ 20 ab D[1 supra] *om.* D ‖ 22 num D G P V Y non M ‖ 23 anima an spiritu D G animam an spiritum P V animam an spiritum T M[pc] Y animam ante spiritum (te *exp.* M[2]) M[ac] ‖ 24 insibilavit D G P V Y insibilabit M ‖ 25 autem P[1 supra] *om.* P ‖ 26 ita D G P M Y ista V | *post* filius *scr.* et natus est filius M *sed del.* | spiritum D G P V M spiritus Y

a nihilo enim non est spiritus. dicit enim deus: *omnes spiritus ego emisi insufflando.* si ipse insufflavit, a deo filius et natus est filius, non fecit illum deus. non igitur et *circa deum* nec supra *gremium* dei foris est, sed intus utrumque significat. testificatur et David, ubi deus dicit: *eructavit cor meum verbum bonum.* an numquid sic filius factus est sicut omnia: *dixit deus et factum est*? antequam fuit filius, nec verbum fuit dei.

27. Quid igitur dicimus? non necessarium est confiteri, si verbum dei fecit omnia, primum esse verbum et dei generationem esse verbum, universale verbum, omnimodis perfectum verbum, quod nos et prophetae et evangelistae et apostoli et λόγον nominamus et filium? Moyses sic dicit: *in principio fecit deus caelum et terram.* secundum Aquilam hoc idem sic: *in capitulo fecit deus.* et Hebraei istam intellegentiam habent. sive *in capitulo* sive *in principio*: in Christo fecit deus. principium enim et caput Christus, et hoc frequenter dictum. creavit omnia in Christo. λόγος enim Christus ut semen est omnium. primus igitur Christus. *ante* enim *omnem creaturam* fuit. unde igitur Christus? si verbum est, a deo, si voluntas, a deo, si autem motus aut actio, a deo. et si ipsum agere et esse est, iuxta ipsum esse pater est, filius autem actio est. et quoniam ipsum esse actio est et agere esse est, idcirco ὁμοούσιον et pater et filius.

28. Sed quomodo ὁμοούσιον nondum exsistente substantia? nomina ab his, quae posterius sunt, ab his, quae post deum, et inventa sunt et assumpta. et quoniam non est invenire dignum nomen deo, ab his, quae scimus, nominamus deum, habentes in intellectu, quoniam non proprie appellamus. quemadmodum dicimus: vivit deus, intellegit deus, providet, a nostris actionibus dicimus actiones dei exsistente illo supra omnia, neque exsistente, sed quasi exsistente, neque ὄν exsistente, sed ut ὄν. isto modo etiam substantiam et exsistentiam apponimus deo et eius esse οὐσίαν dicimus aliter se habenti, ad quod est ei esse.

1—2 cf. *Is 57, 16* || 3 cf. *Ioh 1, 1; 1, 18* || 4—5 cf. *Ps 45, 2* || 6 cf. *Ps 33, 9* || 7—20 cf. *Alcuinus, De fide II 14* || 11 cf. *Gen 1, 1* || 14 dictum cf. *p. 20, 1—2* || 14—16 cf. *Col 1, 15—17*

1 spiritus[1] D G**V**ᵃᶜM **Y** spiritu P**V**ᵖᶜ (s² *exp.* V¹) || 3 supra D G M super P V T Y || 4 testificatur et D G P V M et testificatur Y || 5 an numquid D G**V**ᵃᶜM **Y** anumquid P**V**ᵖᶜ (n¹ *exp.*) | sic D G Tᵖᶜ M sit P V Tᵃᶜ (t *in* c *mut.*) sicut Y | sicut D G P V M sic et Y dicit T || 8 generationem D G P V M generatione Y || 9 *ante* omnimodis *ins.* et T || 11 terram D G P V Y terra M || 14 dictum D G P V M dicitur Y || 16 omnem *iter.* V || 17 si (*bis*) *corr. ex* sive (ve *eras.*) D || 19 *post* ipsum esse *scr.* pater est filius autem actio est *sed del.* M | agere esse D G M Y agere esse esse P V T || 21 nondum D G P V Y nundum M || 24 scimus D G P V M sumus Y || 26 a nostris D G P V M autem nostris Y || 29 se D G P V Y sed M

25

29. Similiter et cum dicitur, quoniam factus est Christus, non quo vere factus sit, sed cum unus sit et in omnibus sit et omnes in ipso, idcirco dicitur: *omnibus omnia factus est*, non quod factus sit, ut esset, sed quod effectus sit ad ita esse, si quidem non dicitur: filius factus est, sed: factus est nobis dominus. sic et Salomon dicit: *et fecisti me supra vias tuas*. nam de spiritali generatione supponit statim: *ante omnes genuit me*. dicit et Iohannes: *et quod in eo factum est, vita est*. quid deinde? nonne deus creaturam *fecit* et in creatura primum *caelum et terram*? non ergo fecit Christum. natus est ergo Christus, non factus. ubicumque ergo dicitur, quoniam factus est, post primum, ubi fuit generatio, dicitur: effectus est. sic et: *de muliere factus* est. et in actibus apostolorum: *certissime igitur cognoscat domus Israel, quoniam istum Christum deus fecit, quem in crucem tulistis*. ista omnia post generationem, quae una est et sancta et ineffabilis, ista omnia dicuntur non in eius exsistentiam, sed in actus et in ministrationem eius potentiae atque virtutis. de generatione igitur manifestum, quia filius est dei et quod ὁμοούσιον, substantia eius in maiestate impropria significantia intellecta secundum esse exsistente substantia. et sic demonstratum, quomodo ὁμοούσιος.

30. Habes nunc, quod reliquum est, o mi Candide, dicere: si filius Iesus, generatione filius. si autem generatio motus et motus immutatio, immutationem autem esse in deo impossibile est intellegere, nefas dicere, necesse est a deo nihil esse generatione gignibile. non igitur Iesus a deo generatione filius. bono quidem ordine circumduxisti, o amice Candide, sed quem circumduxisti? forte te? sed magis te. dicis enim, quoniam *fecit Iesum deus*. quid deinde? facere non est motus? nihilo minus quam agere. immutatio igitur et in faciendo, si motus in agendo. agere autem facere est et quod facere agere. ambobus in motu exsi-

---

1—19 *cf. Alcuinus, De fide II 14* ∥ 3 *cf. I Cor 9, 22* ∥ 5—6 *cf. Prov 8, 22* ∥ 6—7 *cf. Prov 8, 23* ∥ 7 *cf. Ioh 1, 3—4* ∥ 8—9 *cf. Gen 1, 1* ∥ 11 *cf. Gal 4, 4* ∥ 12—13 *cf. Act 2, 36* ∥ 21—23 *cf. Cand. I p. 1, 6—7*

1 quo **DGPVM** quod **Y** ∥ 3 omnibus omnia **DGPVY** omnia omnibus **M** ∥ 5 dicit **DGPVY** ait **M** ∥ 6 *ante* vias *ins.* omnes **T** | spiritali **DGPVMY** spirituali **T** ∥ 17 in maiestate **DGPVY** manifestate **M** ∥ 19 ὁμοούσιος *w hd* OMOusius **G** omo usius **PV** (*ante* omo *eras.* usius **V**) omou sius **T** omousyus **M** OMOYCION **D** ὁμούσιος **Y** ∥ 20—21 si filius Iesus generatione filius **M**[2 p3 i.m.] *om.* **M** ∥ 23 generatione **DPVY** gnatione (*omissa virgula*) **M** generatio **G** ∥ 24 a *om.* **M** ∥ 25 amice *ex* mice *corr.* (*suprascr.* a) **G** | sed[1] *iter.* **M** | circumduxisti *ex* cirduxisti *corr.* (cum **D**[1 i.m.]) **D** | te[1] **DGPVM** me **Y** ∥ 26 quid **DGPVM** quod **Y** ∥ 26—27 nihilo minus quam **GPVMY** nihil ominus quam **D** nichil o mi nusquam **T** ∥ 28 facere agere *in rasura* **D**[2] | in motu *ex* immotu (m[1] *partim eras.*) *corr.* **D**

stentibus necessario consequitur immutatio, quod incongruum in deo, sicuti declaratum est. confitendum igitur aut facere non esse motum aut non omnem motum esse immutationem. sed enim facere motus est, et deus iuxta motum fecit, cui omnino non contingit quomodocumque mutari. relinquitur ergo non omnem motum immutationem esse. si non omnis motus immutatio, quid eligendum magis iuxta Iesum, secundum generationem illum esse an secundum effectionem? iuxta divinam intellegentiam, quod secundum generationem. etsi enim deus simul ac dicit, facit deus, quae facit, sed dicere motus est praeexsistente silentio. mutatio igitur silenti dicere. si autem per verbum fecit deus, ante fuit verbum quam facere. si ante fuit verbum, iuxta generationem ante fuit. generat enim $νοῦς$ verbum. generatione igitur Iesus, quoniam $λόγος$ Iesus.

Qui gnari sunt rerum, dicunt secundum tres modos filium esse: veritate, natura, positione. secundum veritatem esse filium hoc ipso, quod est substantia, est et idcirco ipsum et simul, et eiusdem substantiae est, quomodo et deus et $λόγος$ est pater et filius. natura autem filius in animalium generatione. positione vero ut adoptione. sunt et alii modi, ut moribus, ut aetate, ut disciplina, et, ut Paulus dicit: *ego vos genui*. modus igitur secundum veritatem alter modus est et divinior ab omnibus. quis autem modus ista generatione filietatis eius sive iuxta significatos sive iuxta alios modos (confiteor deo; illius enim potentia factum est), **31.** dictum a nobis sufficienter in aliis libris, et omnis progressio et descensus et regressio permissu sancti spiritus declarata est et de triplici unitate et de unali trinitate. non enim

---

19—20 cf. I Cor 4, 15 || 23 in aliis libris cf. Hadot Victorinus 258—262

1 quod incongruum in deo *om.* M || 2 sicuti D G P V M sicut Y || 3 omnem G P V M Y omne D omne in T | esse D G P V Y est M || 4 motum D G P V Y modum M | contingit D G P V Y contigit M || 5 mutari *ex* motari *corr.* (u *in* o *scr.*) D³ | ergo non omnem motum D P V M Y non omnem ergo motum G | immutationem *ex* immotationem *corr.* (u *in* o *scr.*) D³ || 6 *post* motus *eras. unam litteram* D | quid D G P V M Y qui T | e¹ *male scriptum in* eligendum *exp. et rescripsit* D¹*supra* || 7 effectionem *ex* evectionem *corr.* (ff D¹*supra*) D || 8 etsi enim D P V M Y etenim G | deus P¹*supra om.* P | simul *om.* Y || 8—9 simul ac dicit *corr. ex* simulaccidit (d *in* c² *scr. et* d *partim eras.*) D || 11 quam facere si ante fuit verbum *iter.* P V || 12 generatione D G M Y generatio P V T || 14 gnari D^{pc} G M ignari (i *eras.*) D^{ac} P V T Y | sunt *om.* M || 16 substantia est D G P V M substantiae (*omisso* est) Y | eiusdem D G P V M eius debet Y || 16—17 substantiae est D G P V M substantia esse T Y || 18 vero D G P V Y autem M || 20 modus est et divinior D G P V M modus si ante fuit verbum quam facere et divinior Y (*cf. l. 11 app.*) || 22 alios *iter.* T || 24 permissu P V M Y permissum D G

audio dogma vestrum de spiritu sancto blasphemia plenum, quoniam iste spiritus in sanctificationem est et tantummodo qui doceat, et quoniam et ipse factus est sicut omnia in creatura. qui quidem spiritus sanctus propria sua actione differt a filio, filius cum ipse sit, sicuti filius actione est differens a patre, ipse qui sit pater iuxta id, quod est esse. et sic istorum trium unum et idem exsistentium una divinitas et non multifida maiestas neque ἀντίθεα neque ἄθεια, sed tria unum et unum tria et ter tria unum et idem et unum et solum est. sed de his tribus alia nobis oratio.

32. Salva nunc nos, pater, concede nobis peccata nostra. et hoc enim peccatum de deo dicere, quod est et quomodo, et humana voce divina non venerari, sed enuntiare velle. sed quoniam dedisti spiritum nobis, sancte omnipotens pater, partilem de te cognoscentiam et habemus et dicimus, omnigenus autem ignorationem de te habentes cognoscentiam de te habemus et rursus per fidem perfectam de te cognoscentiam habemus te patrem deum et filium Iesum Christum dominum nostrum et sanctum spiritum in omni verbo semper confitentes.

6—9 *cf. Hincmarus Remensis, De una et non trina deitate, PL 125, 536D*

2 sanctificationem **DGM** significationem **PVY** ∥ 3 est[2] *om.* **T** ∥ 4 actione **DPVMY** actio **G** ∥ 5 differt **DGPVM** differre debet **Y** ∥ 7 exsistentium **DGMY** exsistentius **PV** ∥ 8 neque ἀντίθεα neque ἄθεια *w hd* neque antiΘ*EA* neque aΘ*E*ia **G** neque antiΘea neque aΘei*A* **D** neque antiΘea neque *A*Θei*A* **P** neque antiΘea (*om.* neque ἄθεια) **V** neque antiΘ ea neque aΘeia **T** neque[1] — sed *om.* **Y** *cf. praef. p. XII et p. 22,9 app.* ∣ tria[1] **DGPVMY** trium **T** ∥ 9 et[2] **M**[1 *supra*] *om.* **M** ∥ 10 concede *ex* concelle *corr.* (d *in ll scr.*) **P** ∥ 11 quod **DGPVM** quid **Y** ∣ humana **DGM**[pc]**Y** huma (na **M**[2 *supra*]) **M**[ac] una **PVT** ∥ 13 omnipotens pater **DGPVM**[pc]**Y** omnipotens nobis (nobis *exp. et* pater *suprascr.* **M**[1]) **M**[ac] pater omnipotens **T** ∣ partilem **DGPVM** particularem **Y** ∥ 14 omnigenus autem **DGPVM** omnigenis aut **Y** ¦ ignorationem **DGPVY** ignorantiam **M** ∥ 15 rursus *ex* russus *corr.* **P** ∥ 17 sanctum spiritum *transp.* **T** ∥ *subscriptione carent* **DGY** *sequitur in* **D** *Hieron. Comm. in Ep. ad Galatas, Prologus PL 26, 332B* Itaque — quod nesciat *scriptum a* **D**[2] Explicit **PV** *sequitur in* **V** *Hieron., De vir. ill. 101* Victorinus natione Affer — commentarios in apostolum *scriptum a* **V**[1] (*cf. praef. p. XI*) *et in folio ultimo:* Victorianus Affer **V** Explicit L(iber) Marii Victorini Ad Candidum Arrianum **M**

CANDIDI ARIANI EPISTVLA
AD MARIVM VICTORINVM RHETOREM

1. Multa licet colligas, o amice Victorine, et argumenta et exempla, **1035 D** quibus approbare nitaris natum Christum esse, non factum, Arius tamen, vir acris ingenii, eiusque discipuli et inter eximios excellens Eusebius suis epistulis de isto sententias protulerunt. quas epistulas
5 nunc subicimus.

Arii ad Eusebium

Domino desiderantissimo, homini dei, fideli, recta opinanti Arius, qui persecutionem patitur ab Alexandro papa iniuste propter omnia **1036 D** vincentem veritatem, pro qua et tu propugnas, in domino salvum esse.
10 Patre meo Ammonio veniente ad Nicomediam ratione debitum apparuit salutare te per ipsum simulque et commonefacere caritatem tibi innatam et affectionem, quam habes ad fratres propter deum et Christum eius, quoniam magnifice nos exportat et persequitur et omne malum movet adversum nos episcopus, ut exfuget nos de civitate
15 quasi homines sine deo, quoniam non consonamus ipsi publice dicenti: **1037 A**

---

7 – p. 31, 2 ad **AΣ** accedunt *Epiph. Theod.* **K** (*br*) *cf. praef. p. XIX et XXXV*

CANDIDI ARIANI EPISTVLA AD MARIVM VICTORINVM *scripsi* CANDIDI ARRIANI AD MARIVM VICTORINVM VIRVM CLARISSIMVM *et* PRAEFATIO CANDIDI AD VICTORINVM *hd cf. Wöhrer Studien* 13 – 14 LIBER DE TRINITATE *m. inc.* PRAEFATIO CANDIDI AD VICTORINVM **A²** *inscriptione caret* **Σ** ‖ 7 desiderantissimo **AK** desideratissimo **Σ** *br* ∣ homini **AΣ** *br* homine **K** ∣ recta opinanti **AΣ** ὀρθοδόξῳ Εὐσεβίῳ *Epiph. Theod.* ortodoxo avo (suo *suspic. op*) Eusebio Nicomediense **K** (-ensi *br*) ‖ 8 qui **AΣ** *br* quidem (dem *exp.*) **K** ‖ 8 – 9 omnia vincentem veritatem, pro qua et tu propugnas **AΣ** veritatem, quae omnia vincit, cuius et tu propugnator es **K** ‖ 9 salvum esse **AΣ** salutem **K** ‖ 10 patre **AΣ** patri **K** ∣ Ammonio **Σ** *w hd* ammoneo (i **A¹**^{supra}) **A** ∣ ad Nicomediam **AΣ** Nicomedia **K** ‖ 10 – 11 ratione debitum apparuit salutare **AΣ** et rationabile visum est salutare **K** ‖ 11 simulque **AΣ** simul **K** ∣ commonefacere **A**^{pc} *w op hd* commune facere (o *supra* u **A²**) **A**^{ac} communem facere **Σ** commemore **K** commemorare *br* ὑπομνῆσαι *Epiph. Theod.* ‖ 11 – 12 caritatem tibi innatam et adfectionem **AΣ** insitam tibi agape et affectum **K** ‖ 12 quam habes ad **AΣ** quod habet circa **K** ∣ deum **K** *w hd* dominum **AΣ** *op* τὸν θεὸν *Epiph. Theod.* ‖ 13 quoniam magnifice nos exportat **AΣ** quia maligniter nos expugnat **K** ὅτι μεγάλως ἡμᾶς ἐκπορθεῖ καὶ ἐκδιώκει *Epiph.* (*excepto* διώκει *pro* ἐκδιώκει) *Theod.* ‖ 13 – 14 omne malum movet **AΣ** omnem plectam (*minus certe legitur*) **K** *br* πᾶν κακὸν κινεῖ *Epiph.* πάντα κάλων κινεῖ *Theod.* ‖ 14 exfuget **A** *hd* fuget **Σ** proiceret **K** ‖ 15 consonamus **AΣ** consentimus **K**

[ingenitogenitus est] semper deus, semper filius, simul pater, simul filius, consubsistit ingenite filius patri, semper genitus est, ⟨ingenitogenitus est⟩, neque adintellegentia[m] neque exiguo aliquo praecedit deus filium; semper deus, semper filius, ex ipso est deo filius. et quoniam Eusebius, frater tuus, qui in Caesarea est, et Theodotus et Paulinus et Athanasius et Gregorius et Aetius et omnes, qui circum Orientem, dicunt, quod praeexsistit deus filio sine principio, anathema facti sunt excepto solo Philogonio et Hellanico et Macario, hominibus haereticis, quibus non insonuit, qui filium dicunt, alii eructationem, alii emissionem, alii simul ingenitum. et istorum sacrilegiorum nec audire possumus, etiamsi decies mille mortes nobis minentur haeretici. nos autem quid dicimus et sapimus et docuimus et docemus? quoniam filius non est ingenitus neque pars ingeniti iuxta nullum modum nec ex subiecto aliquo, sed quod voluntate et cogitatione subsistit ante tempora et aeones plenus deus, unigenitus et immutabilis. et antequam *genitus* esset aut *creatus* vel definitus aut *fundatus*, non fuit. ingenitus enim non fuit. persequimur, quoniam diximus: principium habet filius, deus autem sine initio. propterea persequimur, et quia diximus, quia de non exsistentibus est. sic autem diximus, iuxta quod nec pars dei est nec ex subiecto aliquo. idcirco persequimur, iam tu scis.

16—17 *cf. Prov 8, 22—23*

1 ingenitogenitus est *post* semper genitus est (2) *transp.* (*sequentes* K *Epiph. Theod. contra op*) *w hd* semper deus, semper filius, simul cum patre simul filius cum deo est infacturaliter. filius semper natus est infacturaliter K ∥ 3 adintellegentia *hd* (ἐπινοίᾳ *Epiph. Theod.*) ad intellegentiam AΣ affeccione K ∥ 4 deo AΣ deus K ∥ 6 Aetius AΣ euticius K ∥ 7 quod praeexsistit deus filio AΣ quia ante erat deus ante filium K ∣ sine principio AΣ non in tempore K ∥ 8 excepto AΣ propter (*falso pro* praeter?) K praeter *br* ∣ Philogonio et Hellanico et Macario Σ *w br hd* filogonio et ellanico et macharic A filogonium et hillanicum et macharium K ∥ 9 hominibus haereticis AΣ homines haeretici K ∣ quibus non insonuit AΣ qui excatechizati sunt *br* qum (qui?) ex catechizati sunt K ∣ qui K *hd* λεγόντων *Epiph. Theod.* quod qui A *wop* quod Σ ∥ 10 eructationem AΣ eruptionem K ∣ emissionem AΣ probolen *br* probatem K προβολὴν *Epiph. Theod.* ∣ alii simul ingenitum AΣ alii autem infactus est cum patre K ∣ 11 sacrilegiorum A *hd* sacrilegia Σ impietates K ∥ 12 quid *br hd* quod A *w om.* Σ τί *Epiph. Theod.* qid K ∣ sapimus AΣ quid sensimus K ∥ 13 ingenitus ... ingeniti AΣ infactus ... infacti K ∥ 13—14 iuxta nullum modum A *hd* iuxta ullum modum Σ κατ' οὐδένα τρόπον *Epiph. Theod.* nullo modo K ∥ 14 subiecto AΣ constituto K ∥ 14.15 cogitatione subsistit AΣ consilio constitutus est K ∥ 17 ingenitus AΣ infactus K ∥ 18 principium AΣ initium K ∥ 19 de non exsistentibus (*cf. Adv. Ar. I 1, p. 33, 21*) *w* ἐξ οὐκ ὄντων *Epiph. Theod.* ex nihilo K non de exsistentibus AΣ *hd* ∣ sic AΣ *br* si K ∥ 20 subiecto AΣ constituto K

Confortari te in domino preces facio memorem tribulationum nostrarum, Collucianista, vere Eusebie. 1038 A

2. Haec Arius dicit. et de his Eusebius iuxta istum modum talia ad Paulinum:

... Quoniam enim neque duo ingenita audivimus neque unum in duo divisum neque corporale aliquid, quod patiatur, didicimus aut credidimus, domine, sed unum quidem ingenitum, unum autem, quod ab ipso vere et non ex eius substantia factum, universale naturae eius, quae sit ingenita, neque participans vel ὄν ex eius substantia, sed factum omnino alterum natura et potentia ad perfectam similitudinem et affectionis et potentiae eius, qui efficit, quod factum est. cuius principium non solum sermone inenarrabile, sed et excogitatione nec hominum solum, sed et eorum, qui super homines, omnium esse incomprehensibile credidimus. et haec non λογισμοὺς nobis substituentes, sed a sancta scriptura didicimus. dicimus conditum eum esse et fundatum et factum substantia et immutabili et ineffabili natura et similitudine ea, quae sit ad facientem, didicimus, sicut ipse dominus dicit: *deus condidit me principium viarum suarum et ante aeonem fundavit me et ante omnes colles genuit me.* si autem ex ipso, hoc est ab ipso erat sicuti pars eius aut ex effluentia substantiae, non conditum iam neque fundatum esse dictum nec tu ignoras, domine, vere. id enim, quod ab 1039 A ingenito exsistens est, conditum amplius ab altero vel a se ipso aut fundatum non fuisset, a principio ingenitum quod fuisset. si autem natum illum dicere subsistentiam quandam praestare est veluti ex substantia paterna ipsum fuisse et habere ex ipso identitatem naturae, cognoscimus, quod non de ipso solo natum esse dixerit scriptura, sed et in dissimilibus ipsi in omnibus naturaliter. etenim et in hominibus   1038 B

---

5 – p. 32, 13 ad AΣ accedit Theod. ‖ 18–19 cf. Prov 8, 22; 8, 23; 8, 25

1 preces facio A hd preces facito Σ εὔχομαι Epiph. Theod. obto K | memorem A hd memores Σ | tribulationum AΣ pressurarum K ‖ 2 Conlucianista w hd conlucionista A collucianista Σ | Collucianista – Eusebie om. K ‖ 5 enim A¹ˢᵘᵖʳᵃ Σ om. A ‖ 9 vel ON A hd vel non Σ ἢ ὄν Theod. ‖ 12 inenarrabile w hd ἀδιήγητον Theod. inenarrabili AΣ op | excogitatione AᵖᶜΣ cogitatione (ex A¹ˢᵘᵖʳᵃ) Aᵃᶜ ‖ 13 omnium A hd omnino Σ ‖ 14 non λογισμοὺς nobis suspic. Galland, cui adsentit (excepto nobis, quod miratur) hd idem scribendo; at cur non credamus dativum commodi? nolligimus nobis Aᵃᶜ in non colligimus nobis corr. A² (virg. supra n et c inter n et o supra) non legimus nobis Σ οὐχὶ λογισμοὺς ἑαυτῶν Theod. non colligimus nobis Aᵖᶜ w op ‖ 15 conditum eum Σ w hd κτιστὸν εἶναι Theod. conditum enim A transp. A² ‖ 24 subsistentiam AΣ whd dubium an ὑπόστασιν vertat an ὑπόβασιν an ὑπόφασιν an πρόφασιν, nam omnia haec traduntur in mss. Theod. cf. op p. 16 ‖ 27 in dissimilibus A whd indissimilibus Σ

MARIVS VICTORINVS

dicit: *filios genui et exaltavi, ipsi autem me respuerunt*, et: *deum, qui te genuit, dereliquisti*, et alibi: *quis*, inquit, *est, qui peperit glebas roris?* non naturam ex natura exponens, sed naturam unicuique eorum, quae generata sunt, ex eius voluntate generationem. nihil est enim de substantia eius, cuncta autem voluntate eius facta, unumquidque, ut et effectum est. et ille quidem deus, quaedam autem ad similitudinem eius per ipsum λόγῳ similia futura, quaedam autem iuxta participationem substantiae facta, omnia autem per ipsum a deo facta, omnia autem ex deo. quae accipiens et adstruens secundum quae adest tibi divinitus gratiam scribere domino meo Alexandro cura. credidi enim, quia, si scripseris ipsi, pudorem illi facias. saluta omnes, qui sunt in domino. salvum te et pro nobis orantem divina gratia custodiat, domine.

LIBER PRIMVS DE TRINITATE

ADVERSVS ARIVM LIBER PRIMVS

1. In primo sermone huius operis et multa et fortiora quaedam etiam horum, o amice Candide, proposita atque tractata sunt abs te, quae, quamquam, ut oportuit, dissoluta sunt, tamen idcirco ista ex eorum epistulis audire voluimus, ut dum haec omni refutatione convincimus, illa quoque ex istorum refutatione vincamus. et primum definiendae sunt Arii Eusebiique sententiae, in quo nobis consentiant, in quibus discrepent, in quibus sibi ipsi videantur adversi.

---

1 *cf. Is* 1, 2 ∥ 1—2 *cf. Deut* 32, 18 ∥ 2 *cf. Iob* 38, 28 ∥ 14 *cf. Cand. I*

3 naturam unicuique A*whd* naturae uniuscuiusque *Σ* ∥ 7 *ΛΟΓΩ* A[ac] *Σwhd* *Theod.* *ΛΟΓΩΝ* (*N add.* A[2]) A[pc] | iuxta participationem A*Σ* καθ' ἐκουσιασμὸν *Theod.* ∥ 10 gratiam (*post* secundum (9) *transp.* A[2]) A gratia *Σ* ∥ 13 *subscriptione carent* A*Σ Theod.* ∥ *Titulos partim ex* A, *partim ex editionibus prioribus recepi*: MARII VICTORINI V̄C̄ INCIPIT LIBER I DE TRINITATE A FABII LAVRENTII *ante* MARII *add.* A[2 *p.i.m.*] MARII VICTORINI AFRI VIRI CONSVLARIS ADVERSVS ARIVM LIBER PRIMVS *Σ* Marii Victorini V̄C̄ ad Candidum Arrianum *w* (*cf. Wöhrer Studien 17*) *haec eadem addito* ADVERSVS ARIVM LIBRI PRIMI PARS PRIOR *hd* (*cf. praef. nostram p. VII n. 4*) ∥ 16 sunt A[ac] *Σ* sint (*rasura* u *in* i *mut.*) A[pcw] ∥ 20 sibi ipsi A*hd* ipsi sibi *Σ*

32

Arius ait, *quoniam filius non est ingenitus*, item Eusebius hoc idem, quod duo non sunt *ingenita*. nobis quoque ista sententia est. Arius *filius*, inquit, *pars ingeniti non est neque est ex aliquo subiecto*. haec duo et Eusebius, et adiecit: *neque unum in duo divisum*. idem autem est
5 filium partem ingeniti non esse. sed Eusebius *neque pars neque effluentia*, inquit, *est*. hoc nos consimiliter negamus. nam *neque pars* patris filius *neque effluentia*, quae manando inde minus fecerit, unde mana- **1039 D** rit. iam vero ex non subiecto esse ferre non possumus, non quo nos ex aliquo alio subiecto esse dicamus, sed quod a patre ut filium. Arius
10 *voluntate*, inquit, *dei subsistit filius ante tempora et aeones*, idem et Eusebius. nos ante omnes aeones et ante omnia tempora, sed genitum dicimus, non factum, non creatum, non fundatum. Arius dicit filium factum, scilicet *plenum deum, unigenitum, immutabilem*, qui, *antequam crearetur, non fuerit*, propterea quod *non sit ingenitus*. haec eadem Eu-
15 sebius adiciens, quod filius per omnia facienti sit similis. nos contra. non enim similem, sed eundem dicimus, quippe ex eadem substantia. praeterea addit Eusebius *principium* filii sciri nec ab homine posse neque ab aliqua superiore vel potentia vel *excogitatione*, et audet tamen dicere figmentum esse filium, voluntate et sententia patris subsistere,
20 non ex aliquo exsistenti. istud non est principium filii dicere? si enim **1040 C** dicit hoc: ex non exsistentibus est, non est patris *neque pars neque effluentia*, non solum principia novit, sed et τοὺς λόγους principiorum. si autem non, quae audacia est dicere: hoc deus, hoc Christus est, hoc pater, hoc filius! nos autem dicimus patrem ut patrem, filium
25 ut filium.

2. Et primum, ut ille versiculis quinque, quod asserebat, docuisse se credidit filium factum esse, non natum, sic nos filium natum primum sacra omni lectione docebimus. deinde id ipsum, hoc est substantialiter filium, permittente dei spiritu, ut possumus, asseremus.
30 Atque ex hoc primum sumatur exordium. Paulus ad Ephesios: *huius rei gratia flecto genua mea ad patrem domini nostri Iesu Christi, ex* **1040 D**

---

1 *cf. Cand. II 1, p. 30, 13* ‖ 2 ingenita *cf. Cand. II 2, p. 31, 5* ‖ 3 *cf. Cand. II 1, p. 30, 14* ‖ 4 *cf. Cand. II 2, p. 31, 5* ‖ 5—7 *cf. Cand. II 2, p. 31, 20* ‖ 10 *cf. Cand. II 1, p. 30, 15* ‖ 13—14 *cf. Cand. II 1, p. 30, 16—17* ‖ 15 *cf. Cand. II 2, p. 31, 17* ‖ 17—18 *cf. Cand. II 2, p. 31, 11—14* ‖ 21—22 *cf. Cand. II 1, p. 30, 19 et 2, p. 31, 20* ‖ 26 versiculis quinque *cf. Cand. II 2, p. 31, 18—19; 32, 1—2* ‖ 31—p. 34, 9 *cf. Eph 3, 14—21*

---

3 est[2] **A**[1 supra]Σ ‖ 4 idem autem est **A** Σ[i.m.] w hd id est autem Σ[i.t.] ‖ 6 consimiliter Σ w *ita legi posse suspic.* hd non similiter **A** hd ‖ 10 subsistit Σ w hd *cf. Cand. II 1, p. 30, 15* substitit **A** ‖ 17 nec Σ neque w ne **A** hd

MARIVS VICTORINVS

quo omnis paternitas in caelis et in terra nominatur, ut det vobis secundum divitias gloriae suae virtute confortari per spiritum suum in interiore homine, habitare Christum per fidem in cordibus vestris, in caritate radicati et fundati ut possitis comprehendere cum omnibus sanctis, quae sit latitudo et longitudo et altitudo et profundum, scire etiam supereminentem scientiae caritatem Christi, ut impleamini in omnem plenitudinem dei. ei autem, qui potest super omnia facere abundantius, quam petimus aut intellegimus secundum virtutem, quae operatur in nobis, ipsi gloria in Christo Iesu et ecclesia in omnes generationes saeculorum. 5

quid ex his apparet? possibile esse cognoscere deum et dei filium et 10
1041 A quomodo pater, quomodo filius. est autem et illud in evangelio secundum Iohannem: *deum nullus vidit umquam nisi unigenitus filius, qui est in gremio patris, ille exposuit.* possibile igitur dicere de deo, et idcirco et de filio. quis enim de patre exposuit? *filius.* quis iste? *qui est in gremio.* non solum igitur processit, sed et in gremio semper est filius, 15 sufficiens doctor de patre. quid enarravit? quoniam deus? et Iudaei ante hoc et ethnici enarrarunt. quid ergo enarravit? patrem deum, se autem filium, et quod ex eadem substantia, et quod a patre exierit. dicit enim: *neque me nostis neque patrem meum. si enim me nossetis, nossetis et patrem meum.* hoc numquam diceret, nisi filius et filius sub- 20
1041 B stantialiter. *si me nossetis, nossetis patrem.* figmentum enim si esset, non ex ipso pater nosceretur, sed potentia dei et divinitas, ut Paulus dixit: *invisibilia enim eius a creatura mundi per ea, quae facta sunt, intellecta noscuntur, aeterna quoque eius virtus ac divinitas.* et spiritus sanctus exposuit et de Christo, sicuti dicit salvator in evangelio se- 25 cundum Iohannem: *sanctus spiritus, quem mittet pater in meo nomine, ipse vos docebit omnia.* si igitur sic sunt ista, didicimus et patrem et filium et in sanctis scripturis et a spiritu, quem doctorem habet fide sanctus vir.

3. Dicamus igitur scripturas, et primum secundum Iohannem. dicit 30 enim, quoniam λόγος et *in principio erat* et *circa deum erat*, et quoniam
1041 C *deus* erat λόγος. numquid de alio dicit λόγον? omnino de filio. quid

---

12—13 cf. Ioh 1, 18 ‖ 19—20 cf. Ioh 8, 19 ‖ 21 cf. Ioh 8, 19 ‖ 23—24 cf. Rm 1, 20 ‖ 26—27 cf. Ioh 14, 26 ‖ 31 cf. Ioh 1, 1—2

1 vobis Σwhd cf. comm. in ep. ad Eph p. 170, 1 nobis A ‖ 7 potest A*ac* cf. comm. in ep. ad Eph p. 173, 3 potens est (ens A[1supra]) A*pc* Σ ‖ 9 ecclesia A hd ἐκκλησία Σ ‖ 10 cognoscere A*pc* Σ (sce A[1supra]) cognore A*ac* ‖ 16 quoniam A hd quomodo Σ ‖ 25 et om. Σ ‖ 26 mittet Σwhd mittit A ‖ 27 sic Σwhd sicut A ‖ 30 dicamus AΣ *an* discamus *legendum?* ‖ 31 quoniam (q͞m) (*bis*) Awhd quomodo Σ

34

ADV. ARIVM I

ergo? λόγος si *ex nullo* est *subiecto,* quomodo λόγος potentiam habet, ut per ipsum creentur omnia, ipse qui sit *ex nullo subiecto?* impossibile enim semen esse omnium, quae sunt, quod ex nihilo factum est. deinde si *in principio erat,* quoniam principium, secundum quod principium
5 est, sine principio est, qui *erat in principio,* erat semper. quae igitur audacia, quae blasphemia *non erat aliquando* dicere toties Iohanne dicente: *erat λόγος in principio, erat ad deum, erat deus λόγος ipse, erat hic in principio ad deum!* licet enim *erat* praeteriti temporis significationem habeat frequenter non sine principio, sed hic sine principio
10 accipiendum, quoniam dixit: *in principio erat.* quod et vos significatis *ante tempora, ante aeones* dicentes.

Omnia, dicit, *per ipsum facta sunt, et sine illo effectum est nihil.* et- 1041 D enim sine λόγῳ quid est, quod, ut sit, accipiat? solus enim λόγος, secundum quod λόγος est, et sibi et aliis ipsum, quod est esse, prae-
15 stat omnibus, quae sunt. et idcirco aequalis quidem patri. causa enim principalis et sibi et aliis causa est et potentia et substantia causa exsistens. praecausa autem pater. unde filius distabit hoc, quod movetur et operatur in manifestationem, propter magnam divinitatem nobis incognoscibiliter operante patre. supra enim beatitudinem est pater 1042 A
20 et idcirco ipsum requiescere. operari enim, etiamsi in perfectionem operetur, in molestia motus. ista beatitudo est, secundum quod est operari, perfecta.

4. Audi igitur et aliud! quod est esse, pater est, quod est operari, λόγος. et prius est, quod est esse, secundum, quod est operari. habet
25 quidem ipsum, quod est esse, intus insitam operationem. sine enim motu, hoc est operatione, aut quae vita aut qui intellectus est? ergo non est solum esse, sed ipsum, quod primum est esse, propter quod est ei quiescere, solum ipsum esse est. isto modo et, quod est operari, quod est secundum, quoniam non intus, sed foris operatur, operari dicitur.
30 apparente enim operatione et est et nominatur operatio, et ut generatio sui ipsius et aestimatur et est. sic igitur id ipsum, quod est operari, 1042 B et ipsum esse habet, magis autem non habet. ipsum enim operari esse est. simul enim et simplex et esse et operari. eorum, quae supra sunt,

1—10 *cf. Ioh 1, 1—2* || 1—2 *cf. Cand. II 1, p. 30, 14* || 10—11 *cf. Cand. II 1, p. 30, 15* || 12 *cf. Ioh 1, 3*

4 quoniam A*hd* quomodo *Σ* || 6 dicere *ante* non erat aliquando *transp.* A[2] || 13 *ante* ut *add.* non *Σ* || 14 esse A*hd* ipse *Σ* || 15—17 causa — exsistens *parenthesin esse censent w hd* || 17 *ante* hoc *add.* in A[2] *i.m.* || 20 in perfectionem *w hd* inperfectionem A imperfectionem *Σ* || 24 secundum *Σ* secundo A*hd* || 25 sine A*hd* si *Σ* || 25—26 enim motu A*ac Σ* motu enim (*transp.* A[2]) A*pc* || 26 aut[1] *om. Σ* || 29 *ante* foris *add.* cum *Σ*

natura est declarans et sortita secundum quod est requiescere, ipsum esse et substantiam, secundum autem quod est in motu esse, actionem, operationem. hoc autem, quod est in motu esse, declaratio est eius, quod est esse, secundum actionem. et idcirco *erat lumen, quod est verum, quod illuminat omnem hominem venientem in mundum.* λόγος ergo lumen est, quod est verum. et idcirco *quod est factum, in ipso vita est, et vita erat lumen hominum.* et ipse λόγος, lumen verum, *in mundo erat, et mundus per ipsum factus est,* qui est filius dei, de quo dicit: *deum nemo vidit umquam. unigenitus filius, qui est in gremio patris, ipse enarravit.*

5. De λόγῳ omnia supra dixit et coniunxit de filio nullum alium filium declarans quam τὸν λόγον. *erat* igitur filius *ad deum,* et *in principio erat,* et ipse *deus erat,* et *per ipsum omnia facta sunt,* et ipse est *unigenitus* et veluti prodiens quidem a patre, *ad* patrem erat propter hoc, quod est operari. propter vero quod est esse, *in gremio patris* exsistens *enarravit* de patre declaratio patris effectus secundum quod est operari, quod maxime λόγος est, ipse filius, ipse lumen, ipse vita.

Quod deus est filius, sic dicit Iohannes: *et deus erat λόγος.* et rursus: *nullus ascendit in caelum, nisi qui de caelo descendit.* quod vita est filius: *ut qui credit in ipsum, non pereat.* et rursus: *sed habeat* spem, *vitam aeternam.* quod est filius: *unde filium suum unigenitum tradidit.* filium dixit et suum et unigenitum. quid amplius ad verum filium? quod ipse vita: *ut omnis, qui credit in ipsum, non pereat, sed habeat vitam aeternam.* quod ipse filius Christus est: *non enim misit deus filium, ut iudicet mundum, sed ut salvet mundum.* quod lumen, de ipso dicit: *quoniam lumen venit in mundum.* Iohannes non erat verum lumen, et idcirco dicit: *non sum Christus, sed quod missus sum.* missus est ergo Iohannes, Christus autem filius: *qui desuper venit, supra omnes est.* et rursus: *de caelo veniens.* dicitur quidem, quod sit missus a deo, ut: *filium enim misit deus.* sed ista duo et *veniens* et *misit* et filium in patre et patrem in filio esse significat. quod Christus vita, Samaritidi dicit: *tu ab eo peteres et tibi daret aquam viventem.* et rursus: *omnis, qui biberit ex aqua ista, iterum sitiet, qui autem biberit ex ista aqua, quam ego dabo*

4—5 *cf. Ioh 1, 9* ‖ 6—7 *cf. Ioh 1, 3—4* ‖ 7—8 *cf. Ioh 1, 10* ‖ 8—9 *cf. Ioh 1, 18* ‖ 11—12 *cf. Ioh 1, 1—3* ‖ 13—15 *cf. Ioh 1, 18* ‖ 17 *cf. Ioh 1, 1* ‖ 18 *cf. Ioh 3, 13* ‖ 19—20 *cf. Ioh 3, 15* ‖ 20 *cf. Ioh 3, 16* ‖ 22 *cf. Ioh 3, 15* ‖ 23—24 *cf. Ioh 3, 17* ‖ 24—25 *cf. Ioh 3, 19* ‖ 26 *cf. Ioh 3, 28* ‖ 27 *cf. Ioh 3, 31* ‖ 28—29 *cf. Ioh 3, 34* ‖ 30—p. 37, 2 *cf. Ioh 4, 10 et 4, 13—14*

1 natura $A^{ac}Σwhd$ naturam (*virg. supra* a² $A^{2?}$) A^{pc} ‖ 20 est *om.* (?) $Σ$ (quod~ *quo signo alibi non utitur*) ‖ 20—21 tradidit—unigenitum $A^{1 i.m.}$ $Σ$ *om.* A ‖ 30 significat $AΣhd$ significant w | quod Ahd quoniam $Σ$ ‖ 32 aqua quam $A^{pc}whd$ aqua aqua quam (aqua² *exp.*) $A^{ac}Σ$

ipsi, non sitiet in omni saeculo, sed aqua, quam ipsi dabo, efficietur in ipso fons aquae scatentis in vitam aeternam. quod Christus salvator: *et scimus, quoniam iste est salvator mundi.* quod filius dei est: *pater meus usque nunc operatur.* quis hoc dicit? Christus. quae blasphemia ipsius patrem dicere, qui non sit pater! quae ira Iudaeorum audientium patrem deum et irascentium in eum, qui dixit, quod filius esset dei, cum non esset filius dei! si enim non fuisset, non diceret. sed dixit et dei cultor dixit. veritate igitur dixit, et idcirco incredulitas Iudaeorum punitur.

6. Post ista omnis responsio ad Iudaeos et filium Christum et patrem deum declarat: quae facit pater, et ego facio. *non facit filius a semet ipso, nisi viderit patrem facientem. pater enim amat filium.* suscitat pater a mortuis, suscitat et filius. habet pater vitam in semet ipso, habet et filius. et omnia deinde. quod λόγος filius et filius Christus: *et λόγον eius non habebitis in vobis manentem, quoniam quem misit ille, ipsi vos non creditis.* quod filius: *pater meus dat vobis panem de caelo verum.* quod Christus non ab homine homo: *panis enim ex deo est, qui descendit de caelo.* quod vita: *et vitam dans mundo.* et postea dicit: *ego sum panis vitae.* quod ex deo: *non vidit patrem aliquis, nisi qui est a patre.* quod pater et filius alius in alio: *sicuti misit me vivens pater.* si vita filius, vivens pater, filius in patre. sicuti enim quale prius est, deinde qualitas, sic vivens primus deus, sic vita. qui enim genuit vitam, vivens est. vivit vita a vivente patre. non enim ante vita et sic deus vivens, sed deus vivens prior, sic vita et sic vivens vita. et idcirco deinde dicit: *et ego vivo propter patrem.* ergo et pater in ipso. quod et panis est et vita: *et qui accipit me, et ille vivet propter me. hic est panis de caelo descendens. non sicuti patres vestri manducaverunt et mortui sunt. manducans istum panem vivet in omne saeculum.*

7. Numquid homo ista dicit de semet ipso, qui sit solum homo? si enim homo ista dicit, blasphemat, et *peccantes ⟨deus⟩ non audit,* sed enim dicit Christus, quod audit illum deus. non ergo peccator neque homo. et dictum est: *vana spes in hominem.* et dicitur: *nos vero in deum*

2−3 cf. Ioh 4, 42 ‖ 3−4 cf. Ioh 5, 17 ‖ 5 cf. Ioh 5, 18 ‖ 11−14 cf. Ioh 5, 19−21; 26 ‖ 14−16 cf. Ioh 5, 38 ‖ 16−18 cf. Ioh 6, 32−33 ‖ 18−19 cf. Ioh ?, 35 ‖ 19−20 cf. Ioh 6, 46 ‖ 20 cf. Ioh 6, 57 ‖ 25−28 cf. Ioh 6, 57−58 ‖ 30 cf. Ioh 9, 31 ‖ 31 cf. Ioh 11, 41−42 ‖ 32 cf. Ps 60, 13; Ps 108, 13 ‖ 32−p. 38, 1 cf. Ps 20, 8

7 cum non esset filius dei A[1 i.m.] *Σ* om. A ‖ 17 *post* enim *add.* hic A[2 supra] ‖ 20 si A[ac] *Σwhd* sic (c A[1 supra]) A[pc] ‖ 26 et[3] *om. Σ* ‖ 30 deus *La Bigne whd* ‖ 31 audit A*hd* audiat *Σ*

nostrum speramus. Christus ergo deus, non ab alia substantia; *vivens pater et ego vivo propter patrem*, et: *panis vitae sum ego; qui istum manducat, vivet in saeculum.* cuncta ista unam substantiam significant. et idcirco dicit Iesus, quod desuper est, qui dicit ista: *si igitur videritis filium hominis ascendentem, ubi fuit prius.* quod spiritus deus est, dictum est: *spiritus deus est*, et quod filius *spiritus est vivificans.* quod ista fides est perfecta in Christum, dicit Petrus: *verbum vitae aeternae habes, et nos credidimus in te, domine, quoniam tu es Christus, filius dei.* quid est verbum vitae aeternae? quoniam si quis te audit, *vivet in aeternum.* quod a deo: *ego scio ipsum, quod ab ipso sum.* quod substantia patris Christus: *ego in patre et pater in me.* hoc non per dignitatem solum, sed per substantiam. si enim per dignitatem solum, quomodo ipse dicit: *pater meus maior me est*, et pater mittit, mittitur filius? rursus autem datur filio a patre dignitas. secundum hoc igitur pater in filio. numquid et filius dat dignitatem patri non habenti? substantia[m] igitur et pater in filio et filius in patre.

8. Sed ista, et iterum: quod ipse Christus, qui filius patris, et ipse est spiritus sanctus: *Iesus stabat et clamabat: si quis est, qui sitit, veniat et bibat. qui credit in me, quemadmodum dixit scriptura, flumina ex ventre ipsius manant aquae viventis.* est istuc quidem dictum de illo, qui accipit spiritum, qui accipiens spiritum efficitur venter effundens flumina aquae viventis. dat autem hunc spiritum Christus, dat et aquam viventem, ut ipse dicit et scriptura: *de spiritu dixit istud.* venter igitur, qui accipit spiritum, et ipse spiritus venter, a quo manant flumina aquae viventis, sicut scriptura dicit. *hoc autem dixit de spiritu, quem futuri erant accipere credentes in ipsum. nondum enim spiritus erat datus, quia Iesus nondum erat glorificatus.* sed rursum iterum flumina spiritus, venter autem, ex quo flumina, Iesus. Iesus enim est spiritus. iam ergo Iesus venter, de quo flumina spiritus. sicuti enim a gremio patris et *in gremio* filius, sic a ventre filii spiritus. ὁμοούσιοι ergo tres, et idcirco in omnibus unus deus.

1—2 cf. Ioh 6, 57 ‖ 2—3 cf. Ioh 6, 35; 58 ‖ 4—5 cf. Ioh 6, 62 ‖ 6 cf. Ioh 4, 24 | cf. Ioh 6, 63 ‖ 7—8 cf. Ioh 6, 68—69 ‖ 9—10 cf. Ioh 6, 59 ‖ 10 cf. Ioh 7, 29 ‖ 11 cf. Ioh 14, 10 ‖ 13 cf. Ioh 14, 28 ‖ 18—20 cf. Ioh 7, 37—38 ‖ 23 cf. Ioh 7, 39 ‖ 25—27 cf. Ioh 7, 39 ‖ 30 cf. Ioh 1, 18

1 non *Σwhd* om. A scriptum fuisse i. m. non *sed erasum esse suspic.* w invenitur quidem rasura i. m., sed quid eras. discerni non potest ‖ 3 significant A[pc]*Σwhd* significat (n² A[1supra]) A[ac] ‖ 7 est A*hd* sit *Σ* ‖ 13 mittit mittitur A*hd* mittat mittatur *Σ* ‖ 15—16 patri non habenti? substantia igitur *hd* patri non habenti substantiam? igitur A*Σw* ‖ 20 istuc A*hd* istud *Σ*

Quod non sit ex mundo: *ego sum lumen mundi.* propter ipsum enim vivit mundus ac vivet, quamdiu oboedierit ei. quod omnes tres spiritus, iam dixit: *deus spiritus est.* et nunc dicentibus quibusdam: *ubi* **1044 D** *est pater tuus?* dixit: *neque me nostis neque patrem meum. si me sciretis,* 5 *scire possetis et patrem meum.* spiritus autem sanctus spiritus manifeste. ista autem omnia et pater et ex patre, ὁμοούσιοι ergo. non enim spiritus ut alii. illi enim a deo, non ex deo. ὁμοούσια igitur ista tria.

Quod filius verus: *ego enim ex deo exivi,* ut ex *gremio* patris, *et ad-* 10 *venio in mundum.* quod antequam in carne esset, erat Christus: *Abraham, pater vester, laetabatur, ut videret diem meum, et vidit et gavisus est.* et rursus: *ante Abraham ego sum.* quod non homo: *cum sum in mundo, lumen sum mundi.* quis autem dedit caeco visum? homo? im- **1045 A** possibile. quod filius dei: *tu credis in filium dei? respondit ille: quis est,* 15 *domine, ut credam in eum? dixit ipsi Iesus: et vidisti eum et qui loquitur tecum, ipse est.* quod ex eadem substantia et potentia: *ego et pater unum sumus.* et rursus: *pater in me et ego in ipso.*

9. Unde dictum in Paulo: *qui in forma dei exsistens non rapinam arbitratus est esse aequalia deo.* ista igitur significant et unam esse sub- 20 stantiam et unam potentiam. quomodo enim: *ego et pater unum sumus* et quomodo: *pater in me et ego in patre,* si non a patre substantiam habuisset et potentiam, genitus de toto totus? et quomodo: *non rapinam arbitratus est aequalia esse patri?* non enim dixit: non arbitratus **1045 B** est aequalia esse, sed: *non arbitratus est rapinam.* vult ergo inferior esse 25 non volens rapinam arbitrari aequalia esse. in istis enim arbitrari est aut non arbitrari rapinam esse aequalia, qui sunt aequalia. sed putavimus aequalia secundum potentiam dictum esse. primum non est illud Arii dogma, quod *maior est pater dignitate, potentia, claritate, divi-*

---

1 *cf.* Ioh 8,12 ‖ 3 *cf.* Ioh 4,24 ‖ 3—5 *cf.* Ioh 8,19 ‖ 9—10 *cf.* Ioh 8,42; 1,18 ‖ 10—12 *cf.* Ioh 8, 56 ‖ 12 *cf.* Ioh 8, 58 ‖ 12—13 *cf.* Ioh 9, 5 ‖ 14—16 *cf.* Ioh 9, 35—37 ‖ 16—17 *cf.* Ioh 10, 30 ‖ 17 *cf.* Ioh 14, 10 ‖ 18—p. 40, 8 *cf. Alcuinus, De fide II 2* ‖ 18—19 *cf.* Phil 2, 6 ‖ 20 *cf.* Ioh 10, 30 ‖ 21 *cf.* Ioh 14, 10 ‖ 22—24 *cf.* Phil 2, 6 ‖ 28—p. 40, 1 *Formula fidei Sirmiensis 357, cf.* Hilar., *De synodis* 11 (*PL* 10, 489 A): patrem honore, dignitate, claritate, maiestate et ipso nomine patris maiorem esse filio; Athanas., *De synodis* 28, 7 (*op* 257): τὸν πατέρα τιμῇ καὶ ἀξίᾳ καὶ θειότητι καὶ αὐτῷ τῷ ὀνόματι τῷ πατρικῷ μείζονα εἶναι.

3 nunc *om.* Σ ‖ 6 *OMOOYCIOI* A (*hd*) ὁμοούσιον Σ ‖ 7 *OMOOYCIA* A (*hd*) ὁμοούσιον Σ ‖ 14 *ante* quod filius *add.* et ego Σ ‖ 19 aequalia A^{ac}whd aequalem a (i *in* em *mut.* et a *exp.* A³) A^{pc} aequalem Σ ‖ 23 aequalia A^{ac}whd aequalis a (s *inter* i *et* a *scr.* A²) A^{pc} aequalem Σ ‖ 24 aequalia Awhd aequalem Σ ‖ 26 aequalia qui sunt aequalia Awhd aequalem quae sunt aequalia Σ

nitate, actione. aequalia enim dixit. et si secundum istud aequalia, impossibile secundum istud aequalia esse, si non et substantia eadem. dei enim idem ipsum est et potentia et substantia et divinitas et actio. omnia enim unum et unum simplex. huc accedit: si ab alia substantia erat filius, et si maxime ex nihilo, quae illa substantia recipere valens istas divinitates et potentias? aequali enim aequale conectitur et simile simili. aequalis igitur filius et pater, et propterea et filius in patre et pater in filio et ambo unum.

10. Sed ista nunc. at vero alia Iohannis videamus: ipse salvator dicit: *ego sum resurrectio,* quod ipse vita. quis autem iste? Martha dicit: *quoniam tu es Christus filius dei, qui in mundum venisti.* quod non sic filius, quemadmodum nos. nos enim adoptione filii, ille natura. etiam quadam adoptione filius et Christus, sed secundum carnem: *ego hodie genui te.* si enim istud, solum hominem filium habet, sed: *ante Abraham ego sum* dicens, quod natura filius erat primum, declaravit. non igitur Photinianum dogma verum. deinde nos *non gentes solum,* sed et *qui dispersi sunt filii.* dei igitur filius Christus. filii et nos, sed nos per adoptionem, nos per Iesum Christum, nos ut filii dispersi. num et Christus sic filius? natura igitur Iesus filius, nos adoptione filii. quod natura filius, et ipse dicit saepe: *pater, gratias tibi ago, quod me audisti.* et: *pater, salva me ex ista hora.* et rursus: *ego ex ore patris processi.* ista non ut nos dicimus, ad patrem deum dicta sunt. non enim mendax deus nec impius filium se dicens et patrem deum, qui omnino non esset. sed propter corpus passionem induxit, ut implerentur omnia in mysterio. quod et antequam in corpore, fuit Christus: *et glorificavi et rursus glorifico.* in mysterio enim in carne *humiliavit semet ipsum.* ergo ante istud et post istud glorificatus est Iesus. quod propter mysterium et timens inducitur et postulans aliqua: *non propter me venit haec vox, sed propter vos.* eadem similiter: *ista facio non propter me, sed propter vos.*

---

1 cf. Phil. 2, 6 ǁ **17—21** cf. Alcuinus, Adversus Elipandum IV 9 ǁ **10** cf. Ioh 11, 25 ǁ **11** cf. Ioh 11, 27 ǁ **13—14** cf. Ps 2, 7 ǁ **14—15** cf. Ioh 8, 58 ǁ **16—17** cf. Ioh 11, 52 ǁ **20** cf. Ioh 11, 41 ǁ **21** cf. Ioh 12, 27 | cf. Sir 24, 3 ǁ **25—26** cf. Ioh 12, 28 ǁ **26** cf. Phil 2, 8 ǁ **28—29** cf. Ioh 12, 30

3 idem ipsum A *Alcuinus whd* eadem ipsa Σ ǁ **6** aequali enim aequale A*whd* aequalitas aequali Σ ǁ **6—7** et simile — et pater A[1 i.m.] Σ *om.* A ǁ **9** Iohannis A[pc]Σ*hd* Iohanni (s *add.* A[2?]) A[ac] ǁ **10** quod A*hd* quoniam Σ ǁ **14** Abraham *Galland w* Adam AΣ*hd iudicare nolim, sed cf. Ioh 8, 58* ǁ **16** Photinianum Σ*whd* Fotiniani A ǁ **21** me A[1supra] Σ *om.* A ǁ **22** ad A[1supra] *om.* A secundum Σ

11. Quod filius hominis ipse Christus, lumen in mundo filius dei est: *nos audivimus a lege, quoniam Christus manet in aeternum, et quomodo dicis tu, quod filium hominis oportet altificari? quis est filius hominis? dixit ipsis Iesus: adhuc paululum tempus lumen in vobis est.* 5 et deinde: *quamdiu lumen habetis, creditis in lumen, ut filii luminis efficiamini.* quod ὁμοούσιος deo: *ego sum via et veritas et vita. nullus venit ad patrem, si non per me. si cognovistis me, et patrem meum cognoscetis. et amodo cognoscitis ipsum et vidistis ipsum.* et rursum ad Philippum: *qui vidit me, vidit et patrem. non credis, quod ego in patre et pa-*10 *ter in me est?* et rursus ista et talia, in quibus manifestum est, quod et pater est, iuxta quod est, et filius est, iuxta quod est, et idcirco duo sunt. sed quoniam et pater in filio et filius in patre, ὁμοούσιοι. non oportet igitur dicere: duae personae, una substantia, sed: duo, pater et filius, ex una substantia dante patre a sua substantia filio substan-15 tiam in hoc, in quo genuit filium, et ex hoc ὁμοούσιοι ambo.

Quod ipse facit et faciet omnia: *quoniam eo ad patrem, et quod resurgitis in nomine meo, hoc faciam, ut glorificetur pater in me.* quod paraclitus et Christus: *si me dilexeritis et mandata mea custodieritis, et ego rogabo patrem, et alium paraclitum dabit vobis, ut vobiscum sit in* 20 *aeternum.* quis autem est alius paraclitus? *spiritus veritatis, quem mundus videre non potest, quod eum non videt.* alium autem paraclitum, id est Christum, viderunt, quod in carne, et non crediderunt in ipsum. quod potentia Christi sit paraclitus: *vos autem cognoscitis ipsum, quoniam apud vos manet.* ergo dedit ipsum ipsis Christus. dixit enim: *manet in* 25 *vobis et in vobis est.*

12. Ex his quid apparet? si deus spiritus et Iesus spiritus et sanctus spiritus spiritus, ex una substantia tria. ὁμοούσιον ergo tria. quod a Christo sanctus spiritus, sicuti Christus a deo et idcirco unum tria: *non vos relinquam orphanos, veniam ad vos.* et rursus dicit: *in illa die* 30 *cognoscetis, quoniam ego in patre meo et vos in me et ego in vobis.* secundum spiritum ista. quod a filio paraclitus: *paraclitus autem sanctus*

2—6 cf. Ioh 12, 34—36 ‖ 6—8 cf. Ioh 14, 6—7 ‖ 9—10 cf. Ioh 14, 9—10 ‖ 13 duae personae *Formula fidei Sirmiensis 357* cf. Hilar., De synodis 11 (PL 10, 489 A): duas personas esse patris et filii ‖ 16—17 cf. Ioh 14, 12—13 ‖ 18—20 cf. Ioh 14, 15—16 ‖ 20—21 cf. Ioh 14, 17 ‖ 23—24 cf. Ioh 14, 17 ‖ 24—25 cf. Ioh 14, 17 ‖ 29 cf. Ioh 14, 18 ‖ 29—30 cf. Ioh 14, 20 ‖ 31—p. 42, 2 cf. Ioh 14, 26

5 creditis A*hd* credetis *Σ* ‖ 16 eo ad patrem *hd* (cf. Ioh 14, 12) ego a patre A*Σw* ‖ 17 resurgitis ita profecto A*Σ* at cf. Ioh 14, 13 ‖ 22 quod[1] (exp. m. inc.) A[ac]*Σhd* om. *w* ‖ 27 ὁμοούσιον *Σhd* omousion A ‖ 28 sanctus spiritus A*hd* spiritus sanctus *Σ*

MARIVS VICTORINVS

spiritus, quem pater mittet in nomine meo, ille vos docebit omnia, quae ego dixero. manifestum ex his, quod in Christo deus et in sancto spiritu Christus. primum paraclitus Christus, paraclitus sanctus spiritus. deinde misit Christum deus. quae locutus est Christus, ipsa loquitur sanctus spiritus. sed Christus locutus est in parabolis et fecit signa. ergo in occulto omnia, quod ipse in carne erat. sicut ipse intus, sic et verum intus in parabolis et signis. spiritus autem sanctus docet omnia. etenim sanctus spiritus loquitur spiritui hominum. ipsum, quod est,
1047 B loquitur, et quod est, loquitur in nulla figura, et ideo *ipse docebit vos. et quae loquitur? quaecumque dixero*, dixit Christus. dixero de futuro est. de quo futuro? non eo, quod nunc, sed eo, quod est post ascendere ad patrem. et si istud, paraclitus veniens a deo in nomine Christi illa docet, quae dicit Iesus. ipse ergo Iesus, an ipse alter Iesus, an in ipso altero paraclito, hoc est spiritu sancto, inest Iesus, sicut in ipso deus? ista haec serie tribus exsistentibus et unum sunt tria et ὁμοούσιον tria, quippe dicente Christo: *eo et venio ad vos* et *a deo alius dabitur vobis paraclitus*, qui quaecumque habet, a me habet; et quaecumque habet pater, tradidit mihi omnia. etenim omne mysterium hoc est: pater inoperans operatio, filius operans operatio in id, quod est [re]ge-
1047 C nerare, sanctus autem spiritus operans operatio in id, quod est regenerare. sed ista quidem et in aliis dicta.

13. Quod λόγος, hoc est Iesus vel Christus, et aequalis est patri et inferior: *eo ad patrem, quoniam pater maior est me*. item dixit Paulus: *non rapinam arbitratus est aequalia esse deo*, et id, quod dictum est: *ego et pater unum sumus*, et quod operatio et pater et filius, et quod non diceret: *me maior est pater*, nisi fuisset aequalis. accedit etiam: si *totus ex toto* et *lumen ex lumine*, et si *omnia, quae habet pater, dedit filio*, omnia autem sunt et substantia et potestas et dignitas, aequalis patri. sed maior pater, quod ipse dedit ipsi omnia, et causa est ipsi filio, ut sit et isto modo sit. adhuc autem maior, quod actio inactuosa. beatior

9—10 cf. Ioh 14, 26 || 16 cf. Ioh 14, 28 || 16—17 cf. Ioh 14, 16 || 17—18 cf. Ioh 16, 14—15 || 21 in aliis cf. hymn. III 101—103 || 23 cf. Ioh 14, 28 || 24 cf. Phil 2, 6 || 25 cf. Ioh 10, 30 || 26 cf. Ioh 14, 28 || 27 cf. Hilar., De synodis 29 (PL 10, 502 B): totum ex toto; Athanas., De synodis 23, 3 (op 249) ὅλον ἐξ ὅλου; Hilar., De synodis 38 (PL 10, 509 B): lumen ex lumine; Athanas., De synodis 27, 2 (op 254): φῶς ἐκ φωτός || 27 cf. Ioh 16, 15

4 *post* deinde *add.* quod A[2 i.m.] || 6—7 *ad haec scr. Augustini definitionem signi* De doctr. christ. II 1, 1—2 A[4 i.m.] || 8 sanctus spiritus A*hd* spiritus sanctus Σ || 10 quaecumque (que A[1 supra]) A[pc] Σ quaecum A[ac] || 12 istud A*hd* iste Σ || 15 haec serie (haec *subiectum*) A[ac]*hd* haec series (s A[1 supra]) A[pc]*w* hac serie Σ | ὁμοούσιον Σ*hd* omousion A || 16 tria *om.* Σ || 19 re- *del. hd recte cf.* 39 p. 74, 10 generat . . . regenerat || 20 in *del. w* || 29—30 ut sit et A*hd* ut sit ut Σ

42

enim, quod sine molestia et impassibilis et fons omnium, quae sunt, 1047 D
requiescens, a se perfecta et nullius egens. filius autem, ut esset, accepit et in id, quod est agere, ab actione procedens in perfectionem veniens motu efficitur plenitudo, factus omnia, quae sunt. sed *quoniam*
5 *in ipso et in ipsum et per ipsum* gignuntur *omnia*, semper plenitudo
et semper receptaculum est. qua ratione et impassibilis et passibilis.
ergo et aequalis et inaequalis. maior igitur pater.

Quod paraclitus a deo et a Christo: *cum venerit paraclitus, quem ego
mittam vobis a patre, spiritum veritatis, qui a patre adveniet.* quod du- 1048 A
10 plex potentia τοῦ λόγου *ad deum*, una in manifesto, Christus in carne,
alia in occulto, spiritus sanctus (in praesentia ergo cum erat λόγος,
hoc est Christus, non poterat venire λόγος in occulto, hoc est spiritus
sanctus): *etenim si non discedo, paraclitus non veniet ad vos.* duo ergo
et isti, ex alio alius, ex filio spiritus sanctus, sicuti ex deo filius, et con-
15 rationaliter et spiritus sanctus ex patre. quod omnia tria unum, pater
non silens silentium, sed vox in silentio, filius iam vox, paraclitus vox
vocis: *cum venerit spiritus veritatis, praeibit vobis in veritate omni. non
autem verum dicet ab semet,* [Christus enim veritas,] *sed quaecumque audiet, loquetur et ventura dicet vobis. ille me honorabit, quoniam ex meo* 1048 B
20 *accipiet et nuntiabit vobis.* deinde adiungit: *omnia, quae habet pater,
mea sunt.* dicit ergo: *ex meo accipiet,* quod una motio, hoc est actio
agens, Christus est et spiritus sanctus. et primum est vivere, et ab
ipso, quod est vivere, et intellegere. vivere quidem Christus, intellegere spiritus. ergo spiritus a Christo accipit, ipse Christus a patre, et
idcirco et spiritus a patre.

14. Omnia igitur unum, sed a patre. quod Christus et a patre processit, hoc est, quod deus ipsum misit, et hoc est: a deo processit. dicit
enim: *quoniam ego a deo processi, processi a patre.* cognoscendum, quod
et dixit: *et exivi.* sed quod *a deo*, praeposuit: *a deo processi*, quod significat, quod deus ipsum misit. credite igitur hoc primum, *quoniam ego a* 1048 C
deo exivi. quo[d] autem a deo et ut quis ? ab illo deo, qui pater meus est.
exivi igitur a patre et veni in mundum. huius istius orationis naturalis
ordo iste est: processi de patre, exivi a deo, veni in mundum. sed effec-

---

4—5 cf. Col 1, 16—17 || 8—9 cf. Ioh 15, 26 || 10 cf. Ioh 1, 1 || 13 cf. Ioh 16, 7||
17—20 cf. Ioh 16, 13—14 || 20—21 cf. Ioh 16, 15 || 21 cf. Ioh 16, 14 || 28—p. 44, 3
cf. Ioh 16, 27—28

4 factus—sunt *om. Σ* || 18 ab A*hd* a *Σ* | Christus enim veritas A *Σ hd glossam
opinor* || 22 ab A*pc Σ hd* abs (s *exp.* A[1]?) A*ac* || 23 et *om. Σ* || 27 et *om. Σ* || 29 exivi
Σ hd ex (*sequitur spatio trium fere litterarum rasura*) A ex⟨ivi a patre⟩ *w* | quod[1]
A*pc Σ hd* quo (d A[1supra]) A*ac* | processi *Σ hd* processit A *w* || 31 quo *whd* quod
A *Σ* || 32 istius *om. Σ* || 33 de patre A*hd* a patre *Σ*

tus est locutionis ordo ab hominibus: *quoniam vos dilexistis me et credidistis, quod ego a deo exivi.* hoc enim primum in fidem. deinde autem *processi de patre*, exponens a superioribus, cuius erat, dixit. unde et ipsi dicunt: *credimus, quod a patre existi.* quid autem? supra dimisit deum et patrem? non. dicit enim: *non sum solus, quoniam pater mecum est.* et non est intellegere, quod pater passus est. neque enim ipse, sed homo eius.

Quod in resurrectionem carnis venit: *glorifica filium, ut filius glorificet te, sicut ei dedisti potestatem universae carnis, ut omne, quod dedisti ipsi, det ipsi vitam aeternam.* ergo non solum homo Christus, sed deus in homine. quod hoc est vitam habere, credere in deum et in filium eius: *est autem aeterna vita, ut cognoscat te unum et verum deum, et quem praemisisti Iesum Christum.* quod fuit ante mundum: *et nunc glorifica me, pater, apud te ipsum gloria, quam habui, antequam mundus esset.* quod homines a deo, non tamen ex deo: *manifestavi tuum nomen hominibus, quos dedisti mihi.* ex isto manifestum, quod non omnes. *tui erant, et mihi eos dedisti, et verbum tuum custodierunt. nunc cognovi, quoniam omnia, quae mihi dedisti, a te sunt.* et quid mirabile, si homines a deo, si et caro, quod ipse eam formavit? quid igitur? numquid sic et Christus? absit. totus hic locus hoc struit, quod homines a deo sunt, sed non omnes. rursus et istud, quod Christus erat ante constitutionem mundi. quod omnia tradidit pater filio, si et nomen dedit. dicit enim: *custodivi eos in nomine tuo, quos mihi dedisti.*

15. Habemus ergo, quod Christus habet nomen patris et quod vita est et habet potestatem dare vivere. quod ipse vita est et pater vita, dictum est: *misit me pater vivens.* et haec est substantia dei et Christi. ὁμοούσιοι ergo. deinde dictum est lumen Christus et deus verum lumen. ista enim ad intellegentiam. num aliud est sanctus spiritus? nihil. quid deinde? lumen non substantia? sic. ergo ὁμοούσια. et *omnia,*

---

4 *cf. Ioh* 16, 30 ‖ 5—6 *cf. Ioh* 16, 32 ‖ 8—10 *cf. Ioh* 17, 1—2 ‖ 12—13 *cf. Ioh* 17, 3 ‖ 13—15 *cf. Ioh* 17, 5 ‖ 15—18 *cf. Ioh* 17, 6—7 ‖ 23 *cf. Ioh* 17, 12 ‖ 26 *cf. Ioh* 6, 57 ‖ 27—28 *cf. Ioh* 1, 9 *et passim* ‖ 29—p. 45, 1 *cf. Ioh* 16, 15

4 dimisit A[pc] Σ whd demisit (i *supra* e *scr.* A[2]) A[ac] ‖ 11 est A hd sit Σ | deum A[pc] w hd d̄n̄m̄ (n *exp.* A[2]) A[ac] dominum Σ ‖ 12 aeterna vita A Σ hd *transp.* A[2?] vita aeterna w | cognoscat A[ac] Σ *recte ita legi iudicat hd conferendo Adv. Ar. III 8, p. 122, 16—20, ubi eodem modo vita est subiectum* cognoscant (n A[2 supra]) A[pc] w ‖ 15 tuum nomen A[pc] Σ whd *cf. Ioh* 17, 6 *graece* nomen tuum (*transp.* A[1?]) A[ac] ‖ 20 struit A[ac] Σ hd asstruit (as A[1 ??supra]) A[pc] adstruit w ‖ 23 quos A Σ quod *conferendo Ioh* 17, 12 *graece* whd ‖ 28 sanctus spiritus A hd spiritus sanctus Σ ‖ 29 quid A hd quod Σ

ADV. ARIVM I

quae habet deus, habet filius. ὁμοούσια ergo. non igitur omnino ὁμο-⟨ι⟩ούσιον. sed de isto posterius. quod natus est: *in istud natus sum et in istud veni in mundum*, ut regnem. quod a Christo spiritus sanctus: *insufflavit* Christus *et dixit: accipite spiritum sanctum.*
Ista omnia secundum evangelium Iohannis. videamus etiam et secundum Matthaeum pauca. similia enim praetereo.
Quod et satanas fatetur Christum dei esse filium. dicit enim: *si tu es filius dei*. et istud ter dicit. sed in secundo confitens de filio dei temptavit, si ipse esset iste Christus. dicit enim: *si filius es tu dei, mitte te deor-* **1049 C** *sum. scriptum est enim, quod angelis suis praecipiet de te*. confitetur, qui dicit *de te*, esse dei filium confitetur et hunc confitetur. deinde confitentur rursus daemones: *exiebant etiam daemonia a multis exclamantia et dicentia: tu es filius dei.*
Audi, Ari, audi, Eusebi, et omnes audite Ariani, et maxime qui dicitis ab eo, quod est, esse Christum, sed secundum serpentis intellectum, quoniam pater ὄν est, qui fecit Christum, ideo ex eo, quod est, esse Christum dicentes, audite ergo: filium dicit dei satanas, cui promisit regnum mundi, et scit omnia, quae in supernis. inde enim est. quid autem? post tertiam temptationem quod diabolus abscessit, confessus est filium esse dei.
Quod et daemones dixerunt filium esse dei: *quid nobis et tibi, fili dei,* **1049 D** *venisti?* quod non oportet dubitare de Christo: *beatus est, qui non scandalizatur in me.* quod omnia patris filius habet: *omnia mihi tradita sunt a patre, et nullus cognoscit filium nisi pater, nec patrem nisi filius cognoscit, et cui vult filius revelare.* quae causa solum filium scire patrem, aut patrem, ut cognoscat filium, nisi quod nullus habet substantiam eius? omnia enim, quae in claritudine et in divinitate, in potentia, in ipsa actione et cognoscunt patrem et colunt. sed quoniam cognoscere hoc est scire ipsius dei ipsum, quod est ei esse, hoc est substantiam eius, idcirco nullus cognoscit deum nisi substantiam eandem habens filius et habens ab ipso. alio enim modo nullus potuit videre, sicuti dic- **1050 A**

---

2 posterius *cf. I 28, p. 61, 15 sqq.* || **2—3** *cf.* Ioh 18, 37 || **3—4** *cf.* Ioh 20, 22 || **7—8** *cf.* Matth 4, 3; 4, 6 || **9—11** *cf.* Matth 4, 6 || **12—13** *cf.* Luc 4, 41 || **14** qui dicitis *adversarii ignoti cf.* op 15, 3 || **21—22** *cf.* Matth 8, 29 || **22—23** *cf.* Matth 11, 6 || **23—25** *cf.* Matth 11, 27

1 non igitur omnino ὁμο⟨ι⟩ούσιον *hd* non igitur omnino OMOOYCION (*post* OMO *finis lineae*) A non — ὁμοούσιον *om.* Σ non igitur omnino ὁμοούσιον? *w* || **9** iste *om.* Σ || **12** exiebant A*hd* exibant Σ || **14** Ari ... Eusebi Σ arri ... eusebi A*pc* arrie ... eusebie (*bis* e *exp. m. inc.*) A*ac* Arrie ... Eusebie *whd* || **19** autem A *hd* enim Σ || **22** dubitare A*ac* Σ*hd* dubitari (i *supra* e *scr.* A²?) A*pc w*

tum est: *unigenitus filius, qui est in gremio patris, ille enarravit*, quid est esse deum. in gremio enim est et in μήτρᾳ substantiae. ὁμοούσιος οὖν uterque et substantia et divinitate consistens uterque in utroque et cognoscit uterque utrumque.

16. Quid igitur et tu, Valentine, dicis? processit primus aeon et volens videre patrem non potuit? *in gremio patris* esse filium et semper esse Iohannes dicit. non solum ergo patrem videt, sed etiam in patre semper est.

Quod magnum peccatum adversum sanctum spiritum dicere: *omnis blasphemia et peccatum remittetur hominibus. et si qui dixerit sermonem adversum filium hominis, remittetur ei. qui autem dixerit adversum sanctum spiritum, non remittetur ei neque in isto saeculo neque in futuro.* primum perspiciendum, quod sanctus spiritus spiritus dei est. dixit enim: *in spiritu dei ego eicio daemonia.* deinde de blasphemia et peccato, quod peccarunt Iudaei, sicuti dixit, quale esset in sanctum spiritum. primum, quod blasphemia et peccatum in sanctum spiritum non remittetur alicui. peccatum est blasphemiter cum voluntate dicere. sed istud non sufficit. dixit secundum: etiam si invitus aliquis dicit qualemcumque sermonem, quod non est peccatum, non relinquetur illi in omni saeculo. si igitur sanctus spiritus dei spiritus est et sanctus spiritus a dei filio omnia habet, una substantia tribus a substantia patris. ὁμοούσια ergo tria, hoc est simul οὐσία. si enim patris substantia spiritus et filius spiritus, sanctus autem spiritus patris est spiritus, in quo ordine ponitur sanctus spiritus? et praecedit enim, si patris est spiritus, et sequitur, si a filio habet, quod est. et rursus si filius, secundum quod spiritus, unum est et pater et est in filio pater et omnes in alternis exsistentes, ergo ὁμοούσιοι sunt unam et eandem substantiam habentes et semper simul ὁμοούσιοι divina affectione secundum actionem subsistentiam propriam habentes.

17. Sed ista. et rursus sufficiunt nobis, quae dicta sunt in evangeliis. huiusmodi enim et in aliis, sicut et in cata Lucan, quod Christus dei filius, ipse salvator dicit: *quomodo dicunt Christum filium David esse?*

---

1 *cf.* Ioh 1, 18 ‖ 5—6 *cf.* Iren., adv. haer. I 2, 2; Tert., adv. Prax. 8, 2 ‖ 6 *cf.* Ioh 1, 18 ‖ 9—12 *cf.* Matth 12, 31—32 ‖ 14 *cf.* Matth 12, 28 ‖ 32— p. 47, 3 *cf.* Luc 20, 41—44

2 *OMOOYCIOC* A(*hd*) ὁμοούσιοι Σ ‖ 5 aeon A*hd* αἰών Σ ‖ 11 qui A*hd* quis Σ ‖ 12 in[1] A[2supra] om. A ‖ 13 sanctus spiritus A*hd* spiritus sanctus Σ ‖ 15 sanctum spiritum A*hd* spiritum sanctum Σ ‖ 25 si[2] A[2supra] om. A Σ ‖ 27 eandem A[pc] Σ eadem (n A[2supra]) A[ac] ‖ 29 subsistentiam A[pc] Σ substantiam (*post* subs *add.* is A[1supra] *et* a *in* e *mut.*) A[ac] ‖ 30 et om. Σ ‖ 31 huiusmodi — Lucan *om.* Σ

et ipse David dicit in libro Psalmorum: *dixit dominus domino meo, sede
a dextris meis.* David ergo dominum illum vocat, et quomodo filius eius 1050 D
est? in isto Christum, et antequam esset in carne, et spiritum dei esse
et deum esse ipse haec demonstrat.

5 Videamus igitur et Apostolum. dicit enim de Christo ista ad Romanos, quoniam deus est Christus: *in diem irae et revelationis iusti iudicii
dei.* sine dubio hoc de Christo. ipse enim iudicabit. quoniam apud
deum τὸ μὴ ὄν nihil est, exemplum de Genesi inducit Paulus: *quia
patrem multarum gentium posui te ante eum, cui credidisti deo, qui vivi-
10 ficat mortuos et vocat ea, quae non sunt, tamquam quae sunt.* quoniam
spiritus dei spiritus Christi et idem spiritus sanctus: *vos vero non estis
in carne, sed in spiritu, si tamen spiritus dei habitat in vobis. si quis* 1051 A
*autem spiritum Christi non habet, hic non est ipsius. si autem Christus
in vobis, corpus quidem mortuum est propter peccatum, spiritus autem
15 vita est propter iustitiam. quodsi spiritus eius, qui suscitavit Iesum a mortuis, habitat in vobis, qui excitavit Christum a mortuis, vivificabit et
mortalia corpora vestra per eum spiritum, qui habitat in vobis.* totius mysterii virtus in baptismo est, eius potentia in accipiendo spiritu, utique
spiritu sancto. hoc si ita est, dictum est: *vos in spiritu estis*, utique
20 quem sanctus spiritus dedit vobis. qui iste est spiritus? adiunxit: *si tamen spiritus dei habitat in vobis.* qui iste est? *si quis autem spiritum
Christi non habet.* idem ergo dei spiritus et Christi spiritus. in quo et
illud perspiciendum, quod idem et spiritus Christi, quod ipse Christus.
sequitur enim: *si autem Christus in vobis.* unde et spiritus dei deus. una
25 igitur substantia, quia idem spiritus, sed idem in tribus. ὁμοούσιον
igitur. unde non similis substantia, quia idem spiritus. nec tamen idcirco passiones eaedem et in patre, quia unus spiritus. in duobus enim
tantum velut passiones, quia iam progressi spiritus sunt. 1051 B

18. Sed ista plenius postea. *quoniam ex ipso et per ipsum et in ipso
30 omnia.* **ex ipso**, ut dicitur de patre, **per ipsum**, ut de Christo, **in ipso**,
ut de sancto spiritu. alibi autem sic dicit: *in ipso, per ipsum, ad ip-*

6—7 *cf. Rm 2, 5* ǀǀ 8—10 *cf. Rm 4, 17* ǀǀ 11—17 *cf. Rm 8, 9—11* ǀǀ 19—24 *cf.
Rm 8, 9—11* ǀǀ 29 postea *cf. I 22, p. 55, 5 sqq.; I 44, p. 79, 16—80, 23* ǀǀ 29—30
cf. Rm 11, 36 ǀǀ 31 *cf. Col 1, 16—17*

5 apostolum Σ*hd* apostoli A*ac* illud apostoli (illud A²*supra*) A*pc* ǀ ista *om.* Σ ǀǀ
8 genesi A*pc*Σ probabilius, quia et *in comm. in Apostolum semper ita legitur*
genese (i *supra* e *scr.* A²) A*ac hd* ǀǀ 10 tamquam quae sunt A*hd* tamquam sint Σ ǀǀ
13—17 si autem — habitat in vobis *om.* Σ ǀǀ 18.19 utique spiritu sancto *om.* Σ ǀǀ
23 et A*hd* est Σ ǀǀ 25 quia A*hd* qua Σ ǀǀ 29 ex A*hd* et Σ ǀǀ 31 sancto spiritu A*hd*
spiritu sancto Σ

sum. quod deus Christus: *ex quibus Christus secundum carnem, qui est super omnes deus benedictus in omnia saecula saeculorum.* ad Corinthios prima: *si enim cognovissent, numquam dominum maiestatis crucifixissent.* quod Christus sicuti deus incomprehensibilis aut vix comprehensibilis est: *sed et quemadmodum dictum est: quae oculus non vidit, quae auris non audivit et in cor hominis non ascendit, quae praeparavit deus diligentibus se.* deinde dicit, quod intellegit ista, sicut *spiritus hominis ea, quae in homine,* sic et *ea, quae dei, spiritus dei.* si de Christo ista dicit, ex his apparet, quod non est facile scire generationem filii. nam neque νοῦς percipit dei filium nec modum generationis scire potest. si autem de praesentia eius, et istud super oculum, super auditum, super νοῦν est. si autem, ut quidam intellegunt, dicit ista de his, quae ibi, *quae praeparavit deus diligentibus* ipsum, multo magis mirabilis est generatio et vix comprehensibilis, si ista sic sine intellectu sunt. quid ex his queas dicere ab his, quae non sunt, esse Christum, aut similis substantia est Christus? comprehensibilia sunt et definita. at vero esse ὁμοούσιον non solum incomprehensibile, sed et habet contradictiones multas. si enim ὁμοούσιος, et ipse ingenitus? si ὁμοούσιος, quomodo alter, quomodo alius pater, alius filius? si ὁμοούσιος, quomodo alius passus est, alius non? ex isto enim patripassiani. sed quoniam dei voluntate *inquirit omnia, et ea, quae dei, spiritus,* qui in nobis inhabitat, invenietur modus divinae generationis, iuxta quem et ὁμοούσιον manifestabitur et illa exterminabuntur. *nos enim accepimus non mundi spiritum, sed dei.* quod idem spiritus deus et Christus est et sanctus spiritus et idem unus spiritus: *propter quod notum vobis facio, quod nullus in spiritu dei dicit anathema Iesu, et nullus potest dicere dominum Iesum nisi in spiritu sancto. divisiones autem gratiarum sunt, idem autem spiritus, et divisiones ministeriorum sunt, sed idem dominus, et divisiones operationum sunt, idem autem deus, qui omnia in omnibus operatur.* si igitur *in dei spiritu nullus dicit anathema Iesu,* ipse est spiritus et dei et sancti spiritus, de quo idem istud dicit: *et nullus potest dicere dominum Iesum nisi in spiritu sancto.* praeterea amplius istud dicit, quod divisiones gratiarum a spiritu sunt: a deo quidem gratiae, divisiones autem a spiritu. in actione

---

1—2 *cf.* Rm 9, 5 ‖ 3—4 *cf.* I Cor 2, 8 ‖ 5—7 *cf.* I Cor 2, 9 ‖ 8 *cf.* I Cor 2, 11 ‖ 12 quidam *cf.* Origen. De princ. III 6, 4 ‖ 13 *cf.* I Cor 2, 9 ‖ 21—22 *cf.* I Cor 2, 10—11 ‖ 23—24 *cf.* I Cor 2, 12 ‖ 25—33 *cf.* I Cor 12, 3—6

10 *post* νοῦς *add.* intellegentia A *glossam notat* hd ‖ 11—12 super (*ter*) A hd supra Σ ‖ 13 quae ibi *om.* Σ ‖ 15 queas Σhd quod A ‖ 16 *ante* similis *add.* si A[2supra] ‖ 20 patripassiani Σhd patropassiani A

ADV. ARIVM I

enim alia exsistentia spiritus sanctus, in substantia ὁμοούσιον, quoniam spiritus sanctus. sic et ministerium domini: ipse etenim dividit ministeria in operatione vitae operans, et ipse in substantia sua secundum operationem vitae, in substantia autem ὁμοούσιος. quod
5 spiritus et operationes a deo: operationes autem multae, sed in omnibus idem deus. differt autem deus, quod ipse facit *divisiones operationum*, ipse tamen *in omnibus omnia operans*. ipsum enim esse operationis causa cum sit, operationum divisiones facit, et ipse deus iuxta substantiam spiritus cum sit, ὁμοούσιον actioni. omnia ergo tria ac-
10 tione ὁμοούσια et substantia ὁμοούσια, quod omnia tria spiritus et quod a patre spiritus, a patre substantia.

19. Quod Christus vita est et quod spiritus, dictum est: *spiritus autem vivificat*, et ibi rursus dicit: *dominus autem spiritus est*. quod Christus de deo, non ex his, quae non sunt: *ut non splenderet illis*
15 *illuminatio evangelii gloriae Christi, qui est imago dei*. si *imago dei* Christus, de deo Christus. imago enim imaginalis imago. imaginalis autem deus. imago ergo Christus. sed imago imaginalis imago est. et quod imaginale, est principale. imago autem secunda et aliud secundum substantiam ab eo, quod imaginale est. sed non sic intellegimus ibi
20 imaginem sicuti in sensibilibus. hic enim nec substantiam intellegimus imaginem. umbra enim quaedam est in aere aut in aqua per quoddam corporale lumen corporalis effluentiae per reflexionem figurata, ipsa per semet nihil nec proprii motus (imaginalis solum substantia) neque corpus neque sensum neque intellegentiam habens, et ablato aut tur-
25 bato, in quo figuratum est, omnino nihil et nusquam est. alio igitur modo dicimus Christum *imaginem dei* esse. primum esse et per semet esse et quae sit intellegens esse et viventem dicimus imaginem et vivefacientem et semen omnium, quae sunt. λόγος enim, *per* quem *omnia et sine* isto *nihil*. sed ista omnia etiam deo adtributa sunt. ergo
30 ὁμοούσιον deus et λόγος. et quare *imago dei* λόγος? quoniam deus in occulto, in potentia enim, λόγος autem in manifesto, actio enim. quae actio habens omnia, quae sunt in potentia, vita et cognoscentia secundum motum producit, et manifesta omnia. propter quod omnium, quae sunt in potentia, imago est actio unicuique eorum, quae in po-

---

6—7 *cf. I Cor 12,6* || 12—13 *cf. Ioh 6,63* || 13 *cf. II Cor 3,17* || 14—15 *cf. II Cor 4,4* || 26 *cf. II Cor 4,4* || 28—29 *cf. Ioh 1,3* || 30 *cf. II Cor 4,4*

1 substantia Σhd substia (subs *in fine lineae*) A || 2 sic Ahd sicut Σ || 30 OMOOYCION A(hd) ὁμοούσιοι Σ || 33 manifesta Ahd manifestat Σ | omnium Ahd omnia Σ

MARIVS VICTORINVS

  tentia sunt, speciem perficiens et exsistens per semet. a nihilo enim nulla substantia. omne enim esse inseparabilem speciem habet, magis autem ipsa species ipsa substantia est, non quo prius sit ab eo, quod
1053 A est esse, species, sed quod diffinitum facit species illud, quod est esse. etenim quod est esse, causa est speciei esse in eo, quod est esse, et 5 ideo, quod est esse, pater est, quod species, filius. rursus quod ipsum, quod est esse, praestat speciei ipsum, quod est esse, esse autem speciei imago est eius, quod est esse, quod est iuxta causam primum, quod est esse, $ὁμοούσιον$ ergo esse ipsis duobus, et secundum esse imago est primi esse. sine tempore primum et secundum dico, iuxta causam 10 aliud alio ad ipsum, quod est esse, pater et filius. quod autem non retrorsum causa, idcirco pater pater et filius filius. in eo autem, quod esse est, ambo simul sunt et semper ambo $ὁμοούσιον$ iuxta quod est
1053 B esse. secundum autem quod est potentia et actione, potentia pater, actione filius. natus igitur filius habens in actione et potentialiter esse, 15 sicuti potentialiter esse habet ipsum actionem esse in semet ipso, quod est potentialiter esse. ipsum autem 'habet' secundum intellectum accipe: non enim habet, sed ipsum est. simplicia enim ibi omnia. sed dixi secundum evangelium: *quaecumque habet pater, eadem habet filius.* secundum istam rationem et pater in filio est et filius in patre, et 20 $ὁμοούσιον$ ambo, et imago filius patris. ipsum enim esse duorum $ὁμοούσιον$. quod autem alterum ab altero, imaginale et imago. et rursus quod aliud ab alio, pater et filius. et rursus quod alter ab altero, unum ingenitum, aliud genitum. sine tempore autem ista, quod in principio ista et ab aeterno in aeternum. neque igitur qui *hominem* 25
1053 C dicunt Christum neque qui *ex nihilo* neque qui *ex aliquo tempore* nec alii huiusmodi in ista perspectione locum habent.

  20. Videamus autem et istud. dicit Moyses dictum dei: *faciamus hominem secundum imaginem nostram et secundum similitudinem.* deus dicit ista. *faciamus* cooperatori dicit, necessario Christo. et *secundum* 30 *imaginem* dicit. ergo homo non imago dei, sed *secundum imaginem.* solus enim Iesus imago dei. homo autem secundum imaginem, hoc est imago imaginis. sed dicit: *secundum imaginem nostram.* ergo et pater et filius imago una. si imago patris filius est et ipsa imago pater, ima-

---

  19—20 cf. *Ioh 16, 15* ‖ 25—26 cf. Hilar., *De synodis 38 (PL 10, 510 A—C), I et IX;* Athanas., *De synodis 27, 3, op 254—255* ‖ 28—33 cf. *Gen 1, 26*

  4 diffinitum *scripsi* difinitum **A** definitum *Σhd cf. Ad Cand. 4, p. 12, 21 app.* ‖ 13 OMOOYCION **A**(*hd*) ὁμοιούσιον *Σ* ‖ 18 accipe (*Candidum adloquitur*) **A***hd* accipite *Σ*

gine ergo ὁμοούσιοι. ipsa enim imago substantia est. unum enim et simplex ibi et esse et operari. ita autem sunt et substantia et species. substantia autem cum sit imago, ὁμοούσιοι pater et filius patre ex- **1053 D** sistente secundum quod est esse, etiam quod est agere, filio autem exsistente secundum quod est agere, etiam quod est esse, unoquoque habente id, quod sit, iuxta quod maxime est, antiquius exsistente, quod est esse, ab eo, quod est agere. pater autem, quod est esse, et maxime pater ipsum, quod est esse, cui inest et actio potentialiter. et rursus ut iuniore exsistente, quod est agere, filius, ut iunior ab eo, quod est esse, habens filium in eo, quod est agere, a primo, quod est esse. propter quod unus pater, iuxta quod est esse, unus filius, iuxta quod est agere, uterque simul exsistens in utroque, sicut demonstratum est. ὁμοούσιοι ergo.

Dicamus ergo, *faciamus hominem* et *ad imaginem* quid est et quid **1054 A** est *ad nostram*, deinde hoc, quid est *et iuxta similitudinem*. sic enim dictum differentiam significat et imaginis et similitudinis. multa cum sit quaestio, de quo dixerit *faciamus hominem iuxta imaginem nostram*, concedendum nunc, quod de anima hominis. sive enim de ambobus sive de sola anima, nihil aliud intellegitur nisi de anima. ipsa enim sola est *iuxta imaginem* dei et *iuxta similitudinem*. *imaginem* dicimus esse dei Christum, ipsum autem λόγον. *iuxta imaginem* ergo dei animam dicimus rationalem dicentes. non enim λόγος anima, sed rationalis. et quod totum vita Christus, anima autem vivit, quod vitam substantiam habet, *iuxta imaginem* ergo dei anima. Christus autem *imago dei*. quid autem intellegimus hoc *iuxta similitudinem*? quemadmodum **1054 B** λόγος substantia est, sicuti declaratum est, quoniam et λόγον esse ipsum est et ipsum, quod est esse, λόγος autem agere est et motum esse, et, quoniam simplex est ibi omne, istud ipsum motum esse et agere hoc est, quod est esse, quod est ibi substantia, sic et anima, quo anima est, hoc est, quod est esse et substantiam esse, quod autem est a se se movens, imago est substantiae, magis autem ipsa substantia, iuxta speciem substantia. et ideo in definitione animae, cum dicimus,

---

12 sicut demonstratum est *cf. supra l. 7–11* ‖ **14–24** *cf. Gen 1, 26* ‖ **24–25** *cf. II Cor 4, 4* ‖ **25** *cf. Gen 1, 26* ‖ **26** sicuti declaratum est *cf. I 19, p. 49, 30 – 50, 24; I 20, p. 50, 34 – 51, 13*

1 *post* enim² *add.* est Σ ‖ **6** iuxta quod maxime est $A^{ac}\Sigma$ *in* maxime iuxta quod est *transp.* A^2 ‖ **9** ut¹ $A^{pc}\Sigma hd$ et (u $A^{2?supra}$) A^{ac} ‖ **12** est $A^{1supra}\Sigma$ *om.* A ‖ **16** multa cum *transp.* A^2 ‖ **21** animam A *hd* animum Σ ‖ **23** *inter* quod *et* totum *crucem posuit* hd *locum corruptum suspicans. an accusativo neutri usus est auctor noster tamquam adverbio?* ‖ vitam A *hd* vita Σ

quid est anima, proprie dicimus et substantialiter: quod a se movetur. manifestum et ex isto, quod substantialis imago, magis autem substantia est animae, quod a se movetur. hoc autem est rationale, iuxta imaginem τοῦ λόγου rationalem esse. aliud igitur est *iuxta imaginem* esse, quod quidem substantia est, aliud autem *iuxta similitudinem* esse, quod non est substantia, sed in substantia nomen qualitatis declarativum. sed sicuti deum, sic et imaginem, hoc est Christum, substantiam accepimus. perfectionem autem iuxta quale significativum intellegimus. et si simile quale significat, necessario, quoniam dicimus animam rationalem esse et perfecte rationalem, *iuxta similitudinem* perfectionis in deo perfectam esse dicimus animam. *iuxta imaginem* ergo nunc et in mundo, *iuxta similitudinem* autem postea fide in deum et in Iesum Christum, qualis esset futura, si Adam non peccasset. in quo igitur rationalis est, ad rationem *iuxta imaginem* est, in quo futura perfecta est, *secundum similitudinem*. aliud igitur *imaginem* esse et aliud *iuxta imaginem*, et magis aliud *iuxta similitudinem*. quae igitur blasphemia ὁμοιούσιον dici patrem et filium, cum imago sit filius iuxta substantiam, non *iuxta similitudinem*. sed nunc sic.

21. Eamus vero ad alia. quod in Christo creatura, sed non una. sunt enim creaturae tres, una quidem, cum creata sunt omnia per Christum, secunda creatura nostra in Christo secundum baptismum, sed in Christo, et alia in Christo commutatio fit. unde *si qua in Christo nova creatura* dictum est. quod antequam esset Christus in carne: *qui peccatum non noverat, pro nobis peccatum fecit*, quod fuit tempus, in quo peccatum non noverat, antequam esset in carne.

Ad Ephesios. quod antequam esset Christus in carne: *benedictus pater domini nostri Iesu Christi, qui benedixit nos in omni benedictione spiritali in caelestibus in Christo Iesu, secundum quod praelegit nos ante constitutionem mundi*. quod fuit Christus, antequam esset in carne: *quoniam fueratis illo tempore sine Christo, abalienati conversatione Israel*. quod deus Christus: *spem non habentes et sine deo*, hoc est sine

---

4—18 *cf. Gen 1,26* ‖ 22—23 *cf. II Cor 5,17* ‖ 23—24 *cf. II Cor 5, 21* ‖ 26—29 *cf. Eph 1, 3—4* ‖ 30—31 *cf. Eph 2, 12* ‖ 31 *cf. Eph 2, 12*

9 quoniam A*hd* (*ante* necessario *interp.*) quomodo *Σ* (*post* necessario *interp.*) ‖ 10 animam rationalem A^{pc}*Σhd* rationalem animam (*transp.* A$^{1?}$) A^{ac} ‖ 17 ὁμοιούσιον *Σhd* OMOOYCION (*OMO in fine lineae*) A ‖ 23 esset Christus in carne A^{pc}*Σ* in carne esset Christus (*transp.* A^{1}) A^{ac} ‖ 26 esset Christus in carne A^{pc}*Σhd* in carne esset Christus (*transp.* A^{1}) A^{ac} ‖ 28 praelegit A*hd* praeelegit *Σ* ‖ 30 *post* abalienati *add.* a *Σ*

Christo. quod spiritus est, qui omnia colligat: *cupientes custodire unitatem spiritus in colligatione pacis. unum corpus et unus spiritus, unus dominus, una fides, unum baptisma, unus deus et pater omnium, qui in omnibus et per omnia et in omnibus.*
Ad Galatas. quod Christus deus: *Paulus apostolus, non ab hominibus neque per hominem, sed per Iesum Christum et deum patrem.* et rursus: *evangelium, quod evangelizatum est a me, non est iuxta hominem. non enim ego ab homine accepi ipsum, sed per revelationem Iesu Christi.*
Ad Philippenses. quod spiritus: *et in subministratione spiritus Iesu Christi.* quod ὁμοούσιος et simul potens patri filius: *istud enim sapite in vobis, quod et in Christo, qui forma dei exsistens non rapinam arbitratus est esse aequalia deo, sed semet ipsum exinanivit formam servi accipiens, in similitudine hominis effectus et figura inventus sicuti homo.* primum Photiniani et ab isto et ante istum, qui *hominem* dicunt Iesum et solum *ab homine* factum, cognoscant impiam blasphemiam. *in Christo, qui in forma dei exsistens.* quando *exsistens*? antequam veniret in corpus. dixit enim, quod exinanierit semet ipsum et acceperit formam servi. erat igitur et antequam homo fieret. et qualis erat? λόγος dei, *forma dei.* quid est istud *aequalia exsistens deo*? quod est eius ipsius et potentiae et substantiae. dixit enim *aequalia esse.* etenim aequale et magnitudinis et quantitatis est declarativum. magnitudo autem substantiae mole magnitudo est. qualitas enim non habet magnitudinem neque a substantia, quod est esse, habet. solum autem quantum substantiae magnitudine quantum est. et idcirco declarans beatus Paulus dei substantiam omnia quanta dicit: *ut dei cognoscatis altitudinem, longitudinem, latitudinem, profundum.*

22. Secundum ista ergo *aequalia deo* exsistit Christus. non enim dixit: similis deo, quod non significat substantiam, sed in substantia alterum quid ad similitudinem iuxta accidens, sicuti *secundum similitudinem* homo ad deum, alia cum sit dei, alia hominis substantia. ex hoc nefas

---

1—4 cf. Eph 4, 3—6 ‖ **5—6** cf. Gal 1, 1 ‖ **7—8** cf. Gal 1, 11—12 ‖ **9—10** cf. Phil 1, 19 ‖ **10—13** cf. Phil 2, 5—7 ‖ **14** qui hominem dicunt cf. I 19, p. 50, 26 app. ‖ **15—16** et **19—20** cf. Phil 2, 5—7 ‖ **25—26** cf. Eph 3, 18 ‖ **27**—p. 54, 17 cf. Phil 2, 5—7 ‖ **29** cf. Gen 1, 26

9 spiritus h d Christus A Σ Christus spiritus *Galland* ‖ **12** aequalia A h d aequalem Σ ‖ **14** Photiniani h d Fotiniani A Photini Σ Photinus *conici quidem posse suspic.* h d ‖ **17** exinanierit semet ipsum A h d exinaniverit se ipsum Σ ‖ **19** aequalia A h d aequalis Σ ‖ **20** aequalia A h d aequalem Σ ‖ **22** mole A h d molis Σ ‖ **27** aequalia A h d aequalis Σ ‖ **30** *post* nefas *add.* est Σ

dicere hominem aequalem esse deo. si igitur Christus *forma* est *dei*, forma autem substantia est (id ipsum enim forma et imago), est autem forma et imago dei λόγος et semper λόγος *ad deum*, ὁμοούσιον λόγος deo, *ad* quem et *in principio* et semper est λόγος. esse autem imaginem et substantiam et simul cum substantia, quod ὁμοούσιον dicitur, 5 ex hoc manifestum: dixit enim apostolus: *semet ipsum exinanivit for-*
1056 A *mam servi accipiens.* numquid enim *formam* solum accepit hominis, non et substantiam hominis? induit enim et carnem et in carne fuit et passus est in carne, et hoc est mysterium et hoc, quod salutare sit nobis. si igitur *exinanivit se ipsum* et Christus *exinanivit se ipsum* et antequam 10 in carne esset, antequam in carne esset, fuit Christus. et si fuit ante istud, quoniam *se ipsum exinanivit,* ipse induit carnem. quare enim *se exinanivit,* si, ut dicis, o Marcelle aut Photine, assumpsit hominem, quasi quartum quod esset? oportebat enim λόγον, qui esset, manere, assumere hominem et modo quodam inspirare spiritum ad actiones. 15 sed dixit: *exinanivit se ipsum.* recte, qui habebat induere hominem. quid igitur est *exinanivit se*? universalis λόγος non esse universalem,
1056 B in eo, quod est esse, λόγος carnis et fieret caro. non igitur assumpsit hominem, sed factus est homo. est igitur forma substantia cum substantia, in qua est forma. ὁμοούσιος igitur formae substantia sub- 20 stantiae principali et potentialiter priori, quod ista praestat formae esse et substantiam esse et in substantia esse et semper simul esse. sine enim altero alterum non est. secundum igitur quod forma a substantia substantia est, forma quae sit substantiae, istud dei filius est, quo forma substantia. quod autem semper substantia cum forma, 25 semper pater, semper filius et semper filius ad patrem, hoc est λόγος *ad deum,* hoc autem semper. sed quoniam ista forma substantia est, quae imago est et λόγος est, quem filium dei esse dicimus, secundum quod λόγος est, omnium, quae sunt, λόγος est. universalis enim
1056 C λόγος filius dei est, cuius potentia proveniunt et procedunt in gene- 30 rationem omnia et consistunt. ipsius ergo potentia procedens et simul

13 Marcelle *cf. Marcellus fragm. 108, p. 208, 22 (Klostermann)*: ἀναλαμβάνειν τὸν ἄνθρωπον, *in Eusebius Werke ed. E. Klostermann, Leipzig 1906 (Die griechischen christlichen Schriftsteller der ersten drei Jahrhunderte, t. 14)* || 26—27 *cf. Ioh 1, 1*

10—11 et antequam in carne esset antequam in carne esset fuit Christus A^{pc} Σhd et antequam in carne esset fuit Christus (antequam in carne esset A$^{1 i.m.}$) A^{ac} || 13 Photine Σhd Fotine A || 17 universalis ΛΟΓΟC A(hd) recte, *quia subiectum verbi* exinanivit universalem *λόγον* Σ || 20 substantia *om.* Σ || 25 quo Ahd quod Σ || 30 cuius potentia Σhd TOY ΛΟΓΟΥ potentiam A || 31 potentia A$^{pc}\Sigma hd$ potentiam (m *exp. m. inc.*) A^{ac}

ADV. ARIVM I

exsistens cum patre facit omnia et generat. et ipsa haec potentia in eo, quod est ei praecedere, quae quidem actio dicitur, ipsa patitur, si quid patitur, iuxta materias et substantias, quibus praestat proprium ad id, quod est illis esse, inversabili et impassibili exsistente universali
5 λόγῳ, qui semper est ad patrem et ὁμοούσιος. et idcirco de filio dicitur, quod et impassibilis et passibilis, sed in progressu passio, maxime autem in extremo progressionis, hoc est cum fuit in carne. illa enim passiones non dicuntur: generatio a patre, motus primus et creatorem esse omnium. ista enim substantialia cum sint, magis autem substan-
10 tiae. λόγοι enim exsistentium iuxta potentiam substantiae sunt ipsorum. non igitur passiones.

23. Sed ista et rursus. quid igitur dicunt Photiniani? si ὁμοούσιος filius patri, quomodo deus ex Maria hominem natum filium habuit? quid autem et Ariani dicunt? si ὁμοούσιος et λόγος, substantia simul
15 est filius cum patre. nefas enim dicere istud *erat, quando non erat*, et istud nefas *de his, quae non sunt, esse*. impii et illi rursus, qui dicunt ὁμοιούσιον esse filium patri. substantia enim, secundum quod substantia est, non est alia, ut sit similis ad aliam. eadem enim est in duobus, et non est similis, sed ipsa. sed alia cum sit, non quo substan-
20 tia est, similis dicitur, sed secundum quandam qualitatem. impossibile ergo et incongruum ὁμοιούσιον esse aliquid. praeterea simile, quod in alteritate est, aut in eadem est divisa in duas partes substantia, aut in alia. quo enim receptibile est dissimile esse, hoc receptibile est similem esse. substantia autem, secundum quod substantia est, non
25 recipit similem esse aut dissimilem. iuxta quod autem receptibilis est qualitas, similis aut dissimilis dicitur in potentia sua vel exsistentia manente substantia vel eadem vel diversa.

Quid autem vero? illa substantia vel dei vel τοῦ λόγου numquid receptibilis est dissimilitudinis, ut dicatur similes esse? sed si impossibi-
30 le, nec similis ergo. non igitur ὁμοιούσιον. videamus igitur et istud: si simile, aut in eodem genere substantiae est, ut hominis aut animalis

1056 D

1057 A

4—5 inversabili—ὁμοούσιος cf. Hilar., De synodis 29 (PL 10, 502 B—503 A): inconvertibilem et immutabilem ... qui semper fuit in principio apud deum verbum deus, iuxta quod dictum est ... et deus erat verbum ... || 12 sqq. cf. Alcuinus, De fide II 3 || 15—16 cf. I 19, p. 50, 26 app.

5 qui Σhd quidem **A** qui idem *conici posse suspic.* hd || 14 *ante* substantia *add.* et Σ || 21 ὁμοιούσιον Σhd OMOIOOYCION **A** || 22 est divisa in duas partes substantia **A**ᵃᶜ Σhd substantia divisa in duas partes est (*transp.* **A**²) **A**ᵖᶜ || 28 autem **A**Σ *linea supposita notat* **A**²

55

(similis enim est et homo homini et animal animali), aut in alio genere, veluti homini lapis aut statua equo. quomodo igitur dicunt ista duo ὁμοιούσια esse? si in eodem genere, ut in animali, magis praecedit substantia. si autem in ipsa substantia, aut divisa aut ab alia superiore substantia nata. sed utrumque aut subalternum est et alterum subiectum. sed si divisa, neque in aequalia neque in inaequalia, habet alterum perfectum. sed duo perfecta et a perfecto perfectum. non igitur in ipsa similitudine quippe et similitudo. si istud sic, necesse est in alio genere. unde igitur illud an alterum quid? ex nihilo igitur, aut duo principia. sed nihil horum, quoniam et unum principium, et eorum, quae sunt omnia, causa pater secundum τὸν λόγον, qui *in principio erat* et idcirco semper erat. non ergo ex nihilo erat. si vero et istud, neque et in eo, quod alterum genus et similitudo. quomodo autem dicit? non quod Iesus arbitratus est semet ipsum *aequalia esse deo*, sed quod *non rapinam arbitratus est aequalia esse*. ea enim, quae natura non sunt aequalia, non per divinitatem propriam, sed quae iuxta fortunam facta sunt aequalia, quasi rapina aequalia sunt. magna igitur confidentia et vere naturalis divinitas ad id, quod est aequalia esse, non arbitrari rapinam deo aequalia esse.

24. Sed ista et rursus. ad Colossenses quid dicit? quod *ante omnia primus Iesus*. duplex enim generatio eius, una quidem in divinitatem et filietatem, occulta, divina, et quae fide intellegatur, alia autem in carnem venire et ferre carnem. illa quidem sola generatio a deo potentiae manifestatio. ista autem acceptio magis carnis, non generatio. si igitur est prior, non ab homine est et salvator. si generatio est, non est figmentum. si autem a deo generatio, non de nihilo. si imago dei Iesus, ὁμοούσιος est. imago enim substantia cum substantia, cuius est et in qua est imago. et quod imago substantia a substantia eius, in qua est vel subsistit, genita in declarationem intus potentiae, hinc pater, qui intus, hinc filius, qui foris. rursus quod filius λόγος est, in actionem festinans substantia (vita enim λόγος et intellegentia), λόγος processit in substantiam eorum, quae sunt, et intellectibilium et hylicorum. et idcirco actio ipsius τοῦ λόγου propter imbecillitatem percipientium ipsum est et patitur et passibilis est, vel potius passibilis dicitur.

11—12 *cf. Ioh 1, 1* ‖ 15 *cf. Phil 2, 6* ‖ 20 *cf. Col 1, 17*

2 veluti A*hd* velut Σ ‖ 6 si *om.* Σ ‖ 13 quod alterum — quomodo A[1 i.m.] Σ *om.* A ‖ 15 *et* 16 aequalia A*hd* aequalem Σ ‖ 18 *et* 19 aequalia A*hd* aequalem Σ ‖ 25 et *om.* Σ ‖ 27 est[2] *om.* Σ ‖ 29 subsistit Σ substitit A*hd*

ADV. ARIVM I

dicit ergo beatus Paulus de Christo: *qui est imago dei invisibilis, pri-* 1058 A
mogenitus ante omnem creaturam, quoniam in ipso creata sunt omnia,
quae in caelis et quae in terris, visibilia et invisibilia, sive sedes sive do-
minationes sive principatus sive potestates. omnia per ipsum et in ipso
5 *constituta sunt, et ipse est ante omnia, et omnia in ipso consistunt. ipse*
est caput corporis ecclesiae, qui est principium, primogenitus a mortuis,
ut fieret in omnibus ipse primarius, quoniam in ipso conplacuit omnem
plenitudinem inhabitare et per ipsum reconciliare et reconvertere omnia
in ipsum, pacificans per sanguinem crucis eius sive ea, quae in terris,
10 *sive ea, quae in caelis.* totum mysterium in ista expositione dictum est. 1058 B
quod ὁμοούσιος, dicit ex isto: *qui est imago invisibilis dei.* quod filius:
primogenitus. quod non creatus: *ante omnem creaturam* dixit. si enim
et ipse creatus esset, non diceret *ante omnem creaturam,* et proprie dixit: *primogenitus,* quod est de filio. iungamus ergo sensum: *primigeni-*
15 *tus ante omnem creaturam.* ergo hic genitus ut filius, illa creatura, ut
quae creata sit. non autem quod et alium postea genuit, sed quod *ante*
omnem creaturam primigenitus. est autem *omnis creatura et eorum,*
quae in caelis, et eorum, quae in terris, visibilium et invisibilium. sine
creatura ergo filius. natura igitur et generatione filius. quod Christus
20 λόγος est et quod λόγος omnium, quae sunt, ad id, ut sint, causa, et
idcirco dictum est: *quod in ipso condita sunt omnia* et *per ipsum* condita et *in ipso* condita. λόγος enim et causa est ad id, quod esse, 1058 C
his, quae sunt, et est receptaculum eorum, quae in ipso sunt. quod
autem omnia *in ipso,* ipsum receptaculum completur omnibus, quae
25 sunt, et ipsum est et plenitudo, et idcirco omnia *per ipsum* et omnia *in*
ipsum et omnia *in ipso.*

25. Si igitur ex nihilo erat filius, quomodo ista? sine fide igitur et impossibile sic ista talia esse. et rursus si non ὁμοούσιον, quomodo et
pater plenitudo et filius? simul enim omnia plenitudo. an et ὁμοιούσιον
30 plenitudo velut animae et alia, quae creata sunt? omnino impossibile.

1–26 cf. Col 1, 15–20

1 ergo A*hd* enim Σ *recte ita legi suspic. hd* | *ante* qui est *ins. textum Col 1,*
13–14 (aliis vero verbis quam M.V. infra I 35, p.70,15–17) Σ ‖ 12 primogenitus
AΣ primogenitus *(cf. infra p. 70—71 passim) hd; iudicare non audeo; licet enim*
legerit M. V. in textu suo Apostoli -o-, *scripserit tamen verbis suis usus* -i-,
citando nihilominus -o- *scripsisse potest; ceterum* A *secutus sum, quia* Σ *arbitrio*
suo usum esse probabilius est ‖ 14 primogenitus A^{ac}Σ primogenitus (i *in* o *scr.*
m. inc.) A^{pc}*hd* | primogenitus A*hd* primogenitus Σ ‖ 17 primogenitus A*hd*
primogenitus Σ ‖ 29 et p. 58, 1 ὁμοιούσιον *hd* OMOIOOYCION A ὁμοούσιον Σ

57

etenim ὁμοιούσιον, sicuti dictum, in alteritate est. aliter enim similis substantia non potest dici, nisi ipsa non sit. illius autem potentiae si altera substantia est et ab ipsa, quod est illis esse, habent omnia, quae sunt, impossibile est unum esse omne. nunc vero deo patre et filio λόγῳ ὁμοουσίῳ exsistente, quoniam per λόγον omnia in unum vocantur, et sunt a deo omnia et deus *omnia in omnibus* sine passione patre exsistente, sicuti demonstratum est. quod autem Iesus, λόγος qui est omnium, quae sunt, *spiritus* est *vivificans* et fons vitae aeternae, secundum mysterium veniens in carnem et in mortem peccatorum vicit mortem et in aeternam vitam mortua suscitavit. quod autem deus potentia est ipsius fontanae aeternae vitae et propterea filius est λόγος fons vitae aeternae exsistens potentia patrica, est *primigenitus a mortuis*, et idcirco *omnia in ipsum* conversa unum fient, hoc est spiritalia. ergo ὁμοούσιος dei filius, quod aeternae vitae fons est, sicuti pater, potentia ipsius, et quod *per ipsum* filium unum fient omnia, quoniam *per ipsum omnia*.

Quod Iesus, hoc est λόγος, et semen est et velut elementum omnium, quae sunt, maxime autem iam in energia et manifestatione eorum, quae sunt: *quod in eo inhabitat omnis plenitudo divinitatis corporaliter*, hoc est in operatione substantialiter. in patre enim potentialiter omnia inhabitant, et idcirco Iesus λόγος imago est patris dei. hoc ipsum, quod est potentia esse, iam hoc est, quod est actionem esse. omne enim, quod in actionem exit, et imago est eius, quod est potentialiter, et eius, quod est potentialiter, filius est, quod in actione est. ex his filius et pater ὁμοούσιον.

Quod ex Iesu omnia et ideo ex deo omnia, omnia, dico, quaecumque sunt: *et non tenens caput Christi, ex quo omne corpus per tactus et coniunctiones subministratum et productum crescit in incrementum dei.* unum enim omnia, etiamsi differentia sint, quae sunt. non enim corpus totius universi velut acervus est, qui acervus tactu inter se solo

---

1 sicuti dictum *cf. I 23, p.55,17—21* ‖ 6 *cf. I Cor 15, 28* ‖ 7 sicuti demonstratum *cf. I 13, p. 42,30—43,2; I 17, p. 47,23—28* ‖ 8 *cf. Ioh 6, 63* ‖ 12—16 *cf. Col 1, 15—20* ‖ 19—20 *cf. Col 2, 9* ‖ 27—28 *cf. Col 2, 19*

1 aliter A*hd* alter Σ | enim similis A[pc]Σ*hd* enim lis (simi A[1supra]) A[ac] ‖ 7 sicuti demonstratum est *whd* sicut idem monstratum est A Σ | est[2] A*hd* et Σ ‖ 9 mortem A*hd* morte Σ ‖ 12 patrica A*hd* patria Σ | est *om.* Σ | primigenitus A*hd* primogenitus Σ ‖ 18 in energia A*hd* in ἐργίᾳ Σ ‖ 22 ēst potentia esse A*hd* (*virg., quae est supra est, revera supra* -ia *in* potentia *poni debuisse suspic. hd*) est potentia est Σ ‖ 28 crescit in incrementum Σ crescit incrementum A*hd quod quidem verbatim reddit* αὔξει τὴν αὔξησιν, *sed nimis durum videtur*

ADV. ARIVM I

granorum corpus efficitur, sed maxime quo alternatis in se invicem partibus ut catena continens corpus est. catena enim deus, Iesus, spiritus, *νοῦς*, anima, angeli et deinde corporalia omnia. *subministrata* igitur plenitudo, quippe *producta*.

5   **26.** Si igitur omnia unum, quippe in substantia, multo magis deus et filius non solum insubstantiatum, sed consubstantiatum. insubstantiata enim sunt omnia *ὄντα* in Iesu, hoc est *ἐν τῷ λόγῳ*, sicuti dictum est: *omnia in illo sunt condita*. *ὁμοούσια* autem ista non sunt. non enim quasi *οὐσία* est illud primum esse, quod est deus, neque autem ut substantia imago, quod est filius, sed simul solum istorum, quod est esse divinitatis, ad causam est esse his, quae sunt. sola igitur *ὁμοούσια* deus et *λόγος*.

Ad Timotheum prima: *etenim confidenter magnum quiddam est pietatis mysterium, quod manifestatum est in carne, iustificatum in spiritu, apparuit angelis, praedicatum est in gentibus, creditum in mundo, receptum in gloria*. hoc non est de prima generatione, sed de secunda. hoc enim est *magnum mysterium*, quod deus *exinanivit semet ipsum, cum esset in dei forma*, deinde quod passus est primum in carne se esse et humanae generationis ut fatum habere et in crucem tolli. non autem fierent ista mirabilia, si fuisset ille aut *ex homine* solum aut *ex nihilo* aut ex deo secundum *facturam*. quid enim *exinanivit*, si non erat, antequam esset in carne? et quid erat, dixit: *aequalia deo*. aequalis autem quomodo, qui ex nihilo factura esset? idcirco ergo *magnum mysterium, quod manifestatum est in carne*. fuit ergo, antequam esset in carne. sed *manifestatum* dixit *in carne*. intellegibiliter enim erat et intellectualiter, sensibiliter autem et incarnaliter tunc *manifestatum est*. potentia enim *τοῦ λόγου* iuxta suam substantiam vitae est semper substantia, secundum quod vita est, et vivefacit et revivefacit et non permittit esse in morte, quaecumque vivefacit. in prima igitur motione omnia in vitam adduxit, et ista est descensio *τοῦ λόγου*, quod, quoniam a patre exiens, his, qui in caelis sunt, et angelis aut thronis

---

3—4 *cf. Col 2, 19* ‖ 8 *cf. Col 1, 16* ‖ 13—16 *cf. I Tim 3, 16* ‖ 17—18 *cf. I Tim 3, 16; Phil 2, 6—7* ‖ 20—21 *cf. I 19, p. 50, 26 app.* ‖ 21 et 22 *cf. Phil 2, 6—7* ‖ 23—25 *cf. I Tim 3, 16*

4 *post* producta *add.* est Σ ‖ 8 *ὁμοούσια* Σhd OMOOYCA A ‖ 13 quiddam Ahd quoddam Σ ‖ 15 creditum A$^{pc}\Sigma$ creditum est (est *eras.*) A^{ac} ‖ 19 ut (= οἷον *esse suspic. hd recte, quia M. V. et in comm. in Apostolum saepius ita utitur hac particula*) *om.* Σ ‖ 22 quid erat dixit] *signum interrogationis post* erat *falso ponunt* Ahd, *quia saepius utitur M. V. indicativo in interrogatione obliqua (cf. comm. in Apostolum ed. Locher, praef. XII)* | *ante* dixit *add.* quod *et signum interrogationis post* deo *ponit* Σ ‖ 26 manifestatum Ahd manifestatus Σ

59

vel gloriis et huiusmodi quae sunt, dedit suam propriam vitam potentia patrica. λόγος enim omnium est, *per quem facta sunt omnia.* et rursus quod non esset vivefacere, nisi esset materia ad potentiam vivefaciendi, effecta est materia mortua natura, quae vivefacta suas malitias emisit vivificatione divina et corrupit hominem. sed λόγος, vita perfecta, complevit mysterium et apparuit in materia, hoc est in carne et in tenebris. quomodo enim erat possibile apparere, quod fuisset, nisi in carne, hoc est in sensu appareret? omnia ergo effectus λόγος et in omnibus et genuit omnia et salvavit et regnavit vita aeterna exsistens. *in spiritu* ergo *iustificatus est, apparuit angelis*; veniens ergo; *praedicatus est gentibus.* fuit igitur, antequam veniret. *creditus est in mundo.* sic enim et Isaias fatetur prophetans: *laboravit Aegyptus et mercimonia Aethiopum, et Sabaim viri altissimi in te ambulabunt et tibi erunt servi et retro te sequentur ligati manicis et te venerabuntur et in te precabuntur, quod in te deus est et non est deus extra te. tu es enim deus et non sciebamus, deus Israel.* creditus ergo *in mundo, receptus in gloria.* omnis divinitas et ab initio et in initio et postea et semper ab aeternis et in saecula saeculorum, amen.

27. Vide autem et istud ad ὁμοούσιον, quomodo spiritus dicit Isaiae: *in te deus, et non est deus extra te.* quod filio dicit domino nostro, manifestum: *in te deus*, hoc est, quod dictum est: *pater in me.* aliud autem: *et non est deus extra te.* in isto verbo omnes haereses praedicit. ad istud quid dicunt omnes Iudaei et qui dicunt hominem esse Iesum et qui dicunt *ex nihilo* et *fuit, quando non fuit?* erat enim deus et semper unus deus. si enim Iesus λόγος et λόγος semper *ad deum* et λόγος *deus*, unus deus, et non est alius. ὁμοούσιον ergo deus et λόγος. rursus si deus est, quod est esse, huius autem dei et eius, quod est esse, *virtus et sapientia* Iesus, hoc est λόγος, unus deus, et non est alter. unalitas ergo λόγος et deus et ipsum, quod est esse et λόγον esse, idem simul in eo, quod est esse subsistens, et idcirco ὁμοούσιον. quod autem λόγος est, hoc est vitam et νοῦν esse (ista enim sunt *virtus et sapientia dei*, quod est salvator Iesus), progressio est et generatio et in substantiam filietatis processio et in actionem effulgentia et refulgentia. hoc autem non *fuit, quando non fuit*, sed semper fuit. semper ergo

---

2 cf. Ioh 1, 3 ‖ 10—11 et 16 cf. I Tim 3, 16 ‖ 12—16 cf. Is 45, 14—15 ‖ 20—22 cf. Is 45, 14 ‖ 21 cf. Ioh 14, 10 ‖ 24 cf. I 19, p. 50, 26 app. ‖ 25—26 cf. Ioh 1, 1 ‖ 28 et 31—32 cf. I Cor 1, 24 ‖ 34 cf. I 19, p. 50, 26 app.

2 patrica A*hd* patria Σ ‖ 4 natura A*hd* naturae Σ ‖ 9 et[1] A[1supra] Σ ‖ 11 creditus Σ*hd* creditum A ‖ 14 in *om.* Σ ‖ 16 creditus *hd* praedictus A Σ praedicatus Galland ‖ 17 in[1] *om.* Σ ‖ 26 deus[1] *om.* Σ

ADV. ARIVM I

pater, semper filius, et pater tantum pater et filius tantum filius, *ad patrem autem*, quoniam id, quod est esse, quod est deus et pater, causa est τῷ λόγῳ ad id, quod est ei esse, nec reversim autem. et est proprium eius, quod primum est esse, quiescere. τοῦ λόγου autem proprium moveri et agere et non localiter moveri neque in locum translatione, sed motione, quae animae est, meliore et diviniore, quae propria motione et vitam dat et intellegentias parit subsistens in se ipsa et non discissa a propria potentia in operationem.

28. Sed ista et rursus. sunt enim et alia in sacra scriptura, quod deus Iesus, quod ante aeones, quod filius et natura filius et in carne filius et maxime in carne filius vocatus, quod tunc salvavit omnia ὄντα et tunc vicit inimicitias divinitatis et omnem mortem, et quod ipse passus sit, qui secundum motionem, pater autem non, secundum cessationem.

Si ista sic sunt, hoc deest solum, quomodo intellegendum ὁμοούσιον aut ὁμο⟨ι⟩ούσιον esse filium patri. hoc enim dogma nunc expergefactum est et quidem olim rumoribus iactatum, quod non oporteat dici ὁμοούσιον, sed magis ὁμοιούσιον. nunc inventum hoc dogma. audent autem et hoc dicere, quod olim (non dico, quando olim; sufficit enim, quod mihi non ab aeone neque a praesentia Iesus, sed olim) datum sit ante annos centum, concedo et plures. ubi latuit, ubi dormiit ante quadraginta annos, cum in Nicaea civitate fides confirmata per trecentos et plures episcopos Arionitas excludens, in qua συνόδῳ istorum virorum ecclesiae totius orbis lumina fuerunt? vetus igitur dogma quo fugerat? si non fuit, non victum est et nunc coepit. si fuit, aut contentione siluit, aut cognitionis et veritatis sententia fugatum est. forte et tunc tu, patrone dogmatis, non solum in vita, sed episcopus fuisti. tacuisti et tu et socii et discipuli et condoctores. et toto tempore postea, usque quo imperator Romae fuit, praesens audisti multa contraria conviva exsistens istorum hominum, quos nunc anathematizas iratus, vel quod sine te fidem scripserunt, an coactus a magistris legatus venisti in defensionem proditionis. sed quid differt sive triginta sive septuaginta sive amplius et sive saepius! eadem fides

---

1 cf. Ioh 1, 1 ‖ 27, 28, p. 62, 2, 10 tu *Basilius Ancyranus* cf. *I 45, p. 81, 9*

3 reversim Σ*hd* cf. *II 11, p. 112, 3* reversum A ‖ 5 moveri[1] A*hd* movere Σ ‖ 16 ὁμοιούσιον *hd* OMOOYCION A(Σ) ‖ 19 audent A[1 i.m.] Σ *om.* A ‖ 20 Iesus AΣ*hd an* Iesu *legendum?* ‖ 22 fides A*hd* fide Σ ‖ 23 excludens A*hd* excludentes Σ | CYNOΔΩ A synodo Σ ‖ 25 non victum A*hd* convictum Σ confictum *vel* nunc fictum *suspic.* Σ[i.m.]

in destructionem aliarum *αἱρέσεων* effecta est, una cum sit et ab uno incipiens et operata usque nunc. tu autem scribis ista et dicis, quod Samosateus Paulus et Marcellus et Photinus et nunc Valens et Ursacius et alii istius modi in haeresi inreligiosi inventi destructi sunt. numquid *ὁμοούσιον* dicentes? non. quomodo autem blasphemantes? Samosateus sicuti Arius: *ex nihilo*, et quod *fuit, quando non fuit*, et quod *factura* filius et omnino omnimodis dissimilis patri. quid Marcellus et Photinus? tantum *hominem ex homine* Iesum et esse triaden extra Iesum. et nunc Valens et Ursacius reliquiae Arii. propria ergo blasphemia, propter quam eiecti sunt. tu autem idcirco vicisti eos,
1061 D quod *ὁμοιούσιον* dicis? non enim dixerunt *ὁμοούσιον*, et sic victi sunt.

29. Videamus ergo etiam et hoc, quod dicis et quomodo dicis: „sic sapiunt et Afri et Orientales omnes." quare igitur scribis ad illos, ut eiciant a sancta ecclesia *ὁμοούσιον*? dicunt? ergo istud non oportuit ad eos scribi. si oportuit scribi, oportuit et persuadere illis non solum iussione, sed rationibus et sacris scripturis. debebas enim non solum *ὁμοούσιον* destruere, sed et *ὁμοιούσιον* astruere. nunc autem supra, infra in *ὁμοούσιον* perversionem nihil aliud dicis, quam quod istud dicentes necesse sit confiteri substantiam praecxsistere, et sic ex ipsa
1062 A patrem et filium esse. primum non est necesse. deus enim et substantia et substantiae causa est, et omnibus, quae sunt, praeexsistit et universae exsistentialitati et universae essentialitati. ab ipso enim omnia, et ea, quae sunt, et nomina. ex isto igitur deo, substantiae principium qui est, et ideo qui sit substantia, *ὁμοούσιος* filius in ipso et cum ipso, quippe *forma* eius qui sit et *imago* et *character*, sine quibus deus non intellegitur nec intellegentia[m] ascendit, non tamen, quod non sit, quod est simplex, deus, et non quod ista quasi aliud, quod in ipso, sint, aut ut accidentia, sed istud ipsum deum esse. et sic esse *ὁμοούσιον* est, quod est esse. et pater, quod est esse, quod autem

---

1−2 ab uno — usque nunc *cf. Hilar. opera ed. A. L. Feder t. IV, CSEL 65, 95, 8−13* ‖ 6 et 8 *cf. I 19, p. 50, 26 app. et anathema symboli Nicaeni op 52, 2−5* ‖ 18−20 *cf. Hilar., De synodis 81 (PL 10, 534 A); Athanas., De synodis 45, 4; 51, 3−4, op 269−70* ‖ 25 *cf. Phil 2, 6; Col 1, 15; Hebr 1, 3*

2 quod A*hd* quae *Σ* ‖ 3 Samosateus A*hd* Samosataeus *Σ* ‖ 4 haeresi *Σ hd* herese A ‖ 5 OMOOYCION A(*hd*) *ὁμοιούσιον Σ* ‖ 7 quid A*pc Σ* quod (i *in* o *scr. m. inc.*) A*ac* ‖ 8 triaden A triadem *Σ hd* ‖ 10 eiecti *Σ hd* ieiecti A hi eiecti *fortasse legendum suspic. hd* | tu A*hd* tum *Σ* ‖ 11 OMOOYCION A(*hd*) *ὁμοιούσιον Σ* | *post* sunt *add.* A[1 i.m.] sicut et tu, qui ceteros vicisti ‖ 17 *ὁμοούσιον Σ hd* OMOYCION A | *post* OMOYCION *eras. est de in* A ‖ 18 *ὁμοουσίου Σ hd* OMOOYCI A ‖ 19 ex ipsa A*hd* explosum *Σ* ‖ 26 intellegentia *hd* intellegentiam A*Σ*

sic esse, filius est. deus enim, quod est esse, sic autem esse λόγος. et hoc significat, semper quod dicitur: *ego et pater unum sumus*, et: *pater in me et ego in patre*, et: *si quis me vidit, vidit patrem*. ὁμοούσια enim. quid ergo dicit dicens: praeexsistit substantia, si ὁμοούσιον est? quid vero? si ὁμοιούσιον est, non necesse est sic intellegere, quod praeexsistat substantia, a qua duo ista substantia similia facta sint? et secundum tuam rationem et tu in id ipsum incurris, quod metuis in ὁμοουσίῳ. an tibi soli licet sic intellegere ὁμοιούσιον, patre dante substantiam filio? nobis autem non est ista excogitatio, ὁμοούσιον esse patre causa exsistente ad hoc, ut sit, filio?

Substantiam deum esse et tu fateris; ὁμοιούσιον enim dicis et patrem et filium. quis cui similis? secundum dignitatem et dignitatem nominum filius patri? sed tamen et pater filio. sic enim sunt omnia ad aliquid. si istud est similitudo et dicimus ὁμοιούσιον, similem esse dicimus filium patri. et quomodo accipiemus Isaiae dictum? dicit enim: *ante me non fuit alius deus, et post me non erit similis*.

30. Quid ergo? λόγος ante deum an post deum an cum deo? si ante deum, non ingenitus deus nec pater deus nec principium principiorum. si autem post deum, οὐχ ὅμοιος. sed similis *alius deus*. sed si istud, nefas. dicis non solum potentia, dignitate, divinitate, sed et substantia: quid est esse substantia simile? ex ipsa ista substantia, secundum quod ista ipsa substantia est, idem est, non simile. simile enim qualitate efficitur. quae similitudo colore, habitu, affectione, virtute, forma similitudo est. Iesus autem, hoc est λόγος, imago est *dei*, non similitudo. *imago dei* dicitur. non enim deus imago, sed deus imagine et substantia deus, non ut duo. una enim substantia et una imago. unde unus deus et unus λόγος et unus pater, unus filius et ista unum. unum enim et istud unum, non duo, et ideo simul et substantia ipsum quod est alterum, unum, et ideo istud non alterum unum, sed magis et solum unum.

---

2 cf. Ioh 10, 30 || 3 cf. Ioh 14, 10 | cf. Ioh 14, 9 || 16 cf. Is 43, 10 || 19 cf. Is 43, 10 || 24—25 cf. Col 1, 15

1 *post* enim *add. est* A[2,?supra] || 2 dicitur A*hd* dicit Σ || 5 ὁμοιούσιον Σ*hd* OMOIOOYCION A || 6 substantia[1] Σ*hd* substantiam A || 8 ὉΜΟΟΥΣΙΩ A (*hd*) ὁμοουσίον Σ | ὁμοιούσιον Σ*hd* OMOOYCION A || 10 causa Σ*hd* causam A || 10—11 ad hoc ut sit filio substantiam (*post* substantiam *tenuissime interp. m. inc.*) A ad hoc ut sit filius? substantiam Σ ad hoc ut sit filio substantia[m]? ⟨substantiam⟩ *hd qui quidem* Σ *recte scribere non omnino negat* || 11 ὁμοιούσιον Σ*hd* OMOOYCION A || 14 ὁμοιούσιον Σ*hd* OMOOYCION A || 19 οὐχ ὅμοιος *hd* OYK OMOIOC A(Σ) || 20 divinitate A*hd* deitate Σ

Sed ista et rursus. quid dicimus esse substantiam? sicuti sapientes et antiqui definierunt: *quod subiectum, quod est aliquid, quod est in alio non esse.* et dant differentiam exsistentiae et substantiae: exsistentiam quidem et exsistentialitatem praeexsistentem subsistentiam sine accidentibus puris et solis ipsis, quae sunt, in eo, quod est solum esse, quod subsistent, substantiam autem subiectum cum his omnibus, quae sunt accidentia, in ipsa inseparabiliter exsistentibus. in usu autem accipientes et exsistentiam et substantiam ubicumque eodem modo esse aliquid significantes utimur istis nominibus. sit igitur sic sive in aeternis sive in mundanis. licet enim dici sive 'exsistentiam' sive 'substantiam' sive 'quod est esse'. vera substantia ibi motio est et non simpliciter motio, sed prima motio, quae genus sit et ipsa status, et idcirco substantia. sed ista et longioris et alterius quaestionis. nunc autem fatemur, quod sit ibi substantia, quae habet secundum proprium significatum hoc, aliquid ὄν esse.

Adversus autem eos, qui dicunt nomen substantiae non esse positum in sanctis scripturis: nomen quidem substantiae forte non est, denominata autem a substantia sunt. unde enim deductum ἐπιούσιον, quam a substantia? *da panem nobis ἐπιούσιον, hodiernum,* quoniam Iesus vita est et corpus ipsius vita est, corpus autem panis, sicuti dictum est: *dabo vobis panem de caelo,* significat ergo ἐπιούσιον ex ipsa aut in ipsa substantia, hoc est vitae panem. sic rursus et Paulus in ad Titum epistula: *populum περιούσιον,* circa substantiam, hoc est circa vitam consistentem populum, sicuti et in oblatione dicitur: munda tibi populum circumvitalem, aemulatorem bonorum operum, circa tuam substantiam venientem. videtur mihi idem significari in Ieremia propheta, ubi dicit: *quia qui stetit in substantia domini et vidit verbum eius, qui praebuit aurem et audivit.* et post modicum dicit: *et si stetissent*

2–3 *cf. Aristot., Categ. V, 3a 7; 3b 10; Metaph. VII 3, 1028b 35; Plotin., Enn. VI 1, 3, 12–14* ‖ 3 dant differentiam *cf. Damascius, Dub. et sol. 120 (I p. 312, 11–13 Ruelle)* ‖ 16 qui dicunt *cf. Hilar., De synodis 11 (PL 10, 488 A); Athanas., De synodis 8, 7 op 236* ‖ 19 *cf. Matth 6, 11* ‖ 21 *cf. Ioh 6, 31–33* ‖ 23 *cf. Tit 2, 14* ‖ 27–28 *cf. Ier 23, 18* ‖ 28–p. 65, 2 *cf. Ier 23, 22*

3–6 *locum totum corruptum esse suspic.* h*d, qui quidem* quod (6) *coniunctionem causalem esse iudicat; at ego* esse *explicare crediderim* (esse quod subsistent) ‖ 5 solum A*hd* solam *Σ* ‖ 6 subsistent A*hd* subsistat *Σ* ‖ 7 inseparabiliter exsistentibus A*hd* separabiliter existentia *Σ* ‖ 8 accipientes A*hd* accipientia *Σ* ‖ 11 vera substantia A*hd* vere substantiam *Σ* ‖ 18 autem *om. Σ* ‖ 19 hodiernum A*Σhd qui quidem glossam suspic.* ‖ 22–23 ad Titum epistula A[ac]*Σ* epistula ad Titum (*transp.* A[2]) A[pc]

ADV. ARIVM I

in substantia mea. sed *in [substantia] subsistentia* scribunt, non *in substantia.* sed si quis intellectum certe intellegit, nihil aliud invenit nisi istud: si quis in eo, quod dei est esse, *steterit,* hoc est *in substantia,* quod in ipsa ὁμοούσιος filius, statim λόγον *eius vidit.* debemus enim, quod ulterius non est, interius aliquid stare facere, τὸν νοῦν in [substantia] subsistentia dei, hoc est *in substantia,* et statim comprehendimus et deum et λόγον. ὁμοούσιον enim et simul ambo unum.

31. Sed videris. supponamus dicere substantiam dei id illud, quod est esse, et τοῦ Ἰησοῦ quod est esse. esse deum et pietas et confessio. quae igitur substantia dei, si substantia dicitur in mundanis? ut animal, ut homo, necesse est dicere in aeternis substantiam esse deum? sed videris ipsum deum iuxta quod est esse, quod dicimus aut lumen, aut spiritum, aut ipsum esse, aut potentiam eius, quod est esse, aut intellegentiam universalem, aut potentiam universalis intellegentiae aut universalis vitae vel actionis aut aliorum istius modi, in quo sit fontem esse omnium eorum, quae vere sunt aut quae sunt. sed dicunt scripturae *lumen* esse deum, *spiritum* esse. haec autem substantiam significant. non enim accidens. cui enim primo, quod est esse, accidit, si istud accidens? sed nulli. impossibile enim ultra esse aliquid supra quod est esse. ergo substantia, iuxta quod est esse, lumen et spiritus. quod enim simplex et incompositum, quae ibi, et idem lumen et spiritus. est autem lumini et spiritui imago non a necessitate naturae, sed voluntate magnitudinis patris. ipse enim se ipsum circumterminavit, et idcirco dicitur: *tu te ipsum intellegis.* sed et filio intellegibilis. filius ergo in patre imago et forma et λόγος et voluntas patris. iuxta quod voluntas patris, alter, iuxta quod voluntas patris, filius. omnis enim voluntas progenies est. iuxta quod universalis voluntas, unigenitus. semel enim totius plenitudinis λόγος prosiluit potentia[m] dei. ista potentia λόγος exsistens genuit λόγον, hoc est in manifestationem et operationem adduxit. sic igitur voluntate patris voluntas apparuit ipse λόγος filius. est igitur dei voluntas λόγος, cum ipso qui semper est et *ad* ipsum, ipsa voluntas filietas est. pater ergo, cuius est volun-

1063 D

1064 A

1064 B

1—6 *cf. Ier 23, 18—22* || 17 *cf. I Ioh 1, 5; Ioh 4, 24* || 32 *et* p. 66, 6 *cf. Ioh 1, 1*

1 substantia *del. hd et scribit* in subsistentia (*secundum Ier 23, 22* ἐν ὑποστάσει) substantia substantia **A** *Σ sed* substantia subsistentia *recte legitur fortasse ita, ut* substantia *locum citatum indicet* || 3 quis **A**^{pc} *Σ* qui (s **A**^{1supra}) **A**^{ac} || 4 vidit **A** *hd* videt *Σ* || 5 ulterius **A** *Σ* (*cf. infra* 19 ultra) interius *hd* | substantia *del. hd ut glossam* || 9 Ἰησοῦ *Σhd* Ihs **A**^{1?supra} *om.* **A** || 12 videris **A** *hd* vides *Σ* || 21 enim **A** *hd* est *Σ* || 28 prosiluit **A** *hd* prosiliit *Σ* | potentia *hd* potentiam **A** e potentia *Σ*

65

tas, filius autem voluntas est et voluntas ipse est λόγος. λόγος ergo filius. non enim λόγος locutio quaedam est, sed potentia ad creandum aliquid confabulans his, quibus futurum est esse secundum ὀντότητος virtutem, unicuique propriam substantiam. et ipse λόγος forma, quae cognoscentia est dei. per λόγον enim solum cognoscentia efficitur. propter quod dictum est λόγον esse *ad deum*. et est λόγος, verbum, lumen a lumine aut spiritus a spiritu et substantia a substantia, non prima et secunda secundum tempus, sed secundum quod causa est alii, ut sit, potentia semper simul. non enim abscisa est effulgentia luminis, sed semper in lumine est. et ipse lumen exsistens operatur omnia λόγος exsistens, a se se movens et quae semper movetur copiam habens illud patris omnipotentem esse.

32. Quae igitur hic similitudo, quae collisio, ut efficiatur et generetur, ut dicis, ad generationem filii? a se se movens pater, a se se generans filius, sed potentia patris se se generans filius. voluntas enim filius. vide enim: si ipsa voluntas non est a se se generans, nec voluntas est. sed quoniam dei est voluntas, equidem ipsa quae sit generans, generatur in deo, et ideo deus pater, voluntas filius, unum utrumque, magis autem et unum et solum unum, non counitione, sed simplicitate, progressa quidem voluntate in potentiam actuosam, non abscedente tamen a substantia, propria et eadem motione. ista enim tria ibi unum sunt, substantia, motio, voluntas. substantia pater, iuxta id ipsum motio et voluntas. rursus filius motio et voluntas, et iuxta id ipsum et substantia. et hoc est ὁμοούσιον.

Habemus exempli gratia istud, quod ego nunc dico. sic enim nunc oportet dicere (quoniam multi in anima corpus esse dicunt, sed nunc secundum dicendi usum anima sit in corpore): anima in humano corpore est. in eo, quod anima est, substantia est, sicuti vel ὕλη vel corpus. ista enim in mundanis duae substantiae. et sicuti ὕλη formam habet, hoc est speciem, ut est corpus aut aliud aliquid (unum quiddam ὑλικῶς est in molem concretum. necesse est enim aliquid quandam

---

14 ut dicis *sc. Basilius Ancyranus cf. I* 45, *p.* 81, 9 ‖ 26 multi dicunt *cf. Plotin., Enn.* V 5, 9, 31−32

3 confabulans A[pc] Σ confabulas (n A[1supra]) A[ac] ‖ 7 verbum A Σ hd *qui quidem glossam suspic.* ‖ 9 abscisa A hd abscissa Σ ‖ 13 collisio *scripsi* conlisio hd *cf. infra I* 45, *p.* 81, 20. 23. 27 consilio A[ac] Σ consilia (a *supra* o *scr. m. inc.*) A[pc] ‖ 14 filii A[pc] Σ fili (i[2] A[1supra]) A[ac] | a se se movens A hd a se movens Σ ‖ 15 potentia Σ hd potentiam A ‖ 25 habemus A hd habeamus Σ ‖ 29 ista A hd istae Σ ‖ 30 quiddam A[pc] hd quidam (*inter* i *et* d *suprascr.* d *alterum* A[2]) A[ac] quidem Σ ‖ 31 concretum A[pc] Σ concrematum (ma *exp.* A[2?]) A[ac]

quantitatem esse. quantumcumque igitur est, quod est hylicum. sic 1065 A
enim quantitate definitur ὕλη, ut subsistat et substantia fiat iam aliquid exsistens), isto modo et anima, substantia incorporalis quae sit,
definitionem et imaginem habet vitalem potentiam et intellegentialem.
bipotens enim et gemini luminis. etenim et vivificat vitam dans animalibus et habet quoque innatum τὸν νοῦν et ὁμοούσιον. et idcirco
ὁμοούσια omnia. simul enim substantia et motus, id ipsum cum sit
secundum subiectum anima, iuxta quod vivit et vivificat et iuxta quod
intellegit et intellegentia est una motione, ut una ipsa cum sit, quae
species est ipsius. definitur enim motione et exsistit unum ὂν duplici
potentia in uno motu exsistente vitae et intellegentiae. impassionaliter
quidem ista; in actione duo in una motione, id est, quod generatur et 1065 B
filius unigenitus animae, ipse vita, ipse νοῦς exsistens. et prima potentia cum eo, quod est ei esse, vita est. quo enim est, hoc est, quod est
vita. illud enim esse, isti ipsi quod substantia est, et vita est et supra
vitam est. non enim aliud vivificat neque semet ipsum. non enim ab
alio quasi aliud accipit. hoc enim, ipsius quod est esse, ipsi est moveri
et motionem esse; et quod est motio, hoc vita est, et quod vita est, hoc
est intellegentia. ista enim substantialia dico: motiones, vitam, intellegentiam, nullam dicens sensibilium motionum nec in locum transitum. duo ergo haec, vita et intellegentia, ὁμοούσια sunt ei, quod est
esse, hoc est animae. quae duo una est motio, quae quidem prima[m]
potentia[m] vita est. forma enim eo, quod est esse, vita est. definit
enim infinitum esse, quod est prima potentia motionis. secunda autem 1065 C
potentia ipsa notio, quoniam quod definitur, et intellegentia comprehenditur a vita innata intellegentia, substantia quae sit iuxta quod est
intellegentia et subsistens, et per semet ipsam deducta a substantia vitae. unum haec duo et unum iuxta motum; filius est unigenitus animae nihil passionis patientis, iuxta quod anima est. hoc autem est vel
mater vel pater unigeniti filii motione in duplicem potentiam procedente, quae sola patitur. motio enim passio et motione passio. in motione enim motio et status. statum autem esse in motione passio est
et in motione esse a statu est passio; ergo et motio. motione igitur omnis passio. haec autem duplex secundum vitam et intellegentiam. se-

---

6 quoque innatum *w apud hd* quo inquinatum A^{ac} coinquinatum A^{pc} (c *supra*
qu *scr. et* o *cum* i *iunxit* A²) Σ ‖ 7 simul enim A^{ac}Σ *transp.* A² ‖ 15 isti ipsi
(*scil.* animae, *dat.*) Σ*hd* isto ipso A ‖ 17 ipsi Σ*hd* ipso A ‖ 22—23 prima potentia vita *w apud hd* primam potentiam vita A prima potentia vitae Σ ‖
25 notio *hd* (quoniam ... intellegentia comprehenditur) motio AΣ ‖ 26 substantia quae A*hd* substantiaque Σ ‖ 29 anima A*hd* animae Σ ‖ 33 motione[1]
Σ*hd* motionem A

1065 D cundum vitam quidem passio, quod adhuc indiget alterius, quod vult vivefacere, et ideo, iuxta quod ei est particeps, et alias patitur passiones usque in mortem. secundum autem intellegentiam, quoniam et ista indigens est eius, quod intellegibile est, ut intellegentia subsistat, magis passiones et infirmitates incurrit et volvitur in sensibilibus, et per phantasiam in falsam subsistentiam circumducitur. istis igitur exsistentibus, ista patientibus manet anima iuxta substantiam custodiens in semine motionis potentiam vitae et intellegentiae, qua semper manente vita et intellegentia accenditur, magis autem erigit, si in fontanam vitam, hoc est in Christum, et fontanam intellegentiam, hoc est in sanctum spiritum, resurgit resuscitata anima.

1066 A 33. Sed ista sicut in similitudine. de deo enim et de λόγῳ, hoc est filio Iesu Christo et spiritu sancto, diviniore intellegentia utentes suscipiamus istorum ὁμοούσιον unitatem. primum inquirendum, si idem est deus et deo esse, an aliud aliquid. si idem, iam et esse est et agere. si autem aliud deo esse, aliud deum esse, praeexsistentiale est deo esse, quippe in potentia exsistens ad id, quod est esse, quod vere magis id est, quod est esse. potentia enim omnia praeexsistens et praeprincipium et ante est quam vere ὄν. sed istud beata in quiete esse aestimant omnino omnimodis, in motu solum, quod causa sit omnibus in qualicumque motione exsistentibus. et dicunt istud praenoscentia concipi, quae ipsa per semet nihil est, sed conceptione, quod praeexsistit, **1066 B** suscipitur. sed scriptura et omnis intellegentia istum deum et esse dicit et ante ipsum nihil esse, qui et id est, quod est esse, et id, quod operari. istum deum confitemur et colimus principium omnium, quae sunt. actione enim sunt, quae sunt. ante enim actionem nondum sunt. actuosum enim deum accipimus, sicuti: *in principio fecit deus caelum et terram*, et fecit angelos, hominem et omnia in caelis et in terra. iste igitur verus deus et solus deus, quia et potentia et actione deus, sed interna, ut Christus et potentia et actione, sed iam foris et aperta. pater igitur deus, prima actio et prima exsistentia et substantia et principale τὸ ὄν, actione a se sua sese qui generet, sine principio semper exsistens, a se exsistens, infinitus, omnimodis perfectus, omnipo**1066 C** tens, inimmutabilis, semper sic et eodem modo exsistens, substantialis

---

19 aestimant *et* 21 dicunt *auctores ignorantur; Porphyrium suspic.* hd *cf.* Hadot, *Porphyre* 45 – 102 ‖ 27 – 28 *cf. Gen 1, 1*

8 qua Σhd quam A ‖ 12 λόγῳ hd logo A λόγον Σ ‖ 14 OMOOYCION A(hd) ὁμοούσιον Σ ‖ 18 potentia Σhd potentiam A ‖ 19 beata hd beati A beate Σ ‖ 20 motu Σhd motum A ‖ 27 sicuti Ahd sicut Σ ‖ 30 interna Ahd in aeterna Σ

ADV. ARIVM I

in semet ipso λόγος exsistens ad id, ut sint omnia, non ut aliud aliquid aut ut alterum, sed simul simplicitate coexsistens et unitione unum est. hoc enim, quod λόγος est, id ipsum est, quod est esse, et ipso, quod est esse, λόγος est. ipse enim λόγος deus est. unum ergo
5 et ὁμοούσιον. non enim sine actione deus, sed intus operatur deus, sicuti dictum.
34. Substantiae autem dei imago est actio filiusque est, per quam intellegitur et, quod sit, declaratur: *qui me vidit, vidit patrem*, et ipsa substantia exsistens habens esse et a se. quoniam autem causa ipsi
10 est id, in quo est, imago ipsa filius est eius, in quo est, ineffabili generatione et maxime *ingenerabili generatione* aut magis *semper generante* 1066 D *generatione*, quod et Alexander dixit. et dicitur: *semper pater, semper filius simul exsistens*. ergo et semper consubstantialis, coexsistens, unum exsistens in patre filius est. cum autem operatur, procedit.
15 cum procedit, in filio est pater. quomodo autem istud, dicemus: deus et λόγος unum est et unitum et idcirco ὁμοούσιον. sed quod deus, iuxta quod deus est, eius, quod et esse potentia est, et omnium, quae sunt, ad id, quod est esse, causa est, λόγος, iuxta quod λόγος est, paterna est potentia ad subsistere facere ipsum, quod est esse, prin-
20 cipale ipsum, quod est esse, et principium et perfectio. ab eo enim, quod est esse universale et supra universale, omne universale esse et iuxta genera et iuxta species esse et individua, quod est esse illis, 1067 A habet. si igitur λόγος habet esse (est enim λόγος id ipsum, quod est esse ipsi), et λόγος ergo ex illo, quod est supra universale esse, esse
25 est. sed universale quod est esse, λόγος est. deus autem id, quod est supra universale esse, filius autem, quod est universale esse. pater ergo supra universale quod est esse. ὁμοούσιον ergo in eo, quod est esse, ad id, quod est esse, et quod supra universale, ad universale. hoc autem et progressio est. ab eo enim, quod est supra universale, uni-
30 versale egreditur, et magis certe intellegenti et egreditur et manet. non enim derelinquitur universale. ergo et subsistit per semet ipsum, quod est universale, et intus est in eo, quod est supra universale. conexum ergo est et inseparatum est. et istud luminis refulgentia dici- 1067 B tur omnia luminis habens, sed non accipiens neque enata, sed conna-
35 turalis et ὁμοούσιος semper exsistens. non igitur motu locali neque im-

5—6 sicuti dictum *cf. I 4, p. 35,25; I 33, p. 68,29—30* ‖ 8 *cf. Ioh 14, 9* ‖
11—13 *cf. Cand. II 1, p. 30,1—3* ‖ 12 Alexander *cf. Arius, Epist. ad Eusebium Nicomediensem op 1, 2, 1—2*

7 substantiae **A**hd substantia **Σ** ‖ 21 quod **A**hd quo **Σ** ‖ 26 supra **Σ**hd super **A** ‖ 35 et *om.* **Σ**

mutatione. immutabilis enim pater et immutabilis filius et semper pater, semper filius, etiamsi filius credatur in patre imago exsistens et eius, quod est esse, forma, sicut dictum est, sive iuxta progressum refulgentia luminis filius est. his sic exsistentibus et magis unum exsistentibus (refulgentia enim splendor luminis, et ipsa in se lumen habet a patre et in lumine est et foris) ergo et in patre filius. et quod adnexus est splendor luminis, magis *ad* lumen esse splendor dicitur, non in lumine, et iam si a lumine resplendeat, in lumine est. et hoc significat: *in principio erat λόγος, et λόγος erat ad deum.* ὁμοούσιον ergo et filius et pater, et semper ista et ex aeterno et in aeternum.

35. Dicemus et alia: *λόγος est ad deum?* in confesso est. quid est *λόγος? per* quem omnia et *in* quo omnia et *in* quem omnia. istum esse et Iesum in confesso est, quod *λόγος* est filius dei, filius autem Iesus, de quo dicit Paulus: *qui nos eruit de potestate tenebrarum et transtulit in regnum filii caritatis suae.* quis igitur iste filius? ipse, inquit, *in quo habemus redemptionem per sanguinem ipsius, remissionem peccatorum nostrorum.* iste quis est? qui natus est ex Maria. quid deinde? istud solum? non. quid maxime? quod in eo, qui ex Maria erat, erat et antequam ex Maria. quid autem inducit? *qui est imago dei.* numquid hoc solum de Maria? non. *imago* enim *dei* ex aeterno imago. si igitur in filio habemus spem et ipse *per sanguinem* suum redemit nos, ipse autem *imago* est *dei*, imago ergo filius est dei. an ego dico istud? non solus, sed et Paulus. quomodo enim dicit? *primogenitus omnis creaturae.* quis *primogenitus?* filius. quis filius? filius, qui ex Maria. quis filius ex Maria? *primigenitus totius creaturae.* quis *totius creaturae primigenitus?* qui *imago dei* est. necesse est enim *primigenitum* esse ante *omnem creaturam imaginem dei.* quis autem est *imago?* λόγος. qui *λόγος?* qui *erat in principio.* sine enim *imagine deus* quomodo? et qui *λόγος?* qui *ad deum erat*, et *per* quem *effecta sunt omnia*, et *sine* quo *effectum est nihil.* quomodo imago *λόγος* est et *λόγος* filius et ipse, qui de Maria, magis autem, qui in eo, qui de Maria, ex his manifestum. si filius dei redemit nos *per sanguinem suum*, qui de Maria filius est, et si ipse *imago* est *dei*, dei est filius. si enim *totius creaturae primigenitus*, necessario filius. numquid alius? absit! unigenitus enim dei filius. ne-

9 *cf. Ioh 1, 1* ‖ 11—12 *cf. Ioh 1, 1; Col 1, 16; cf. Hilar., De synodis 29 (PL 10, 502 B — 503 A)* ‖ 14—15 *cf. Col 1, 13* ‖ 15—17 *cf. Col 1, 14* ‖ 19—28 *cf. Col 1, 13—16* ‖ 28 *cf. Ioh 1, 1* ‖ 29—30 *cf. Ioh 1, 1—3* ‖ 32—p. 71, 5 *cf. Col 1, 14—15*

13 Iesum *Σhd* Iesus **A** ‖ 18 non quid **A***hd* numquid *Σ* ‖ 25 (*bis*) primigenitus **A***hd* primogenitus *Σ* ‖ 26 primigenitum **A***hd* primogenitum *Σ* ‖ 27 qui[1] **A***hd* quis *Σ* ‖ 33—p. 71, 17 (*quinquies*) primigenitus **A***hd* primogenitus *Σ*

cesse est ergo eundem ipsum esse filium et imaginem et eum, qui de Maria. quomodo enim *imago dei* filius, si non *primigenitus totius creaturae*? et quomodo imago dei, qui filius de Maria post omnia facta natus est? manifestum ergo, quod ipse *primigenitus*. quid vero? quod natum est de Maria, non creatura est? sed si filius dei, *imago dei*, ante omnem creaturam natus est, et ante istum, qui ex Maria, natus est. qui igitur ante omnem creaturam natus est, ipse est in eo, qui de Maria natus est. manifestum igitur, quod ipse unigenitus.

36. Post istud perspiciendum, quomodo idem ipse et imago et filius λόγος est. in confesso est, quod imago filius est. dixit enim Paulus: *filius* dei *imago* est *dei*. dico igitur ipsum esse λόγον, de quo dictum est: *in principio erat λόγος*. dicit enim Paulus, quomodo filius *primigenitus totius creaturae, quod in ipso creata sunt omnia, quae in caelis et quae in terra, quae visibilia et quae invisibilia, sive throni sive dominationes sive principatus sive potestates; omnia per ipsum et in ipsum creata sunt, et ipse est ante omnia, et omnia in ipso consistunt*. vides, quae dixerit de filio, quod ideo *primigenitus*, quia *omnia creata sunt in ipso et per ipsum et in ipsum*. tria ergo dicit. ex quibus quod dictum est *omnia per ipsum*, cui datum est semper? quod in confessione est, τῷ λόγῳ. si igitur Paulus filio dedit *per ipsum*, ipsum autem, quod est *per ipsum*, dedit Iohannes τῷ λόγῳ (primus apostolus et evangelistes ante omnes), consonant dicta. quid erit dubitandum, ut non sit filius λόγος? quid vero? alia duo, quae dedit filio, cuius magis propria? necessario τοῦ λόγου. potentia enim eius omnium, quae sunt, subsistentia est. sed si et istud, in ipso sunt omnia, ut dictum est: *quod in ipso creata sunt omnia*. et ideo *in ipsum omnia*, quoniam efficientur omnia spiritalia. quod et Paulus significat in consummatione mundi: *nam cum omnia illi subiecta fuerint, tunc ipse subicietur ei, qui subiecit ei omnia, ut sit deus omnia in omnibus*. quid istud et quomodo, posterius; nunc, quoniam spiritalia. verum igitur, quod de Maria filius est dei et ipse imago et ipse λόγος, et ipse ante saecula et omnem creaturam, et quod omnis creatura *per ipsum creata est* et *in ipso* et *in ipsum*, et consequenter quae dicta sunt.

---

11 cf. Col 1, 15 || **12** cf. Ioh 1, 1 || **12—26** cf. Col 1, 16—17 || **19** in confessione cf. supra I 35, p. 70, 11—12 || **21** cf. Ioh 1, 3 || **27—29** cf. I Cor 15, 28 || **29** posterius cf. infra I 37, p. 73, 1 sqq. || **32** cf. Col 1, 16

4 *post* primigenitus *add.* enim A, *sed postea del.* || **6—7** et ante istum — natus est *om.* Σ || **13** sunt A*hd* sint Σ || **15** *et* **18** in ipsum A*hd* in ipso Σ || **26** et ideo in ipsum A*hd* et ideo in ipso Σ || **30** quoniam A*hd* quomodo Σ || **32** in ipsum A*hd* in ipso Σ

37. Quis ergo sine sensu, quis sacrilegus Arius, quis sine deo non videt, quis Iesus et unde filius unigenitus? esse autem et deum et λόγον ὁμοούσιον, hoc est et patrem et filium, ex istis manifestum. quae dedit filio Paulus, eadem dedit et patri, tria ista cum dignitate paterna in uno, ut appareret et divinitas una et substantia et potentia paterna. ad Colossenses istuc dixit de filio, ad Romanos autem de patre eadem: *quis enim cognovit mentem domini, aut quis consiliarius fuit eius, aut quis prius dedit et reddetur ei, quoniam ex ipso et per ipsum et in ipsum omnia.* vides, quemadmodum eadem et non sic eadem dedit et patri et filio in ὁμοούσιον. primum tria et tria. deinde eadem et patri et filio. hoc autem *per quem omnia* et patri et filio datum est, quoniam filius, λόγος qui est omnium, quae sunt, potentia actuosa in ea, quae sunt, et quod in filio pater est, in ipso et pater actuosa potentia exsistit. simul enim et filius et in patre et pater in filio. una ergo potentia, hoc est una substantia, exsistit. ibi enim potentia substantia. non enim aliud potentia, aliud substantia. idem ergo ipsum est et patri et filio. hoc autem *ex quo omnia* patri dedit. a patre enim omnia, et ipse filius. hoc igitur patri ut proprium. filio autem istud ut proprium *in quo omnia*, quod λόγος et locus est. factorum enim et operum per semet ipsum ipse est receptaculum. ibi autem exsistentibus omnibus, quae sunt, efficitur plenitudo. etenim et Iesus pater est omnium operum eorum, quae per semet ipsum. unum ergo pater et filius. sed quod non extrinsecus ingrediuntur opera (unde enim? nihil enim extra), in se ipso ergo omnia creavit. *in ipso* ergo *omnia*. ipse ergo et receptaculum et habitator. et quoniam in filio pater, et pater habitator. proprium igitur filio *in quo omnia*. reliquum ergo hoc *et in ipsum*; hoc dico esse commune. in consummatione enim unum omnia. et ideo Paulus ad Corinthios dicit: *unus deus pater, ex quo omnia, et nos in ipsum, et unus dominus Iesus, per quem omnia, et nos per ipsum*, aut, quomodo alii, *in ipsum*, quoniam et in aliis locis sic positum est de patre: *ex quo omnia, per quem omnia, in ipsum omnia*, de filio autem: *in quo omnia, per quem omnia, in quem omnia*. aequalia igitur omnia et filio et patri dedit Paulus recte, quod ὁμοούσιος pater et filius. et

---

7—9 cf. Rm 11, 34—36 ‖ **11—26** cf. Rm 11, 36 et Col 1, 16—17 ‖ **28—29** cf. I Cor 8, 6 ‖ **30** cf. I Cor 8, 6 alia lectio ‖ **31** cf. Rm 11, 36 ‖ **32** cf. Col 1, 16—17

6 istuc A*hd* istud Σ ‖ **19** est factorum enim *in* enim est factorum transp. A[2] ‖ **23** enim[2] *delevisse videtur m. inc. in* A ‖ **26, 28—29, 30, 31** in ipsum A*hd* in ipso Σ

idcirco dictum est: *tunc ipse subicietur ei, qui subiecit ipsi omnia, ut sit deus omnia in omnibus.*
38. Vide virtutem dicentis! conducit enim ὁμοούσιον: filius *subicit* patri *omnia* virtute sua, ut videtur, sed ut est, paterna. dicit enim *subicienti ei omnia.* cui *subicietur?* deo. quis *subicietur?* filius, cui *subicit omnia* deus. actio igitur et pater et filius. substantia igitur ubi? in qua actio ipsa, magis quae sit actio, quae est substantia. ὁμοούσιον ergo. dicit Paulus et hoc: *cum tradiderit regnum deo et patri.* ipse igitur nunc *regnat* et secundum propriam actionem (actio enim Christus) *subicit omnia*, et inimicitias et ipsam mortem exterminat. ipse igitur *subicit*, sicuti dicit Paulus: *cum evacuaverit omnem principatum, omnem potentiam.* sic dicit, quod filius propria virtute facit ista. adicit et istud: *oportet enim illum regnare.* deus quidem rex omnium. sed quoniam ὁμοούσιος et filius et magis λόγος, hoc est *potentia* et *sapientia dei*, necesse est *regnare* primum sapientiam, per quam *subicientur* omnia. λόγῳ enim et subsistunt et subicientur omnia, quomodo et dicetur et dictum est, quod λόγος, hoc est filius, *subicit omnia patri*, et idcirco adiecit Paulus: *quousque ponat inimicos omnes eius sub pedibus ipsius.* quis? cuius? manifeste, quia filius patris. sed quoniam in filio pater, idcirco pater filio *subicit omnia*, et ideo maxime filius *inimicos* habet, non pater. et quoniam ambo, id est bona ambiguitas intellectus, et idcirco ὁμοούσιοι. *postremus inimicus evacuabitur mors.* si enim Iesus vita est et aeterna vita, *evacuabitur* a vita *mors*. omnia igitur Iesus, id est filius, *subicit* patri. sed quoniam ὁμοούσιος patri et ipsa substantia et ipsa potentia, secundum quod primum est esse patrem et quod esse primum est, secundum autem operari, vivere, intellegere, quoniam duobus causa est, quod primum, necesse est dicere patrem subicere filio omnia. dicit ergo: *cum tradiderit regnum deo et patri*, necessario filius. et *cum evacuaverit omnem principatum et potentiam*, necessario filius. dicit rursus: *cum autem omnia subiecta sunt, manifestum, quod extra ipsum, qui subicit ipsi omnia.* non parva intellegentia.

1–2 cf. *I Cor 15, 28* ‖ 3–6 cf. *I Cor 15, 28* ‖ 8 cf. *I Cor 15, 24* ‖ 8–13 cf. *I Cor 15, 24–28* ‖ 14–15 cf. *I Cor 1, 24* ‖ 15–18 cf. *I Cor 15, 24–28* ‖ 17 dicetur et dictum est cf. *I 39, p. 74,13—20; I 37, p. 72,18—26* ‖ 18–19 cf. *I Cor 15, 25* ‖ 20–21 cf. *I Cor 15, 25–28* ‖ 22–24 cf. *I Cor 15, 26–28* ‖ 28–31 cf. *I Cor 15, 24–25 et 27*

3 conducit A Σ[i.t.] concludit Σ[i.m.] ‖ 5 filius A hd filius filius Σ ‖ 13 quidem A[pc] Σ quid est A[ac] ‖ 16 quomodo A hd quoniam Σ ‖ 20 subicit A hd subiecit Σ ‖ 21 pater Σ hd patris A | id est A[ac] Σ idem (m A[2 supra]) A[pc]

MARIVS VICTORINVS

39. Sed nunc dimittamus. quid vult nos intellegere? quod deus, causa qui sit et praepotens et praeprincipium potentiae, ipse facit omnia, cum filius facit, et, si pater in filio et filius in patre, ipse in filio facit, quae filius facit, et *quae pater facit, filius facit.* indifferenter igitur aut patri aut filio dantur omnia sive operationes sive res. in 1070 C altero enim alterutrum, et nihil alterum, quod in uno alterum. et idcirco unum solum et nihil alterum, sed subsistentia propria et pater et filius est, ab una ex patre substantia. filius autem, hoc est λόγος, activa potentia est, et quae faciat et quae vivificet et sit intellegentialis. omnia igitur ista et generat et facit secundum vitam et regenerat secundum intellegentiam veritatis et dei, quam dat Iesus omnibus, λόγος cum sit omnium et viventium et intellectuum et universaliter omnium, quae sunt. si igitur iste generat et iste regenerat omnia, iste *subiciet omnia,* non solum homines, sed et, ut dicit Paulus, *omnem principatum et omnem potentiam.* numquid ista ut homo, an ut λόγος? etenim ipsum *subicere* non temporis solum eius, ex quo de Maria filius, sed et ante et postea. si enim diluvium factum est, si Sodoma et Go-1070 D morra incensa, si haec et talia multa facta sunt, si in praesentia prima *triumphavit* inimicos in semet ipso, si in secunda praesentia *novissimus inimicus evacuabitur mors,* filius λόγος facit ista, sed potentia paterna. facit igitur omnia spiritus et spiritalia. *et tunc et ipse subicietur* deo *subicienti ei omnia.* evacuatis enim omnibus requiescit activa potentia, et erit in ipso deus secundum quod est esse et secundum quod est quiescere, in aliis autem omnibus spiritaliter secundum suam et potentiam et substantiam. et hoc est: *ut sit deus omnia in omnibus.* non enim omnia in uno quoque, sed *omnia in omnibus.* manebunt igitur omnia, sed deo exsistente in omnibus, et ideo omnia erit deus, quod omnia erunt deo plena.

1071 A **40.** Dicamus et alia: *non enim erubesco evangelium, dei virtutem et sapientiam.* Paulus dicit Christum Iesum. hoc enim *evangelium* dicit et de isto. Christus ergo *dei et sapientia et virtus.* quid deinde? *sapientia*

---

4 cf. Ioh 5, 19 || 14—26 cf. I Cor 15, 24—28 || 17—18 cf. Hilar., De synodis 38, XVII (PL 10, 511 A — 511 B) || 29—30 cf. Rm 1, 16 || 31 cf. I Cor 1, 24

2 facit A*hd* fecit Σ || 5 res A*hd* requies Σ || 6 *post* enim *add.* ad Σ || 7 subsistentia propria Σ*hd* subsistentiam propriam A || 10 ista A*hd* iusta Σ | regenerat A*pc* Σ generat (re A[1]*supra*) A*ac* || 12 ΛΟΓΟΣ A[1]*supra* (Σ) *om.* A | omnium et viventium A*pc hd* (et viventium *suppl.* A[1] *i.m.*) omnium A*ac* Σ || 14 subiciet A*hd* subijcit Σ || 19 triumphavit A*hd* triumphat Σ || 21 et[1] *om.* Σ *falso, quia* spiritus *praedicativum cf. comm. in Apostolum 110, 17—18* | et[2] *om.* Σ || 23 erit A*pc* Σ erat (a *del. et* i *suprascr.* A[1]) A*ac* || 30 sapientiam *hd* potentiam AΣ *cf.* IV 18, p. 151, 17

et virtus dei non ipse deus? non enim, ut in corporibus aut in corporalibus, aliud est oculus, aliud visio, aut in igne aliud ignis, aliud lumen eius. eget enim et oculus et ignis alterius alicuius, et oculus alterius luminis, ut sit et ex ipso et in ipso visio, et ignis aeris, ut sit ex ipso lumen. sed sicuti visionis potentia in se habet visionem tunc foris exsistentem, cum operatur potentia visionis et generatur a potentia visionis visio, unigenita ea ipsa (nihil enim aliud ab ea gignitur) et ad potentiam visionis visio est non intus solum, sed et intus in potentia et in actione magis foris et ideo ad potentiam, quippe visio cum sit, ὁμοούσιον ergo visionis potentiae visio et unum totum, et potentia quidem quiescit, visio autem in motu est et per visionem omnia visibilia fiunt et passiones circa visionem sunt visionis potentia impassibili exsistente et sine passione visionem generante, sic igitur et *virtus et sapientia dei* ipse deus, et est totum, quod simplex et quod unum et unius et eiusdem substantiae et simul ex aeterno et semper et a patre, qui sui generator est exsistentis. *sapientia* igitur et *virtus* operationes. hanc enim nunc *virtutem* significat. coniunxit enim *sapientiam et virtutem*. ergo horum potentia est deus, et ideo pater, quod ab ipso ista. gignit enim ista in actionem et impassibiliter, quod ὁμοούσια sunt potentia et actio et deus et *dei virtus* et *sapientia*. quae cum activa sunt iuxta ea, quae foris sunt, curam habentia, *ad* deum sunt semper sapientiam dantia, semper vivificantia non deum, sed a deo factam per semet ipsa omnem creaturam. et si qua passio, in actione passio est. isto modo, sive λόγος est Iesus sive *lumen* sive *refulgentia* sive *forma* sive *imago* sive *virtus* et *sapientia* sive *character* sive *vita*, ὁμοούσιον apparebit λόγος et deus, pater et filius, spiritus et Christus.

41. Adhuc inducamus eadem ipsa vitam dicentes Christum. quomodo ὁμοούσιον est deo, dicit Iohannes: *quod factum est in ipso, vita erat.* et iterum: *sicuti enim pater habet vitam in semet ipso, sic et filio dedit vitam habere in semet ipso.* quid tam simul, quid tam idem? habet pater in se vitam, habet et filius in semet vitam. quid est habere vitam in se ipso? ipsum sibi vitam esse, non ab alio accipere vitam, sed

---

13—20 cf. Rm 1, 16; I Cor 1, 24 || 21 et 24—25 cf. Ioh 1, 1; 1, 9; Hebr 1, 3; Phil 2, 6; Col 1, 15; I Cor 1, 24 || 25 cf. Hilar., De synodis 29 (PL 10, 502 B); 38 (PL 10, 509 B); Hebr 1, 3; Ioh 14, 6 || 28—29 cf. Ioh 1, 3—4 || 29—30 cf. Ioh 5, 26

3 et[3] om. Σ || 4 et[1] om. Σ || 8 et 12 potentia Σhd potentiam A || 16 exsistentis Ahd existens Σ | operationes Ahd operationis Σ || 17 nunc virtutem Ahd transp. Σ || 22 vivificantia Σhd vivificentia A || 28 OMOOYCION A(hd) ὁμοούσιος Σ | Iohannes hd Ioannes Σ Iohannis A

a se ipso, et aliis dare. dicit aliquis similis substantiae esse, non tamen ὁμοούσιον esse. istud iam dictum, quoniam simile substantia non dicitur neque est iuxta quod substantia est, magis autem, si eiusdem substantiae est, idem substantia dicitur, non simile. simile enim iuxta qualitates, ut ignis substantia est et aer, secundum substantiam idem (ὕλη enim ambo), qualitatibus autem simile aut dissimile motione, virtute et aliis simile. sic et terra et aqua gravitate et densitate aut

1072 A aliis talibus, in quibus et istud accidit, quaecumque sint similia, eadem esse dissimilia alia et alia qualitate. simile enim non idem neque idem unum, sed idem geminum. unum et ista non substantia, sed numero unum. nos nunc de substantia perquirimus, quae in deo et in filio. aut ipsa est aut eadem aut modo quodam et ipsa et eadem? quomodo ergo ipsa est adventante filio et tanta faciente et in caelo et in terra et intrante in carnem? quomodo Iesus filius, quod significat partum? quomodo et tres sunt substantiae deus, λόγος, spiritus sanctus? non enim oportet dicere nec fas est dicere unam esse substantiam, tres esse personas. si enim istud, ipsa substantia et egit omnia et passa est.

1072 B patropassiani ergo et nos? absit! quid igitur? eadem est, non ipsa? sed si istud, aut praeexsistente substantia duo, aut ab eadem vel scissione aut emissione partis eadem ipsa facta est. sed neque scissione neque deminutione filius natus est, sed perfectus pater et semper perfectus et semper pater, perfectus filius et semper perfectus et ex aeterno et in aeternum filius. quomodo igitur eadem? in duobus enim quae eadem? sed pater et filius unum, et qui pater, pater, et qui filius, filius, et non idem pater et filius nec idem filius pater eius, cuius filius est. non ergo unum, si neque ipsa neque eadem est substantia. relinquitur ergo modo quodam esse et ipsam et eandem. non enim fas est dicere alterius esse substantiae patrem et filium. quomodo, quod sit ipsa, dicemus, sive deum et λόγον dicemus, sive deum et dei *virtutem et sapientiam*,

1072 C sive quod est esse et *vitam*, sive quod est esse et intellegere aut intellegentiam, sive esse et vitam et intellegere, sive patrem et filium, sive

---

2 iam dictum *cf. supra I 23, p. 55, 17—21* ‖ 28 — p. 77, 2 *cf. supra I 40, p. 75, 24—25*

2 substantia *Σhd* substantiae A ‖ 3 *post* neque *add.* enim *Σ* ‖ 4 substantia dicitur *Σhd* dicitur substantiam A ‖ 6—7 motione virtute A*hd* notione virtutum *Σ* ‖ 8 *ante* eadem *exp. et eras.* et A ‖ 9 alia[1] *Σhd* aliam A ‖ 10 substantia *Σhd* substantiam A ‖ 11 et A*hd* aut *Σ* ‖ 14 partum A*hd* patrem *Σ* ‖ 17 istud A*hd* ista *Σ* ‖ 18 patropassiani A*hd* patripassiani *Σ* ‖ 20 deminutione A*hd* diminutione *Σ* ‖ 26 si A*hd* sunt *Σ* ‖ 28 esse substantiae *Σhd* substantia esse A ǀ quomodo A*hd* quoniam *Σ*

lumen et *effulgentiam*, sive deum et *characterem*, sive deum et *formam et imaginem*, sive substantiam et speciem sicut ibi, non ut hic, sive substantiam et motionem, sive potentiam et actionem, sive silentium et effatum, ipsam substantiam esse confitendum. deum enim quod est
5 esse dicentes, filium vitam quomodo separamus vitam ab eo, quod est esse sive in patre sive in filio? etenim pater in se ipso habet vitam et filius excepto, quod filius a patre accepit, quod habet. pater ergo et filius a se orti, a se potentes ad vitam. sic mihi intellege *habere* dicere, quomodo evangelium: et *pater* enim *habet in se vitam. habet* ergo non
10 quasi alius aliud, sed ipsum istud, quod *habet*, ipsum est. sed in in- 1072 D tellectu ista diximus.
 42. Si igitur *pater habet in semet ipso vitam*, vita est et substantia eius vita est. sic et filius. dicit enim: *ego sum vita*. hoc igitur significat *in semet ipso* habere vitam: *ego sum vita*. pater ergo vita est et filius vita.
15 omnis vita, iuxta quod vita est, motus est vivificans, quibus posse est vivificari. et idcirco definitio animae et vitae ista est, quod a se movetur. esse et ut substantia eius istud dicitur. multo magis ergo ista in deo et λόγῳ. quid ergo dicemus? vita pater et substantia est et se movens substantia, et nihil est aliud se movens motio nisi vita. ipsa
20 igitur et substantia et vita. sed quoniam in motu intellegentia quasi aliud adintellegit et non perfecte aliud, ipsum autem vivere ut aliud, veluti mixtione in utroque alterius, iuxta quod vita est et motus est, 1073 A unum est. rursus iuxta quod motus est et vita est, id ipsum aliud unum, et idcirco eadem substantia. sed sive ipsa, sive eadem, ὁμοούσιον
25 necessario et simul est, quoniam duo simul sunt. etenim sine altero numquam fuit alterum. unum ergo et unum sunt ista. hoc igitur, quod est esse vitam et per semet esse motionem, pater est. hoc autem, quod est motum esse et per semet esse vitam, filius est. causa enim motionis vita. pater ergo et magis principalis vita motionem requiescentem
30 habens in abscondito et intus se moventem. filius autem in manifesto motio et ideo filius, quoniam ab eo, quod est intus, processit, magis autem motio exsistens, quod in manifesto. isto modo et vita filius a patre, vita qui sit, accepit vitam esse a praeprincipali principium 1073 B

9 et 12 cf. Ioh 5, 26 ‖ 13—14 cf. Ioh 14, 6

10—11 in intellectu Σ*hd* in intellectum A[pc] intellectum (in *suppl.* A[1 i.m.])A[ac]‖ 12 habet in semet ipso A*hd* in semet ipso habet Σ ‖ 13 igitur A*hd* enim Σ ‖ 14 vita[1] A*hd* via Σ ‖ 21 adintellegit A*hd* adintellegitur Σ ‖ 27 vitam Σ*hd* vita A ‖ 33 sit A*hd* sic Σ | accepit A*hd* accipit Σ | vitam Σ*hd* vita A | principium A*hd* principio Σ *an recte?*

natum, universale ab universali, tota a tota. et idcirco dicit: *vivens pater misit me, et ego vivo propter ipsum.* si igitur generans in vita et filius secundum motionem filius, secundum autem motum vitam esse, vita filius dante patre in motione[m] generationem et simul vitam. ipse autem in semet ipso. ὁμοούσιον ergo pater et filius, et unum est semper, et ex aeterno natus est, et alter in altero et inseparabilis separatio et in patre filius et in filio pater, et maxime filius actio, quoniam filius cum actione vita, pater autem secundum id, quod est esse, vita, et secundum quod est vitam esse, actio. manet igitur pater et impassibilis manet, operatur filius et in manifestationem ducit, et deus intus operatur exsistente actione iuxta potentiam et in patre, et in filio iuxta actionem actio est.

43. Ista huiusmodi oportet revocare ad illa omnia, quae praeposuimus, sive deus et λόγος, sive lumen et effulgentia, sive silentium et effatum, sive alia, in quibus unum et simul et ὁμοούσιον apparet et ingenita generatio. ubi igitur habet locum, quod simile est? ὁμοιούσιον dicere quae causa? dicitur semper, et mysterium totum hoc est: unus deus, et pater et filius et spiritus sanctus unus deus. simile ergo quomodo unus deus? at ὁμοούσιον necessario unus deus. si enim velut aliud, non simul necessario duo. si autem simile illud alterum, necessario alterum. ὁμοιούσιον ergo necessario alterius substantiae. isti Ariani, isti Lucianistae, isti Eusebiani, isti Illyriciani, sed adicientes aliqua, auferentes aliqua et mutantes, omnes diversae opinionis et haeretici.

Huc accedit: si ὁμοιούσιον pater et filius, quomodo dicit salvator: *ego sum veritas?* si id, quod dictum est, verum est, filius cum sit veritas, minor pater, similis qui sit veritati, non veritas. quanta blasphemia ista! si autem veritas deus, veritas filius, sicuti ipse filius dicit et vere dicit, ὁμοούσιον deus et filius. non ergo duplex, sed una semper veritas. et valde foris et deorsum valde, quod est simile veritati, quod forte in mundo exsistat similitudo veritatis, ubi et error et corruptio et omnis passio. ipsum ergo veritatem esse substantia est. non enim aliud substantia, aliud veritas. quod enim simplex, hoc veritas.

1–2 *cf. Ioh 6,57* ‖ 13 praeposuimus *cf. supra I 40, p. 75, 24—25; I 41, p. 76, 28—77, 2* ‖ 26 *cf. Ioh 14, 6*

1 tota a tota **A***hd* tota et tota *Σ*[i.t.] totum ex toto *Σ*[i.m.] ‖ 2 si *Σhd* se **A** ‖ 4 vita filius **A***hd* vitam filio *Σ* | motione *hd* motionem **A***Σ* ‖ 14 et[1] **A***hd* est *Σ* | effulgentia *Σhd* effulgentiam **A** ‖ 17 quae **A** *recte suspic. hd* qua *Σhd* ‖ 19 at *Σhd* ad **A** ‖ 20 aliud *om.* *Σ* ‖ 23 et[2] *om.* *Σ* ‖ 29 ὁμοούσιον *Σhd* OMOIOYCION **A**

simplex deus, simplex filius; veritas deus, veritas filius, et deus et 1074 A
filius una veritas. veritas enim in semet ipsa veritas. item si similis
veritati est filius, in id, quod simile est, ducit, quae ducit. si autem
veritas, in veritatem ducit. sed enim ad deum ducit, et deus veritas.
5 in veritatem ergo ducit. sed impossibile, cum ipse veritas non sit, in
veritatem ducere. veritas ergo et pater et filius, sicuti et dicitur:
quem mittit ad me pater, iste ad me venit.
Ex istis omnibus non solum conducitur, sed manifesta efficitur confessio extra immutationem esse motum in deo. non enim localis neque
10 cum passione generatio aut corruptione aut augmento vel minutione
neque aliqua immutatione. est enim movere ibi et moveri ipsum, quod
est esse, simul et ipsum et simplex et intellectu in uno unum, sicut 1074 B
in potentia et actione, semper quidem ὁμοούσιον in eo, quod est
esse, secundum autem agere ab eo, quod est esse, filius et pater, sed,
15 sicuti dictum est: et in filio pater et in patre filius.

44. Num timor ex isto nascitur esse nos ista dicentes quasi patripassianos? multum differt serpentinum dogma a veritate. illi enim
deum solum esse dicunt, quem nos patrem dicimus, ipsum solum
exsistentem et effectorem omnium, et venisse non solum in mundum,
20 sed et in carnem, et alia omnia, quae nos filium fecisse dicimus. si enim
dicimus patrem patrem et filium filium unum et unum dicentes et
ideo ὁμοούσιον id, quod unum, non solum unum dicentes, sed unum
et unum, aliud autem impassibile unum, aliud passum, quomodo ergo
patripassiani sumus? deus enim nec procedit a semet ipso, neque in 1074 C
25 manifesto actio est, neque velut in motione, quod intus motio veluti
non est motio. λόγος autem, qui sit in motionis potentia, magis motio
et actio est; fertur potentia sua in effectionem eorum, quae sunt. quo
enim λόγος, hoc causa est eorum, quae sunt. quo autem causa, hoc
non in se manet, semper qui sit in eo, quod est λόγος. et secundum hoc
30 et iste inversibilis et immutabilis, sed in his, quae sunt, iuxta genera
eorum, quae sunt, alius et alius ipso, quo universalis λόγος est, in
patre manens idem ipse. passiones igitur ubi? neque in patre neque in
filio, sed iuxta quae sunt genere suo non recipientia virtutem totam
τοῦ λόγου universalis uno quoque quolibet exsistente et illo distri-

7 cf. Ioh 6, 37 || 15 dictum est cf. supra I 39, p. 74, 3 || 30 cf. supra I 22, p. 55, 4

2 si A¹ *supra* Σ om. A || 5 ergo ducit transp. Σ || 7 venit A*hd* veniet Σ ||
8 conducitur A*hd* concluditur Σ || 9 immutationem A*hd* mutationem Σ ||
12 in uno unum A*hd* unum in uno Σ || 27 potentia sua Σ*hd* suam potentiam A || 31 quo Σ*hd* quod A

1074 D buente suum proprium, ut angelorum, potentiarum, thronorum, dominationum, potestatum, animarum et sensibilium et ipsius carnis. passio igitur in istis et iuxta haec, non τοῦ λόγου, hoc est filii. secundum carnem ergo salvator passus est, secundum spiritum autem quod erat, sine passione. unde differt nostrum dogma a patripassianis. non enim filium esse passio est, sicuti dictum, nec facere aliquid nec loqui. divina enim potentia sine passione fiunt omnia. et ista magis sua et substantialis et divina motio est, non passio. deinde de isto non fuerunt patripassiani, sed de cruce, quod pater crucifixus est, dicentes sacrilegi, impassibili passiones implicantes et non intellegentes necessario aliquid impassibile esse, si est aliud, quod patiatur. nos tamen impassibilem
1075 A et filium dicimus, iuxta quod λόγος est, iuxta quod autem *caro factus est*, passibilem. at vero miseratio et ira et gaudium et tristitia et alia huiusmodi ibi non sunt passiones, sed natura et substantia. si igitur spiritus *beneolentia,* ipse per se optimus *quibusdam in vitam, quibusdam in mortem est,* non sua natura mutatus, sed patientium materia et voluntate, sic natura immutabili divinitas pro accipientibus aut ut oportet aut aliter affici dicitur vel pati, quoniam a nostris sensibus, quae divina sunt, aestimamus. in sensibilibus enim, iuxta quod animal est animal, hoc est anima utens corpore vel corpus animatum, iuxta sensum pati dicitur. vere autem neque per semet solius animae sunt passiones; multo magis spiritus, λόγου et dei. impassibilis enim divina natura est.
1075 B   45. Discedant ergo patripassiani, quoniam nos et patrem dicimus et filium, ipsum solum passibilem iuxta motum in ὕλῃ. discedant Ariani, quoniam nos natura filium dicimus *ante omnem creaturam* genitum. discedant et ἀπὸ τοῦ ὄντος dicentes Christum esse, quod a deo factus sit, qui deus ὄν est. nos enim filium dicimus natura[m] et a patre ipsum esse et in patre. discedant Marcelli et Photini discipuli, ipsum enim λόγον dicimus in carne fuisse, non aliud λόγον esse et aliud hominem, in quo Christum dicunt esse, sed ipsum λόγον carnem induisse. illi enim dicunt esse et deum et λόγον et spiritum, quartum autem filium, id est hominem, qui ex Maria, quem assumpsit λόγος et

6 dictum *cf. supra I 22, p. 55, 7—11* || 12—13 *cf. Ioh 1, 14* || 15—16 *cf. II Cor 2, 16* || 26 *cf. Col 1, 15* || 27—28 *cf. supra I 15, p. 45, 14—17*

7 divina enim potentia *Σ hd* divinam enim potentiam A || 13 at *Σ hd* ad A || 16 sua natura *Σ hd* suam naturam A || 17 sic natura *w hd* signaturam A*Σ* || 26 natura A *hd* naturae *Σ* || 28 natura *hd* naturam A*Σ* || 30 λόγου[1] *hd* ΛΟΓΟΣ A verbum *Σ* | ΛΟΓΟΝ[2] A(*hd*) verbum *Σ* || 32 dicunt A[i.m.] *Σ* om. A

ADV. ARIVM I

ut ministrum rexit, cui homini dicunt et sedem paratam esse. excide- 1075 C
runt ergo a trinitate. si autem manet trinitas sola, ipse homo et λόγος,
quem λόγον nos supra filium demonstravimus. non autem hoc significat *et λόγος caro factus est*: corruptus λόγος in carnem conversus
5 est, sed λόγος, *per quem effecta sunt omnia*, et omnia effectus et *caro
factus est*, ut, in carne cum esset, totum hominem sua passione et morte
iuxta passiones corporis mercaretur. si enim non erat ipse homo de
Maria, quare *exinanivit semet ipsum*? et quid est *formam servi accipiens*? et quid rursus est *et λόγος caro factus est*? discedant et Basilii et
10 ὁμοιούσιοι. nos enim ὁμοούσιον dicimus et veritate et iuxta syn-
odum in Nicaeapoli. sic enim et pater et filius unum ambo et semper et
simul ambo, quoniam ὁμοούσιον. quod autem ὁμοιούσιον dicunt, 1075 D
etsi confitentur filium a patre habere substantiam, sed aliud quiddam
dicunt dicentes neque generatione filium neque faciendo esse a deo,
15 sed compulsu istorum duorum et generationis et faciendi veluti lapi-
dis et ferri, atque inde emitti flammam; ista dicentes occulti Ariani
sunt. primum non generatione dicentes dei filium esse, sed factura,
quod dogma est Arii. *factura* enim est, quod a compulsu exsistit et
exsilit, et *ex nihilo* est. non enim a ferro aut lapide flamma, quod maxi-
20 me Arius insanus sapit, et si collisio facta est, *fuit, quando non fuit*.
et si compulsu faciendi et generationis factus est filius, praeexstitit
factio et generatio, antequam fuisset filius. posteriora autem ista.
quomodo ergo compulsio? et hoc Arii. deinde quomodo ista collisio et 1076 A
quorum et in quo? numquid voluntatum in deo concursio? numquid
25 passionum aut differentiarum maxime contrariarum motionum? et
si istud, passus est pater, qui est sine passione, et non ex sua substantia apparuit ei filius. collisione enim duarum aut voluntatum aut
passionum nec voluntas facta est nec passio, multo magis nec substantia a substantia paterna, sed extera quaedam substantia, quae ex
30 nihilo exsisteret. de λόγῳ *ad* patrem suspicari ista impia blasphemia.
46. Diximus de ὁμοουσίῳ et sufficienter diximus. hoc enim nobis
propositum. quomodo autem, si ὁμοούσιον filius et semper cum patre
est, et procedit et *descendit* et *ascendit* et *mittitur* et *facit*, quae volun- 1076 B

---

4 cf. *Ioh 1, 14* || 5 cf. *Ioh 1, 3* || 5—6 cf. *Ioh 1, 14* || 8—9 cf. *Phil 2, 6—7* ||
9 cf. *Ioh 1, 14* || 18—20 cf. *supra I 23, p. 55, 15—16; I 28, p. 62, 5—6* || 30 cf.
Ioh 1, 1 || 33—p. 82, 5 cf. Hilar., *De synodis* 29 (*PL 503 A et 502 B*)

10 ὁμοιούσιοι *Σhd* OMOIOOYCION **A**ᵃᶜ OMOIOOYCIOI (*N in I corr. ra-
sura*) **A**ᵖᶜ || 12 ὁμοιούσιον² *Σhd* OMOIOOYCION **A** || 29 extera **A**ᵖᶜ*Σhd* ex-
tra (e *suprascr*. **A**¹ᵖ) **A**ᵃᶜ || 30 ΛΟΓΩ **A** (*hd*) λόγον *Σ* || 31 OMOOYCIΩ **A**(*hd*)
ὁμοούσιον *Σ*

81

tatis sunt patris, et quomodo, *imago* cum sit dei, *in dextera sedeat dei*, et quid sit *dextera* et quid *sedere*, et quid est *per quem facta sunt omnia* et quomodo *omnia*, et quid est, quod *nihil factum est sine ipso*, et quomodo et ipse voluntatem habet et, quae facit, voluntate patris facit, et quomodo *perfectus* et *a perfecto* patre, ut imperfectus et corpus accepit et nunc corpus fert, etsi sanctum et spiritale et simile eorum hominum, qui post sancti erunt, et quomodo semper genitus, semper qui moveatur, et a se genitus, potentia quidem patris (ista enim omnia ὁμοούσιον definiunt), si quis dignus sit intellegere, et in isto libro inveniet.

Fidem sic esse et permittente deo et Iesu Christo domino nostro et sancto spiritu dicemus. ne quis blasphemiter intellegens meum dogma dixerit! omnia enim a sancta scriptura et dicuntur et sunt. dicemus maxime illud, e quo gignuntur multae haereses, quod evangelia et apostolus et omnis vetus scriptura de deo quidem dicit omnia et de Iesu Christo, hoc est de λόγῳ incarnato. hic enim mysterium salutis nostrae egit, hic nos liberos fecit, redemit, in istum credimus secundum crucem et iuxta resurrectionem a mortuis, salvatorem nostrum. idcirco Paulus dicit: *non enim iudicavi quicquam scire in vobis nisi Iesum Christum, et hunc crucifixum.*

47. Confitemur igitur deum patrem omnipotentem, confitemur filium unigenitum Iesum Christum, deum de deo, lumen verum de vero lumine, formam dei, qui habet substantiam de dei substantia, natura[m], generatione filium, simul cum patre consubstantiatum, quod Graeci ὁμοούσιον appellant, *primogenitum* ante constitutionem mundi et *primogenitum ante omnem creaturam*, hoc est et ante in substantiam veniendi et regenerationis et revivendi et reviviscendi, *primogenitum a mortuis*, λόγος qui sit omnium, universalem λόγον, λόγον autem *ad deum*, λόγον in postremis temporibus incarnatum et cruce vincentem mortem et omne peccatum, salvatorem nostrum, iudicem omnium, semper cum patre consubstantialem et ὁμοούσιον, potentiam activam a patria potentia et generantem et facientem omnia et sub-

---

2—3 *cf. Ioh 1,3* || 18—19 *cf. I Cor 2,2* || 24—25 *cf. Col 1,15* || 24—p. 83,3 *cf.* Hilar., *De synodis* 29 (*PL* 10, 502 B—503 A) || 26—27 *cf. Col 1,18* || 28 *cf. Ioh 1,1*

1 dextera Σ*hd* dextra **A** || 2 dextera Σ*hd* dextra **A** || 4 voluntate Σ*hd* voluntatem **A** || 6 etsi **A***hd* et si Σ || 7 semper qui **A***hd* semperque qui Σ || 9 inveniet **A**^*pc* Σ invenit (it *in* iet *corr.* **A**¹) **A**^*ac* || 11 sancto spiritu *transp.* Σ || 15 ΛΟΓΩ **A**(*hd*) λόγον Σ || 22—23 natura, generatione *hd* (*cf. supra I 24, p.57, 19*) naturam generationem **A** naturam generationem Σ || 26 et revivendi Σ*hd* om. **A** *add.* **A**^{3,? i.m.} *sed falso ante* veniendi || 27 ΛΟΓΟC **A** λόγον Σ*hd* | universalem ΛΟΓΟΝ **A** universalis λόγος Σ*hd* || 30—31 potentiam activam **A**^*pc* Σ potentia activa (*virg. posuit* **A**²) **A**^*ac*

ADV. ARIVM I

stantiam exsistendi omnium et generationem et reviviscentiam, quon- 1077 A
iam vita est aeterna et dei *virtus et sapientia,* ipsum inversibilem,
inimmutabilem [mutabilem], iuxta quod λόγος est et quod semper
λόγος est, iuxta autem quod est creare omnia et maxime iuxta in
5 ὕλῃ actionem impassibiliter patientem, ut fons aquarum immutabilis,
impassibilis, extra omnem motionem, cum fluit et in flumen advenit,
iuxta alveum et genera et qualitates terrae creditur pati, semper
servans potentiam aquae suam, et sicuti flumen irrigat terram nullam
deminutionem sentiens ad hoc, quod est esse aquam, sic Christus ille
10 est fluvius, de quo propheta dicit: *qui irrigat et infundit totam terram.*
sed Christus totum omne irrigat et visibilia et invisibilia, flumine
vitae omnem eorum, quae sunt, substantiam rigat. in quo autem vita, 1077 B
est Christus, in quo rigat, sanctus spiritus, in quo potentia est vitalitatis, pater et deus, totum autem unus deus. confitemur ergo et
15 sanctum spiritum ex deo patre omnia habentem τῷ λόγῳ, hoc est Iesu
Christo, tradente illi omnia, quae Christus habet a patre. et isto huiusmodi modo et simul confitemur esse haec tria, et isto, quod unum et
unum deum et ὁμοούσιον ista et semper simul et patrem et filium et
spiritum sanctum, ineffabili potentia et ineloquibili generatione filium
20 dei Iesum Christum, λόγος qui sit *ad deum,* et *imaginem* et *formam* et
characterem et *refulgentiam* patris et *virtutem* et *sapientiam* dei, per
quae appareat et declaratur deus in potentia omnium et exsistens et
manens et agens omnia secundum actionem filii, id est τοῦ λόγου 1077 C
Iesu Christi, quem incarnatum et crucifixum et resurgentem a mor-
25 tuis et ascendentem in caelos et sedentem ad dexteram patris et iudicem futurum venire et viventium et mortuorum, patrem omnis creaturae et salvatorem et voce et toto corde confitemur semper. ἀμήν.
gratia et pax a deo patre et filio eius *Iesu Christo domino nostro* sic
ista confitenti *in* omnia *saecula saeculorum.*

2 *cf. I Cor 1, 24* ∥ 10 *cf. Gen 2, 6* ∥ 20—21 *cf. supra I 40, p. 75, 24—25* ∥
28—29 *cf. Gal 1, 3; 5*

3 inimmutabilem *scripsi* ininmutabilem A*hd* immutabilem Σ ∣ mutabilem
glossam iudicat hd ∥ 9 deminutionem *hd* diminutionem A Σ ∣ aquam Σ *hd* quam A∥
11 totum A*hd* totus Σ ∥ 12 omnem A*hd* omnium Σ ∣ substantiam A*hd* substantia Σ ∥ 13 sanctus spiritus *transp.* Σ ∥ 15 sanctum spiritum *transp.* Σ ∥
15—16 τῷ λόγῳ ... Christo Σ*hd* τοῦ λόγου ... Christi A *an suspicemur M. V.
genetivum et ablativum absolutum confudisse?* ∥ 17 et[1] *om.* Σ ∣ et[2] A*hd* ex Σ ∥
18 OMOOYCION A ὁμοούσια Σ*hd: aequa probabilitate cum* A *et cum* Σ *legi potest* ∥ 20 ad A*hd* et Σ ∥ 29 hic obelum posuit m. inc. i. m.; paragraphum (coronida
iudicat hd) i. t. post saeculorum posuit* A[3]? *secundi libri „elenchum" hic esse notat*
Σ[i.m.] *(p. 54); „religione" vero „vetustissimi exemplaris" motum se, ne quid
novaret. cf. praef. p. XVII*

48. Spiritus, λόγος, νοῦς, sapientia, substantia utrum idem omnia an altera a se invicem? et, si idem, communione quadam an universitate? si communione quadam, quid primum, quid ex alio et qua communione? si universitate, et ista et quae differentia et quae communio? si a se invicem altera, omnimodo altera, an alia ut subiectum, alia ut accidens, an iuxta alium alterum modum? si igitur omnimodis altera, et ἑτερώνυμα et alterius substantiae. sed nihil omnimodis alterius substantiae. eorum enim, quae sunt, ὂν genus et magis genus in eo, quod esse. sed quoniam esse dupliciter, et ipsum τὸ ὂν dupliciter. est enim vere esse, est et solum esse. si igitur τὸ ὂν vere ὂν et solum ὂν, sed vere ὂν ad omnia ὄντα vere et solum ὂν ad solum ὄντα, sive συνωνύμως sive ὁμωνύμως dicuntur, non omnimodis altera sunt. participatione igitur cuiusdam communionis omnia, quae sunt, ad altera sunt. etenim quod τῷ ὄντι est, hoc, quod non ὂν est, opponitur quasi contrarium secundum privationem nulla participatione ad se invicem. ergo nec alterum. si igitur, quae sunt, etiam differentia sint et altera, quadam tamen communione eadem sunt, et secundum istum modum et eadem et altera sunt, et istud duobus modis, sive altera in identitate, sive eadem in alteritate. sed si eadem in alteritate, magis in alteritatem vergunt, si autem altera in identitate, maxime identitas apparet. quid igitur istis concinit, hinc perspiciendum.

49. De deo et λόγῳ, hoc est de patre et filio, dei permissu sufficienter dictum, quoniam unum, quae duo. dictum et de λόγῳ, hoc est de filio et de sancto spiritu, quod in uno duo. si igitur, quae duo, unum et in uno duo, illud unum, in quo sunt duo, quoniam cum illo est et ex aeterno cum ipso semperque simul sunt sibi invicem eadem, duo unum sunt, necesse est igitur ista idem esse. quomodo istud sit, audi, ut dico.

Ante omnia, quae vere sunt, unum fuit sive unalitas sive ipsum unum, antequam sit ei esse, unum. illud enim unum oportet dicere et

---

23 dictum cf. I 13, 42, 22—p. 43, 7; I 30, p. 65, 7; III 18, p. 133, 32—134, 5

Novum aliquid hic incipere significant **A**³ *Σ* (*cf. p. 83, 29 app.*) „apertam commissuram" *notat Koffmane 6; ut titulos supraponit hd*: MARII VICTORINI VIRI CLARISSIMI QVOD TRINITAS *OMOOYCIOC* SIT (*quod quidem subscriptio est in* **A** *post p. 99,10; cf. ibd. app.*) *et* ADVERSVS ARIVM LIBRI PRIMI PARS ALTERA ‖ 5 an *hd* in **A** *Σ* ‖ 8 quae **A** *hd* qui *Σ* ‖ 10 esse¹ *Σhd* est **A** ‖ 12 συνωνύμως *et* ὁμωνύμως *hd* CYNΩNYMΩC *et* OMΩNYMΩC **A** συνωνυμῶς *et* ὁμωνυμῶς *Σ* ‖ 21 concinit **A** *hd* recte, quia M. V. saepius indicativo pro coniunctivo utitur (cf. supra I 26, p. 59, 22 app.) concinat *Σ* ‖ 24 sancto spiritu transp. *Σ* ‖ 26 semperque **A** *hd* semper quae *Σ* ‖ 27 istud sit, audi *Σ* istuc? sic audi **A** *hd*

ADV. ARIVM I b

intellegere, quod nullam imaginationem alteritatis habet, unum solum, unum simplex, unum per concessionem, unum ante omnem exsistentiam, ante omnem exsistentialitatem et maxime ante omnia inferiora, ante ipsum ὄν. hoc enim unum ante ὄν, ante omnem igitur
5 essentitatem, substantiam, subsistentiam, et adhuc omnia, quae potentiora, unum sine exsistentia, sine substantia, sine intellegentia (supra enim haec), immensum, invisibile, indiscernibile universaliter et his, quae in ipso, et his, quae post ipsum, etiam quae ex ipso, soli 1078 C autem sibi et discernibile et definitum ipsa sua exsistentia, non ac-
10 tu[m], ut non quiddam alterum sit ab ipso consistentia et cognoscentia sui, impartile undique, sine figura, sine qualitate neque inqualitate, sine qualitate quale, sine colore, sine specie, sine forma, omnibus formis carens, neque quod sit ipsa forma, qua formantur omnia; et universalium et partilium omnium, quae sunt, prima causa, omnium
15 principiorum praeprincipium, omnium intellegentiarum praeintellegentia, omnium potentiarum fortitudo, ipsa motione celebrior, ipso statu stabilior (motione enim ineloquibili status est; statu autem ineffabili superelativa motio est), continuatione omni densior, distantia universa altior, definitior universo corpore et maius omni magnitudine, 1078 D
20 omni incorporali purius, omni intellegentia et corpore penetrabilius, omnium potentissimum, potentia potentiarum, omni genere, omni specie magis totum, vere ὄν totum, vere quae sunt omnia, ipsum exsistens, omni toto maius corporali et incorporali, omni parte magis pars, inenarrabili potentia pure exsistens omnia, quae vere sunt.
25 50. Hic est deus, hic pater, praeintellegentia praeexsistens et praeexsistentia beatitudinem suam et immobili motione semet ipsum custodiens et propter istud non indigens aliorum, perfectus super perfectos, tripotens in unalitate spiritus, perfectus et supra spiritum. non enim spirat, sed tantum spiritus est in eo, quod est ei esse, spiritus 1079 A
30 spirans in semet ipsum, ut sit spiritus, quoniam est spiritus inseparabilis a semet ipso, ipse sibi et locus et habitator, in semet ipso manens, solus in solo, ubique exsistens et nusquam, simplicitate unus

---

4 omnem *Σhd* omne **A** ‖ 6 *post* substantia *addendum esse* sine vita *suspic. hd* ‖
7 *post* universaliter *i. t. posuit* omni alteri *hd quae verba i. m. scr.* **AΣ** *glossam suspic. hd post* indiscernibile *inserenda significat Σ ubi inserenda nulla fit significatio in* **A** ‖ 9 actu *w apud hd* actum **AΣ** ‖ 10 consistentia et *om.* **A** ‖ 19 maius **A***hd* maior *Σ* ‖ 20 purius **A***hd* purior *Σ* | penetrabilius **A***hd* -ior *Σ* ‖ 21 potentissimum **A***hd* -mus *Σ* | *post* genere *add.* omni potentia *Σ glossam ad* potentia potentiarum *suspic. hd* ‖ 22 magis **A***hd* maius *Σ* | vere (*bis*) **A***hd* vero *Σ*‖
24 pure **A***hd* pura *Σ* | omnia **A***hd* prae omnibus *Σ* ‖ 27 super perfectos *Σhd* superperfectus **A** *fortasse recte suspic. hd*

85

MARIVS VICTORINVS

qui sit tres potentias couniens, exsistentiam omnem, vitam omnem et beatitudinem, sed ista omnia et unum et simplex unum, et maxime in potentia eius, quod est esse, hoc est exsistentiae, potentia vitae et beatitudinis. quo enim est et exsistit, potentia quae sit exsistentiae, hoc potentia est et vitae et beatitudinis, ipsa per semet ipsam et idea et λόγος sui ipsius et vivere et agere habens secundum ipsam suimet ipsius inexsistentem exsistentiam, indiscernibilis spiritus counitio, divinitas, substantialitas, beatitudo, intellegentialitas, vitalitas, op-
1079 B timitas et universaliter omnimodis omnia, pure ingenitum προόν, unalitas counitionis nulla counitione.

Isto igitur uno exsistente unum proexsiluit, unum unum, in substantia unum, in motu unum, et motus enim exsistentia, quoniam et exsistentia motus. istud igitur unum exsistentialiter unum, sed non ut pater inexsistentialiter unum, qui est secundum potentiam exsistentialiter unum. habet enim potentia, et magis habet, quod ei futurum est secundum operationem esse, et secundum veritatem non habet, sed est, quoniam potentia, cum actio actuosa fit, omnia est sine molestia et vere omnimodis, non egens quae sit ad hoc, ut sint omnia. potentia etenim, qua potens nata actio agit, agens ipsa. unalitas igitur ista.

1079 C 51. Sed unum istud, quod esse dicimus unum unum, vita est, quae sit motio infinita, effectrix aliorum, vel eorum, quae vere sunt, vel eorum, quae sunt, exsistens λόγος ad id, quod est esse, quae sunt omnia, a se semet movens, semper in motu, in semet ipsa habens motum, magis autem ipsa motus est. sic enim scriptura divina dicit, quod dedit ipsi pater deus *in ipsa* esse *vitam* esse. iste filius est, λόγος, qui est *ad deum*, iste, *per quem facta sunt omnia*, iste filius et filietas tota paternitatis totius, semper qui sit et filius et ex aeterno, filius autem a semet mota motione. potentia enim progrediente et veluti immobili praeexsistentia et non mota, iuxta quod potentia fuit, ista motio nusquam requiescens et a semet ipsa exsurgens et in omnigenus motus
1079 D festinans, quippe vita quae sit infinita, et ipsa in vivificatione veluti foris apparuit. necessario igitur vita nata est. vita autem filius, vita

---

25—27 cf. Ioh 5, 26 || 27 cf. Ioh 1, 1—3

5 hoc A*hd* ac $\Sigma^{i.t.}$ hac $\Sigma^{i.m.}$ | idea A*hd* ideo Σ || **6** agere A*hd* agens Σ || **10** counitione A*hd* -oni Σ || **11** proexsiluit A*hd* proinde exsiluit Σ || **15** potentia A*hd* potentiam Σ | habet² A$^{1supra}\Sigma$ *om.* A || **17** cum actio *scripsi* coactio AΣ qua actio *hd* || **21** sed unum A*hd* secundum Σ || **26** ipsa A*hd* ipso Σ || **28** a A*hd* et Σ || **31** requiescens A*hd* requiescit Σ | in (*del. m. inc.*) omnigenus A*hd* in omne genus Σ

motio, a vitali praeexsistentia vita exsistentia in constitutione et
apparentia omnium totorum, quae iuxta potentiam pater est, ut ab
eorum, quae vere sunt, intellegentia praeintellegentia appareret. ista
igitur exsistentia totius exsistentiae est vita, et iuxta quod vita motus,
quasi femineam sortita est potentiam hoc, quod concupivit vivificare.
sed quoniam, sicut demonstratum, ista motio, una cum sit, et vita est
et sapientia, vita conversa in sapientiam et magis in exsistentiam
patricam, magis autem retro motae motionis in patricam potentiam,
et ab ipso virificata vita recurrens in patrem vir effecta est. descensio 1080 A
enim vita, ascensio sapientia. spiritus autem et ista, spiritus igitur
utraque, in uno duo. et sicut exsistente vita prima exsistentia necessitas fuit in virginalem potentiam subintrare et masculari virginis partu
virum generari filium dei (in prima enim motione, primam dico in
apparentiam venientem, veluti defecit a potentia patris et in cupi-
ditate insita ad vivefaciendum, intus quidem exsistens vita, motione
autem foris exsistens, in semet ipsam recucurrit, rursus in semet ipsam conversa venit in suam patricam exsistentiam vir effecta et perfecta in omnipotentem virtutem effectus est perfectus spiritus nutu
in superiora converso, hoc est intro), sic secundum typum oportuit
ordinem esse, et cum est in corpore spiritus, hoc est filio Christo, et
quasi deminutionem pati et a virgine nasci et in ipsa veluti deminu- 1080 B
tione sua patrica virtute, hoc est exsistentia diviniore et prima, resurgere et renovari et reverti in patrem, hoc est in exsistentiam et potentiam patricam.

52. Quomodo istud est, adhuc audeo dicere, ut nostra incidentia
plurima expositione manifesta sit. ponamus intellegentiam secundum
istum modum. deus potentia est istarum trium potentiarum, exsistentiae, vitae, beatitudinis, hoc est eius, quod est esse, quod vivere, quod
intellegere. quod autem in uno quoque istorum tria, manifestum, et
quod est esse primum et secundum quod est esse, secundum ipsum
vivere et intellegere sine ulla unitione, sed simpliciter simplicitas, et 1080 C
istud manifestum, sicuti demonstratum. istud et tale quod est esse,

---

6 demonstratum *cf. supra I 13, p. 43, 21; I 32, p. 67, 22* ‖ 32 demonstratum
cf. supra Ib 50, p. 86, 4—10

1—2 constitutione et apparentia A *Σ* -em et -em *hd* ‖ 8 patricam (*bis*) A *hd*
patriam *Σ* | motae motionis A *Σhd an* mota motione *coniciendum?* ‖ 9 virifi-
cata *hd* (*cf. III 7, p. 121, 7 et 8*) viri viricata A vivificata *Σ* vim nacta *w apud
hd* ‖ 11 exsistentia *Σhd* exsistentiam A ‖ 16 recucurrit A *hd* recurrit *Σ* ‖
17 patricam A *hd* patriam *Σ* | vir A *hd* virtute *Σ* ‖ 22 *et* 24 patrica(m) A *hd*
patria(m) *Σ*

deum esse manifeste, sicuti demonstratum: potentia potens praestandi, quod est esse, omnibus, non ab eo, quod est esse, ut partem dans et paternam, et effectrice potentia unicuique, quod est esse ei proprium, consistens, hoc autem per ministrantem λόγον, hoc est per vitam, quae omnibus praestat vivere. et tunc substitit aliquid accipiens, quod est esse, secundum quod est vitam accipere. si igitur esse dei non ab eo, quod sibi, esse omnibus praestat, sed ministrante hoc, quod est vitam esse, ipsum autem vitam esse in eo est, quod est dei esse, unum et idem est. quiescente, quod est esse patricum, eo, quod est, esse vitae secundum identitatem motum est ex sua potentia a patrica potentia dependens. et quoniam omnis potentia naturalis est voluntas, voluit vita movere semet ipsam insita iuxta substantiam motione impassibiliter erecta in id, quod est. naturalis enim voluntas, non passio. secundum hoc igitur, quod est esse dei, in quo potentia exsistentia est, substantialitas patrica secundum potentiam, secundum istud esse ipsum et vita est. si ergo movit vita semet ipsam, motio autem voluntas, patrica ergo motio et patrica voluntas, quoniam patrica potentia vita. sed si secundum quod est esse vita motio est, propria ergo motio vitae est. sed quoniam motio aliunde ad aliud fertur, veluti ab eo, quod est intus, foras, quod vitae et potentia est et natura et voluntas, et maxime istud exsistentia ipsius, ideo effulgentia dicitur esse vel progressio aut elevati spiritus manifestatio, operatrix in vivefaciendum id, quod omne totum est essentitatis. intus igitur exsistentis vitae, iuxta quod est motionem esse ipsam vitam, proles eius, quod est patrem esse, vita est, secundum quod motio est. sed quoniam motio, iuxta quod motio est, nullam elationem habens ab eo, quod est intus, progressa foras est, sicuti sensus ab eo, qui νοῦς est, potentiam fontanam et universalem accipiens iuxta motionem et intus et foris est (motio enim νοῦς est), sic et vita, iuxta quod motio est, filius est factus, manifesta motio a motione patrica, quae in occulto est, quae secundum primam potentiam exsistentia est. rursus vita, secundum quod

---

1 demonstratum *cf. supra Ib 50, p. 85, 25 sqq.* ‖ 21 dicitur *auctor ignoratur*

2 est[2] *om.* Σ ‖ 3 effectrice potentia A*hd* effectricem potentiam Σ ‖ 9 quiescente A*hd* quiescenti Σ | patricum A*hd* patri cum Σ ‖ 10 motum A*hd* motus Σ ‖ 12 vita Σ*hd* vitam A ‖ 13 erecta A*hd* erecte Σ | *dubitari posse non ignoro, interpunxerimne recte post* voluntas; *etenim* naturalis *attributum ad* voluntas *esse potest* ‖ 14 exsistentia A*hd* exsistentiae Σ ‖ 15 patrica A*hd* patria Σ ‖ 17 (*ter*) patrica A*hd* patria Σ ‖ 20 vitae A*hd* vita Σ ‖ 27 foras (*cf. supra* 20) Σ foris A*hd* ‖ 30 *et* p. 89, 1 patrica A*hd* patria Σ

ADV. ARIVM I b

motio est procedens a patrica motione, et intus et foris est. sed enim vita motio est. vita igitur et intus et foris est. vivit igitur deus, vivit ipsa vita. vita ergo et deus et vita. unum igitur ista duo et in uno quoque et alterum et idem. in filio igitur pater et in patre filius.

53. Exclamat igitur veritas, quod ὁμοούσια ista secundum identitatem counita alteritate. rursus si pater vita et filius vita, quoniam filius, vita cum sit, secundum quod motus est, et intus et foris est, vivit deus, vivit filius, et foris vivunt omnia ubique filio exsistente. et quoniam in filio pater, ubique et pater. rursus item, quoniam in filio pater, cum videritis filium et intellexeritis, videbitis et intellegetis patrem. *si quis me vidit, vidit patrem*. propter hoc enim dictum est, quoniam filius *forma* est patris. non autem nunc forma foris extra substantiam intellegitur neque ut in nobis adiacens substantiae facies, sed substantia quaedam subsistens, in qua apparet et demonstratur, quod occultatum et velatum est in alio. deus autem ut velatum quiddam est. *nemo enim videt deum*. forma igitur filius, in qua videtur deus. si enim exsistentia deus, potentia, substantia, motus et vita in occulto, deus velut sine forma. ergo si manifesta vita et manifesta iuxta motus potentiam, vita iuxta motum in occulto, in apparentia, in exsistente motione intellegitur, pronuntiatur, videtur. adhuc si, quod est esse, pater, quod autem vita, filius, cum sit impossibile id, quod est esse, comprehendere (in occulto enim illud esse), vita autem, iuxta quod vita est, iam et illud est esse, in vita igitur apparet, quod est esse. forma igitur vita eius, quod est esse. sed enim pater deus, quod est esse, filius autem vita. filius ergo, vita patris, *dei forma* est, in qua speculatur potentia patrica. credendum igitur in filium dei, ut vita in nobis fiat, quae est et vera et aeterna vita. si enim habebimus fidem in Christum Nazaraeum, incarnatum de Maria, in filium dei fidem habebimus, qui fuit et effectus est spiritus incarnatus. quomodo istud? audi, ut dico.

54. Sed oportet prius videre, quomodo alia cui attribuantur, patri an filio, dico autem spiritum, λόγον, νοῦν, sanctum spiritum, sapientiam, substantiam. primum pater et filius idem, filius autem et sanc-

---

11 cf. Ioh 14, 9 ‖ 12 cf. Phil 2, 6 ‖ 16 cf. Ioh 1, 18 ‖ 25 cf. Phil 2, 6

11 patrem[2] **A** *suspic. et ita legi posse hd* et patrem *Σ* ‖ 12 forma[2] **A**hd forma esse *Σ* | substantiam **A**[ac]*Σ virg. supra a del. m. inc.* ‖ 16 qua **A**hd quo *Σ* ‖ 18 deus **A**[pc]*Σ om.* **A** (*suppl.* **A**[1supra]) ‖ 19 potentiam *Σ*hd potentia **A** ‖ 20 si **A**hd sic *Σ* ‖ 22 esse[2] **A**hd est *Σ* ‖ 26 patrica **A**hd patria *Σ* ‖ 28 in[2] **A**[1supra]*Σ om.* **A**

1082 A tus spiritus idem. exsistentia igitur et vita idem. ergo exsistentia et beatitudo idem. rursus esse et vita[m] idem, et vita et intellegere idem. esse igitur et intellegere idem. dictum de istis est in libro, qui ante istum, et in aliis, quoniam in uno tria et idcirco eadem tria. συνώνυμα ἄρα τὰ τρία secundum nomen, quo obtinet unum quidque istorum potentiam suam. etenim quod est esse, et vita et intellegentia est. sic et aliud ad alia. eadem igitur et συνώνυμα eadem. congenerata igitur et consubstantialia ista, sed quasi apparet alteritas quaedam in istis? et maxime, et idcirco eadem, non ipsa. quaedam enim sua potentia in occulto et manifesta alia et sunt et intelleguntur. exsistentia autem in eadem potentia simul potentia et consubstantialia sunt, et in istis solis inest unum esse eadem, aliis vero ab istis in identitate altera esse et eadem.

1082 B 55. Nunc autem perspiciendum, quid significant alia nomina in primis posita, dico autem: spiritus, λόγος, νοῦς, sanctus spiritus, sapientia, substantia. spiritus substantiae nomen est vel exsistentiae, quod quidem esse significat et in eo, quod quid est, et appellatur et intellegitur. si voles nosse, quid est deus, spiritus, eius quod sit esse, significat. ergo deus et spiritus, quod est esse, significat. rursus quid est vita? quod spiritus. spiritus ergo et vita, quod est esse, significat. sic et spiritus sanctus, quod est esse, secundum istud ipsum nomen significat cum differentia duorum primorum uno nomine nominatorum. quae differentia substantialis cum sit, quod est esse, significat. ex his iam apparet, quoniam substantia uno quoque exsistente, quod est **1082 C** esse, significat. in istis igitur tribus spiritus, substantia. ὁμοούσια ergo, quoniam spiritus non diviso spiritu, quippe unus cum sit, in tribus. sed natura potentiae et actionis, una cum sit exsistentia patrica et ipsa[m], quod est esse, habente tria sese generantia substituta sunt omnipotentia. neque igitur praeexsistit exsistentia, pater enim suae ipsius substantiae generator et aliorum secundum verticem fontana est exsistentia, neque scissa est ipsa exsistente et exsistentia et potentia in eo, quod est esse, in uno quoque istorum trium iuxta maiestatem

---

3—4 in libro, qui ante istum *cf. Cand. I 3, p. 3,12—16; Ad Cand. 31, p. 28, 8—9; I 12, p. 42,15; I 32, p. 67, 3sqq.* ∥ **4** in aliis *cf. infra III 4, p. 118, 5—119, 33; III 9, p. 123, 14—20; IV 21, p. 154, 33—155, 1*

2 vita *La Bigne hd* vitam **A Σ** ∥ **9** quaedam *Σhd* quadam **A** | sua potentia *Σhd* suam potentiam **A** ∥ **14** significant **A** (*cf. supra I 26, p. 59, 22 app.*) *hd* significent *Σ* ∥ **27** natura **A***hd* naturae *Σ* | patrica **A***hd* patria *Σ* ∥ **28** ipsa *hd* ipsam **A** ipsi *Σ* | habente **A***hd* habenti *Σ* ∥ **31** exsistente **A***hd* exsistentia *Σ*

omnem et omnipotentiam et omnibus modis perfectionem, quae semet generet, ipsam se substituentem, a se se moventem, se semper moventem, consubstantialem, simul potentem, ipsum hoc, quod sic est esse, et ipsum, quod est esse, patre dante.

Dicit salvator: *omnia, quae habet pater, mea sunt, et idcirco dixi: ex meo accipiet. non enim loquetur a semet ipso, sed quaecumque audit, loquetur.* sanctus igitur spiritus, si loquitur, a filio loquitur, ipse autem a patre. vox igitur et λόγος et verbum isti tres, propter quod unum tres, sed pater quidem in silentio loquitur, filius in manifesto et in locutione, sanctus spiritus non in manifesto loquitur, sed quae loquitur, spiritaliter loquitur.

56. Ista igitur tria vera lumina, magis autem unum lumen verum, unus λόγος, una vox, unum verbum, hoc est una potentia activa, consonat antequam faciat esse quiddam. animae autem quod alia substantia sit, manifestum. facta enim a tripotenti spiritu neque pure vox, neque verbum, sed sicut ἠχώ, audit, ut loquatur imago magis vocis quam vox. et hoc est Iohannis: *vox exclamantis in deserto: dirigite viam domini.* anima enim in deserto, hoc est in mundo, exclamat, quoniam scit dominum deum et vult mundari, ut domino fruatur deo. et ista dicit testimonium de deo, et praemissa est in mundum ad testimonium testimonii. *testimonium* enim *dei* Iesus Christus. filius ergo dei. filius Iohannes domini. etenim Iohannes *non erat lumen, sed venit, ut testimonium diceret de lumine.* verbum igitur et vox filius est. ipse vita, ipse λόγος, ipse motus, ipse νοῦς, ipse sapientia, ipse exsistentia et substantia prima, ipse actio potentialis, ipse ὄν primum, vere ὄν, ex quo *omnia* ὄντα et *per* quem et *in* quo, qui est medius in angulo trinitatis, patrem declarat praeexsistentem et complet sanctum spiritum in perfectionem. ut enim dixit Paulus beatus: *evangelium est virtus dei et sapientia,* virtutem filium assignificans, quod *omnia per ipsum.* verbo enim *virtutis* fiunt omnia et *sapientia* sancti spiritus perfecta fiunt omnia. si igitur deus ista, simul ista tria. quoniam autem unum duo, omnia simul exsistunt in counitione simul exsistente vita in patre, in qua est et sanctus spiritus secundum exsistentiam, quoniam tria unum

---

5—7 cf. Ioh 16, 15; 16, 13 ‖ 17—18 cf. Ioh 1, 23 ‖ 21 cf. I Ioh 5, 10—11 ‖ 22—23 cf. Ioh 1, 8 ‖ 25—26 cf. Rm 11, 36; I Cor 8, 6 ‖ 28—30 cf. Rm 1, 16; I Cor 1, 24; Col 1, 16; Ps 32, 6

2 generet A*hd* generat Σ ‖ 10 sanctus — quae loquitur A[1 i.m.] Σ om. A ‖ 14 faciat A*hd* faciet Σ ‖ 19 vult A[pc] Σ vul (t A[1 supra]) A[ac] ‖ 25 vere A*hd* vero Σ ‖ 28 est virtus transp. Σ ‖ 30 sapientia sancti spiritus A*hd* sancti spiritus sapientia Σ

erant et semper sunt. si igitur aeterna vita filius elucescentia est praeaeternae vitae, ipsa autem vita cognoscentia perfecta et aeterna vita (tunc enim perfecta, cum cognoverit, et quae et cuius sit, quoniam a semet ipsa, sed iussione patris, tunc enim in semet exsistens non fit infinita salvans et salvata a semet ipsa), necesse est intellegere et dicere, quod potentia dei in ipsa est, hoc est pater in filio.

Ipsa autem per semet ipsam infinita fuit, et hoc significat: *et λόγος caro factus est.* infinito enim motu in inferiora vita descendit et vivefecit corruptionem, cuius causa universalis λόγος et potentia vitae *caro factus est,* ut dixit angelus: *spiritus sanctus adveniet in te et virtus altissimi inumbrabit tibi.* natus est igitur Iesus Christus secundum carnem de Maria et ex sancto spiritu virtute altissimi.

57. Omnia igitur Christus dominus noster: caro, sanctus spiritus, altissimi virtus, λόγος. ipse complevit mysterium, ut omnis vita cum carne adimpleta lumine aeterno recurrat ab omni corruptione in caelos. neque igitur solum caro, neque solum sanctus spiritus, neque solum spiritus, nec λόγος solum, sed simul omnia dominus noster Iesus.

Sanctus ergo spiritus, omnis beatitudo, in prima ingenita generatione, quae sola generatio est et dicitur, ipse pater, ipse filius fuit. spiritu enim moto a semet ipso, hoc est vitae perfectae in motione exsistentis, volentis videre semet ipsam, hoc est potentiam suam, patrem scilicet, facta est ipsa manifestatio sui, quae generatio est et dicitur, et iuxta hoc foris exsistens. omnis enim cognoscentia, secundum quod cognoscentia est, foris est ab illo, quod cupit cognoscere. foris autem dico sicut in inspectione, secundum quod est videre semet ipsam, quod est scire vel videre potentiam illam praeexsistentem et patricam. in isto igitur sine intellectu temporis tempore ab eo, quod erat esse, veluti egrediens in inspiciendum ipsum, quod erat, quoniam ibi omnis motus substantia est, alteritas nata cito in identitatem revenit. non enim secundum dorsum effulgentia, sed sicuti lumina aut vultus se intuentes visione in se invicem id ipsum unum eodem modo et perfectum substitit. lumina autem undique ut vultus se aspicientes sunt et dorsum non habent, et mystice dicitur: *deus secundum dorsum videtur.* nulla igitur deminutione totum semper unum mansit maxime potentificata counitione potentia patrica. sanctus igitur spiritus motus pri-

---

7—10 cf. *Ioh 1, 14* ∥ 10—11 cf. *Luc 1, 35* ∥ 33 cf. *Ex 33, 23*

2 ipsa A*hd* ipse Σ ∥ 4 a A*hd* et Σ ∣ sed A*hd* et Σ ∥ 11 inumbrabit A*hd* obumbrabit Σ ∥ 26 et patricam A*hd* in patriam Σ ∥ 34 deminutione A*ac hd* diminutione (e *in* i *mut.* A¹) A*pc* Σ ∥ 35 counitione A*hd* counatione Σ ∥ 35 *et* p. 93,1 patrica A*hd* patria Σ

mus intus, quae sit excogitatio patrica, hoc est sui ipsius cognoscentia. praecognoscentia[m] enim cognoscentia⟨m⟩ praecedit. iuxta istum ergo cognoscentiae modum naturalem foris effecta[m] intellegentia[m] natus est filius, vita factus, non quo non fuerit vita, sed quoniam foris vita magis vita. in motu enim vita. hic est λόγος, qui vocatur Iesus Christus, *per quem effecta sunt omnia*, semen omnium ad id, ut sint, quippe vita, qua *sine* impossibile est esse aliquid in his, quae sunt, et in his, quae non sunt, quae consecutiones sunt.

58. Quoniam autem diximus unam motionem et eandem et λόγον et sanctum spiritum, λόγον in eo, quod vita est, sanctum spiritum, quod est esse cognoscentiam et intellegentiam esse, quoniamque diximus id ipsum esse vitam et cognoscentiam, et quoniam diximus motam in prima motione intellegentiam (iste enim ordo naturalis et divinus: potentia cum sit, necesse fuit intellegentiam ad suimet ipsius cognoscentiam moveri), natus est filius, λόγος qui sit, hoc est vita, virtute patrica generante intellegentia hoc, quod est esse omnium, quae sunt, veluti aeternum fontem. non falletur ergo, si quis subintellexerit sanctum spiritum matrem esse Iesu et supra et deorsum: supra quidem, ut dictum, deorsum autem isto modo: necesse fuit liberationis gratia omne divinum, hoc est seminarium spirituum omnium universaliter exsistentium et id, quod est primum esse, hoc est universalem λόγον, ab inferiore ὕλῃ et corruptione omni incarnari in mortificationem omnis corruptionis et peccati. tenebrae enim et ignoratio animae direptae ab hylicis potentiis eguerunt lumine aeterno in auxilium, ut λόγος animae et λόγος carnis mysterio mortis detrusa[m] corruptione in reviviscentiam et animas et carnes per sanctum spiritum administratorem ad divinas et vivefacientes intellegentias erigerent cognoscentia, fide, amore. respondit igitur angelus Mariae et dixit ipsi: *spiritus sanctus adveniet in te, et virtus altissimi inumbrabit tibi*. haec duo, in motu quae sunt, λόγος et sanctus spiritus, ad id, ut gravida esset Maria, ut aedificaretur caro a carne dei templum et domicilium, *advenerunt. sanctus* quidem *spiritus* potentia in motu. generationis enim principium mo-

6—7 cf. Ioh 1, 3 ‖ 9 diximus cf. supra I 51, p. 87, 6 sqq. ‖ 11 diximus cf. supra I 54, p. 90, 1 ‖ 12 diximus cf. supra I 51, p. 87, 13; I p. 92, 18—23. 35 ‖ 19 ut dictum cf. supra l. 2—4. 11—17 ‖ 28—29 cf. Luc 1, 35 ‖ 31—32 cf. Luc 1, 35

2 praecognoscentia enim cognoscentiam *hd* praecognoscentiam enim cognoscentia **AΣ** ‖ 3 effecta intellegentia *hd* effectam intellegentiam **AΣ** ‖ 4 quo **A***hd* quod **Σ** ‖ 15 virtute **A**$^{1 i.m.}$ **Σ** om. **A** ‖ 16 patrica **A***hd* patria **Σ** ‖ hoc quod est esse **A***hd* hoc est quod est esse **Σ** ‖ 21 primum esse *transp.* **Σ** ‖ 25 detrusa *Galland hd* detrusam **AΣ** ‖ 27 cognoscentia fide **Σ** *hd* cognoscentiam fidem **A** ‖ 28 ipsi **A***hd* illi **Σ**

tus. *virtus* autem *altissimi* ipse λόγος est. *virtus* enim et *sapientia dei* λόγος Iesus. sed de λόγῳ, hoc est de filio, *obumbrabit tibi* dixit. perfectum enim divinum et splendide, ut est clarum, non capit humana natura, et hoc significat: *et* λόγος *caro factus est.* magis autem obumbrationem significat, quod dictum est: *exinanivit semet ipsum.*

59. Habemus ergo secundum ordinem permissu dei et patrem et filium ὁμοούσιον, et ὁμοούσια secundum identitatem in substantia. una enim substantia spiritus. is ipsum esse est. ipsum esse autem et vita et intellegere est. ista tria in singulis quibusque, et ideo una divinitas et unum, quod omne, unus deus, quia unum pater, filius, sanctus spiritus secundum potentiam et actionem solum apparente alteritate, quod deus in potentia et in occulto motu movet et imperat omnia, ut in silentio, λόγος autem, filius qui est et sanctus spiritus, voce confabulatur ad generanda omnia secundum vitam et secundum intellegentiam substituentia ad id, quod est esse omnibus.

Ex his apparet, quod λόγος ipse et spiritus sanctus et νοῦς et sapientia id ipsum. etenim et Paulus dixit divine: *quis cognovit νοῦν domini?* et rursus de ipso: *virtus et sapientia dei.* Salomon etiam *sapientiam* de ipso dicit, et multa nomina in filium revocantur. et ipsum et substantiam dicit et Paulus ad Hebraeos: *imago substantiae eius.* et item *consubstantialem populum* dixit. et Ieremias: *quia qui stetit in substantia mea et vidit verbum meum.* et rursus: *si stetissent in substantia mea et audissent verba mea.* et evangelium secundum Matthaeum: *panem nostrum consubstantialem da nobis hodie.* in parabola Lucas: dixit iunior de filiis patri: *da mihi congruam partem substantiae.* et rursus: *ibi dissipavit substantiam suam.* quod enim inde descendit, potentias suas non tenuit. istae animae sunt, sed dixi istud adversum negantes usiae nomen positum esse in sacris scripturis. accedit autem, quod animam, hoc est hominem, deus fecit *ad imaginem et similitudinem suam.*

---

1 cf. Luc 1, 35 || 1—2 cf. I Cor 1, 24 || 2 cf. Luc 1, 35 || 4 cf. Ioh 1, 14 || 5—6 cf. Phil 2, 7 || 18—19 cf. Rm 11, 34 || 19 cf. I Cor 1, 24 || 19. 20 cf. Sir 1, 1 || 21 cf. Hebr 1, 3 || 22 cf. Tit 2, 14 || 22—23 cf. Ier 23, 18 || 23—24 cf. Ier 23, 22 || 25 cf. Matth 6, 11 || 26—27 cf. Luc 15, 12—13 || 28—29 cf. I 30, p. 64, 16 sqq.; II 3, p. 103, 1 sqq. || 30—31 cf. Gen 1, 26

2 ΛΟΓΩ A(hd) λόγον Σ | obumbrabit Σhd obumbravit A || 7 permissu Ahd praemissu Σ || 14 et sanctus spiritus A^{pc}hd et spiritus sanctus (transp. A¹) A^{ac} spiritus sanctus et Σ || 17 et² om. Σ || 21 et² om. Σ || 29 usiae Ahd οὐσίας Σ

60. Quid vero ista significant, audi, ut dico: summus νοῦς et sapientia perfecta, hoc est λόγος universalis (idem ipsum enim in aeterno motu) circularis motus erat a σημείῳ primo et in summo vertice circularis exsistens iuxta ipsum σημεῖον, cyclica causa inseparabiliter conversa ut a patre et in patrem et cum patre exiens, incedens, simul exsistens et in patre erat filius et in filio pater, prima substantia et in subsistentia iam substantia, spiritalis substantia, secundum νοῦν substantia, generatrix et effectrix substantia, praeprincipium universae substantiae, intellegibilis et intellectualis et animae et hylicae et universae substantiae in ὕλη. si igitur prima motio vita, inquam, et intellegentia (ista enim illud perfectum unum et solum), non solum circularis motio ista, sed sphaerica et magis sphaera et vere omnimodis perfecta sphaera. si enim esse et vivere et intellegere, et si vita ipsum esse est et intellegentia, et summitates et medium est in uno quoque, sic et intellegentia. unum igitur istorum tria: sunt in se circulata et participantia invicem sibi, magis autem simul exsistentia sine aliquo intervallo. sphaera est et prima et perfecta et ipsa sola sphaera. at vero alia iuxta similitudinem sphaerica magis. ex ista ratione necessario et σημεῖον potentia est et γραμμή et γραμμήν operans σημεῖον est et a semet ipso exiens et non exiens et semper et in mansione et in motu simul, semper cyclo semet circulans undique sphaeram esse deo ubique exsistente, quippe cum sit σημεῖον, a quo et in quod omnis motio conversione reducitur. hic est deus, λόγος totus, νοῦς totus, tota sapientia, omnipotens substantiva substantia, quem veremur, quem colimus solo spiritu videntes, ipsius nutu et voluntate in ipsum erecti gratia crucis miserante nos domino nostro Iesu Christo. ἀμήν.

61. Erecta motione cyclica, cyclicam dico, quod a σημείῳ in σημεῖον, hoc est a patre in patrem, in apparentia istius motionis et divinitatis universae et τοῦ λόγου et filii exstitit iussione dei imago, *iuxta imaginem et similitudinem dei* imago imaginis, hoc est filii. imago enim patris filius, ut demonstratum est. hoc autem est, quoniam filius vita est. imago igitur vitae anima effecta est. anima autem cum

---

31 cf. Gen 1, 26 || 32 demonstratum cf. supra I 19, p. 49, 15 sqq.

1 significant A hd (cf. I 26, p.59,22 app.) significent Σ || 19 est et γραμμή Σ hd est ΓΡΑΜΜΗ A || 20 in³ Σ hd om. A || 21 semper cyclo A hd semper simul κύκλῳ Σ || 24 totus tota sapientia A hd totus totus sapientia Σ || 28 cyclicam hd rectam A Σ | CHMEIO A (CHMIO in CHMEIO corr. A¹) (hd) σημείον Σ || 30 exstitit scripsi extitit A hd existit Σ

suo *νῷ* ab eo, qui *νοῦς* est, potentia vitae intellectualis est, non *νοῦς* est, ad *νοῦν* quidem respiciens quasi *νοῦς* est. visio enim ibi unitio est. vergens autem deorsum et aversa a *νῷ* et se et suum *νοῦν* trahit deorsum intellegens tantum effecta, non iam ut intellegens et intellegibile. sed si sic perseveraverit, eorum, quae super caelum sunt, mater est, lumen, non verum lumen, et quidem cum suo proprio *νῷ* lumen. si vero in inferiora respicit, cum sit petulans, potentia vivificandi fit, vivere quae faciat et mundum et quae in mundo usque ad lapidem lapidum more ipsa etiam cum *νῷ* facta. etenim cum quidam *λόγος* sit anima, non *λόγος*, cumque in medio spirituum et intellegibilium et *τῆς ὕλης* proprio *νῷ* ad utraque conversa, aut divina fit aut incorporatur ad intellegentia. etenim suae licentiae est, et privatione veri luminis propter scintillam tenuem proprii *τοῦ νοῦ* rursum vocatur, quoniam quidem solum ⟨*ὄν*⟩ est. tenebrata autem deorsum ducitur. etenim summitates *τῆς ὕλης* puriores animandi vim habentes causa sunt lumini, vel ut in sua descenderet. quare enim dictum est: *et ista discernis*.

Dicit aliquis: si talis est anima, quomodo dictum est: *faciamus hominem iuxta imaginem et similitudinem nostram*?

62. Inspiciendum prius, quid est *homo*, deinde, quid *imago*, et quid differt *imago* ab *similitudine*, et quomodo homo *iuxta imaginem et similitudinem*, non *imago* ac *similitudo* effectus sit, et quid est *ad nostram*. dualiter enim homo, quod est in consuetudine, ex corpore et anima intellegitur. quidam putant ex corpore et anima triplici, quidam autem ex corpore et anima tres potentias habente. quidam rursus dicunt ex corpore et *νῷ* partili et anima et spiritu, quo consistit fluens corpus, adhuc quidam de corpore quadripotenti quattuor elementorum et anima duplici et duplici *τῷ νῷ*. mea intellegentia haec. corpus enim sic, ut demonstratum. *accepit* enim *pulverem* deus et *plasmavit* Adam, hoc est fabricatam iam terram, summitates terrae et florem. habemus principia corporis. geminum etiam *νοῦν*, geminam animam declarat evangelium cata Matthaeum et cata Lucam. sic enim dicunt:

16—17 dictum auctor ignoratur || 18—19 cf. Gen 1, 26 || 20—23 cf. Gen 1, 26 || 29 cf. Gen 2, 7

1—p. 97, 14 (septies) *νῷ* hd *NOY* A(*Σ*) *et in archetypo ita lectum esse suspic. hd; quin etiam M. V. ipsum ita scripsisse opinatur; recte, credo* (μετά, ἀπό) || 9 quidam A hd quidem *Σ* || 10 medio A hd medium *Σ* || 12 intellegentia A hd intellegentiam *Σ* || 13 tenuem *Σ* hd om. A || 14 *ὄν* Lambot apud hd cf. Ad Cand. 7, p. 14, 14—15 et 8, p. 14, 25 || 21 ab A hd a *Σ* || 30 fabricatam iam terram A hd fabricata iam terra *Σ* || 32 cata Matthaeum et cata Lucam hd *KATA* matheum et *KATA ΛOYKAN* A κατὰ Ματθαῖον et κατὰ Λούκαν *Σ sic erit et praesentia filii hominis. tunc duo erunt in agro, unus accipietur et unus relinquetur. duae molentes in pistrino, una accipietur et una relinquetur.* Lucas autem adiecit de corpore duo: *ipsa nocte erunt duo in uno lectulo; unus accipietur et alter relinquetur.* alia autem similiter. ergo qui *in agro, λόγοι* duo sunt vel *νόες, λόγος* caelestis et alius hylicus, et *molentes* duae animae, caelestis et hylica. accipientur igitur caelestis *νοῦς* vel *λόγος* et caelestis anima. hylica autem, *λόγος* et anima, relinquetur. quomodo istud, audi: homo ex anima et corpore confitendus. ex corpore, quod a terra composita iam. habet ergo animam terra hylicam. et *factus est Adam* iuxta corpus animal sicuti de aqua et de terra alia animalia *in animam vivam.* sed Adam non sic. insufflavit enim deus in faciem eius. ibi enim potentia[m] sensibilis, cui adest *νοῦς* in discretionem sensuum. alia igitur anima divinior cum suo *νῷ.* sensibilis enim potentia hylicus *νοῦς* est insitus et consubstantialis hylicae animae. si igitur istud est, *λόγος* caelestis, hoc est *νοῦς* vel spiritus divinus, est in anima divina. ipsa autem divina anima in hylico spiritu. hylicus autem spiritus in hylica anima, hylica autem anima in carnali corpore, quod oportet purgari cum tribus omnibus, ut accipiat lumen aeternum et aeternam vitam. hoc autem perficit fides in Christo.

63. Dicamus igitur, quomodo talis anima *iuxta imaginem* dei et *iuxta similitudinem* effecta sit, et si sola anima homo. ut dicit Paulus, alius est *terrenus*, alius *animalis*, alius *spiritalis*, et ista omnia in uno homine, sed maxime *hominem interiorem* frequenter dicit. sic enim est anima. colligit enim *νοῦν* et divinam animam et dicit caelestem hominem, reliquum autem terrenum hominem. si istud est, anima nostra *iuxta imaginem* est dei et domini Iesu Christi. si enim Christus vita et *λόγος* est, imago est dei, in qua imagine perspicitur pater deus, hoc est quod est esse, in vita. hoc est enim imago, ut dictum. et si est Christus vita, quod est autem vivere, hoc est *λόγος*, ipsa autem vita hoc est, quod est esse, hoc autem, quod esse, pater est, et si rursus ipsa vita hoc est, quod intellegere, id autem est sanctus spiritus, et tria ista sunt omnia et in uno quoque tria et unum tria et omnino ὁμοούσια. si igitur anima, secundum quod anima est, et animae esse est et vivere et intellegere, tria ergo, superioris triados anima est ut imago imaginis. est enim, iuxta quod anima est, in eo, quod est esse, et vitam dans et intellegentiam ante intellegere simul habens ista ὁμοούσια in uno, et sunt singula ut sua substantia, non scissione, non divisione, non effusione nec protentione neque partu praecisa, sed sempiterna tria, aliud exsistens in alio exsistente, et ista substantialiter. *iuxta imaginem* ergo. et sicuti pater esse est, filius autem duo, sed in motu et in actu, sic anima in eo, quod anima, ut potentia patrica, vivificatio autem et intellegentia in motu. ista ergo esse animae *iuxta imaginem* patris et filii, sic autem esse *iuxta similitudinem*. ὁμοούσιον ergo etiam ipsa in sua unalitate et simili substantia in triplici potentia; ipsa ⟨se⟩ generans ergo, ipsa se movens et semper in motu, in mundo motionum fons et principium, sicuti pater et filius ipsius animae motionis et creator et praecausa et praeprincipium

64. Adhuc dico in occulto mysterium magnum. sicuti divinior trinitas unalis, secundum quod per se, effulgenter fecit animam in mundo intellectibili in subsistentiam et propriam substantiam, quam proprie dicimus substantiam, sic anima, trinitas unalis secunda, explicavit imaginationem in sensibili mundo, ipsa anima, semper quae sursum sit, mundanas animas gignens. et istud ergo *iuxta imaginem et similitudinem*.

Videamus ergo, si et iuxta carnem. quidam et iuxta carnem dicunt praedivinatione, quoniam futurum erat, ut Iesus indueret carnem. ego autem dico: forte, si et in isto, quod λόγος et carnis est λόγος, et deus et incorporalis et super omne corpus dicitur. potentia enim universorum et omnium deus non frustra secundum imaginem corporis. si enim futurum est nostrum corpus et caro resurgere et *induere incorruptionem* et fieri *spiritalis caro*, sicuti et salvator noster iuxta omnia et fuit et resurrexit et ascendit et futurum est, ut veniat, et si post resurrectionem *immutabimur* accipientes spiritale indumentum, nihil

10—11, 13, 14 cf. Gen 1, 26 ∥ 24—25 cf. Gen 1, 26 ∥ 26 quidam cf. Tertull. De resurr. 6, 3—5 ∥ 31—32 cf. I Cor 15, 53 ∥ 32 cf. I Cor 15, 44 ∥ 34 cf. I Cor 15, 51—52

5 *post* intellegere *add.* est Σ ∥ 9 protentione A*hd* protensione Σ ∥ 12 patrica A*hd* patria Σ ∥ 15 se *hd cf. IV 13, p. 146, 8—13* ∥ 22 anima A*hd* animae Σ ∥ 31 caro A*hd* carnem Σ ∣ et² A¹*supra* Σ *om.* A

ADV. ARIVM Ib

impedit *iuxta imaginem* carnis superioris τοῦ λόγου hominem factum esse. ad istud enim testimonium dicit propheta dicens: *et fecit deus hominem iuxta imaginem dei.* si fecit deus secundum imaginem, pater iuxta filii *imaginem.* si autem et istud dicit: *fecit ipsum masculofemi-*
5 *nam,* et praedictum est: *fecit hominem iuxta imaginem dei,* manifestum, quoniam et iuxta corpus et carnem valde mystice τοῦ λόγου et mare et femina exsistente, quoniam ipse sibimet filius erat in primo et secundo partu spiritaliter et carnaliter.

Gratia deo patri et filio eius domino nostro Iesu Christo ex aeterno
10 in omnia saecula saeculorum. amen.

1—5 *cf. Gen 1, 26—27*

4 masculofeminam **A***hd* masculum et feminam *Σ* ‖ 10 *post* amen *tamquam inscriptio sequentis libri verba illa sequuntur, quae hd, recte, ut opinaverim, inscriptionem libri Ib esse arbitratur et ibi (cf. p. 84 huius editionis app.) posuit:* MARII VICTORINI V̄C̄ QVOD TRINITAS OMOOYCIOC SIT *subscriptionem nullam praebet Σ*

MARII VICTORINI VIRI CLARISSIMI ET GRAECE ET LATINE DE *OMOOYΣIΩ* CONTRA HAERETICOS

Adversus Arium liber secundus

1. Deum omnipotentem omnes fatemur; Christum Iesum nos nunc, mox tamen fatebuntur omnes. quibus fides in Christum est, et deum fatentur patrem et Christum filium; de utroque, quod sint ambo et singuli, quippe ut pater deus, filius Iesus Christus, tota nobis religio est et spes tota et in isto fides. sed cum fatemur singulos duos, unum tamen deum dicimus et ambos unum deum, quod et pater sit in filio et filius in patre. alii unum deum dicunt patrem solum, filium vero hominem, sed hoc nunc omittamus. etenim Iesum filium cum dicimus, et antequam de Maria nasceretur, fuisse filium confitemur. nam si *in principio fuit λόγος* et *λόγος fuit ad deum et deus fuit* ipse *λόγος* et hoc *fuit in principio*, qui cum postea *λόγος caro factus est*, idem est *λόγον* esse et Iesum. si enim *in principio erat λόγος, in principio* erat filius, qui postea in carne Iesus propter mysterium, quod mandatu patris implevit. fatendum est igitur a principio fuisse filium. de patris substantia an extra dicimus? sed istud quaerendum.

Num deum non fatemur esse? fatemur. quid igitur? esse istud ἀνούσιον dicimus an ἐνούσιον, id est sine substantia an substantiam? ἀνούσιον, inquiunt. accipio. sed quaero: ἀνούσιον quomodo? qui substantia non sit omnino, an qui supra substantiam sit, id est ὑπερούσιον? sine substantia quis dicat deum, qui esse fateatur! esse enim illi substantia sua, non illa nobis nota, sed ipse, quod est ipsum

---

7 dicunt cf. *I 45, p. 80, 24* ∥ 9—12 cf. *Ioh 1, 1—2* ∥ 11 cf. *Ioh 1, 14* ∥ 18 inquiunt cf. *Cand. I 8, p. 7, 15—16*

MARII VICTORINI VIRI CLARISSIMI ET GRAECE ET LATINE DE *OMOOYCIΩ* CONTRA HAERETICOS *et* ADVERSVS ARIVM LIBER SECVNDVS hd. hic titulus ex Σ (*partim*) *demptus est, verba illa in* A *titulus libri III esse videntur, quippe in capite f. 57ʳ manuscripti* A *libro illi suprascripta sunt. sed hanc inscriptionem hd revera subscriptionem libri antecedentis arbitratur. inscriptione suo loco posita caret* A (*cf. p. 99, 10 app.; 113, 21 app.*) MARII VICTORINI AFRI VIRI CONSVLARIS ADVERSVS ARIVM LIBER SECVNDVS Σ ∥ 3 fatentur A fatemur Σ hd ∥ 12 λόγον esse et Iesum Σ ΛΟΓΟC et Iesus A ∥ 13 mandatu A hd mandato Σ

esse, ipse est, non ex substantia, sed ipsa substantia, parens omnium,
a se sibi esse tribuens, prima substantia, universalis substantia, ante
substantiam substantia. per id igitur, quod ὑπερούσιος est, ἀνούσιος
a quibusdam dicitur, non quo sit sine substantia, quippe cum sit.
5 veneremur ergo deum et esse dicamus, id est ἐνούσιον, qui constituit
omnia, caelum et terram, mundum, spiritus, angelos, animas, animalia
et hominem *ad imaginem et similitudinem* imaginis eorum. quid igitur?
cum sit ἐνούσιος deus, pater utique dicitur. sic fatemur, et pater
unigeniti. omnium fides ista. num igitur fallit intellegentiam verbum
10 ambiguo suo: *genui enim vos* et de hominibus dixit deus? si igitur significat *genui* et creavi ut creaturam et naturaliter de mea substantia
genui, quid magis unigenito? quid ei, qui filius est? quid ei, qui unus
et solus? quid ei, in quo pater est? quid ei, qui in patre est? quid ei,
qui λόγος *est*, qui *in principio erat* et *erat apud deum* et *deus est*, et
15 *per quem facta sunt omnia* et *sine quo factum est nihil*? quid autem hoc
significat, quod Christus unigenitus? si enim deus omnium pater est
secundum creaturam, quomodo huius unigeniti pater, si non alio modo
et ex substantia, non ex nihilo? erat autem non alia substantia ante
omnia quam patris. de patris ergo substantia Christus.

20   2. Age nunc! esse et Christum fatemur. quaeramus eodem modo
hoc: eius esse ἐνούσιον est an ἀνούσιον? iam supra dictum ἀνούσιον
esse non posse, cui sit esse. quid igitur? istud esse unde est, ἐκ
τοῦ ἀνουσίου an ἐκ τοῦ ἐνουσίου, id est ab eo, quod est esse, an ab
eo, quod est non esse? deus, ut inquiunt, esse est, Christus item esse,
25 sed coepit tamen. verum hoc est. sed istud esse, quod coepit, ab eo coepit, quod fuit aliquo modo fuisse, ut omnia divina et a divinis orta potentia semper sunt ac fuerunt. processus autem eorum actus est et ex
motu manifestatio, et quidam natalis. quid enim dei nascitur, cum
deus sit ingenitus? an illud credibile est aut fas est dicere ex nihilo vel
30 factum vel natum esse Christum, quem dicimus dei filium, qui est
dominus maiestatis, et cetera, quae supra diximus et in aliis libris? hoc
vero postrema haeresis dicit, cui similis et illa est, vel quae a Maria

   4 a quibusdam *auctores nomine ignoti, at cf.* Hadot, Porphyre *45 – 102* ||
7 *cf.* Gen *1, 26* || **10–11** *cf.* Is *1, 2* || **14–15** *cf.* Ioh *1, 1 – 3* || **21** dictum *cf.
supra* II *1, p. 100, 18 – 101, 3* || **24** inquiunt *cf. supra* I *15, p. 45, 15*; *I 45, p. 80,
27* || **31** *cf.* I Cor *2, 8* | diximus *cf.* II *1, p. 101, 12 – 15* | in aliis libris *cf.* Ad
Cand. *2, p. 11, 13 – 17*; *I 3, p. 35, 1 – 15*; *40, p. 75, 24 – 26*; *41, p. 76, 29 – 77, 4*;
43, p. 78, 14 – 16; *47, p. 83, 20 – 21*

   6 omnia **A**[1 *supra*] *Σ* om. **A** || **21** an *ANOYCION* **A**[1 *i.m.*] *Σ* om. **A** || **28** quidam
A *hd* quidem *Σ* (natalis *substantivum cf.* IV *15, p. 148, 21*) || **32** postrema haere-
sis *hd* postremum hereses **A** postremo haeresis *Σ*

dicit coepisse Christum, vel quae non ipsum λόγον induisse carnem, sed assumpsisse hominem, ut eum ipse λόγος regeret, atque hoc Marcellus, quod superius autem, Photinus.

1090 A Excludamus igitur omnes, qui haec atque huiusmodi de Christo sentiunt. loquamur cum his, qui Christum dei filium dicunt et filium natum, quippe cum fateantur *unigenitum*, genitum utique, non factum. parum istud est. adiciunt: *de patre filium, de deo deum, de vero lumine verum lumen*, utique et consequentia: de spiritu spiritum et in patre filium et in filio patrem. haec cum fateantur, consilio nullo, ratione timoris potius quam veritatis. alii substantiam hic nominandam negant, alii nominant, sed similem volunt, non eandem dicere. quibus illud primum perspiciendum est, quod propheta Isaias dixit: *nullus fuit ante me deus, et post me nullus erit similis deus*. si filius Christus, utique post deum Christus. nullus autem similis post deum.

1090 B Christus ergo non similis deo, aut si non post deum, certe cum deo. nam ante deum nullo modo. ergo ὁμοούσιον. et David sic: *nullus similis tibi*. deinde, quod multis docuimus, substantia in eo, quod substantia est, maxime si sit eiusdem generis, et haec in duobus pluribusve sit, haec eadem, non similis dicitur esse substantia. ut anima substantia est, sint licet multae animae, in eo, quod animae sunt, una est illis eademque substantia, non quo praecesserit illa substantia et praeexstiterit, sed simul semper exstiterit, ita et in ceteris; quanto magis in deo, cum ipse sit origo substantiae, cum quo divino quodam ortu filius a patre accepta substantia semper cum eo et in eo, ut alter atque idem, eiusdem substantiae, nulla vel illius diminutione vel

1090 C huius acceptione, consubstantiali et completiva unalitate, *deus* atque *virtus* eius semper qui fuerit et semper exstiterit. hoc est deus et λόγος, deus et forma eius, pater et filius, deus et Iesus Christus, deus et *virtus* et *sapientia*. ὁμοούσιον ergo. hoc sic dictum ὁμοούσιον, ut ὁμοειδές, cum in eadem sunt specie simul exsistentes. item ὁμοηλικές, eiusdem temporis et aetatis. hic vero ὁμοούσιον significat consubstantiale, simul substantiatum, sine composito vel discretione, sed simul semper quod sit rerum virtutibus actionibusque discretum.

6—9 cf. II 7, p. 107, 13—14; 10, p. 110, 10—15; 11, p. 111, 33; De hom. rec. 2, p. 168, 28; Hilar., De synodis 38 (PL 10, 509 B) et 29 (502 B) ‖ 13 cf. Is 43, 10 ‖ 16—17 cf. Ps 34, 10 ‖ 17 docuimus cf. I 23, p. 55, 17—56, 13; 25, p. 58, 1—2; 30, p. 63, 21—24; 41, p. 76, 2—10 ‖ 26—27 et 29 cf. 1 Cor 1, 24

2 hoc A[1 supra]Σ *om.* A ‖ 8 verum lumen *transp.* Σ ‖ 30 OMOEIΔEC A (*sed inter Δ et E signum abbreviationis falso suprapositum*) ὁμοειδής Σ ὁμοειδεῖς hd ǀ ὁμοηλικές hd omoelices A ὁμοηλικεί Σ (*quod quidem errorem typographi arbitratur hd*)

ADV. ARIVM II

3. Hic oriuntur quaestiones: prima, quod in sacris scripturis substantiae mentio facta non sit, et magis ὁμοούσιον non sit lectum; alia, quod, si hoc ita est, cum passus est filius, passus est pater; tertia, quod, si hoc ita sit, neque pater maior, neque minor filius, neque alius **1090 D**
5 mittens, alius missus et haec et huiusce modi talia.

Primum igitur illud de substantia videamus: non est in deo substantia neque in Christo, an non est lectum? si non est, ut supra diximus, quia omnino non est, sic accipimus, an quia omnino supra substantiam est? deum non esse nobis nefas dicere. substantia est enim, quod
10 deus est, quod spiritus, quod lumen est. cur enim addimus et *verum lumen*? etenim in divinis et in deo sic accipiemus substantiam, ut in hylicis corpora et in incorporalibus animam? haec enim est ibi substantia: esse supra substantiam. deum esse omnes fatentur, cum sit potentia substantiae et ideo supra substantiam, atque ex hoc sub-
15 stantia. etenim potentiae inest esse, quod potest esse. certe deus omni- **1091 A**
potens est, et quorum origo vel causa est, ipse ille omnia est, virtute scilicet et modo quodam, unde dictum a Paulo: *ut sit deus omnia in omnibus.* ergo et ὄν est et exsistens et substantia. supra quae omnia cum sit, quia parens omnium est, potentia igitur omnia est. non
20 dubitandum ergo dicere substantiam dei, quia, cum nos circa prima vel summa proprie verba deficiunt, non incongrue de noetis apud nos, quod convenire possit, intellegentiae aptamus, ut hic, quod est deo esse, substantiam iure dicamus. eodem modo accipiamus et Christum et esse substantiam et de patre eius esse substantiam, quippe cum sit
25 et ipse *lumen de lumine, deus de deo,* spiritus, λόγος, *per quem facta sunt omnia,* et cum sit ita, ut usque ad mysterium corporale substan- **1091 B**
tia sua venire voluerit, de quo dictum ab apostolo: *et non secundum Christum, quia in illo habitat omnis plenitudo divinitatis corporaliter,* quod est οὐσιωδῶς. deus enim potentia et λόγος actio, in utroque
30 autem utrumque. nam et potentia quod potest esse, est, et quod est, potest esse. ipsa igitur potentia actio est, et ipsa actio potentia actio est. ergo et pater agit et filius agit. et pater ideo pater, quia potentia

---

1—2 *cf. Athanas., De synodis* 8, 7, *op* 236, 13; *Hilarius, opera ed. Feder, t. IV, CSEL* 65, 88, 5 ‖ 7 diximus *cf. supra II 1, p.* 100,18—19 ‖ 10—11 *cf. supra II 2, p.* 102, 7—8 ‖ 17—18 *cf. I Cor* 15, 28 ‖ 25—26 *cf. Ioh* 1, 3 ‖ 27—28 *cf. Col* 2, 8—9

12 in incorporalibus animam A*hd* in corporalibus animum *Σ* ‖ 18 supra A*hd om. Σ* ‖ 21 de noetis A*hd* demum *Σ* ‖ 23 et A*hd om. Σ* ‖ 27 secundum *Σhd* sed unum A ‖ 29 οὐσιωδῶς *hd* ΟΥϹΙΟΔ (A?)ΩC A οὐσιαῶς *Σ* ‖ 30 autem A*hd om. Σ* ‖ 31 actio potentia A*Σhd* actio potentiae *fortasse legendum suspic. hd cf. III 1, p.* 115, 5

103

MARIVS VICTORINVS

gignit actionem, et ideo filius actio, quia actio ex potentia. ergo et pater in filio et filius in patre, sed utrumque in singulis, et idcirco unum. duo autem, quia quod magis est, id alterum apparet. magis autem pater potentia et actio filius, et idcirco alter, quia magis actio. magis
1091 C enim actio, quia foris actio. hoc si ita est, et substantia pater et filius et una substantia et de patre substantia, et simul substantia, et semper et ex aeterno simul pater et filius eadem simulque substantia, hoc est ὁμοούσιον.

An non est lectum in scripturis divinis? primum qui hoc negat, rem fatetur, sed scripturam quaerit ad auctoritatem. quomodo autem non iniquum est ideo rem non admittere, quia maiores omiserint aliquo fortasse casu vel causa, cum ratione vincaris? verum quid lectum negant? substantiam. an de deo et Christo substantiam, an ὁμοούσιον ipsum? de deo et Christo substantia lecta est. de deo lecta in propheta Ieremia: *qui stetit in substantia domini et vidit verbum eius? qui prae-*
1091 D *buit aurem et audivit?* item paulo post: *et si stetissent in substantia et audissent verba mea.* item lecta substantia apud prophetam David: *et substantia mea in inferioribus terrae.* lectum apud Paulum ad Hebraeos de Christo: *qui est character substantiae eius.* sunt et alia exempla, verum haec sufficere arbitror.

4. At enim apud Graecos posita est ὑπόστασις, non οὐσία. videamus, quid intersit. ὄντα nominant Graeci tam ea, quae sunt in aeternis, quam ea, quae in mundo atque terrenis. in aeternis igitur deus est omnipotens causa omnium et fons et origo omnium, quae sunt, id est τῶν ὄντων πάντων. quid igitur? damus deo hoc, quod est esse, an omnibus damus esse, deo non damus? ecquidem ratio sic se habet, ut
1092 A primum esse sit deus. verum quia potest accipi esse non aperte quid sit, illud esse, si iam comprehendibile erit, ὄν dicitur, id est forma quaedam in notitiam veniens. quod tale esse iam ὄν et ὕπαρξις dicitur. omnis ὕπαρξις habet, quod est esse. quod autem est esse, non continuo καὶ ὕπαρξις est neque ὄν nisi potentialiter, non in manifesto, ut ὄν dicatur. est enim ὄν figura quadam formatum illud, quod est

---

15—17 cf. Ier 23, 18 et 23, 22 ‖ 18 cf. Ps 138, 15 ‖ 19 cf. Hebr 1, 3

3 quod **A** quo *Σ hd* cf. *IV 5, p. 138, 33 et 21, p. 155, 2 sed quae sequuntur*, id alterum, *nihilo minus* quod *exigere videntur* ‖ 5 enim **A** *hd* autem *Σ* ‖ 10 scripturam quaerit ad auctoritatem **A** *hd* scripturae quaerit auctoritatem *Σ* ‖ 12 quid **A**[pc] *Σ* quod (i *in* o *scr.* **A**[2]) **A**[ac] *an legendum* verum quod lectum negant substantiam, an ... *etc.?* | negant **A**[pc] *Σ* negat (n **A**[1 supra]) **A**[ac] ‖ 32 quadam *Σ hd* quaedam **A**

esse. quod tamen purum tunc purum intellegitur, cum intellegitur iam formatum (forma enim intellectum ingenerat), manifeste pronuntiat aliud esse formam, aliud, quod formatum est. quod autem formatum est, hoc est esse. forma vero est, quae intellegi facit illud, quod est esse. hoc ergo, quod est esse, deo damus, *formam* autem Christo, quia per filium cognoscitur pater, id est per formam, quod est esse. et hic dictum est: *qui me vidit, vidit et patrem.* est ergo et deus ὕπαρξις et filius ὕπαρξις. ὕπαρξις enim cum forma quod est esse. et quia semper simul sunt, et forma esse est et ipsum esse forma. unde pater in filio et filius in patre. est enim esse et in patre, quod est potentia, quod prius est ab eo, quod est forma. est item rursus et in filio esse. sed istud, quod est esse proprium, a patre habet, ut sit illi formam esse. alter ergo in altero et ambo unum. ergo ὄν deus, ὄν filius. id est enim τὸ ὄν: esse cum forma. omne enim, quod est ὄν, esse est cum forma. hoc et exsistentia dicitur et substantia et subsistentia. quod enim ὄν est, et exsistit et subsistit et subiectum est. hoc autem est, quod est esse sine connexo ullo, quod simplex est, quod unum. manifestior igitur subsistentia et exsistentia est et substantia dicitur. si ergo dicitur de deo subsistentia, magis de deo dicitur substantia et magis ista, quoniam subiectum significat et principale, quod convenit deo. non sic autem subiectum, sicut in mundo substantia, sed quod honoratius et antiquius et secundum fontem universitatis, verum quod est esse, quod praestat deus his, quae sunt, ut unumquodque sit. ὁμωνύμως ergo esse formam habens et primum et solum. verum quoniam, quod est illud esse, purum est, hoc magis substantia est. quoniam autem rursus et forma est esse, et ipsa substantia est, sed hoc ὑπόστασις dicitur. iam enim formatum esse subsistentia est. formatum autem ⟨esse⟩ est deus, quod deus est et pater; sic et filius, quod et λόγος et filius. subsistentia ergo proprie dicitur de ambobus, quod est substantia, quoniam, quod est esse principale cum forma, subsistentia dicitur. haec autem et substantia dicitur. et ideo dictum est *de una substantia tres subsistentias esse*, ut id ipsum, quod est esse, subsistat tripliciter: ipse deus et Christus, id est λόγος, et spiritus sanctus. ergo ὑπόστασις iure deo datur, iure λόγῳ, id est patri et filio. id autem Latini substantiam dicunt, quia diximus et substantiam dici posse, scilicet id, quod esse

5 cf. Phil 2,6 ‖ 7 cf. Ioh 14,9 ‖ 31—32 ... substantia ... subsistentias ... cuius haec sint verba, ignotum cf. III 4, p. 118, 36—119, 1; III 9, p. 123, 16; Hadot comm. 911

23 unumquodque *Σhd* unumquid quae A ‖ 27 esse *Galland hd*

est, magis formatum esse. quae cum ita sint, lecta est *ὑπόστασις.* haec autem est *οὐσία*, sicut probavimus.

5. Nunc videamus, utrum ibi, ubi legimus, aliud significet *ὑπόστασις* quam *οὐσία*. multi enim aestimant copias atque fortunas significari hoc verbo, *ὑποστάσει* scilicet. sed sic dixit: *si stetissent in ὑποστάσει domini, vidissent verbum eius.* quid hic intellegimus *ὑπόστασιν domini* nisi id, quod est deus? est autem deus spiritus, lumen, potentia omnipotens, et huiusmodi talia. hic qui *stat,* et intellegit, non autem errat, qui intellegit; stat ergo. intellegens autem deum intellegit et *videt λόγον,* dei filium. manifestum ergo hanc dei esse *ὑπόστασιν,* qua intellecta et *verbum* intellegitur. simul enim sunt, et hoc est *ὁμοούσιον*. hoc et iterum dicit: *quia si stetissent in mea ὑποστάσει, et verbum meum audissent.* supra *videre,* hic *audire* posuit; utrumque hoc est, quod intellegere. is enim rem intellegit, qui in rei substantia *stat,* id est in primo fonte rei, ut omnia, quae sunt eius, intellegat. Quid deinde? cum alibi vel in David vel in evangelio posita est et lecta *ὑπόστασις,* numquid aliud quam *οὐσία* intellegitur? *ὑπόστασις mea,* inquit David, *de deo* utique, *ὑπόστασις mea in inferioribus terrae.* dicit enim: occultum se nemo credat, quia ubique sum et omne, quod sum, et *substantia mea* et ⟨*in*⟩ *inferioribus terrae.* ubique est enim deus vel spiritus dei, quae dei substantia est.

6. Volo nunc et illud videre in evangelio per parabolam exemplum positum. dixit enim: pater familias quidam duobus filiis *ὑπόστασιν suam divisit.* hic utique fortunas et patrimonium intellegimus. sed si hoc referri ad deum oportet, erit *ὑπόστασις* et hic potentia omnis et virtus. hanc *consumit* unus filius, qui a deo recedit. etenim qui *peregrinatur* a deo, nec spiritum dei habet nec lumen nec Christum. hic apud se consumit substantiam dei. haec est enim dei *ὑπόστασις,* ut diximus. sive nunc hic divitias dicamus vel patrimonium, nihil differt. sic enim dictum est ab apostolo Paulo: *o altitudo divitiarum sapientiae et scientiae dei.* si igitur *divitiae dei sapientia et scientia* sunt, et si *sapientia et scientia* ipsa *virtus dei* est, *virtus* autem *dei* Christus est, Christus autem *λόγος* est, *λόγος* vero filius, filius autem in patre

---

5−15 cf. Ier 23, 18 et 23, 22 ‖ 17−20 cf. Ps 139, 15 ‖ 23−24 cf. Luc 15, 12 ‖ 26−27 cf. Luc 15, 12−13 ‖ 30−32 cf. Rm 11, 33 et I Cor 1, 24

1 ὑπόστασις haec Σhd ΥΠΟCΤΑCΙC haec A[pc] ΥΠΟΤΑCΙC h (C et aec A[1supra]) A[ac] ‖ 4 οὐσία Σ OYCIAN Ahd fortasse recte ‖ 5 ὑποστάσει[2] Σhd ΥΠΟCΤΑCΙ A ‖ 16 David A Davide Σhd ‖ 20 in Herold ‖ 22 ante exemplum add. et Σ recte suspic. hd ‖ 29 differt Σhd differet A

ipse est, ipse ergo divitiae patris, ipse ὑπόστασις est. iam igitur nihil interest, utrum ὑπόστασιν divitias intellegamus an οὐσίαν, dummodo id significetur, quod ipse deus est. ergo lectum est de deo vel ὑπόστασις vel οὐσία. hoc autem et de Christo intellegitur. dictum est:
5 *ego in patre et pater in me.* quod quidem ideo bis dictum, quia in patre esse potuit filius, non tamen et in filio pater, sed ut plenitudo atque idem unum in singulis esset. si autem eadem ὑπόστασις, ὁμοούσιον ergo. eadem autem; nam Christus *deus de deo* et *lumen de lumine.* ergo ὁμοούσιον. id autem si ex aeterno et semper, necessario simul; ergo
10 vere ὁμοούσιον.

7. At enim hoc ipsum ὁμοούσιον lectum non est. omnia enim, quae dicimus, lecta sunt. vobis dico, quia iam fatemini de deo, vel quod lumen sit, vel quod spiritus. dicitis ergo: *de deo deum*, de invisibili spiritu spiritum, et *verum lumen de vero lumine,* quae sunt ὑποστάσεις
15 dei. verum cum dicitis Christum *deum de deo, lumen de lumine* et talia, ubi sic legistis? an vobis licet sic dicere, unde magis ὁμοούσιον probatur, nobis dicere ὁμοούσιον non licebit? verum si ideo dicitis *lumen de lumine,* quia et deus lumen dictus et Christus lumen, et item et pater deus et Christus deus dictus, id quidem manifestum. verum *deum de
20 deo* non lectum, nec *lumen de lumine.* at licuit sumere. liceat ergo de lectis non lecta componere. ὁμοούσιον lectum negatis. sed si aliqua similia vel similiter denominata lecta sunt, iure pari et istud denominatum accipere debemus. dei οὐσία lumen est, hoc lumen vita est, et ista vita est intellegentia. hoc esse deum, hoc esse Christum satis de-
25 claratum est: *vivit pater, et ego vivo. pater habet in se vitam, et filio dedit habere apud se vitam. quae habet pater, ea mihi dedit omnia.* his et aliis saepe probamus eadem in patre esse et in filio et quod semper et ex aeterno; et ideo ὁμοούσιον appellatum est.

8. Sed unde hoc verbum? audi evangelium, audi Paulum apostolum, audi orationem oblationis! quoniam vita est deus et aeterna vita, nos Christiani, id est qui in Christum credimus, docemur in evangelio, quomodo deum patrem rogare debeamus. in qua oratione cum multa petimus, tum petimus *panem,* qui panis vita est. sic enim dictum est: *hic enim est panis, qui de caelo descendit.* hanc vitam et

---

5 cf. Ioh 14, 10 ‖ 8 cf. II 2, p. 102, 7−8 ‖ 13−20 cf. II 2, p. 102, 7−8 ‖ 25−26 cf. Ioh 6, 57; 5, 26; 16, 15 ‖ 33 cf. Matth 6, 11 ‖ 34 cf. Ioh 6, 58

15 et talia A^{pc}Σ e tali (t A^{1supra} a A$^{1 i.l.}$) A^{ac} ‖ 32 debeamus A^{pc}Σ debemus A^{ac} (a A^{1supra})

MARIVS VICTORINVS

Christi et dei, id est aeternam, quo nomine ipse dicit? ἐπιούσιον ἄρτον, ex eadem οὐσίᾳ panem, id est de vita dei consubstantialem vitam. unde enim filii dei erimus, nisi participatione vitae aeternae, quam nobis Christus a patre afferens dedit? hoc ergo est δὸς ἡμῖν ἐπιούσιον ἄρτον, id est vitam ex eadem substantia. etenim si, quod accipimus, corpus Christi est, ipse autem Christus vita est, quaerimus ἐπιούσιον ἄρτον. divinitas enim in Christo *corporaliter habitat*. Graecum igitur evangelium habet ἐπιούσιον, quod denominatum est a substantia, et utique dei substantia. hoc Latini vel non intellegentes vel non valentes exprimere non potuerunt dicere, et tantummodo *cotidianum* posuerunt, non et ἐπιούσιον. est ergo et nomen lectum, et in deo substantia et dici potest Graece. quod etiamsi Latine non exprimitur, dicitur tamen Graece, quia intellegitur. ergo nos, qui Christum credimus, quia ab eo vitam aeternam speramus, quia ipse vita est, cum ipsum sequimur et cum eo et circa ipsum sumus, circa vitam aeternam sumus et appellamur λαὸς περιούσιος. hinc sanctus apostolus ad Titum epistola sic dixit Graece: ἵνα λυτρώσηται ἡμᾶς ἀπὸ πάσης ἀνομίας καὶ καθαρίσῃ ἐν ἑαυτῷ λαὸν περιούσιον, ζηλωτὴν καλῶν ἔργων. Latinus, cum non intellegeret περιούσιον ὄχλον: περὶ οὐσίαν τοῦ Χριστοῦ ὄντα, id est circa vitam, quam Christus et habet et dat, posuit: *populum abundantem*. quid meriti est, ut salvetur populus, quod abundat? hoc autem rursus magna causa et veluti necessitas, quod περιούσιος. hinc oratio oblationis intellectu eodem precatur deum: σῶσον περιούσιον λαόν, ζηλωτὴν καλῶν ἔργων. ergo lecta sunt omnia denominata ab οὐσίᾳ. hinc itaque compositum ὁμοούσιον de deo et Christo, quod et ab ratione non est alienum. habet enim οὐσίαν, quam habent superiora nomina, et eodem modo denominatum est, et hoc nomen omnes excludit haereticos. necessario ergo positum a maioribus. dicendum ergo et semper tractandum est.

9. At enim quia non intellegitur et scandalum facit, tollendum et de fide et de tractatu, aut certe Latine ponendum. non intellegitur, dicunt. ergo nec Latine potest dici. non intellegitur? quare vos timetis

---

1 cf. Matth 6, 11 ‖ 4—11 cf. Matth 6, 11 ‖ 7 cf. Col 2, 9 ‖ 16—24 cf. Tit 2, 14 ‖ 30—31 cf. Athanas., *De synodis* 8, 7, op 236, 11; Hilar., opera ed. Feder, t. IV, CSEL 65, 87, 9

1 ἐπιούσιον Σhd ΕΠΙΟΥCON A ‖ 4 δὸς ἡμῖν Σhd AOCHMEIN A ‖ 7 divinitas w apud hd divitias AΣ | habitat Ahd habitant Σ ‖ 11 et[1] Ahd om. Σ ‖ 17 λυτρώσηται Σhd ΠΑΗΡΩCΕΤΑΙ A ‖ 19 περὶ οὐσίαν τοῦ Χριστοῦ ὄντα hd ΠΕΡΙΟΥCΙ ΑΝΤΟΥ XPY ONTA A περιούσιον τὸν πηριόντα Σ ‖ 25 OYCIA A(hd) οὐσίας Σ an recte? ‖ 31 de Ahd om. Σ

108

istud? qui enim oppugnant, timent. at si timetis, haeretici estis. hoc excluso subintrare cupitis. nam si *οὐσίαν* in deo negatis, *ὁμοούσιον* ideo tolli vultis, quia *οὐσίαν* fatetur. ergo intellegitis et timetis. si autem et Basilius *ὁμοιούσιον* dicit, et hoc quoque nomen adversum vobis est, et ideo et hoc repudiatis, quia semel *οὐσίαν* negatis in deo. si autem ideo repudiatis, quia intellegitis, et ipse Basilius intellegit, **1095 B** qui *ὁμοιούσιον* dici vult (de quo post loquemur), non est *ὁμοούσιον* nomen, quod non intellegitur. Latine, inquiunt, dicatur. quia difficile dicitur, ideo expetitis. et si dicatur, sequimini? magnum miraculum! verbum vos haereticos facit, vel potius sonus verbi, quod Graece dicitur. deinde, si Latine dixero, quia ecclesia habet Graecos et quia omnis scriptura vel veteris testamenti vel novi et Graece et Latine scripta est, si non ponimus Graece, interrogati a Graecis quid respondebimus? necessario dicendum est *ὁμοούσιον*. ergo ponendum. quid autem? in scripturis non multa sunt nomina vel Graeca vel Hebraica aut interpretata aut non interpretata, ut *ἠλεί, ἠλεί, λαμὰ ζαφθάνει*? item Golgotha et Emmanuel. item: *si quis non amat dominum nostrum* **1095 C** *Iesum Christum, ἀνάθεμα, μαρὰν ἀθά*. sescenta talia aut interpretata, posita tamen, aut non interpretata et sola posita, ut *anathema*, quod non exprimitur nec Latine nec Graece et tamen et positum est et cotidie usurpatur, sicut et *alleluia* et *ἀμήν*, quae in omni lingua incommutabiliter dicuntur. licet igitur ponere eodem modo *ὁμοούσιον*. certe verbum cum tollendum est, aut quia obscurum est, tollitur, aut quia contrarium, aut quia minus vel plus exprimit, aut quia supervacuum est. hoc non obscurum est. nam et nos diximus, quid significet, et vos, quia intellegitis, timetis, et Basilius, quia intellegit, mutat. contrarium autem non est. nam cum de substantia iam omnes fatemur (substantia est enim deus, spiritus, lumen, quae de deo patre et Christo dicuntur), **1095 D** hoc verbum *ὁμοούσιον*, cum de substantia dicatur, non potest esse contrarium. sed minus aut amplius exprimitur. corrigendum potius quam auferendum. iam vero supervacuum? quomodo? quia iam dictum? et ubi dictum? an quia non utile? non utile, quod excludit haereticos, maxime Arianos? quod a maioribus positum ut murus et propugnaculum? sed nuper est positum. quia nuper erupit venenata co-

---

7 loquemur *cf. II 10, p. 110, 10−23* || 16 *cf. Matth 27, 46* || 17−18 *cf. I Cor 16, 22*

2 nam A*hd* num *Σ* || 16 *ἠλεί, ἠλεί, λαμὰ ζαφθάνει* hd (*cf. Matth 27, 46 codex D!*) *ΗΛΕΙ ΗΕΛΕΙ ΛΑΜΑΖΑΦΘΑΝΕΙ* A ʽ*Ηλεὶ ἠλεὶ λαμᾶ σαβαχθάνι Σ* || 18 *ἀνάθεμα, μαρὰν ἀθά* hd *ΑΝΑΘΕΜΑΜΑΡΑΝΑΘΑ* (*MA*² A⁴*supra*) A*pc ἀναίθεμα μαραναθαί Σ* | sescenta talia A*hd* sexcenta alia *Σ* || 21 *ΑΜΗΝ* A(*hd*) amen *Σ*

hors haereticorum. quod tamen conditum iuxta veterem fidem (nam et ante tractatum) a multi⟨s⟩ orbis episcopi⟨s⟩ trecentis quindecim in civitate Nicaea, qui per totum orbem decretam fidem mittentes episcoporum milia in eadem habuerunt vel illius temporis vel sequentium annorum, probatum autem ab imperatore, imperatoris nostri patre.

10. Sed Latine hoc nos dici volumus. nec hoc vobis negabitur. vos, qui substantiam negatis in deo, quamquam a Basilio vincamini, et tu, Basili, qui substantiam confiteris, utrique vestris vocibus ὁμοούσιον confitemini. nempe dicitis *deum* et eundem dicitis *lumen*, eundem *spiritum*. qui dicit ista, substantiam dicit dei. nam qui dicit *patrem* vel *omnipotentem* vel *bonum* vel *infinitum* et talia, non substantiam, sed qualitatem dicit. item filium dicitis λόγον, *lumen*, *spiritum*. et ista substantiam significant. rursus cum dicitis *deum de deo*, *verum lumen de vero lumine*, argumentum timoris Basilii tollitis, ne sit superior substantia, ex qua duo sint. si enim *de deo deus* et *lumen de lumine*, utique patris substantia substantia filii est, quiaipse deus pater, ipse substantia est, de qua substantia filius, λόγος, *lumen*, *spiritus*. etenim cum dicitur *filius*, item *salvator*, item *Iesus Christus*, secundum qualitatem, non secundum substantiam dicitur. sic reliqua vel patri dantur vel filio. ergo substantiam fatemini. vos autem certe Basilio credite, qui eadem de deo et de Christo dicit: *lumen*, *deum*, *spiritum*, λόγον, et substantiam confitetur.

At enim in istis ὁμοούσιον non est. ita est, si non in ὁμοουσίῳ eandem substantiam intellegas. sin autem, cum componitur verbum, idem in duobus vel pluribus significatur, ὡς ὁμοειδές, quod de eadem sit specie, et ὁμοῆλιξ, quod eadem aetate, et quod ὁμώνυμον, eodem nomine, et concordia, ὁμόνοια, eodem corde, eadem ἐννοίᾳ, ergo consubstantiale quod sit, eadem substantia est. sin autem ὁμο ὁμοῦ intellegitur, erit ὁμοούσιον Latine simul consubstantiale, non ab aliquo alio, sed dei potentia ex aeterno. etenim si *in principio erat λόγος*

10—23 cf. II 2, p. 102, 6—9 || 31 —p. 111, 1 cf. Ioh 1, 1

2 a multis orbis episcopis *hd* et multi urbis episcopi **A** et multi orbis episcopi **Σ** | trecentis **A Σ** *hd* trecenti *Galland* || 3 totum **A**^(pc) **Σ** totam **A**^(ac) (a *del. et u suprascr.* **A**^1) || 12 et talia **A**^(pc) **Σ** etalia **A**^(ac) (t **A**^(1supra)) || 16 sint **A** *hd* sunt **Σ** || 19 filius **A**^(1supra) **Σ** *om.* **A** || 26 ὡς ὁμοειδές *hd* (*cf. p. 111, 9; utriusque linguae peritissimo evenire potuit per neglegentiam*) ΩCOMEIΔEC **A** ὁμοειδής (*omisso* ὡς) **Σ** || 27 ὁμοῆλιξ **Σ** *hd* OMOEΔIΞ **A** | ὁμώνυμον *hd* OMΩNIMON **A** ὁμώνυμος **Σ** | eodem **A**^(pc) **Σ** et eodem (et *eras.*) **A**^(ac) || 28 ἐννοίᾳ *hd* ENNOEA **A** (**Σ**)

et *λόγος* erat ad deum, quoniam principium ante nihil habet (si enim habuerit, desinit esse principium), ex aeterno deus et ex aeterno *λόγος*. simul ergo ambo et semper simul, nec aliquando alter sine altero, nec filius ex eo, quod non est aliquando. hinc ergo exclusus Arius, qui pro-
5 tulit: *ἦν ὅτε οὐκ ἦν.* sententia eius fuit et illa, *ἐξ οὐκ ὄντων* esse filium, id est de nihilo. significat *ὁμοούσιον* simul esse et substantiam. adversus utrumque sacrilegium verbi huius potentia repugnat, quod *ὁμοούσιον* dicitur. sive enim ita est, ut *ὁμοούσιον* sit eiusdem substantiae, ut *ὁμοειδές*, sicuti supra docuimus, excluditur, quod dictum
10 est *esse Christum ex nihilo.* si enim deus et *λόγος* eadem substantia sunt, deus et *λόγος* non solum non ex nihilo, sed ne ex simili quidem substantia. si vero *ὁμοούσιον* ex eo, quod est simul esse substantiam, intellegitur, hoc est simul substantiatum, simul deus et *λόγος* et ex aeterno semper simul pater et filius.

15 **11.** Ex hoc excluditur, quod dictum est: *fuit, quando non fuit.* hoc si ita est, hoc uno, id est *ὁμοουσίῳ*, omne venenum Ariani dogmatis internecatur. o docti episcopi, o sancti, o fidem spiritu confirmantes. o verbum dei vere verbum dei, quod deus et *λόγος* ostenditur simul ex aeterno et semper eademque substantia. dictum igitur Latine est
20 *ὁμοούσιον*. unde necessario etiam Graece ponendum atque tractandum.

Sed adiciamus etiam nunc aliquid, quod per confessionem vestram et per lectionem deificam Latine expressum *ὁμοούσιον* approbetur. lectio divina dicit: pater in filio et filius in patre. et ne parum sit ad
25 fidem, ipse dominus noster Iesus Christus dicit: *ego in patre et pater in me.* quid ergo? haec nomina insunt sibi invicem? an virtutes, an substantiae, an sapientiae et potestates? pater, quo pater est, in filio esse non potest. item filius, quo filius, in patre esse non potest, sed quod virtutis substantiae sibi est, hoc est in altero. inde alterum in altero
30 unum redditur etiam subsistentibus singulis, unum tamen, quia idem in utroque intellegitur et nominatur. ergo et pater in filio et filius in patre, sed isto modo. hoc si ita est, videamus cetera. dicitis et recte dicitis: *Iesum Christum, dominum nostrum, deum de deo et lumen de*

5—6 et 10 cf. I 19, p. 50, 25—26 app. || 9 docuimus cf. supra p. 110, 24 sqq. ||
15 cf. I 19, p. 50, 25—26 app. || 25—26 cf. Ioh 14, 10 || 33 cf. II 2, p. 102, 6—9

4 quod non est *Σhd* non om. A || 5 *ἦν ὅτε οὐκ ἦν hd* HNOTEOYKHN A
ἦν ὀτέουκη Σ || 9 OMOEIΔEC A(*hd*) *ὁμοειδής Σ* || 12 substantiam A*hd* substantia *Σ* || 16 OMOOYCIΩ A(*hd*) *ὁμοούσιον Σ* || 22 quod A*hd* quo *Σ* ||
31 in utroque A^(pc) *Σ* introque (u A^(1supra)) A^(ac)

MARIVS VICTORINVS

lumine. vicinum est et consequens est similiter dicere et istud (dicamus ergo vereque dicamus), *deum in deo, lumen in lumine.* quod quidem ideo non et reversim dicitur, quia unum verbum est in duobus. nam pater et filius duo sunt vocabula, et idcirco verti invicem possunt, ut et pater in filio dicatur et filius in patre. at vero cum unum nomen in duobus dicitur, *deus in deo,* eodem modo dicetur et cum de altero dicitur. eadem ratio et cum dicitur *lumen in lumine.* necessitate igitur nominis unius semel quidem dicitur, sed propter duo, patrem et filium, bis et intellegitur et auditur. dicamus igitur *Iesum dei filium, deum de deo, lumen de lumine.* dicamus et illud: *deum in deo, lumen in lumine.* si enim, ut fatemur omnes, et filius in patre est et pater in filio, est autem pater et deus et lumen, ita tamen, ut de patre filius haec sit, unde necessario et vere est dicere et *deus in deo* et *lumen in lumine.* an durum istud est? sed necessario fatendum est et sic esse et se sic habere.

12. Quid, si etiam lectum est et ex duobus istis unum apertissime sic positum, ut a me non inventum, sed sacra lectione sit iam probatum. hymnidicus David in libro Psalmorum, qui clavis mysteriorum omnium dicitur, in psalmo trigesimo quinto sic deo psallit, sic canit: *quoniam apud te est fons vitae, in lumine tuo videbimus lumen.* deo dictum aestimamus an Christo an utrique? quia cuicumque, recte. in patre enim filius et in filio pater. sed si patri deo, hoc erit illud: *si in substantia mea stetisse⟨n⟩t et verbum meum audisse⟨n⟩t.* si autem filio, hoc erit illud: *qui me vidit, vidit et patrem.* ergo *in lumine tuo videbimus lumen.* est igitur *lumen in lumine,* ergo et *deus in deo.* neque enim dubitandum est, quin et hoc sequatur, cum illud, quod eodem modo est, et re sit et lectione probatum.

⟨Verum fiat, satis est iam de hoc: Isaias sic ait: *laboravit Aegyptus et mercimonia Aethiopum; et Sabaim viri altissimi in te ambulabunt et*

6—14 *de his formulis cf.* Hadot comm. 921—922 ∥ 20 *cf.* Ps 35, 10 ∥ 22—23 *cf.* Ier 23, 22 ∥ 24 *cf.* Ioh 14, 9 ∥ 24—25 *cf.* Ps 35, 10 ∥ 28—p. 113, 2 *cf.* Is 45, 14—15

2 dicamus Σhd dicimus A ∥ 9 auditur A$^{pc}\Sigma$ audiatur A^{ac} (a *eras.*) ∥ 13 haec A*hd* hic Σ ∥ 15 se sic A sic se Σhd ∥ 19 in psalmo trigesimo quinto A*hd om.* Σ *sed i. m. add.* Psal. 35 ∣ sic canit A*hd om.* Σ ∥ 23 stetissent *Galland (cf. II 5, p. 106, 12)* hd stetisset AΣ ∣ audissent *Galland (cf. II 5, p. 106, 13)* hd vidisset A audissent Σ ∥ 28—p. 113, 2 verum fiat—deus extra te *post* probatum *inseruit* hd *sed post* unigenitum *(p. 113, 6) haec verba praebent* AΣ, *falso, quia hoc loco conclusionem totius tractatus interimunt* ∥ 29 ambulabunt Σhd *(cf. I 26, p. 60, 13)* ambulant A

tibi erunt servi et retro te sequentur ligati manicis et te venerabuntur et in te precabuntur, quod in te deus est et non est deus extra te.⟩

Quod si ita est, colligamus omnia: iam ὁμοούσιον apparebit et Graece intellectum et Latine pronuntiatum.

Credimus in deum patrem omnipotentem et in filium eius unigenitum [verum fiat, satis est iam de hoc: Isaias sic ait: *laboravit Aegyptus et mercimonia Aethiopum; et Sabaim viri altissimi in te ambulabunt et tibi erunt servi et retro te sequentur ligati manicis et te venerabuntur et in te precabuntur, quod in te deus est et non est deus extra te*] Iesum Christum dominum nostrum, deum de deo, lumen de lumine, deum in deo, lumen in lumine, consubstantialem, simul substantialem. sic reliqua, ad symbolum quae iunguntur et ad fidem. explicitum est et absolutum: ὁμοούσιον plenum est et de eadem substantia et in eadem substantia et semper simul. si placet, Latine sic habeatur. si autem unum verbum Graecum, quod magna expressione magnaque brevitate utrumque concludit, placet manere, de deo et domino nostro perseveret. ὁμοούσιον vero magis ac magis teneatur, scribatur, dicatur, tractetur, in ecclesiis omnibus praedicetur. haec enim fides apud Nicaeam, haec fides apostolorum, haec fides catholica. hinc Ariani, hinc haeretici vincuntur universi. pax cum his, qui ita sentiunt, a deo patre et a Iesu Christo domino nostro. amen.

2 in[1] **A** hd om. *Σ* ‖ 21 *post* amen *reliqua pars paginae, quod est dimidium fere, vacua est in* **A**. *in capite autem paginae sequentis tamquam inscriptio libri sequentis verba illa posita sunt, quae cum* hd *ut inscriptionem huic libro* (Adv. Ar. II) *anteposui* (cf. p. 100 app.). *subscriptione caret et Σ*

MARII VICTORINI VIRI CLARISSIMI DE *OMOOYΣIΩ*

Adversus Arium liber tertius

1. Λόγος vel νοῦς divinus ut sede utitur atque ut corpore anima caelesti; ea vero sensuali νῷ vel λόγῳ; in sensuali anima ut ipse, sensualis in corpore est et ideo in qualicumque corpore. omne autem, quod ex divinis est, ad sua non quasi pars eorum est, sed ut imago (et id in aliis et assertum est et probatum), quippe cum in ipsis divinis 5 λόγος dei imago sit. sic igitur cetera. ergo omnium divinorum. ut
1098 C enim dei λόγος imago est, ita et τοῦ λόγου anima. quaeque hoc genus ibi cetera, imagines sunt. at in natura sensuali non imagines, sed magis simulacra ac simulamenta dicenda. ita enim rerum progressio est, ut effulgentia luminis imago sit luminis. unde substantia eadem 10 est in summis et aeternis, quia imago luminis lumen est. ut enim de spiritu non nisi spiritus et de vero verum et de deo deus, sic et de substantia substantia. spiritus enim et verus et deus substantia est. omne autem, quod est unicuique suum esse, substantia est. sed hoc esse, quod dicimus, aliud intellegi debet in eo, quod est esse, aliud vero in eo, quod 15 est ita esse, ut unum sit substantiae, aliud qualitatis. sed ista istic in
1098 D sensibilibus et in mundo. at in divinis et aeternis ista duo unum. omne enim, quod ibi, simplex, et hoc deus, quod lumen, quod optimum, quod exsistentia, quod vita, quod intellegentia. ac de hoc et in aliis diximus. omnia ergo ibi substantialiter simplicia, inconnexa, unum, 20

---

5 in aliis *cf. I 19, p. 49, 25 – 31. 50, 9 – 10; I 20, p.51, 20 – 25* ‖ 19 in aliis *cf. Ad Cand. 19, p. 22, 1 – 2; Adv. Ar. I 4, p. 35, 33; 19, p. 50, 2 – 4. 18; 20, p. 51, 1 – 2. 28*

MARII VICTORINI VIRI CLARISSIMI DE *OMOOYCIΩ partim ex subscriptione huius libri (cf. p. 134 app.), quam ut inscriptionem libri sequentis praebet* **A**, *sumpsit et emendavit haec hd, partim finxit* MARII VICTORINI DE OMOOYCION (*ut inscriptio libri sequentis?*) **A** MARII VICTORINI VIRI CONSVLARIS ADVERSVS ARIVM LIBER TERTIVS *Σ* ‖ 2 νῷ hd NOY **A**(*Σ*) *ita scripsisse archetypum, quin etiam M. V. ipsum suspic. hd, sed aliter atque p. 96,1 genetivus „graecus" vix est probabilis* ‖ λόγῳ hd ΛΟΓΟΥC **A** λόγος *Σ* ‖ 4 – 5 et id **A** hd ut id *Σ* ‖ 7 τοῦ λόγου *Σ* hd TOY ΛΟΓΟC **A** ‖ 19 in **A**[1 supra] *Σ om.* **A**

114

ADV. ARIVM III

numero unum nec numero unum, sed ante numerum unum, id est ante unum, quod est in numero, hoc est plane simplex, solum, sine phantasia, quod alterum. unde quod inde nascitur, imago, non scissio nec effusio, sed effulsio, nec protentio, sed apparentia, nec geminatio potentiae, quam potentiae actio. ubi enim actio aut unde, nisi in potentia atque ex potentia? et quando aut ubi potentia, nisi cum actione et in actione? non ergo alterum in altero nec aliquando simile, quia idem semper. et quia effulgentia declaratur lumen, vel actio⟨ne⟩ declaratur **1099 A** potentia, idcirco *qui me vidit, vidit patrem*. et quia potentiam ipsam solam nemo videt, *deum nemo vidit umquam*. et quoniam potentia cessans vita est et cessans intellegentia, haec autem vita et intellegentia actio est, si quis deum viderit, moriatur necesse est, quia dei vita et intellegentia in semet ipsa est, non in actu, omnis autem actus foris est, hoc vero est nostrum vivere, quod foris est vivere. ergo est mors deum videre. *nemo*, inquit, *umquam deum vidit et vixit*. simili enim simile videtur. omittenda igitur vita foris, omittenda intellegentia, si deum videre volumus, et hoc nobis mors est.

2. Quoniam autem haec vita et intellegentia λόγος est, qui Christus **1099 B** est, per Christum et nos. *omnia per ipsum*. est ergo λόγος et vita et intellegentia. quare? quia ista omnia motus et adiectio est. nos ergo, si sumus in Christo, deum per Christum videmus, id est per vitam veram, hoc est per imaginem veram. et quia veram, ergo eiusdem substantiae, quia et in actione potentia est. ibi ergo deum videmus, et hinc illud *qui me vidit, vidit deum*. quod vero de potentia actio, ideo de patre filius ac de spiritu λόγος. et quia de spiritu spiritus, ideo de deo deus. ergo de substantia eadem substantia, ut supra docuimus.

Potentia deus est, id est quod primum exsistentiae universale est esse, quod secum, id est in se, vitam et intellegentiam habet, magis autem ipsum, quod est esse, hoc est quod vita atque intellegentia, **1099 C** motu interiore et in se converso. est ergo motus in deo, et ex hoc et actio. unde dictum: *amen, amen dico vobis, non potest filius a semet ipso facere aliquid, si non viderit patrem facientem. quae enim ille facit, eadem et filius facit*. similiter ergo et pater et facit et agit, sed intus.

---

9 cf. Ioh 14, 9 ‖ 10 cf. Ioh 1, 18 ‖ 15 cf. Ex 33, 20 ‖ 19 cf. Ioh 1, 3; I Cor 8, 6 ‖ 24 cf. Ioh 14, 9 ‖ 26 docuimus cf. III, 1 p. 114, 11–13 ‖ 31–33 cf. Ioh 5, 19

4 protentio A *hd* protensio Σ ‖ 5 quam A[ac] Σ *in* quin *mut. radendo m. inc.* ‖ 8 actione *w hd* actio A Σ ‖ 10 vidit A[pc] Σ *hd* videt (i *in* e *scr.* A[1]) A[ac] ‖ 21 Christo (o *supra* u A[2]) A[pc] Σ *hd* Christum A[ac] | deum A *hd* domino Σ

115

unde cum nullo eget extrinsecus, semper plenum, semper totum, semper beatum est. verum, quoniam vita atque intellegentia motus sunt, omnis autem vita vivificat, omne vero, quod vivificatur, foris est, itemque intellegentia, quod intellegit, foris est, et id, quod intellegit, intus, tracta et vita et intellegentia vel effulgente vel illuminante 5 intellegit, unde de deo atque ex eadem substantia est et substantia et
1099 D vita et intellegentia, itemque motus, cum intus in se est, idem est quod substantia, qui, cum inde spectat et ut foras eminet, id est ut operetur atque agat, hic partus est, hic natalis et, quia motus unus est, unigenitus filius. motus autem unus sive illa vita sive intellegentia. 10 etenim vitam motum esse necesse est. vivefacit enim omnis vita. unde motus est vita, qui sive in se exsistens atque in se conversus substantia ipse sibi est, sive foras spectat, unde magis dicitur motus. nam intus motus cessatio est vel mota cessatio cessansque motus. debet enim deus utriusque, cessationis dico et motus, et parens esse et ipsa sub- 15 stantia, quod quasi societate et quadam forma ad utrumque fons est, simplex ipse et unus semperque unus ac solus et, ut supra diximus,
1100 A totus. qui cum in cessante motu accipitur atque intellegitur, hoc est deus atque ipse pater est, semper atque ex aeterno pater, quia semper motus ex substantia et in substantia vel potius ipsa substantia. qui 20 cum foras spectat (hoc est autem foras spectare: motum vel motionem esse, quod ipsum hoc illud est se videre, se intellegere ac nosse velle; cum autem se videt, geminus exsistit et intellegitur videns et quod videtur, ipse qui videt, ipsum quod videtur, quia se videt. hoc est igitur foras spectans, foris genitus vel exsistens, ut, quid sit, intellegat), 25 ergo, si foris est, genitus est, et si genitus, filius, et si filius, unigenitus, quia solus, qui est omnis actus atque omnis et universalis et unus est motus. idem autem motus, quod substantia. ergo et pater et filius
1100 B una eademque substantia. consubstantiale igitur, id est ὁμοούσιον.

3. Omnia ergo filius, ut omnia pater. sed quia potentialiter prior est 30 substantia, quam actus et motus (prius autem ad vim dixi et ad causam, quia motui causa substantia; omnis enim motus in substantia), ergo necessario generator est pater, et item necessario omnia, quae pater habet, habet et filius. *omnia,* inquit, *quae habet pater, mihi dedit.* et item: *pater, ut ipse habet ex se vitam, ita dedit filio ex se habere vitam.* 35 ergo ut pater, ita filius vita est et ex se vita. ipsa est enim vita, quae

---

17 diximus *cf. supra l. 1* ‖ **34** *cf. Ioh 16, 15* ‖ **35** *cf. Ioh 5, 26*

7 itemque *Σ recte; modi conferuntur, non res (cf. supra l. 4)* idemque **A***hd* ‖
8 eminet **A***hd* emineat *Σ*

sibi et aliis est vis vivendi, non aliunde. vita igitur motus et principalis motus et unus motus et a se motus et unigenitus motus. hic est $λόγος$. etenim vita est, per quam vivunt omnia. et quia vita est, 1100 C ipse est, *per quem facta sunt omnia* et *in quem facta sunt omnia*, quia
5 purgata omnia in vitam aeternam redeunt, et omnia in ipso facta sunt, quia *quae facta sunt, in ipso vita sunt.* nihil est enim, quod sit, cui non sit esse suum, ex quo ipsi vita sit esse, quod sit. ergo in Christo facta sunt omnia, quia Christus $λόγος$ est. vita autem et nec coepit, quia a se sibi semper est, unde numquam desinit, et infinita semper est et
10 per omnia et in omnibus usque a divinis et a supracaelestibus adusque caelestia caelosque omnes, aetheria, aeria, humida atque terrena omniaque, quae oriuntur e terra, omniaque cetera. ergo et corpus caroque nostra habet aliquid vitale, omnisque materia animata est, ut mundus exsisteret, unde eruperunt iussu dei animalia.
15 In carne ergo inest vita, id est $λόγος$ vitae, unde inest Christus, 1100 D quare $λόγος$ *caro factus est.* unde non mirum, quod mysterio sumpsit carnem, ut et carni et homini subveniret. sed cum carnem sumpsit, universalem $λόγον$ carnis sumpsit. nam idcirco omnis carnis potestates in carne triumphavit, et idcirco omni subvenit carni, ut dictum est in
20 Isaia: *videbit te omnis caro salutare dei*, et in libro psalmorum: *ad te omnis caro veniet.* item et universalem $λόγον$ animae. nam et animam habuisse manifestum, cum idem salvator dixit: *tristis est anima mea usque ad mortem.* et item in psalmo: *non derelinques animam meam in inferno.* quod autem sumpserit universalem $λόγον$ animae, his 1101 A
25 manifestum in Ezechiele: *omnes animae sunt meae, ut anima patris, sic et anima filii.* item universalis animae $λόγος$ et ex hoc ostenditur, quod et irascitur, cum maledicit et arbori fici et dicit: *Sodomis et Gomorris in illa die commodius erit quam vobis.* sic etiam multis locis. item et cupit, cum dicit: *pater, si fieri potest, transferatur a me hic*
30 *calix.* ibi etiam ratiocinatur: *sed fiat potius voluntas tua.* haec et alia multa sunt, quibus ostenditur animae $λόγος$ universalis. assumptus ergo homo totus et assumptus et liberatus est. in isto enim omnia uni-

---

4—6 cf. Ioh 1, 3; Col 1, 16; Ioh 1, 3—4 ‖ 16 cf. Ioh 1, 14 ‖ 18—19 cf. Col 2, 15 ‖ 20 cf. Is 40, 5; Luc 3, 6 ‖ 20—21 cf. Ps 64, 3 ‖ 22—23 cf. Matth 26, 38 ‖ 23—24 cf. Ps 15, 10 ‖ 25—26 cf. Ez 18, 4 ‖ 27—28 cf. Matth 10, 15 ‖ 29—30 cf. Matth 26, 39

1 vivendi $A^{pc}Σ$ videndi A^{ac} (v *supra* d A^2) ‖ 5 ipso $Σhd$ ipsum A ‖ 6 in ipso $Σhd$ inpso A | non Ahd om. $Σ$ ‖ 8 et Ahd om. $Σ$ ‖ 11 aetheria $A^{pc}hd$ aetherea (i *supra* e A^2) A^{ac} aethera $Σ$ | aeria $A^{pc}hd$ aerea (i *supra* e A^2) A^{ac} aera $Σ$ ‖ 15 unde Ahd autem $Σ$ ‖ 18 potestates $Σhd$ potestatis A

versalia fuerunt, universalis caro, anima universalis, et haec in crucem sublata atque purgata sunt per salutarem deum, λόγον universalium omnium universalem; *per ipsum* enim *omnia facta sunt.* qui est Iesus Christus, deus et salvator et dominus noster. amen.

4. Λόγος igitur, quae sunt quaeque esse possunt quaeve esse potuerunt veluti semen ac potentia exsistendi, *sapientia* ac *virtus* omnium substantiarum, de deo ad actiones omnes, deus potentia patris, actuque, quo filius, ipse cum patre unus deus est.

Etenim cum sint ista exsistentiae viventes intellegentesque, animadvertamus haec tria, esse, vivere, intellegere, ita tria esse, ut unum semper sint atque in eo, quod est esse, sed in eo, quod esse dico, quod ibi est esse. in hoc igitur esse hoc est vivere, hoc intellegere omnia substantialiter ut unum subsistentia. vivere enim ipsum id est, quod esse. neque enim ita in deo, ut in nobis, aliud est, quod vivit, aliud vita, quae efficit vivere. etenim si ponamus accipiamusque ipsam vitam esse atque exsistere, quodque ei potentiae sit, id ipsum sit ei esse, clarum fiet unum atque idem nos accipere debere esse et vivere. haec ratio est visque eadem intellegentiae est, utique illi. hoc ipsum ergo intellegere hoc est, quod est ei esse, idque esse, quod est intellegere; ipsum hoc intellegere intellegentia est. esse ergo esse et vitae et intellegentiae est, id est quod vita et intellegentia. unum igitur, quod vita, et idem esse, quod est intellegentia. quodsi haec in singulis atque in binis unum, sequitur, ut ipsum vivere hoc sit, quod intellegere. nam si esse hoc est vivere atque esse id, quod intellegere, fit unum vivere atque intellegere, cum sit illis unum, quod est esse. huc accedit, quod ipsum esse nihil est aliud quam vivere. quod enim non vivit, ipsum esse ei deperit, ut quamdiu quidque sit, hoc sit ei suum vivere; unde commoritur esse cum vita. sed nos cum de aeternis loquimur, aliud vivere accipimus, hoc est ipsum scire, quod vivas. scire porro hoc est, quod intellegere. ergo scire intellegere est et scire, quod vivas, hoc est vivere. id ergo erit intellegere, quod vivere. quod si ita est, ut unum sit vivere et intellegere, et cum unum sit esse, quod est vivere atque intellegere, substantia unum, subsistentia tria sunt ista. cum enim vim ac significantiam suam habeant atque, ut dicuntur, et sint, necessario et sunt tria et tamen unum, cum omne, quod singulum est unum, tria sint. idque a Graecis ita dicitur: ἐκ μιᾶς οὐσίας τρεῖς

---

3 cf. *Ioh* 1,3 ‖ **6** cf. *I Cor* 1, 24 ‖ **36** — p. 119, 1 cf. 105, 31 — 32 app. et Hadot comm. 911

11 quod esse dico A*hd* quod est esse dico Σ ‖ **22** idem Σ*hd* item A ‖ **36** a A*hd* om. Σ

εἶναι τὰς ὑποστάσεις. hoc cum ita sit, esse ut fundamentum est reliquis. vivere enim et intellegere ut secunda et posteriora et natura quadam in eo, quod est esse, velut inesse videantur, vel ex eo, quod esse, quodammodo ut exstiterint atque in eo, quod est suum esse, illud primum ac fontanum esse servaverint. numquam enim esse sine vivere atque intellegere neque vivere atque intellegere sine eo, quod est esse, iam probatum est.

5. Huius rei ad intellegentiam hoc sit exemplum: ponamus visum vel visionem per se vi sua atque natura potentialiter exsistentem, hoc est eius esse, potentiam habentem vigere ad videndum, quod erit eius vivere, et item potentiam habentem videndo visa quaeque discernere, quod est eius intellegere: haec si potentia sunt, nihil aliud quam esse dicuntur et manent et ut quieta sunt atque in se conversa tantum, ut sint, operantur solum visio vel visus exsistentia, et idcirco solum esse numeranda. at cum eadem visio operatione videndi uti coeperit quasi progressione sui, visio (quasi, inquam; non enim progreditur nec a se exit, sed intentione ac vigore propriae potestatis, quod est ei vivere, omnia, quae sunt ei obvia vel quibus incurrendo obvia conspexerit) officio cum videndi fungitur, vita ipsius visionis est, quae motu operante vivere indicat visionem tantum in eo, quod videt, puro videndi sensu, non discriminante nec diiudicante, quod videt. quod quidem nos accipimus aestimatione, ut opinemur videre solum sine intellegentia. cum autem videre, quod est vivere visioni, videre non sit, nisi capiat comprehendatque, quod viderit, simul ergo est et iudicare, quod viderit. ergo in eo, quod est videre, inest diiudicare. neque enim, si viderit, quomodocumque viderit, non diiudicavit illud ipsum, vel quod viderit. ergo, ut diximus, in eo, quod est videre, est diiudicare. in eo autem, quod est esse visionem, inest videre. inconnexa igitur ac magis simplicia. in eo, quod sunt, non aliud quam unum sunt visio, videre, discernere. quo pacto et in eo, quod est discernere, inest videre, et in eo, quod est videre, inest esse visionem, atque, ut vere dicam, non inest, sed eo, quod est visio, eo est videre atque discernere. ita in singulis omnia vel unum quidque omnia vel omnia unum.

6. Extolle te igitur atque erige, spiritus meus, et virtutem, qua a

---

27 diximus *cf. l. 9—25*

2 et³ A ut *Σhd an recte?* || 4 exstiterint *scripsi* exsistiterint A extiterint *Σhd* || 11 vivere A*hd* videre *Σ* | videndo *Σhd* vivendo A *recte ita legi suspic.* *hd* || 12 eius A*hd* contra *Σ* || 13 dicuntur Aᵖᶜ*hd* dicitur (un *supra* i² A¹) Aᵃᶜ *Σ* || 34 virtutem A*hd* virtute *Σ*

deo mihi es inspiratus, agnosce. deum intellegere difficile, non tamen desperatum. nam ideo ⟨nos⟩ nosse se voluit, ideo mundum opera sua divina constituit, ut eum per ista omnia cerneremus. λόγος certe, qui eius filius, qui *imago*, qui *forma* est, a se ad patrem intellegendi transitum dedit. deum igitur in qua natura, in quo genere, in qua vi, in qua potentia ponimus, intellegimus, aestimamus? vel qua phantasia intellegentiae attingimus atque in eum provehimur? et cum inintellegibilem esse dicimus, hoc ipso quodammodo intellegibilem esse iudicamus. certe insufflatione dei anima nobis, atque ex eo pars in nobis est, quae in nobis est maxima. attingimus igitur eum eo, quo inde
1103 A sumus atque pendemus. certe post salvatoris adventum, cum in salvatore ipsum deum vidimus, cum ab eo docti atque instructi sumus, cum ab eo sanctum spiritum intellegentiae magistrum accepimus, quid aliud tantus intellegentiae magister dabit, nisi deum nosse, deum cognoscere, deum fateri? et maiores nostri quaesierunt, quid esset aut quis esset deus. et his ab eo, qui *in eius gremio* semper est, responsum est ita: *me videtis, et patrem meum quaeritis. olim vobiscum sum. qui me vidit, patrem vidit. ego in patre et pater in me.* ergo quid dicimus deum? nempe spiritum et spiritum vitae. dictum enim est: *vita pater est.* et item: *Christus spiritus est.* et ipse rursus de se dixit: *ego sum*
1103 B *vita,* et: *ut pater habet ex se vitam, ita et filio dedit habere ex se vitam.* eodem modo spiritus sanctus spiritus est, utique et ipse vita. nam omnia Christus accepit a patre, et *omnia*, inquit, *ei dedi*, et item: *quae habet, mea sunt.* ergo habet vitam et vitam a se esse. quare istud? quia ubi vita est, ibi est a se esse vitam. et si istud ita est, ibi est et intellegere se vitam esse, et quid esse sit vivere, et quid esse, quod vita est. coniuncta igitur omnia et unum omnia et una substantia et vere ὁμοούσια, vel simul, quod est ὁμοῦ, vel una eademque substantia.

7. Pater igitur esse est. hoc enim ceteris principium et primum ad phantasian secundorum. hic deus, is cum duobus ceteris deus, hic unus
1103 C deus, quia quod est vivere et intellegere, hoc ipsum est, quod est esse, et duobus istis, quod vivere atque intellegere, ab eo provenit, quod est

---

4 cf. Col 1, 15; Phil 2,6 ‖ 16 cf. Ioh 1, 18 ‖ 17—18 cf. Ioh 14, 9—10 ‖ 19—20 cf. Ioh 6, 57 ‖ 20 cf. II Cor 3, 17 ‖ 20—21 cf. Ioh 14, 6 ‖ 21 cf. Ioh 5, 26 ‖ 23—24 cf. Ioh 16, 15

2 nos *hd* ‖ 7—8 inintellegibilem A[pc]*hd* intellegibilem (in[2] A[1supra]) A[ac] Σ ‖ 8—9 hoc ipso — iudicamus *om*. Σ ‖ 9 insufflatione A*hd* in sufflatione Σ ‖ 11 pendemus A[pc] Σ pendimus (i *in* e *mut*. A[2]) A[ac] ‖ 13—14 quid aliud Σ*hd* qui alius A ‖ 15 maiores A[pc] Σ maiore (s A[1supra]) A[ac] ‖ 16 his *hd* hijs Σ is A

esse. nemo igitur separet spiritum sanctum et profana blasphemia esse
nescio quid suspicetur, quia et ipse de patre est, quia ipse est et filius,
qui de patre est. namque post id, quod est esse. id est exsistentia vel
subsistentia vel, si altius metu quodam propter nota nomina conscen-
das dicasque vel exsistentialitatem vel substantialitatem vel essentiali-
tatem, id est ὑπαρκτότητα, οὐσιότητα, ὀντότητα, omnibus his hoc
esse, quod dico, manens in se suo a se motu virificans potentia sua,
qua cuncta virificantur et potentificantur, plena, absoluta, super omnes perfectiones omnimodis est divina perfectio. hic est deus, supra
νοῦν, supra veritatem, omnipotens potentia et idcirco non forma.
νοῦς autem et veritas *forma*, sed non ut inhaerens alteri inseparabilis 1103 D
forma, sed ut inseparabiliter annexa ad declarationem potentiae dei
patris eadem substantia vel *imago* vel *forma*. illud igitur, primum
quod esse diximus, quod deus est, et silentium dictum et quies atque
cessatio. quod si ita est, potentiae progressio (quae non quidem progressio, sed apparentia est, et, si progressio, non dimittens, unde progreditur, sed cum connexione progressio, magis autem apparentia;
non enim fuit aliquid, extra quod progressio fieret, ubique enim deus
et omnia deus), ergo potentiae progressio actus exstitit. is actus, si
silentium deus est, verbum dicitur, si cessatio, motus, si essentia, vita, 1104 A
quod, ut docuimus, in eo, quod est esse, et vivere, in eo, quod est silentium, est tacens verbum, et in eo, quod est quies vel cessatio, inest
vel occultus motus vel occulta actio. necessario itaque et a cessatione
natus motus et nata actio est, vel a silentio verbum vel ab essentia
vita. ergo ista, essentia, silentium, cessatio pater, hoc est deus pater.
at vero vita, verbum, motus aut actio filius et unicus filius, quia nihil
aliud quam unum vel vita vel verbum vel motus aut actio, magisque
omnia ista motus aut actio. etenim omnia illa activa sunt. vita et verbum motu vigent et motu operantur. universalis autem motus, qui
principalis est motus, a se oritur. quid enim est motus, nisi a se sibi
motus sit? nam si ab alio movetur, est quiddam aliud quam motus, 1104 B
quod ab alio movetur. et si illud, quod hoc nescio quid movet, motus
non est, movere non potest. unde enim moveat, non habebit. sin motus

---

11 et 13 cf. Phil 2, 6 et Col 1, 15 ‖ 14 diximus cf. supra III 7, p. 120, 29 ‖
21 docuimus cf. supra III 4, p. 118, 12−28

---

6 hoc A*hd* om. Σ ‖ 7 virificans A*hd* vivificans Σ ‖ 8 virificantur A*hd* vi-
vificentur Σ ‖ 23 et a cessatione A*pchd* et accessatione (c¹ *exp. m. inc.*) A*ac* ex
hac cessatione Σ ‖ 25 ergo A*pc* Σ ego (r A²*supra*) A*ac*

a motu nascitur, motus ergo a se nascitur. sed hoc est: *dedit ei pater, ut a se ei vita esset.*

8. Ergo motus et unus est motus et a se motus, et cum in patre occultus sit atque inde hic motus apparens, a patre motus, et quia a motu motus, ideo a se motus et unus motus, unde unicus filius. hic *λόγος* universalis in omnibus, *per quem facta sunt omnia.* hic vita omnibus, quia *quae facta sunt, vivunt omnia.* hic etiam Iesus Christus est, quia ad vitam salvavit omnia. unus ergo motus et unus filius et unicus, quia unica vita et una vita sola, quae aeterna. ergo *ὁμοούσιος* filius patri. vita enim pater et vita filius, quae *οὐσία* est. item motus pater et motus filius, quae etiam haec *οὐσία* est. neque enim ibi aliquid accidens. ergo et verbum pater, licet tacens verbum, verbum tamen, et verbum filius, et hoc *οὐσία*. quicquid enim vel est vel agit atque operatur, *οὐσία*, et ubi magis *οὐσία*, verbum. non enim ut hic aer sonans verbum, sed ut hic aliquid agens verbum. unus ergo filius, quia unus motus. una vita, quia una sola vita, quae aeterna. nec enim vita, quae aliquando morietur. numquam autem morietur, si se sciat. scire autem se non poterit, nisi deum sciat et deum, qui vita est et vera vita est ac fons vitae. hoc si ita est, deo cognito cognoscet omnia, quia a deo omnia et in omnibus deus et deus omnia. hoc Iohannes clamat: *haec est autem vita aeterna, ut cognoscant te solum et verum deum et quem misisti, Iesum Christum.*

Cognitio est vita. porro autem sive vita sive cognitio, motus est unus et idem motus agens vitam et per vitam cognitionem et per cognitionem vitam. idem ergo motus duo officia complens, vitam et cognoscentiam. *λόγος* autem motus est et *λόγος* filius. filius igitur unicus in eo, quod filius, in eo autem, quod *λόγος*, geminus. ipse enim vita, ipse cognoscentia utroque operatus ad animarum salutem, mysterio crucis et vita, quia de morte liberandi fueramus, mysterio autem cognoscentiae per spiritum sanctum, quia is magister datus et ipse omnes *docuit* et *testimonium* de Christo dixit, quod est cognitionem vitam agere et ex hoc deum cognoscere, quod est vitam veram fieri, et hoc est *testimonium* de Christo dicere. ita dei filius Christus, id est

---

1—2 *cf. Ioh 5, 26* ‖ 6 *cf. Ioh 1, 3* ‖ 7 *cf. Ioh 1, 3—4* ‖ 20—22 *cf. Ioh 17, 3* ‖ 31 *cf. Ioh 14, 26; 15, 26* ‖ 33 *cf. Ioh 15, 26*

2 ut a se *w apud hd* vitam ut *La Bigne* vitas **A** *Σ* | esset **A** (*sed* et *exp.* **A**[1]) *Σ* ‖ 9 sola quae **A**[pc] *Σ* solaque (quae **A**[1supra]) **A**[ac] ‖ 17 morietur (*bis*) **A***hd* morietur *Σ* ‖ 30 magister *hd cf. III 6, p. 120, 13—14* magis est **A** *Σ* ‖ 31 est **A**[1supra] *Σ om.* **A**

λόγος, et filius vita, et quia idem motus, etiam et cognoscentia filius est opere, quo vita est, Iesus exsistens, opere autem, quo cognoscentia est, spiritus sanctus et ipse exsistens, ut sint exsistentiae duae Christi et spiritus sancti in uno motu, qui filius est. et hinc et a patre Iesus:
5 *ex ore altissimi processi*, et spiritus sanctus etiam ipse a patre, quia unus motus utramque exsistentiam protulit. et quia, *quae habet pater, filio dedit omnia*, ideo et filius, qui motus est, dedit omnia spiritui sancto. omnia enim, quae habet, *de me habet*, inquit. etenim quia et ipse motus est, de motu habet. non enim filius illi dedit, sed *ille*, inquit,
10 *de meo habet*. principaliter enim motus vita est et ipsa vita scientia est et cognoscentia. ergo quicquid habet cognoscentia, de vita habet. haec summa trinitas, haec summa unalitas: *omnia, quaecumque habet pater, meas unt. propterea dixi, quia de meo accipiet et annuntiabit vobis*.

9. Hoc igitur satis clarum faciet esse, quod pater est, et vitam, quod
15 est filius, et cognoscentiam, quod est spiritus sanctus, unum esse et unam esse substantiam, subsistentias tres, quia ab eo, quod est esse, quae substantia est, motus, quia et ipse, ut docuimus, ipsa substantia est, gemina potentia valet et vitalitatis et sapientiae atque intellegentiae, ita scilicet, ut in omnibus singulis terna sint. ergo spiritus sanctus
20 scientia est et sapientia.

Hoc ita esse probant sacrae lectiones: *quis dei mentem cognovit, nisi solus spiritus? ipse spiritus testimonium reddet spiritui nostro.* quis testis sine scientia? et scientia ipsa, quia sapientia est, docet nos esse *filios dei.* item: *quis autem scrutatur corda, quis scit cogitationes? spiri-*
25 *tus.* item quomodo ad scientiam iunguntur ambo: *veritatem dico in Christo.* ubi veritas, ibi scientia. quia veritas Christus, ideo et scientia, quod est spiritus sanctus. et item: *non mentior testimonium mihi perhibente conscientia mea in spiritu sancto.* quid est enim aliud conscientia quam cum altero scientia? nunc nostra cum spiritu. ergo spiritus scien-
30 tia et Christus est scientia, quia veritas. ergo et Christus et spiritus scientia. at enim Christus vita. quid, si spiritus vita? unus enim, ut dixi, motus est, et eadem vita, quae scientia. quid enim a Christo

---

5 cf. *Sir 24, 3* || 6—10 cf. *Ioh 16, 14—15* || 12—13 cf. *Ioh 16, 15* || 17 docuimus cf. *III 2, p. 116, 12—13. 20. 28* || 21—22 cf. *I Cor, 2, 11—16 et Rm 11, 34* || 22 cf. *Rm 8, 16* || 24 cf. *Rm 8, 16* | cf. *Rm 8, 27* || 25—26 et 27—28 cf. *Rm 9, 1* || 32 dixi *p. 122, 23—25*

1 idem A*hd* id est *Σ* || 6 utramque A*hd* utrumque in *Σ* || 14 vitam *Σhd* vita A || 15 cognoscentiam *Σhd* cognoscentia A || 18 valet et *Σhd* valet A || 24 scrutatur A[pc]*Σ* scrutator (u *supra* o A[2]) A[ac] || 25 quomodo A[pc]*Σ* quomo (do A[2supra]) A[ac] || 27 est A[1supra]*Σ om.* A || 30 est *Σhd* enim A

doctus, id est a deo (et cum dico doctus, a scientia dico, quod sive a Christo sive ab spiritu, unum atque idem est), quid enim dicit Paulus, cum utrumque id ipsum esse declaret? *prudentia vero spiritus vita est.* aestuat enim et rebellat ac repugnat secum error, imprudentia, inscientia. et ex hoc *prudentia carnis,* quae imprudentia est, et quia deum nescit, *mors* est. ergo *prudentia spiritus vita atque pax est.*

10. Quoniam iam iuncti isti sunt et unum sunt, doceamus, quod deus et scientia sit et vita, quamquam ab ipso ista. Paulus *o,* inquit, *altitudo divitiarum sapientiae et scientiae dei.* sic dictum ab eodem: *multiformis sapientia dei.* hinc et *secretum dei,* hinc et Christus dictus *sapientia,* hinc et illud: *ut possitis comprehendere cum omnibus sanctis, quae sit latitudo, longitudo, altitudo, profundum, scire etiam supereminentem scientiae caritatem Christi.* ita et scientia deus est, et nos scientia liberat, sed per Christum tamen, quia ipse est et *scientia* et *ianua* et *vita* et λόγος et omnium, *per quem facta sunt omnia.* ergo et *scire* ista et etiam *caritatem* in Christum habere debemus. haec atque alia plurima et deum scientiam esse et Christum et spiritum sanctum satis clarum. etiam vitam esse uno licet satis probatur exemplo. nam in aliis libris uberius approbavimus. *sicuti enim pater vitam habet in semet ipso, sic dedit et filio vitam habere in semet ipso.* item dicit: *sicut me misit vivus pater, ita et ego vivo propter patrem.*

Sunt igitur ista sic singula, ut omnia tria ista sint singula. una omnibus ergo substantia est. pater ergo, filius, spiritus sanctus, deus, λόγος, παράκλητος unum sunt, quod substantialitas, vitalitas, beatitudo, silentium, sed apud se loquens silentium, verbum verbi verbum. quid etiam est voluntas patris, nisi silens verbum et apud se loquens verbum? hoc ergo modo, cum verbum pater sit et filius verbum, id est sonans verbum atque operans, ergo, inquam, si et pater et filius verbum est, una substantia est. deinde: *iustum,* inquit, *meum iudicium est, quia non quaero facere voluntatem meam, sed eius, qui me misit.* ergo una voluntas, unde una substantia, quia et ipsa vo-

3—6 *cf. Rm 8, 6* ‖ 8—9 *cf. Rm 11, 33* ‖ 10 *cf. Eph 3, 10* | *cf. Eph 3, 9; Col 2, 2;* ‖ 11 *cf. I Cor 1, 24* ‖ 11—14 *cf. Eph 3, 18—19* ‖ 15 *cf. Hilar., De synodis 29 502 B—503 A); Ioh 1, 3* ‖ 16 *cf. Eph 3, 19* ‖ 19 in aliis libris *cf. I 5, p. 36, 18—19. 21—22. 29—30; I 6, p. 37, 20—24; I 15, p. 44, 25—26; I 41, p. 75, 27 sqq. — p. 77, 8; I b 53, p. 89, 6; II 7, p. 107, 23; II 8, p. 107, 30 sqq.* ‖ 19—21 *cf. Ioh 5, 26; 6, 57* ‖ 29—31 *cf. Ioh 5, 30*

2 dicit A^{pc}Σ dici (t A^{1supra}) A^{ac} ‖ 7 quoniam A hd quo modo Σ ‖ 12 latitudo Σhd altitudo A ‖ 25—27 sed apud se — loquens verbum A$^{1i.m.}$ *quibus verbis antepositae sunt* h(ic) d(eest) *litterae, quae repetuntur i. t. post* silentium *quae verba exceptis in fine* et apud se loquens verbum Σ$^{i.t.}$

luntas substantia est. verbum autem ipsum vitam esse sic ostenditur: *non vultis ad me venire, ut vitam habeatis.* deinde et in hoc totum mysterium est, quod expono: *omne, quod mihi datum est a patre, apud me habeo.* quia vero idem motus est, quod esse, et quod est esse, motus est, et quia quadam intellegentia prius esse ab eo, quod moveri, sed prius κατὰ τὸ αἴτιον, id est secundum causam, ideo dedit pater filio et motum, qui et, quod est esse, habet. ergo motus esse est. λόγος igitur, qui motus est, habet et esse. esse autem vita est et scientia. habet igitur omnia, quia patris habet esse. ergo *voluntatem patris implet filius.* quae autem voluntas, nisi quia, cum pater vita sit, motus est vita eius? haec voluntas est vivere facere alia. haec ergo et τοῦ λόγου, id est Christi. *quae est,* inquit, *voluntas patris, qui me misit? ut ex eo, quod mihi dedit, nihil perdam, sed resurgere faciam id ipsum postrema die. haec enim voluntas est patris mei, ut omnis, qui videt filium et in ipsum credit, habeat vitam aeternam et in die novissima resurgat.* videre autem est Christum scire deum, dei filium, vitam et vitae deum, et hoc est accepisse spiritum sanctum. verbum id esse, quod vitam, hinc probatum est: *post quem ibimus? verbum vitae aeternae habes, et nos credidimus et cognovimus, quod tu es Christus, filius dei.* totum mysterium Christus, dei filius, Christus verbum, et ipsum verbum vitae aeternae verbum. ergo hoc verbum, quod vita, et hoc qui audit et credit, utique cognoscit deum. ergo et spiritum sanctum habet.

11. Pronuntiata hic plena fides est, quippe a discipulis. item ad Iudaeos dicit: *me si sciretis, sciretis patrem meum. neque me scitis neque patrem meum.* et recte. quamquam enim et in patre filius et in filio pater, exsistentia vel substantia in vita et vita in substantia, invisibilis tamen cum sit substantia, non intellegitur nisi in vita. magis autem vita Christus, quamquam et substantia. ergo pater in filio cognoscitur. unde: *quia non scitis me, nec patrem. si sciretis me, sciretis et patrem meum.* ipsum hoc, quod est, *sciretis* a *me* esse, quia ipse et scientia, quod est spiritus sanctus. item ad illos, quia verbum est et verbum pater, ergo una substantia, item: *qui me misit, verus est, et ego, quae audivi ab ipso, ea loquor.* pater filio loquitur, filius mundo, quia pater per filium et filius virtute verbi patris facit omnia, id est secum lo-

---

2 cf. Ioh 5, 40 ‖ 3—4 cf. Ioh 6, 37 ‖ 9 cf. Ioh 6, 38 ‖ 12—15 cf. Ioh 6, 39—40‖ 18—19 cf. Ioh 6, 68—69 ‖ 24—25 cf. Ioh 8, 19 ‖ 29—30 cf. Ioh 8, 19 ‖ 32—33 cf. Ioh 8, 26

3 mihi A*hd* michi Σ ‖ 7 motus A*hd* motum Σ ‖ 10 quia A^{pc}Σ qui (a A^{1supra}) A^{ac} ‖ 21 qui audit A^{pc}Σ quia vadit (a^2 eras. et inter i et a^1 interp. m. inc.) A^{ac} ‖ 30 quod est, sciretis A*hd* quid est? sciretis Σ | esse Σ*hd* esset A

quens verbum per verbum in manifesto loquens facit omnia. secum autem loquens verbum deus est cum filio, quia pater et filius unus deus. ipse praeterea dicit: *amen, amen dico vobis, si quis verbum meum custodierit, mortem non videbit.* et ipse rursum: *novi enim patrem et verbum eius custodio.* uterque verbum, sed ut dixi.

Illud vero quantum aut quale est, in Iohanne: *propterea me pater amat, et ego pono animam meam, ut iterum sumam eam. nemo illam a me tollit, sed ego eam pono a me ipso. licentiam habeo ponere eam, et licentiam habeo sumere eam.* Christum numquam dictum esse animam satis manifestum est, sed nec deum dictum animam. etenim pater deus dictus, spiritus dictus, item filius λόγος dictus, spiritus dictus et sine dubio deus, quippe cum ambo unus deus. ergo haec, λόγος, πνεῦμα, supra animam sunt sua superiore substantia longe alia substantia animae et inferiore, quippe a deo insufflata et genita et sola vere substantia dicta, quod subesset suis in se speciebus, et eodem pacto ut ὕλη.

12. Huc accedit, quod vita deus, vita Christus et ex se vita utique, sed ut patre dante Christus habeat ex se vitam. ergo vita superior ab anima. prior enim ζωὴ et ζωότης, id est vita et vitalitas, quam anima. ergo illa ὁμοούσια, deus et λόγος, pater et filius, quippe ut ille spiritus et hic spiritus, et hic vita et ille vita; item verbum et verbum et cetera. spiritus igitur habet *potestatem animam sumendi, ponendi* et *resumendi.* etenim vita et a se vita *potestatem* habet *sumendi, ponendi* illud, quod sua potentia, sui participatione, facit vivere. etenim anima ad imaginem imaginis dei facta: *faciamus hominem ad imaginem et similitudinem nostram.* ergo inferior et a deo atque λόγῳ magis orta vel facta, numquam ipse deus aut λόγος, sed quidam λόγος, non ille, qui filius, generalis vel universalis atque omnium, quae *per ipsum facta sunt,* semen, origo, fons. illius vero λόγος anima⟨e⟩ quomodo aut qui, et dixisse memini et suo loco esse dicturum. ergo universalis, quia spiritus et vita, non anima, habet *potestatem a semet ipso animam ponere et rursum animam sumere.* deus igitur et λόγος, vel quia vita sunt, vel quia spiritus, vivunt et semper vivunt, quippe qui a se vivunt. ergo illa ὁμοούσια, anima vero ὁμοιούσιος. haec cum assumitur a divinis,

3—4 cf. Ioh 8, 51 ‖ 4—5 cf. Ioh 8, 55 ‖ 5 cf. p. 125, 33—126, 2 ‖ 6—9 cf. Ioh 10, 17—18 ‖ 21—22 cf. Ioh 10, 17—18 ‖ 24—25 cf. Gen 1, 26 ‖ 27—28 cf. Ioh 1, 3 ‖ 29 dixisse cf. III 3, p. 117, 21 sqq. | dicturum cf. hymn. II 8? ‖ 30—31 cf. Ioh 10, 18

18 ζωότης hd ZΩOTEC A ζωότις Σ ‖ 26 quidam A hd quidem Σ ‖ 28 animae hd anima AΣ ‖ 33 ὁμοιούσιος Σ hd OMOOYCIOC A *sed ex marginali huius loci (OMOOYCIOC similis substantiae) concludi potest* A *in exemplari descripto* ὁμοιούσιος *legisse*

id est a λόγῳ (neque enim a deo, λόγος enim motus est et motus anima et motus a semet ipso motus, unde *imago* et *similitudo* anima τοῦ λόγου est), ergo cum assumitur, nihil adicitur vitae, quippe cum ex vita, id est ex vivendi potentia, animae vita sit. animam igitur cum assumit spiritus, veluti ad inferiora traicit potentiam atque actiones, cum mundum et mundana complet. ergo spiritus, et maxime λόγος, spiritus, qui vita est, in potestate habet et sumere animam et ponere. cum autem sumit, mundo veluti nascitur et potentia eius cum mundo colloquitur. cum vero ponit, a mundo recedit et non operatur in mundo carnaliter, nec tamen spiritaliter. hoc nos mortem eius nominamus, et tunc esse dicitur in inferno, non utique sine anima. hinc petit, ne deus *animam suam relinquat in inferno*. ergo eam, quia rediturus ad mundum est et ad eius actum, secum ab inferis ducit. quasi resumit ergo animam, id est ad actus mundi iterum accipit. et quia actus in mundo plenus ac totus λόγος agit et qui spiritus est et anima et corpus, rursus ergo sanctificandum fuit, quia rursus ista susceperat. ivit igitur ad spiritum, et sanctificatus redit, cum apostolis egit, post sanctum spiritum egit. quis igitur est spiritus sanctus? id est λόγος. unus enim motus, et ideo dictum: *et si discedo et praeparo vobis, rursus revenio*. quis enim venit post abitum Christi nisi spiritus sanctus paracletus?

13. Id ita esse, quod dico, ut pater et filius unum sint itemque Iesus et spiritus sanctus unum sint, ac propterea omnes unum sint, iuncta lectione Iohannes declaravit. coepit namque a λόγῳ. *ego sum*, inquit, *via et veritas et vita. nemo venit ad patrem, si non per me*. quis enim ad id, quod est esse et verum esse, pervenit, quod pater est, nisi per vitam? vita enim, quae vera vita est, quia aeterna est, hoc est vere esse. nihil enim mutatur, nihil corrumpitur, quae genera mortis sunt, vita. esse verum vita est. *vivit*, inquit, *deus*. ergo vitam esse deus est. *et ego*, inquit, *vivo*. quicumque ad Christum venit, ad vitam venit, et sic per vitam ad deum. ergo iuncti sunt deus et λόγος, et hinc illud est: *qui me cognovit, cognovit et patrem*, et *qui me vidit, vidit et patrem*. et hinc et illud: *non credis, quod ego in patre et pater in me*. hinc et illud mystice: *et si quid aliquando petieritis in nomine meo, istud faciam*. quid est

---

2 cf. Gen 1, 26 12 cf. Ps 15, 10 ‖ 19—20 cf. Ioh 14, 3 ‖ 24—25 cf. Ioh 14, 6 ‖ 29—30 cf. Ioh 6, 57 ‖ 31—32 cf. Ioh 14, 7 ‖ 31—32 cf. Ioh 14, 9 ‖ 33 cf. Ioh 14, 10 ‖ 34 cf. Ioh 14, 13

1 λόγῳ hd ΛΟΓΟ A λόγον Σ ‖ 15 plenus ac totus A hd plenos ac totos Σ ‖ 20 abitum A[ac] Σ obitum (o *supra* a A[2]) A[pc] ‖ 22 itemque A hd item quod Σ ‖ 24 λόγῳ hd ΛΟΓΟ A λόγον Σ ‖ 32 et[4] om. Σ

petere in Christi nomine? animam aeternam fieri, lucem dei videre, ad
ipsum videndum venire, aeternam vitam habere, non divitias, non
filios, non honores, nihilque mundanum, sed spiritale omne atque
omne, quo uniti deo Christo iungamur. hoc enim est: *ut glorificetur
pater in filio*, id est in vita aeterna, quam *petentibus dabo*.
    14. Subiungitur deinde plenissime de spiritu sancto, quid sit, unde
sit, quod ipse sit. *si enim*, inquit, *me amatis, mandata mea custodite,*
1109 B *et ego rogabo patrem meum, et alium paracletum dabit vobis, ut vobiscum
sit in omne tempus.* quid est paracletus? qui asserat astruatque apud
patrem homines omnes fideles atque credentes. qui iste est? unusne
solus spiritus sanctus? an idem et Christus? etenim ipse dixit: *alium
paracletum dabit vobis deus.* dum dixit *alium*, se dixit alium. dum dixit
paracletum, operam similem declaravit et eandem quodammodo actionem. ergo et spiritus paracletus et spiritus sanctus alius paracletus,
et ipse a patre mittitur. Iesus ergo spiritus sanctus. motus enim spiritus. unde et spiritus motus eo, quod spiritus. *spirat enim, ubi vult.* et
ipse nunc dicit: *spiritus veritatis.* et ita ei nomen est spiritus sanctus.
spiritus etiam Christus, spiritus et deus. omnes ergo spiritus, verum
1109 C deus substantialiter spiritus. inest enim in eo, quod est substantia, et
motus, vel potius substantia ipsa, qui est motus, sed in se manens, ut
saepe iam diximus et retinendi causa saepe repetemus. at vero Iesus
et spiritus sanctus motio, vere mota motio, unde foris operans. sed
Iesus spiritus apertus, quippe et in carne, spiritus autem sanctus occultus Iesus, quippe qui intellegentias infundat, non iam qui signa
faciat aut per parabolas loquatur. ipsum autem se esse ipse sic docet:
non vos dimittam orphanos, veniam ad vos. ipse autem in spiritu sancto
esse occultum sic docet: *mundus me iam non videbit, vos autem videbitis me, quoniam vivo ego et vos vivetis.* hoc etiam sancto spiritui da-
1109 D tum: *ut penes vos sit in aeternum spiritus veritatis.* et de se dixit: *ego
sum veritas.* deinde adiecit: *quem mundus non potest videre.* et de se
dixit: *iam me mundus non videbit.* deinde adiecit: *quoniam ipsum non
videt neque cognoscit ipsum.* sed et Christum nemo cognovit: *in sua*

    4—5 cf. *Ioh 14, 13 et Luc 11, 14* || 7—9 cf. *Ioh 14, 15—16* || 11—12 cf. *Ioh 14, 16* ||
16 cf. *Ioh 3, 8* || 17 cf. *Ioh 14, 17* || 21 diximus cf. *III 9, p. 123, 14—20* || 26 cf.
Ioh 14, 18 || 27—28 cf. *Ioh 14, 19* || 29 cf. *Ioh 14, 16* || 29—30 cf. *Ioh 14, 6* ||
30 cf. *Ioh 14, 17* || 31 cf. *Ioh 14, 19* || 31—32 cf. *Ioh 14, 17* || 32—p. 129, 1 cf. *Ioh 1, 11*

    4 quo uniti *Σhd* quod uniti **A** quo donati *w* apud *hd* || 10 homines omnes
A[ac] *Σ* transp. **A**[2?] | credentes. qui iste est? *hd* credentes. qui iste est **A** cre-
dentes? quis est iste *Σ* | unusne **A***hd* unus ne *Σ*

venit, et mundus eum non agnovit. adiecit: *vos cognoscetis ipsum, quoniam manet in vobis et in vobis est.* et ipse de se ita: *vos videbitis me.* et quoniam Christus vita est, de se adiunxit: *quoniam vivo ego, et vos vivetis.* et quia spiritus sanctus intellegentia est, utraque autem mundus ipse caret, ideo adiecit: *quoniam apud vos manet et in vobis est.* unde autem aut est in illis aut iam manet spiritus sanctus, si adhuc postea venturus est et non iam per Christum apud illos esse coepit? ergo iuncti atque ex uno sunt, qui motus est. id apertius in sequentibus declaratur. ait enim: *haec vobis dixi apud vos manens. paracletus autem spiritus sanctus, quem mittet pater in meo nomine, vos docebit omnia, quaecumque dico. ego,* inquit, *in vobis maneo.* data est enim vita, nec ab illis iam Christus abscedit. sunt igitur et spiritali motu, quod est Christum in illis manere, ipsi autem animae, in quibus spiritus manet nec aliquando discedit.

15. Dictum tamen: *nunc ibo ad patrem.* quid istud sit, facile intellegi potest, si accipiatur ex mysterio dictum et corporali mysterio. nam spiritaliter cum et ipse in patre sit et pater in ipso, quo aut quare ibit? ex eodem mysterio est, quod ad Christum spiritus columbae similis venit, et quod nunc spiritus mittetur a patre, et mittetur ad patrem Christo eunte et petente, ut mittatur. a morte enim vita revocata, et vita non ipsa vita, quia λόγος est, haec enim mortem nescit, magis haec ipsa interficit mortem, sed vita, quae in hominibus, resurrexit a morte, quam utique induit simul cum corpore, et eam ab inferno resumpsit. propter hanc igitur sanctificandam eundum fuit ad patrem, sed corporaliter atque animaliter, id est in id, quod in se pater fuerat, penetrandum potentialiter atque exsistentialiter. hoc igitur modo ivit ad patrem. denique nec absentiae tempus edictum, sed contra dictum, quod nocte, quae sabbatum sequitur, apparuerit Mariae, *tangi* noluerit, priusquam iret ad patrem. nuntiavit Maria discipulis. eadem nocte ad ipsos venit ostendens manus et latus, utique tangi iam non prohibens. post Thomas palpavit, tetigit ipso quidem hortante, quia ille desperabat, quod significat sanctificatum iam fuisse. quam ergo breve hoc tempus est! sed propter mysterium dictum: *ibo ad patrem.* nam cum ipse in patre et in ipso pater sit, quo ibit? eodem ergo myste-

rio: *quem vobis mittit pater*, quia pater mittit, cum Christus mittit. denique sic ait: *mittit pater in nomine meo*, id est pro me aut *in nomine meo*, quoniam spiritus Christus et ipse spiritus sanctus, aut *in nomine meo*, quia spiritus sanctus ipse de Christo testimonium ferret. sic enim **1110 D** dictum: *ille testimonium dicet de me*. quis ille? *quem vobis ego mitto a patre*. iuncti ergo omnes: ego mitto, a patre mitto, spiritum veritatis mitto. medius ergo λόγος, id est Iesus, ipse mittit. motus enim principalis universalisque, qui vitalis ac vita est, mittit intellegentiae motum, qui, sicuti docui[t], ex vita atque ipsa vita est. scire enim, quid sis, hoc est vivere, hoc est esse. hoc autem esse quid est aliud, quam ex dei substantia esse, quod est spiritum esse? unde nos spiritales efficimur accepto spiritu a Christo, et hinc aeterna vita. spiritus ergo appellata est ista trinitas. nam dictum: *deus spiritus est*. item dictum a Paulo ad Corinthios secunda: *dominus autem spiritus est. ubi autem spiri-*
1111 A *tus domini, ibi libertas*. utique ista de Christo. ipse vero spiritus sanctus dictus, quod sanciat sanctos, id est sanctos faciat. et certe ipse est spiritus dei. dictus est enim *prudentia, sapientia* omniumque rerum *scientia*.

Ita enim de eo subiungit: *ille convincit mundum de peccato et iustitia et de iudicio. de peccato*, inquit, *quoniam in me non credunt*, vel quod vita sit Christus, vel quod dei filius et a deo missus et qui peccata dimittat. *de iustitia autem, quoniam ad patrem pergo*. tot enim in mysterio passionibus, quia fidem mandatorum servavit et implevit, quippe cum dixerit, cum aliud vellet: *fiat voluntas tua*. itemque, quia monitos derelinquens iam non ita videndus relinquebat, iustitiae fuit
1111 B his actibus omnibus ire ad patrem, nec ire ad patrem tantum, sed cum illo iam esse. nam idcirco dicitur: *sedet ad dexteram patris. de iudicio vero, quoniam princeps huius mundi iudicatus est*. mysterio enim crucis omnes adversae Christo ab eodem Christo triumphatae sunt potestates. *haec*, inquit, *docebit spiritus sanctus*. quid eligitur? de salute mysterium paracletus complet, et non completa Christus abscedit,

1—6 cf. Ioh 14, 26; 15, 26 || 9 docui cf. III 8, p. 122, 23—33 || 13 cf. Ioh 4, 24 || 14—15 cf. II Cor 3, 17 || 17—18 cf. Is 11, 2 || 19—20 cf. Ioh 16, 8—9 || 22 cf. Ioh 16, 10 || 24 cf. Matth 26, 39 || 27 cf. Rm 8, 34; Hebr 1, 3 || 27—28 cf. Ioh 16, 11 || 30 cf. Ioh 16, 13

9 docui *hd* docuit A *Σ* || 10 aliud A[2supra] om. A *Σhd an recte?* || 16 faciat A*hd* facit *Σ* || 19 convincit A*hd* convincet *Σ* || 23 passionibus A*hd* passionis *Σ* || 28 vero A*hd* om. *Σ* || 29 adversae Christo *Σhd* adversae in Christo A *recte ita legi suspic. hd* || 30—31 quid eligitur? de salute mysterium *Σhd* quid eligitur de salute mysterium A || 31 abscedit A*hd* abscidit *Σ*

an, quia idem ipse Christus est et spiritus sanctus, vel quia ipse eum mittit, vel quia spiritus *habet omnia* Christi, habet omnia, quae per Christum celebrantur?

16. Et tamen videamus, quid acturus est spiritus scientiam daturus gestorum et insinuatione scientiae quasi vim testimonii ac magis iudicii habiturus vel ad paenitentiam vel ad poenam. *de peccato*, inquit, *quod in me non crediderunt.* ergo ut sciat mundus iam poenam suam. *de iustitia autem, quod ad patrem vado.* et hoc potest esse de peccato, quod iniuste fecerunt, qui eum in crucem sustulerunt, quia se filium dei dicebat. et nunc pergit ad patrem. quod item erit omnium, si in deum credant et faciant dei iussa, ut et ipsi ad patrem pergant. iustificantur enim. *nam Abraham credidit, et reputatum est ei ad iustitiam.* deinde *de iudicio*, inquit, *quod princeps mundi iudicatus sit.* haec, ut cernitur, non ad salutem, quae iam a Christo completa est, sed pertinent ad scientiam rerum gestarum. est enim pater loquens silentium, Christus vox, paracletus vox vocis. ergo spiritus sanctus in isto actu alter paracletus, in salutis mysterio cooperator, ut Christus, in spiritu vero sanctificationis, quod deus. si igitur et hoc modo Christus, quod spiritus, sed deus, in mysterio aeternae vitae Christus, in sanctificatione spiritus sanctus. sanctificat autem deus, ut dictum: *sanctifica eos in veritate.* patri filius dicit. ergo sanctificat pater. item Christus sanctificat, ut dictum: *et pro his sanctifico me ipsum, ut sint ipsi sanctificati in veritate.* item sanctificat spiritus sanctus. nam et baptizare ad sanctificationem pertinet. dictum ergo in actis apostolorum: *Iohannes baptizavit aqua, vos autem spiritu sancto tinguemini*, quod superfudit se illis ad scientiam. nam iam sanctificati fuerant baptismo invocato deo, Christo, spiritu sancto. etenim sic dictum est: *sanctifica eos in veritate.* et veritas Christus est, paracletus etiam spiritus est veritatis. ergo omnis, qui baptizatur et credere se dicit et fidem accipit, spiritum accipit veritatis, id est spiritum sanctum, fitque sanctior ab spiritu sancto, et ideo dictum in actis apostolorum: *sed accipietis virtutem adveniente in vos spiritu sancto* non ad sanctificationem, sed

---

2 cf. *Ioh 16, 15* ‖ 6—8 cf. *Ioh 16, 9—10* ‖ 7—8 cf. *Ioh 16, 10* ‖ 12 cf. *Rm 4, 22; Gen 15, 6* ‖ 13 cf. *Ioh 16, 11* ‖ 20—21 cf. *Ioh 17, 17* ‖ 22—23 cf. *Ioh 17, 19* ‖ 24—25 cf. *Act 1, 5* ‖ 27—28 cf. *Ioh 17, 17* ‖ 31—32 cf. *Act 1, 8*

2 quae A²*supra* hd *om.* A Σ ‖ 3 celebrantur A hd celebratur Σ ‖ 5 insinuatione A hd insinuationem Σ ‖ 13 de Σ (cf. supra III 15, p. 130, 27) in A hd ‖ 14 non ad salutem Σ hd ut non ad salutem A ‖ 20 sanctifica A^{pc} Σ sanctificat (t *exp. m. inc.*) A^{ac} ‖ 22 his A hd hiis Σ ‖ 25 tinguemini A hd tingemini Σ ‖ 27 spiritu A hd spiritui Σ ‖ 30 sanctior Σ hd sanctius A sanctus *legendum suspic.* hd

scientiam, et ad ea, quae promisit in evangelio Christus de spiritu sancto, id est de paracleto, primum, ut testimonium de Christo dicat. sic enim ait: *accipietis virtutem adveniente in vos spiritu sancto, et eritis mihi testes in Hierusalem.* sed et Lucas dicit; nondum quidem misso spiritu iam tamen testimonium dicit. Paulus tamen in omnibus epistulis suis quid aliud agit, nisi de Christo testimonium dicit? et post abscessum Christi solus Christum vidit et soli apparuit. spiritus ergo per Christum et Christus per spiritum sanctum affuit. item dicit testimonium Iohannes et Petrus: *quod audivimus, quod vidimus, quod palpavimus.* et in actis apostolorum et ipsi et Lucas, qui scripsit de his, de David ita dicit: *propheta cum esset et sciens, quia iure iurando iurasset illi deus ex fructu ventris eius sedere super thronum illius, providens locutus est de resurrectione Christi, quia neque relictus est in inferno neque caro eius vidit corruptionem. hunc ergo Iesum resuscitavit deus, cuius nos omnes testes sumus.* quando ista dicunt? *cum iam factus esset de caelo sonus et tamquam vi magna spiritus ferretur, qui replevit totam domum, et repleti sunt spiritu sancto et coeperunt loqui variis linguis.*

Deinde dicunt apostoli *de peccato mundi, quod non credidit Christo.* in actis ita: *sicut vos scitis, hunc decreto consilio et praescientia dei traditum per manus scelestas et suffixistis eum cruci et occidistis, quem deus suscitavit.* item in actis apostolorum referente Petro: *David non ascendisse in caelum, sed dixisse ita: dicit dominus domino meo: sede ad dexteram.* hoc etiam Paulus dixit: *qui resurrexit, qui est in dextra dei.* ergo docuerunt, quod post resurrectionem *ad patrem ivit.* idem mox adiecit: *qui et interpellat patrem.* ergo si et Christus interpellat, paracletus etiam ipse. item in actis, quod ad patrem ierit, testimonium est: *videntibus ipsis elevatus est, et nubes suscepit eum ab oculis ipsorum. cumque intuerentur ineuntem illum in caelum,* et reliqua.

17. Dicta sunt iam tria de testimonio in Christum: de peccato, de iustitia; nunc de iudicio. sic per spiritum sanctum locutus Paulus ad Romanos: *deus autem pacis conteret Satanan sub pedibus vestris velo-*

3—4 cf. Act 1, 8 ‖ 4—5 cf. Luc 24, 48 ‖ 9—10 cf. I Ioh 1, 1 ‖ 11—15 cf. Act 2, 30—32 ‖ 15—18 cf. Act 2, 2 et 4 ‖ 19 cf. Ioh 16, 9 ‖ 20—22 cf. Act 2, 22—24 ‖ 22—24 cf. Act 2, 34; Ps 110, 1 ‖ 24 cf. Rm 8, 34 ‖ 25 cf. Ioh 16, 10 ‖ 26 cf. Rm 8, 34 ‖ 28—29 cf. Act 1, 9—10 ‖ 30—31 cf. Ioh 16, 9—10 ‖ 32 cf. Rm 16, 20

7 apparuit Σhd apparuerit A ‖ 10 ipsi Ahd ipse Σ ‖ 28 ipsis Ahd illis Σ ‖ 29 ineuntem hd ineumtem A^{ac} euntem (in *exp. et* m *rasura in* n *corr. m. inc.*) A^{pc} in euntem Σ ‖ 32 Satanan Ahd satanam Σ

ADV. ARIVM III

citer. item ipse ad Ephesios: *qui cum ascendisset in altitudinem, captivam duxit captivitatem.* item in Apocalypsi ipse dixit: *et habeo claves mortis et inferi.* item ibi: *et factum est proelium in caelo, Michael et angeli eius bellare adversus draconem.* et totus locus demonstrat *diabolum iudicatum.*

Cum igitur approbatum sit tres istas potentias et communi et proprio actu et substantia eadem unitatem deitatemque conficere, non sine ratione rerum in duo ista revocantur, in filium ac patrem. etenim cum quasi geminus ipse pater sit, exsistentia et actio, id est substantia et motus, sed intus motus et autogonus motus, et hoc, quo substantia est motus, necessario et filius, cum sit motus et autogonus motus, eadem substantia est. eadem enim haec inter se sine coniunctione unum sunt et sine geminatione simplex, suo ut proprio exsistendi ⟨di⟩versum (vi autem potentiaque, quia numquam sine altero alterum, unum atque idem) tantum actu, sed qui foris est, in passiones incidente, alio autem interiore semper manente atque aeterno, quippe originali et substantiali et idcirco semper patre, qua ratiocinatione et semper filio.

Paulus in omnibus epistulis: *gratia vobis et pax a deo patre nostro et domino nostro Iesu Christo.* item: *non ab hominibus neque per hominem, sed per Iesum Christum et per deum patrem.* item in evangelio: *ego et pater unum sumus. ego in patre et pater in me.*

18. Nos quoque patrem et filium religiose semper usurpamus et recte secundum rationem supra dictam. etenim motus, ut supra docuimus, filius, atque ipse motus vita et scientia vel sapientia. certe Paulus plenissime expressit, quod intellegi volumus: *gratias ago,* inquit, *deo meo semper pro vobis in Christo Iesu, quod omnes locupletati estis in illo in omni verbo et in omni scientia.* verbum Christum diximus, id est vitam, scientiam spiritum sanctum. ergo unum. *in Christo* enim, ait, *locupletati estis.*

Quod cum ita sit, si deus et Christus unum, cum Christus et spiritus unum, iure tria unum vi et substantia. prima tamen duo unum

---

1—2 cf. *Eph 4, 8; Ps 68, 19* ‖ 2—3 cf. *Apoc 1, 18* ‖ 3—4 cf. *Apoc 12, 7* ‖ 4—5 cf. *Ioh 16, 11* ‖ 19—20 cf. *Rm 1, 7; I Cor 1, 3; II Cor 1, 2; Gal 1, 3; Eph 1, 2; Phil 1, 2; Col 1, 2; II Thess 1, 2; I Tim 1, 2; II Tim 1, 2; Tit 1, 4; Philem 3* ‖ 20—21 cf. *Gal 1, 1* ‖ 21—22 cf. *Ioh 10, 30; 14, 10* ‖ 24 supra dictam cf. *III 17, l. 8—18* | docuimus cf. *III 8, p. 122, 23—27* ‖ 26—28 cf. *I Cor 1, 4—5* ‖ 29—30 cf. *I Cor 1, 5*

13—14 exsistendi diversum *w apud hd* exsistendi versum AΣ ‖ 15—16 incidente Σ incedente A*hd* ‖ 27 quod Σhd quo A

diversa hoc, ut sit pater actualis exsistentia, id est substantialitas, filius vero actus exsistentialis. duo autem reliqua ita duo, ut Christus et spiritus sanctus in uno duo sint, id est in motu, atque ita duo, ut unum duo. prima autem duo, ut duo unum. sic cum in uno duo et cum duo unum, trinitas exsistit unum. nam quid ego de spiritu sancto, de quo tractatus est plurimus, multa commemorem? ex ipso concipitur Christus in carne, ex ipso sanctificatur in baptismo Christus in carne; ipse est in Christo, qui in carne. ipse datur apostolis a Christo, qui in carne est, ut baptizent in deo et in Christo et spiritu sancto. ipse est, quem Christus in carne promittit esse venturum. quadam agendi distantia idem ipse et Christus et spiritus sanctus, et quia spiritus, idcirco et deus, quia Christus, quod spiritus, ideo deus. unde pater et filius et spiritus non solum unum, sed et unus deus.

6 tractatus *cf. III 14, p. 128, 6 – 17, p. 133, 5*

1 diversa Ahd diverse Σ || 3 duo[1] A^{pc} Σ doo (u *supra* o A[1]) A^{ac} || 6 tractatus est plurimus Ahd tractatum est pluribus Σ || 7 ex ipso sanctificatur in baptismo Christus in carne A^{pc} Σ *om.* A *suppl.* A[1]$^{i.m.}$ *praemisso* h(ic) d(eest), *quod repetitur supra lineam hoc in loco, ubi addenda, quae defuerunt* || 9 est[2] Ahd *om.* Σ || 13 MARII VICTORINI DE *OMOOYCION* (*in capite sequentis paginae ut titulus libri sequentis, re vera autem subscriptio praecedentis cf. p. 114 app.*) A *subscriptione caret* Σ

MARII VICTORINI DE *OMOOYΣION*

Adversus Arium liber quartus

1. Vivit ac vita unumne an idem, an alterum? unum? et cur duo nomina? idem? et quomodo, cum sit aliud in actu esse, aliud ipsam actionem esse? ergo alterum? sed quomodo alterum, cum in eo, quod 1114 A vivit, vita sit, et in eo, quod vita est, vivat necesse est? non enim caret
5 vita, quod vivit, aut, cum sit vita, non vivit. alterum igitur in altero, et ex hoc in quolibet altero duo, et si ut duo, non ut pure duo, quippe cum alterum in altero et id in utroque. idem ergo? sed idem in duobus est a se alteris. ergo et idem est et alterum in quolibet horum aliquo. at si idem est et ad se utrumque idem est, utrumque idem et unum est.
10 quolibet enim altero exsistente, quod alterum est, neutrum ut geminum. ergo, si utrumque hoc ipso, quod est, et alterum est, erit apud se utrumque unum. at cum utrumque apud se unum est, in altero idem unum est. at cum idem unum est, vere unum est utrumque. nullo enim utrumque distat, nec exsistendi virtute nec tempore, fortasse causa, 1114 B
15 et hoc altero prius est.

2. Hoc quo facilius iudicetur, sic ista melius retractabimus: vivere ac vita ita sunt, ut et hoc, quod est vivere, vita sit, et hoc, quod est vita, sit vivere, non ut duplicatum alterum in altero sit, neque alterum cum altero est. haec enim est copulatio. nam et ex hoc, etiamsi inse-
20 parabiliter iunctum sit, unitum est, non unum. nunc vero cum ipso eodem opere vitam esse sit vivere et eodem modo vivere vitam esse sit. de his enim loquimur duobus, de vivere et vita, non de eo, quod affectum vita habet et vivere, quamquam et ipsum tertium et in eo, quod

---

Titulum ex A *dempsi, qui post librum hunc subscriptionem hanc praebet*: MARII VICTORINI DE *OMOOYCION* LIBER PRIMVS EXPLICIT (*cf. p. 167, 12 app.*) MARII VICTORINI AFRI VIRI CONSVLARIS ADVER-SVS ARIVM LIBER QVARTVS Σ MARII VICTORINI VIRI CLARISSIMI DE *OMOOYCIΩ supplens partim, partim emendans* (-Ω *pro* -ON) hd || 8 alteris hd alter, is A Σ || 9 utrumque idem et Σ hd utrumque idem est A || 16 retractabimus Σ hd retractavimus A *cf. Wöhrer Studien 28; Hadot Victorinus 260 – 61 iudicare nolim* || 22 – 23 affectum vita *scripsi* adfectum vita A hd ad effectum vitam Σ

vitam habet et ut alterum ex altero, sed ut unum utrumque. ex quo
1114 C apparet, quid ipsa per se exsistentia in suis rebus valeant, cum substantia una atque eadem manente esse suum nulla sui innovatione custodiant. namque vitae esse suum est moveri. ipsum autem moveri, hoc est vivere. esse igitur et vivere est et esse vitam. una ergo eademque substantia. namque unicuique in eo, quod sit suum esse, substantia est. etenim in supernis aeternisque, id est in intellectibilibus atque intellectualibus, nihil accedens, nihil qualitas, nihil geminum vel cum altero, sed omnia viventes sunt intellegentesque substantiae purae, simplices, unius modi, hoc ipso, quo sunt, et vivunt et intellegunt, conversimque quo vivunt, quo intellegunt, hoc ipso etiam sunt. vivit igitur ac vita una substantia est.

1114 D 3. Sed quoniam intellectus ita se pandit atque ita sermo processit, ut et in eo, quod est vivere, vita sit, et in eo, quod vita sit, ideo sit vita, qua vivit, quaerendum et intenta ratione quaerendum, utrum naturalis ista complexio et bigemina exsistentiae modo pura simplicitas unane sit an duae. si nihil interest vivere et vita, sit et vitam esse, ut insit et vivere, iure ac merito unam istorum, non geminam, copulam ad exsistentiam sui esse dicemus. sin autem primum aliud est vivere, aliud vitam esse, et item si distantia est, ut nunc vita causa sit ad vivendum, nunc ipsum vivere causa sit, ut vita sit, duo sunt ista, sed gemina inter se atque apud se simpliciter unita. potentia enim λόγῳque suo atque divino refert ista geminari, ut eiusdem naturae ac poten-
1115 A tiae alterum, cuius sit id, a quo hoc alterum. atqui est nonnulla distantia, parva illa sit licet, unde non est frustra geminatio. etenim non idem actio et agere nec potentia et operatio nec, ut verius dicam, idem causa est, quod effectum. illa enim origo, hic partus est. unde, cum duo ista, vivit ac vita, sit actio atque agere, quamquam in se simulque sint, tamen et alia vi atque natura existimanda sunt, ut alterum alterius causa sit, alterum exsistat effectum.

Sed ut mihi intellegentia est ac probata sententia, cum in principali naturalique primae divinitatis exordio primum sit, quod est vivere, secundum vero, quod vita (ita enim ratio docebit et ipsa veritas approbabit), fit, ut vivere causa sit vitae effectusque vivendi vita sit, quod tamen ipsum vivere et vita sit. simul enim ista et simul semper, quod
1115 B ὁμοούσιον erit. aliud vita ad secunda tertiaque, vel deinceps quae

8 accedens A Σ cf. p, 145, 25 accidens hd ǁ 16 pura A^{pc} Σ plura (l exp. m. inc.) A^{ac} ǁ 17 unane hd uná ne A Σ | ut A hd vi Σ ǁ 20—21 vivendum La Bigne hd videndum A Σ ǁ 29 alia vi A^{pc} Σ alivi (a A^{2supra}) A^{ac} ǁ 34 vitae A^{pc} Σ $^{i.m.}$ hd vita (a in ae mut. A^2) A^{ac} Σ $^{i.t.}$ ǁ 36 ὁμοούσιον erit hd cognitor erit A cognoscitur erant Σ cognitum sit w apud hd

ADV. ARIVM IV

vivunt ordinata, causa atque principium, ita scilicet, ut idem sit simulque vita, quod vivere, sed hoc vivere secundum de vita cum vita est. illud primum ac principale vivere, simul et vita, causa est vitae et fons et origo viventium. scio hoc obscurum videri posse, non tam rerum quam eorundem repetitionem sermonum, quod duo ista tali copulatione nectantur, ut, cum sit vivere, vita sit, et cum sit vita, sit vivere. unde constituto quolibet uno frustra alterius videbitur facta geminatio.

4. Audi, lector, audi, quod miraberis, lector, ista tam dura, tam tortuosa, tam clausa tractatu de deo et de divinis simplici disputatione pandemus. deum certe fatemur omnes, deum omnipotentem, deum supra omnia, deum ante omnia, deum, a quo omnia. hunc cum fatemur, etiam esse sine dubio confitemur. esse huic quid credimus, quid putamus? *spiritus*, inquit, *deus est*, lumen et verum lumen deus est. quid hoc esse creditur, quod *spiritus* dicitur? nempe spiritum intellegere cogimur quandam exsistentem, viventem intellegentemque substantiam. in supernis quidem et circa deum maxime quasi humilem et alienum et in posterioribus nomen non credunt convenire substantiam. sed cur a nobis fugiatur hoc verbum, cum esse cuique hoc ei sit esse substantiam, et in Ieremia deus loquens ita dicat: *quodsi in mea substantia staretis, videretis verbum meum*. sic etiam ibi non multo post et aliis in locis multis. est igitur spiritus substantia, id est esse eius. colligamus igitur cata Iohannem dictum: *spiritus deus est, et adorantes eum in spiritu et veritate adorare oportet*. deus, inquit, *spiritus est*, hoc est dei quod est esse. ergo substantia dei spiritus est. eadem substantia hoc est, quod vivens, non ut aliud sit substantia, aliud vivens, sed ipsum vivens ut sit ipsa substantia. si enim dictum est ab eodem: *spiritus est, qui vivificat*, utique is vivificat, qui vivit et vitae potentia est. ergo vivit spiritus, vivit deus. porro autem, quia vivit, ut supra diximus, et vita est. spiritus ergo et vita est, ut idem Iohannes ait: *spiritus vita est*. ergo deus, cum est spiritus, et vivit et vita est. Paulus etiam ad Romanos: *nulla ergo damnatio his, qui sunt in Christo Iesu et non iuxta corpus ambulant. lex enim spiritus vitae in Christo Iesu liberavit te a lege peccati et mortis*. *spiritus vitae*, inquit. tria enim ista spiritus sunt: deus, Iesus, spiritus sanctus.

14—15 *cf. Ioh 4, 24* || 20—21 *cf. Ier 23, 18* || 23—24 *cf. Ioh 4, 24* || 27—28 *cf. Ioh 6, 63* || 30—31 *cf. Ioh 6, 63* || 32—34 *cf. Rm 8, 1—2*

6 nectantur A*hd* nectuntur *Σ* || 19 esse[1] A*pchd* esset (t *exp. m. inc.*) A*acΣ* || 20 dicat A*hd* dicit *Σ* || 23 cata Iohannem A*hd* κατὰ Ἰωάννην *Σ* || 28 is vivificat A*hd* is qui vivificat *Σ* || 34 te A*hd* me *Σ*

5. Ac de deo probatum puto et spiritum esse, spiritum autem et vivere et vivere facere et vitam esse substantialiter, ut ista intellecta sint et simplex et una substantia, ut hoc sit spiritum esse, quod vivere et vitam esse. sed non istud, quod nostrum est vivere, quod animalium, quod elementorum, quod creatorum ex elementis, quod mundi, quod omnium in mundo, quod angelorum, daemonum, vel etiam eorum, quos in mundo de mundo deos nominant, non, inquam, illud vivere in deo est, hoc deus est, quod est vivere animae aut uniuscuiusque aut illius universalis atque fontanae, non ut ibi angelorum, non ut ibi thronorum, gloriarum vel ceterorum in aeternis exsistentium vel in intellectualibus vel in intellectibilibus, sed illud vivere, unde haec pro suo exsistendi genere vitam recipiunt et vivunt illo quodammodo progrediente et ista, prout capere possunt potentiam viventis vigoris, afflante a se, sibi, per se, in se, solum, simplex, purum, sine exsistendi principio, a quo fusum magis vel progressum vel natum principium est, per quod crearetur vivere ceterorum. etenim vivere vitam parit. nam vi naturali prior actor quam actio. agens enim actionem genuit et quasi ex ipsa vocabulum et rem, cum ipse tribuerit, ipse suscepit.

Hoc cum rectum, etiam ratione admodum verum est. certe deus, cui ad omnipotentiam principalemque summitatem hoc nomen convenit deus, deus, inquam, primum (si in dei operibus dicendum aliquid primum; sed intellegentia humani ingenii ut se exserat, ut res capiat, rebus vel simul exsistentibus vel simul fusis et ortus et diversos ortus et quasi tempus attribuit), deus, inquam, primo universalium universales exsistentias substantiasque progenuit. has Plato ideas vocat, cunctarum in exsistentibus specierum species principales, quod genus in exemplo est ὀντότης, ζωότης, νοότης et item ταυτότης, ἑτερότης, atque hoc genus cetera. genera igitur generum profunduntur a deo et omnium potentiarum potentiae universaliter principales. ergo ὀντότης, id est exsistentialitas vel essentitas, sive ζωότης, id est vitalitas, id est prima universalis vitae potentia, hoc est prima vita fonsque omnium vivendi, item νοότης, intellegendi vis, virtus, potentia vel substantia vel natura, haec tria accipienda ut singula, sed ita, ut qua suo plurimo sunt, hoc nominentur et esse dicantur. nam nihil horum est,

---

13 possunt A*hd* possint *Σ* ∥ 14 solum A*hd* solo *Σ* ∥ 22 ut² A*hd* et *Σ* ∥ 27 νοότης *hd* ΝΟΩΟΤΗC (O¹ *exp. m. inc.*) A νόησις *Σ* | ταυτότης *hd* ΤΟΥΤΟΤΗC A(*Σ*) | ἑτερότης *hd* et ΤΕΡΟΤΗC A(*Σ*) ∥ 28 genera igitur *transp.* A² | profunduntur a deo *Σhd* profunduntur. adeo A *sed infra punctum a cum* profunduntur iunxit A¹ ∥ 30 vel A*pc Σ* ve (l A¹*supra*) A*ac* ∥ 32 νοότης *hd* ΝΩΟΤΗC A νόησις *Σ* ∥ 33 qua *Σhd cf. infra IV* 21, *p.* 155, 2 quae A quo *w apud hd sequens Schmid, Marius Victorinus* 23

ADV. ARIVM IV

quod non tria sit. esse enim hoc est esse, si vivat, hoc est in vita sit. ipsum vero vivere: non est vivere, quod vivat, intellegentiam non habere. quasi mixta igitur et, ut res est, triplici simplicitate simplicia. quicquid enim hoc ipso, quo est, et alterum est, non aliquando dicendum geminum, sed semper unum. verum de his pluribus et alibi.

6. Deus igitur, quod est vivere, quod summum, primum, fontaneum, 1117 A principaliter principale, tria ista genuit, id est suo vivendi opere, ut exsisterent, procreavit. ista igitur opere provenerunt, et haec proles, ista generatio est, ut ab agente actus, ab eo, quod est esse, essentitas vel essentia, a vivente vitalitas vel vita, ab intellegente νοότης, intellegentiarum universalium universalis intellegentia nasceretur. prius est igitur vivere quam vita, quamquam in eo, quod est vivere, vita sit, sed vivere ut parens vitae est, vita et proles et quod gignitur, quippe a vivente generata. deus igitur est vivere, illud primum vivere, a semet ipso vivere, ante omnium vivere et ante ipsius vitae vivere. agens enim et semper agens et nullo principio agens non ab actione 1117 B agens est, ne actio vel phantasia principii sit ad agentem, sed ut actio agentis opere vel progenita sit vel exstiterit vel effusa sit. hoc igitur agere in eo ponimus, quod est vivere. deus ergo vivere est et principale vivere, vita autem ut genitum. vivere ergo pater est, vita filius. namque *quod in eo factum est, vita est.* et ipse filius ita dicit: *ego sum via, ego veritas, ego vita.* haec vita est, quae orta est ab eo, quod pater vivit. et hoc illud est: *ego enim de deo exivi.* item ipse de se ita dicit: *qui sitit, veniat ad me et bibat. qui credit in me, sicut dixit scriptura, flumina de ventre eius fluent aquae vivae.* hinc et illud est, quod Samaritanae respondit: *si scires donum dei et quis est, qui dicit tibi: da mihi bibere, tu magis* 1117 C *petisses eum, et dedisset tibi aquam vivam.* item postea: *omnis, qui biberit ex hac aqua, sitiet iterum.* Samaritana aqua mundana est anima. *qui autem biberit de aqua, quam ego dedero ei, non sitiet in sempiternum, sed aqua, quam dabo ei, fiet in eo fons aquae salientis in vitam aeternam.*

His atque huiusmodi innumerabilibus exemplis satis clarum fit Christum dei filium vitam esse et aeternam vitam, quippe qui et ipse

---

5 alibi *cf. Ib 50, p. 85, 32—86, 10; III 4, p. 118, 9—119, 7; IV 21, p. 154, 33—155, 5* ‖ 21 *cf. Ioh 1, 3—4* ‖ 21—22 *cf. Ioh 14, 6* ‖ 23 *cf. Ioh 16, 27* ‖ 23—25 *cf. 37—38* ‖ 26—30 *cf. Ioh 4, 10. 13—14*

5 et A*hd om.* Σ ‖ 9 esse A*hd om.* Σ | essentitas A^{pc} Σ essentias (t A^{1 ? supra}) A^{ac} ‖ 10 νοότης *hd* ΝΟΗΤΗC A νόησις Σ | *ante* intellegentiarum *add.* id est A^{2 ? supra} *glossam arbitratur hd recte* ‖ 15 omnium A^{ac} Σ omnia (a *supra* um A^{1}) A^{pc} ‖ 25 Samaritanae Σ*hd* samariae A^{ac} samaritae (t A^{2 ? supra}) A^{pc}

ut pater spiritus sit. *de spiritu enim quod nascitur, spiritus est. spiritus vero spirat* et a se spirat. spirare autem vivere est. porro quod a se spirat, a se vivit. quod a se vivit, ex aeterno et in aeternum vivit. numquam enim se deserit, quod sibi causa est, ut hoc ipsum sit, quod
1117 D exsistit. cum igitur pater sit, quod est vivere, ut supra docuimus, vi- 5
vere autem sit vitam esse, itemque cum vita id sit, quod gignitur ab eo, quod est vivere, necessario id est vita, quod est vivere. vivit enim et vita hoc ipso, quia vita est atque ex se vita est. ex se enim ei est vivere, verumtamen ex illo primo, quod est principaliter vivere, quod est pater, ubi et unde exsistit vita, cui inest et vivere et ex se vivere, 10 quod esse filium Iesum Christum probamus, intellegimus et fatemur.

7. Ista omnia, quae a me dicta sunt, quemadmodum in evangelio cata Iohannem significata atque asserta per ipsa salvatoris verba, videamus: *misit me vivus pater, et ego vivo propter patrem.* ac ne qui
1118 A istum in carne Christum dixisse istud crederet, subiunxit statim: *hic* 15 *est panis, qui de caelo descendit.* deinde vitam se esse et aeternam vitam sic testatur, sic docet: *nisi acceperitis corpus hominis sicut panem vitae et biberitis sanguinem eius, non habebitis vitam in vobis. qui autem edet carnem eius et bibet eius sanguinem, habet vitam aeternam.* omne ergo, quod Christus est, vita aeterna est vel spiritus vel anima vel caro. 20 horum enim omnium ipse λόγος est, λόγος autem principalis vita est. ergo etiam ea, quae induit, vita sunt. unde ista et in nobis vitam aeternam merebuntur; per spiritum, quem Christus nobis dat, facta et ista spiritalia. ac ne qui crederet de Christo carnali Christum ista dicere et
1118 B non de toto se, qui est spiritus, anima, caro, quid ait? *quid, si videritis* 25 *filium hominis ascendentem?* quis est filius hominis? spiritus, anima, caro. haec enim habuit, cum ascendit, et cum quibus ascendit. quid ergo est, quod adicit, ut spiritus intellegatur? *ubi primum fuit.* hoc est *spiritus atque vita,* quod pater, quod deus.

Unde haec ὁμοούσια, id est consubstantialia sunt nullo tempore 30 extra se exsistentia, principaliter principalia, una eademque substantia, vi pari, eadem potentia, maiestate, virtute, nullo alterum prius nisi quod causa est alterum alterius, et idcirco alterum, sed idem alterum; verum quia idem, unus deus. quia vero alterum, idcirco primum

---

1—2 cf. *Ioh 3, 6 et 8* ‖ 5 docuimus cf. *IV 6, p. 139, 20* ‖ 14 cf. *Ioh 6, 57* ‖ 15—16 cf. *Ioh 6, 50* ‖ 17—19 cf. *Ioh 6, 53—54* ‖ 25—26 cf. *Ioh 6, 62* ‖ 28—29 cf. *Ioh 6, 62—63*

6 itemque Σ *hd* idemque A ‖ 7 est[3] A *hd om.* Σ ‖ 13 cata Iohannem A *hd* κατὰ Ἰωάννην Σ ‖ 16 se A *hd om.* Σ ‖ 32 nullo alterum A *hd* nullum altero Σ

et secundum, et quia causa alterum alterius, idcirco pater, quod causa est, id vero, quod ab altero, filius. in substantia vero nulla distantia, nulla temporis discretio, nulla significatio, unus motus, una voluntas et aliquando phantasia alterius voluntatis, sed semper eadem.

8. Haec ita esse sacra primum lectione doceamus, deinde, ut ordo poscit, ut rerum necessitas flagitat, et perspiciamus in his, in quibus est una eademque substantia, cur alter mittentis, alter missi potestatem gerant, imperantis alter, alter ministri, alter motu agendi a passionibus libero, alter per infinitos actus in creandis saeculis infinitis et his, quae sunt in saeculis, subierit usque ad mortem innumeras passiones.

Vivit, quod primum est, vivit ex sese, vivit aeternum, et hoc deus est. quod ipsum vivit, ut docui, exsistentiae vel substantiae vim habet et naturam vitae et intellegentiae, immo ipse in eo, quod est ei esse, hoc est illud, quod dicimus vivere, et hoc, quod intellegere, et hoc deus est. ergo quod est deo esse, exsistentiae causa et pater est. et quoniam in ipso suo esse vita ei est, et in eo etiam nosse, qui sit, et vitae universalis et intellegentiae fons est. de tribus enim istis, quae simplici exsistentia in deo sunt, vel quae deus sunt, magis esse deus est, quod ex se habet vivere et vitam esse vel intellegere et intellegentiam esse, ut et supra docuimus et in pluribus, ut iam reliqua duo, vitam dico et intellegentiam, accipiamus ut genita ab eo, quod est esse, suum esse habentia ab eo, quod est primum esse, motu propriore exsistendi vim ac nomen vitae intellegentiamve sortita. omnia enim in tribus terna sunt quodam motus ordine nominata, non quo non in singulis suis tribus trina sunt, sed quod motu id operentur, quod esse dicuntur. esse enim primus motus est, qui cessans dicitur motus, idem intus motus. cum enim se, ut exsistat, operatur, recte et intus motus et cessans motus est nominatus. hunc nos motum id esse dicimus, quod est vivit ac vivere. iam vero cum ex eo, quod est vivit ac vivere, confecta quodammodo et genita in habitus speciem ipsius, quod est vivit ac vivere, forma formata sit, haec vita, haec filius nominatur. ut enim forma quaelibet vel ibi, posita ubi est, vel alibi ducit nos ad cognoscendum eum,

---

13 docui cf. *IV* 2, *p. 136, 11−12; 4, p. 137, 27; 5, p. 138, 2−3* ∥ 21 docuimus cf. *IV 5, p. 138, 1−4. 139, 1−2; 6, p. 139, 6−11* | et in pluribus cf. *I b 50, p. 85, 32−86, 10; III 2, p. 115, 27−31; 7, p. 120, 29−121, 1*

9 infinitis A*hd* infinitus Σ *recte ita legi suspic.* hd ∥ 23 motu A$^{pc}\Sigma$ motum (m *exp. m. inc.*) A^{ac} | propriore A*hd* pro priore Σ ∥ 25 quodam motus ordine *hd* quodammodo tuus ordine AΣ | suis A*hd om.* Σ ∥ 27 primus motus A$^{pc}\Sigma$ motus primus (*transp.* A^{1}) A^{ac}

cuius est, sic vita facit nos nosse, quid sit vivere. actus enim est vivere et in actu momentis omnibus cursus, et ideo dictum: *deum nemo vidit umquam.* quis enim videat vivere, quod deus est, sine vita, quae lineamentis agendis in quadam specie coit et exsistit, ut sit forma viventis? ergo eius, quod est vivere, forma est vita, per quam vel in qua, quod est vivit ac vita, videtur, accipitur et agnoscitur. quod aperte significat dictum salvatoris: *qui me vidit, vidit et patrem.* filius enim dei forma dei est, id est vita, quae est forma viventis. dictum enim a Paulo ad Philippenses: *qui, cum in forma dei constitutus esset, non rapinam arbitratus est, ut esset aequalis deo.* item ad Colossenses: *qui est imago invisibilis dei.* ergo Iesus Christus et imago et forma dei. diximus autem, quod in forma videtur id, cuius forma. et eodem pacto et imagine videtur is, cuius imago est, maxime si is, cuius imago est, invisibilis, sicut hic dictum: *imago dei invisibilis.* eodem modo dictum in evangelio cata Iohannem: *deum nemo umquam vidit nisi unigenitus filius, qui de sinu eius exivit.* et item sic Moysi dictum: *faciem meam non videbis. quis enim faciem meam vidit et vixit?* promisit tamen posterganea sua videri, id est dorsum ceteraque praeter faciem.

9. Quot hic mysteria, quot genera quaestionum! quot signa ad declarandum et deum et Iesum Christum et substantiam esse et unam ambo esse substantiam et simul utrumque unam esse substantiam et a patre filio esse substantiam! quae cuncta atque huiusmodi alia nullo modo explicari, intellegi atque approbari possunt, nisi superior tractatus manifestis perceptionibus illucescat.

Sit igitur nobis fixa sententia, quod deus spiritus sit et spiritus, de quo et filius spiritus et spiritus spiritus sanctus. *de spiritu* enim *quod nascitur, spiritus est. spiritus* autem *vivificat.* quod vivificat, utique ipsum vivit. et quod vivit, quia, spiritus est, a se vivit. et quod a se vivit, hoc ipsum est, quod est vivit. et quia, quod a se vivit, cum ipsum sit, quod est vivit, nec aliud habet, quod vivere dicatur (non enim vivificatum est, sed vivit ipsu mvivit vel vivere exsistens), et quia vivit ac vivere agere est, in eo, quod a se vivit, numquam coepit. non enim exspectavit alterum, ut numquam se deseruit aut deseret. ex

---

2—3 cf. *Ioh 1, 18* ∥ 7 cf. *Ioh 14, 9* ∥ 9—10 cf. *Phil 2, 6* ∥ 10—11 cf. *Col 1, 15* ∥ 14 cf. *Col 1, 15* ∥ 15—16 cf. *Ioh 1, 18* ∥ 16—17 cf. *Ex 33, 20* ∥ 17—18 cf. *Ex 33, 23* ∥ 23 superior tractatus cf. *IV 1—8* ∥ 26—27 cf. *Ioh 3, 6* ∥ 27 cf. *Ioh 6, 63*

6 aperte A*hd* a parte *Σ* ∥ 15 cata Iohannem A*hd* κατὰ Ἰωάννην *Σ* ∥ 17 promisit A*hd* permisit *Σ* ∥ 20 unam A*hd* unum *Σ* ∥ 28 quia A*Σ* inter quia et spiritus *add.* quod A[2 *supra*] *syntaxin parum intellegens* ∥ 31 vivificatum *Σhd* vificatum A

aeterno igitur atque in aeternum vivit principalis et universalis substantia vivendi, non ut substantia sit et sic vivens, sed ipsum, quod est vivens, hoc ipsum substantia est. neque enim cum ipsum vivens ac vivit et vivere esse et quodammodo esse intellegatur, non suum sibi esse, quod sit, substantia est. hoc et lectione omni sacra et rerum ipsarum vocibus spiritus nominatur.

10. Spirat autem spiritus et a se spirat, et deus spiritus est. spirat vero hoc est, quod vivit. vivit ergo a se et semper spiritus, qui deus est. vivit, inquam, atque in actu vivendi et ipso opere vitam, cum vivit, operatur. nata ergo est vivente deo vita, et deo ex aeterno atque in aeternum vivente vita aeterna generata est. et quia vivit ipsum substantia est, et quod est ab eo, quod vivit, et vita ipsa substantia est par, eadem, aequalis ac simul, quia ipsum vivit vita est atque ipsa vita vivendo exsistit, ut vita sit. spiritus ergo est vivere, et vita spiritus est. complectitur se utrumque et in utroque est et alterum, non ut geminum et adiectum, sed simplicitate ex se atque in se exsistentis quasi alterius substantiae duplicatum, numquam a se discretum, quia in singulis geminum. etenim vivere cum vita est et vita rursus cum eo est, quod est vivere.

Vivere autem, ut docuimus, deus est, vita Christus, et quia vivere ut generator est vitae (actu enim, quod est vivere, ut quaedam prolis vita generatur), fit vivere pater, filius vita. ista ipsa quidem, quia alterum ab altero, idcirco duo. unde enim duo, nisi alterum ab altero? et semper, quod ab altero est, filius est, illud autem, unde alterum, pater. sed nunc non ita alterum, ut discretum atque diversum, sed tantum alterum ab altero, ut conficiens atque confectum et generans atque generatum, coniunctione substantiae utrumque unum, cum et vivere vita sit et vita ipsa vivere. hinc pater et filius unus deus. et quia conversio naturalis exsistentiae non nisi una est (ut enim in eo, quod est vivere, inest vita, et item in eo, quod est vita, inest vivere, una et sola conversio est), unde cum in eo, quod vita est, insit et vivere, idcirco unigenitus filius consubstantialis patri unus et ipse filius, ut pater unus. unde una eademque substantia et simul ac semper. hoc est enim ὁμοούσιον: ὁμοῦ οὐσίαν ἔχον, simul substantiam habens paremque exsistendi vim atque virtutem eandemque substantiae naturam nullo tempore praeeunte, quod nos consubstantiale dicimus, causativo priore

---

20 docuimus *cf. IV 6, p. 139, 19–20*

34 *OMOOYCION OMOY OYCIAN EXON* **A**(*hd*) ὁμοούσιον ὁμοουσίαν ἔχων *Σ* | paremque *Σ hd* patremque **A**

quod est vivere, ad id, quod vita est, ut illud generans ac pater, hoc
genitum ac filius et sit et esse dicatur. ergo, quia insunt sibi et licet,
pater cum sit, filius non sit, rursusque cum filius, qui est eius, cuius
est filius, pater non sit, tamen vi rerum et substantiae parilitate cum
vivere vita sit et vita sit vivere, merito divina salvatoris voce pronun- 5
tiatum est: *et ego in patre et pater in me.* hinc et illud est: *ego et pater
unum sumus.*

1121 A   Etenim cum rerum vi et natura ipsa duce nihil sint omnia, si non
vivant, et motu vitali vacua nec molem hylicam aut exsistentiae vel
imaginem vel speciem habere credantur (fluendi enim ac refluendi 10
natura incondite subsistendi non recipit vis lubrica inconstans nec
formam recipit, ut aliquid esse dicatur.

11. Unde carens eo, quod est aliquid esse, etiam esse suum non tenet,
ut recte nullo modo esse dicatur. at nunc comprehensa et tota atque
in partibus circumsistens et formata et hoc corporata et ad aliquid esse 15
specie aliqua capta et esse creditur, quia motu vitali et ab infinito certis lineamentis saepta in sensus certissimos promovetur), ergo hylica
quae sunt, ut esse videantur, facit vis potentiaque vitalis, quae de-
1121 B fluens a λόγῳ illo, qui vita est, quem dicimus filium, per archangelos,
angelos, thronos, glorias ceteraque, quae supra mundum sunt, primo 20
in incorpora atque ἄυλα naturali sua substantia munda atque puriora
cum currit ac labitur, lucem suam maiore sui communione partitur.
mox in animam fontemque animae gradatim veniens, quia anima
imago τοῦ λόγου est, quasi quadam cognatione maiorem defluendi
accipit cursum, et quia in animanda anima properat, fit ei in ani- 25
manda eius petulantior appetitus. hinc in ὕλην mersa et mundanis
elementis et postremo carnalibus vinculis implicata corruptioni atque
ipsi morti sese miscens vivendi idolum materiae faecibus praestat.
vivunt ergo cuncta, terrena, humida, aerea, ignea, aetherea, caelestia,
1121 C non λόγῳ illo priore nec vitae integro lumine, sed propter copula- 30
tionem hylicam saucia luce vitali. vivunt supracaelestia et magis
vivunt, quae ab hyle et a corporeis nexibus recesserunt, ut puriores

---

6 cf. *Ioh 14, 10* ‖ 6—7 cf. *Ioh 10, 30*

9 hylicam A*hd* hylicum Σ ‖ 11 subsistendi non recipit *traducere graecum
οὐ δεκτική ἐστι τοῦ στῆναι arbitratur hd* ‖ 14 comprehensa Σ(*hd*) conprahen-
sa A ‖ 15 et² A*hd* atque Σ ‖ 21 incorpora AΣ*hd* (*ut Cand. I 11, p. 9, 19*)
Α·Υ·ΛΑ A*ᵃᶜ*(Σ) ΑΥΛΙΑ (*inter Λ et A add. I* A²*ˢᵘᵖʳᵃ*) A*ᵖᶜ* ‖ 24 quasi A*ᵖᶜ*Σ
quas (i A¹*ˢᵘᵖʳᵃ*) A*ᵃᶜ* | cognatione A*hd* cognitione Σ ‖ 29 aerea A*ᵃᶜ*Σ aeria
(e *exp. et* i *suprascr.* A²) A*ᵖᶜhd* | aetherea AΣ aetheria *hd* ‖ 32 corporeis Σ*hd*
(cf. *De hom. rec. 3, p. 169, 26. 170, 1*) corporibus A*ᵃᶜ* corporalibus (al A²*ˢᵘᵖʳᵃ*) A*ᵖᶜ*

animae et throni et gloriae, item angeli atque ipsi spiritus, alii ut in alio, id est in sua substantia vitam habentes, alii ipsa vita sunt. Iesus autem Christus et spiritus sanctus (nam et de hoc mox docebimus) simul cum deo, sed a deo tamen vita sunt, sed universalis vita. vivunt,
5 et a se vivunt et non in altero habentes, quod vivunt, sed ut hoc ipsum illis esse sit vivere et vitam esse et scientiam esse patre tradente, hoc est principaliter exsistente eo, quod est vivere. ergo cum haec omnia enumerata vivant et nihil sit vel in aeternis vel in mundanis aut hylicis, quod non pro natura sua vivat, utique confitendum **1121 D**
10 est esse vim quandam vel potentiam, qua cuncta vivefiant et quasi vivendi fonte in vitales spiritus erigantur, ut ex hoc et vivant et, quia vivunt, esse sortita sint.

12. Quis est iste, unde in aeterna atque in mortalia vitalis spiritus spirat, quo vigent cuncta, quo subsistunt, quo actus proprios sumunt,
15 quo et generata sunt et generatura proveniunt? deus, sine dubio deus et, quod menti nostrae venerationi est, vivendi pater numenque vivendi. hunc vel potentiam vitae, ut in aliis diximus, vel vitam summam principemque et generaliter generalem atque omnium viventium originem, causam, caput fontemque dicemus, principium exsistentium, **1122 A**
20 substantiarum patrem, qui ab eo, quod ipse est esse, esse ceteris praestat secundum vim ac naturam percipientium vivendi potentiam substantiamque moderatus. quid ipse aut in quo? quippe vivus verusque vivus, ut nos de se loqui sinit. vivit, et ex aeterno et in aeternum vivit ex se habens istud ipsum, quod ei substantia est vivit. non enim ei
25 accedere actus aut debuit aut potuit, ne aliquando a se minus, sed semper perfectus, plenus ac totus. in eo, quod est ei esse, inest etiam sic esse. cetera, quae post deum sunt, et potentiae sunt et actiones: potentiae, quae vi sua iam esse creduntur, ut omnia et esse et habere videantur, quae maturis processionis actibus exsistentia in suo opere
30 hic habere provenit. actiones autem dicuntur, cum exsistendis pro- **1122 B** cessibus gignunt ac foras promunt, quod esse possunt, ut semen iam potentia est et culmus et folia vel mas aut femina veneriae cupidita-

---

3 docebimus *cf. IV 16, p. 148, 29–18, p. 151, 29* || 17 in aliis *cf. I 31, p. 65, 12–16; I b 50, p. 85, 32–86, 4; 52, p. 87, 27–28*

3 spiritus sanctus A *hd transp.* Σ || 7 cum A *hd om.* Σ || 13 est iste Σ *hd recte, quia signa inversionis, quibus in* A *verbum sequens* unde *includitur (ab* A²*), revera ante et post* iste est *erant ponenda* iste est A | vitalis spiritus A Σ *hd transp.* A² || 25 accedere A^{pc} Σ *hd* acedere (c A^{1 supra}) A^{ac} || 27 cetera quae *hd* ceteraque (ue *puncto notavit m. inc.*) A Σ || 32 veneriae A *hd* venereae Σ

MARIVS VICTORINVS

tis effusio. sed haec in mundo atque sub luna. supra vero, in aethere atque caelo, actiones sunt atque actionibus vivunt, sed genita et iam, quod futurum fuerant, facta. ex ortu enim suo in operationes proprias suasque dimissa suos actus naturae continentis contagione discurrunt.
 13. Quodsi haec, quae in mundo sunt, actus sunt, quanto magis illa, quae in aeternis ac supracaelestia sunt, actus sunt et actiones sunt, quae mundana ista genuerunt. item et anima et angeli ex animis et supra animas. nam et anima $αὐτογόνῳ$, id est suo et a se sibi orto motu fertur et $αὐτοκίνητος$ dicitur, unde et $ἀκίνητος$. ergo semper in motu est, quod est semper agere et esse ipsam $ἐνέργειαν$, ut sit ei substantia ipse ille motus. dictum est enim: *faciamus hominem ad imaginem et similitudinem nostram*. habet ergo $αὐτόγονον$ $κίνησιν$, id est motum a se ortum, ut deo est, ut Christo, sed quia non est ille prior spiritus, idcirco alia substantia et facta, non a se exsistens, sed facta, ut a se haberet motum, quippe anima aliud, aliud vita.
 Vita enim vivendi habitus est et quasi quaedam forma vel status vivendo progenitus in se continens ipsum vivere atque id esse, quod vita est, ⟨ut⟩ utrumque sit una substantia. non enim vere alterum in altero, sed unum simplici suo geminum, et idcirco in se, quia ex se, et ideo ex se, quia aliquid operatur in se prima simplicitas. quies enim nihil gignit. motus vero et agendi operatio format sibi ex se, quod sit, vel potius, quonam modo sit. namque esse vivere est, vitam autem esse modus quidam est, id est forma viventis confecta ipso illo, cui forma est. illud autem, quod est conficiens, id est vivere, quia numquam coepit (a se enim quod vivit, non incipit, quia semper vivit), unde nec vita incipit. cum enim conficiens sine exordio, et id, quod conficitur, caret exordio. simul ergo ut utrumque, et consubstantiale. vivere autem deus est, vita Christus, et in eo, quod est vivere, vita est, et in eo, quod est vita, vivere. hoc quidem modo alterum in altero, quia confectum et conficiens alterum in altero. ut enim conficiens in confecto, ita confectum in conficiente, maxime si semper ista. ergo et pater in

---

11—12 *cf.* Gen 1, 26

8 *duobus signis inversionis ante* et a se *et* motu *positis* motu *post* suo *ponere videtur* A² *at ordinem servare malui cum* hd || 9 $αὐτοκίνητος$ *Galland* hd *AYTO-KEINHTOC* A(Σ) M. V. *ipsum* ει *pro* ι *scripsisse suspic.* hd | *AKEINHTOC* A(Σ) $ἀεικίνητος$ hd *at* $ἀκίνητος$ *ut* non *ab alio motus intellexerim* (inmotus A[1 i.m.]) || 12 $κίνησιν$ *Galland* hd *KEINECIN* A(Σ) *hic demum apparet* hd *recte suspicatum esse* || 18 ut hd || 19—20 et ideo ex se A[1 supra] Σ *om.* A || 23 modus A hd *cf. l.* 22 quonam modo *et verba hic sequentia, quibus* modus *explicatur* motus Σ

146

filio et filius in patre. etenim conficiens confecti conficiens et confectum conficiente confectum. ergo una substantia non una duobus et in una duo, sed quia in qua deus, in eadem filius, id est eiusmodi: ut enim vivit deus, ita vivit et filius. in quali substantia pater, in tali filius.

14. Sed si vivit, inquiunt, pater, vivit et filius, et idcirco eadem talique substantia ambo, substantia autem istius vivit, cum utrumque sit vivit, utrumque sine ortu est, utrumque sempiternum. sed hoc excluditur evangelistae sacratis verbis loquente ipso filio domino nostro Iesu Christo: *vivit pater.* hic fons sine ortu est. at ubi aliunde principium? *et ego,* inquit, *vivo propter patrem.* si ergo *propter patrem,* a patre accepit, et si accepit, genitus ab ingenito, et si vivit, exsistentia certa est visque substantiae in utroque, cum isto unius modi vivit eadem patri et filio, sed filio a patre substantia est. *quod enim de spiritu nascitur, spiritus est.* ergo de tali patris substantia talis filii substantia. atque ut ostendatur magis et a patre data et substantia et eadem unaque substantia, dictum, quod vivit ac vita substantia est. ergo eadem deo et a deo Christo filio substantia hoc dicente evangelista: *ut enim deus habet ex se vitam, ita et filio dedit ex se habere vitam.* ὁμοούσιος ergo Christus cum deo, id est consubstantialis, quod est eiusdem substantiae, id est primae, principalis, universalis, unde omnia, quae sunt, et vivunt vitam habentia ἐπακτόν, id est illatam, non a se genitam, neque quo sit ipsorum vivere, quod est dei et filii, tantum quippe omnibus est ceteris ex vita, quantum largitur Christus. in deo vero vivere ut principale conficiens est vitam uno atque eodem exsistentiae fonte, nullo priore vel tempore vel potestate, dumtaxat circa substantiam. unde sive hoc accipiamus esse ὁμοούσιον, quod eadem sit substantia, nulla dubitatio est eandem esse, quia et qui vivit, iam vita est, quod est deus, et qui vita est, vivit, quod est Christus, et utrisque a se vita est, sicuti dictum est: *ut habet ex se vitam pater, ita et filio dedit ex se habere vitam.* si autem hoc accipimus ὁμοούσιον esse, quod est ὁμοῦ οὐσίαν εἶναι, simul eandem esse substantiam, facilius id et manifestius approbatur: quae patrem dixi esse vel filium (vivere enim et vita), ita simul sunt et semper simul, ut et in eo, quod est vivere, vita sit, et rursus id sit vita, quod vivere.

1123 B

1123 C

1123 D

10—11 cf. Ioh 6, 57 ‖ **14—15** cf. Ioh 3, 6 ‖ **17** dictum cf. IV 2, p. 136, 11—12 ‖ **18—19** cf. Ioh 5, 26 ‖ **30—31** cf. Ioh 5, 26

6 et¹ A¹*supra* Σ om. A ‖ **22** ἐπακτόν Galland hd ΕΠΑΚΤΕΟΝ A(Σ) ‖ **31—32** ΟΜΟΥ ΟΥCΙΑΝ ΕΙΝΑΙ A(hd) ὁμοούσιον εἶναι Σ ‖ **33** quae A hd qua Σ

147

15. Etenim capiamus exemplum, quamquam, quod dico, res ipsa est potius, non exemplum. deum nihil aliud esse diximus quam vivere, sed illud principale, illud, unde omne vivere omnium ceterorum, actio ipsa in agendo exsistens atque in huiusmodi motu esse suum habens, quod est vel exsistentiam vel substantiam suam habens, quamquam ne habens quidem, sed exsistens ipsum, quod sit principaliter et universaliter vivere. id autem, quod conficitur ex isto actu et quasi forma eius est, vita est. ut enim αἰών conficitur praesenti semper rerum omnium actu, ita vivendo et ipso vivendi semper praesenti opere vita conficitur et, ut ita fingamus, vitalitas, hoc est ut vitae forma, ad potentiam suam substantiamque generatur. sed et nostrum vivere constat ex praesenti semper tempore. non enim vivimus praeteritum aut vivimus futurum, sed semper praesenti utimur. hoc enim solum tempus est, quod ipsum solum, quia solum tempus est, imago esse dicitur τοῦ αἰῶνος, id est aeternitatis. quomodo enim αἰών semper praesentia habet omnia et haec semper, nos quoque, quia per praesens tempus habemus omnia, quae habere possumus, idcirco hoc tempus nostrum τοῦ αἰῶνος imago est, quia nostrum praesens non in iisdem neque idem semper est praesens. conficitur ergo vivendo vita ac simul exsistendo formatur. at formatio apparentia est, apparentia vero ab occultis ortus est, et ab occultis ortus et natalis est, et eius natalis, qui et antequam sic oriretur, exstiterit. hinc et in vivendo vita, antequam vita, et posterior tamen vita, quia vivendo vita et semper atque ex aeterno vita, quia in eo, quod est vivit et ex aeterno vivit, est vita. cum igitur vivit deus sit, vita Christus, quia vita oritur exsistens ab eo, quod est vivit, necessario vivit pater est, vita filius, ita ut supra docuimus, ut et in eo, quod est vivit, vita sit, et in vita insit et vivere. ergo filius ὁμοούσιος patri, ut supra docuimus cum exemplis.

16. Nunc illud sequitur, quid sit cum his sanctus spiritus, explicare. de deo ista et dicta sunt et probata, deum esse, quod est esse, spiritum esse, quod est vivere, item lumen esse, quod est intellegentiam esse et

scientiam. etenim lumen nihil occultum, nihil obscurum esse permittit; aperit, illustrat, illuminat. est igitur deus. hoc ipsum, quod deus est, esse est, esse primum et principale omnibus, quae sunt, pro modo percipientium esse praestans, ut ante docuimus. hoc, id est vivere, hoc
5 intellegere, id est hoc, quod est esse, hoc est spiritus, hoc lumen. ista enim in uno ac simplici immo unum ac simplex, hoc sunt, quod est esse. hoc vel exsistentiam vel substantiam iure dicimus. verum cum principale istorum sit illud, quod est esse, duo autem alia, vivere et intellegere, motus esse intellegantur, cum omnis motus a quiete nasca-
10 tur (quies autem est id, quod est esse. ab eo vero, quod est esse, nascitur motio, exin actio. motio autem primi illius, quod est esse, vivere **1124 D** et intellegere. utrumque enim motus est et unus motus duas virtutes praestans officio gemino), una eademque substantia; nam substantia his motus est. non enim in his aliud est esse, aliud moveri. sic item
15 non aliud est vivere, aliud intellegere, quantum ad substantiam pertinet. etenim viventis est intellegere et intellegentis vivere per actus se vertente uno motu, ita tamen, ut manente opera actuque vivendi intellegentiae actus agitetur. unde cum Christus vita sit, spiritus autem sanctus scientia et intellegentia, *omnia* tamen spiritus sanctus *quae*
20 *habet*, a Christo accepit, Christus a patre, id est ab eo, quod est esse, exstiterit vita et vivere, exstiterit scientia et intellegere. nec mirum, **1125 A** cum illud esse primum ita sit, ut, cum esse sit, sit et moveri.

17. Quamquam dicatur quies, movetur, movetur autem intus motu, unde vivit sibi et intellegit semet ipsum. ergo a motu interno extra et
25 quod est foris, natus est motus, ab eo, quod est intus esse, et foris esse, et ab eo, quod est intus vivere, foris vivere, ab eo, quod est intus intellegere, foris intellegere movente se vita et intellegentia. sunt enim motus eodem exsistente simul eo, quod est esse, ut et intus esset et foris ista trinitas, intus, cum deus unus et solus, foris, cum Iesus Christus,
30 intus et foris, cum ambo deus unus. atque ex his cum deus ὁμοούσιον Christo, necessario et Christus ὁμοούσιον spiritui sancto, ac per hoc et per Christum deo. et ipse enim de deo egressus est. si enim omnis **1125 B**

---

4 docuimus *cf. IV 5, p. 138, 9, p. 139, 20; 8, p. 141, 12 sqq.* || **19—20** *cf. Ioh 16, 13—15*

11 exin A^{pc}Σ exim (m *puncto in* n *corr. m. inc.*) A^{ac} || **23** quies Σ*hd* qui est A | movetur movetur A^{pc}*hd recte, quia syntaxeos et sensus ratio ita exigit* movetur (movetur *primum add.* A^{2supra} *et locum insertionis puncto notat*) A^{ac} *ceterum* t *illud in* qui est *signum insertionis pro* movetur *fuisse in archetypo opinatur hd* || **28** eo A^{ac}Σ *exp. m. inc. in* A || **32** et ipse enim A*hd* ipse etenim Σ

motus, qui foris est, a dei motu, qui intus motus est, ergo et iste a deo. etenim scientia et intellegentia exsistentia est virtusque ac potentia cognoscentiae, idque hoc ipsum motus est hoc ipso, quod motus substantia. necessario igitur in Christo vel Christus est et ab ipso habet omnia, quia a vita, quod Christus est, substitit intellegentia. et ideo alter. hoc enim dictum: *a me habet omnia. habet* autem et *a me* duo sunt. ergo alter et alter. sed quia motus, et ipse spiritus sanctus motus et Christus. et quia vita vera Christus est et *credentibus in se* dat *vitam* veram, hoc est *aeternam*, et adest apud deum credentibus in se, quod dei sit filius, idque per fidem, idcirco per Christum *reconciliamur* deo. propter vero hominum obrutam sui et dei memoriam opus est spiritus sanctus. si accesserit scientia et intellegere, *quae sit latitudo dei, quae longitudo, quae profunditas et altitudo* et confirmata fuerit caritas et fides in Christum, per spiritum sanctum, qui scientia est, *fiet salvus*. plene namque ipse dicit *testimonium* de Christo et *docet omnia* et est interior Christi virtus scientiam tribuens et ad salvationem proficiens, unde *alter paracletus*. etenim mortuis per peccata hominibus vita prius danda fuerat, ut erigerentur in deum per fidem, quod erat iam vivere ex dei vita, quam attulit Christus in carne, ut carni etiam subveniret. quare confirmatis hominibus per fidem, per Christum filium dei, etiam scientia danda videbatur et de Christo et perinde de deo, item de mundo, *ut eum argueret*. quae cum intellexissent, facilius ad dei lucem homines sui divinorumque intellegentia liberarentur, terrenorum mundanorumque contemptu et desiderio, quod excitat scientia divinorum.

18. Venit ergo posterior, id est fides posterior operari coepit. recedente enim Christo, qui per miracula et per praecepta seminaverat fidem, quod ipse dei filius esset et vitam in se credentibus daret, completa sunt spiritu omnia et fides cognitione in Christum adulta succrevit ipso Christo semper praesente. sic enim dixit: *non enim loquetur a semet ipso, sed quaecumque audierit, loquetur et futura annuntiabit vobis. ille me honorificabit, quoniam de meo accipiet*. ergo de vita intellegentia et ipsa vita de vivendo, id est de patre filius, de filio spiritus sanc-

---

6 cf. Ioh 16, 14—15. ‖ 8—9 cf. Ioh 3, 15 ‖ 10 cf. Rm 5, 10 ‖ 12—14 cf. Eph 3, 16—18 ‖ 15 cf. Marc 16, 16 | cf. Ioh 15, 26 ‖ 15—16 cf. Ioh 14, 26 ‖ 17 cf. Ioh 14, 16 ‖ 22 cf. Ioh 16, 8 ‖ 30—32 cf. Ioh 16, 13—14

11 propter vero Σhd vero; propter **A** ‖ 12 spiritus sanctus Σhd sanctus spiritus **A** ‖ 20 per Christum **A**^{pc}hd recte cf. 17, p. 149, 32 Christum (per add. **A**$^{2 i.m.}$) **A**^{ac} in Christum Σ

ADV. ARIVM IV

tus. sic enim subiunxit: *omnia, quaecumque habet pater, mea sunt. propterea dixi: mea sunt, quia, quae pater habet, filii sunt,* esse, vivere, intellegere. haec eadem habet spiritus sanctus. omnia ergo ὁμοούσια, idem tamen. ut ostenderet suam praesentiam semper, cata Matthaeum
5 sic loquitur: *euntes nunc docete omnes gentes baptizantes eos in nomine patris et filii et spiritus sancti docentes eos servare omnia, quaecumque mandavi vobis. et ecce ego vobiscum sum omnibus diebus usque ad consummationem saeculi.* ex hoc ostenditur quodammodo idem Iesus, idem spiritus sanctus, actu scilicet agendi diversi, quod ille docet in-
10 tellegentiam, iste dat vitam. etenim idem ipse et unus motus et primus motus est, quo contingit, ut, qui vivit, et vere vivat et intellegat **1126 B** et vere intellegat, et qui vere intellegit, vere vivat. atque ut idem manifestetur Iesus et spiritus sanctus, attendamus istum. nempe spiritus sanctus doctrina est, intellegentia ipsaque sapientia, et Christo
15 et deo sapientia datur atque hoc Christus nomine nuncupatur, quod est *evangelium* Christum esse dei filium, quod *evangelium* definitur: *dei virtus atque sapientia*, ut Paulus ad Romanos. item Salomon: *omnis sapientia a deo est, et cum eo fuit semper ante aevum.* ecce ὁμοούσιον apparet, cum *sapientia* et de deo datur et *a deo* datur, utique Christo et
20 spiritui sancto. et cum dictum est, *quod cum deo semper fuerit,* quod **1126 C** ὁμοούσιον est, ostenditur: simul cum patre. deinde cum dictum *ante aevum,* non ergo cum in carne, tunc Christus. item: *prior omnium creata est sapientia.* si *primogenitus* Christus, *sapientia* Christus. deinde quod sequitur, spiritus sanctus: *et intellectus prudentiae ab aevo.* si spiritus
25 sanctus *prudentia* est et intellectus et scientia et doctrina, Christus est sine dubio, quia ipse est *ab aevo*, id est ex aeterno, et *primigenitus* et, quod est amplius, unigenitus. haec et alia in multis tractata libris a me ὁμοούσιον probant non solum deum et Christum, sed etiam spiritum sanctum.
30 Demus igitur vel accipiamus deum id esse, quod est primum et

---

1–2 cf. Ioh 16, 15 ‖ 5–8 cf. Matth 28, 19–20 ‖ 16–17 cf. Rm 1, 16; I Cor 1, 24 ‖ 17–19 cf. Sir 1, 1 ‖ 20 et 21–22 cf. Sir 1, 1 ‖ 22–26 cf. Sir 1, 4 et Col 1, 16 ‖ 28 libris cf. I 12, p. 41, 27; 16, p. 46, 22; 18, p. 49, 9–10; III 9, p. 123, 14–20; 17, p. 133, 6–9

2 pater habet A^{pc} Σ habet pater (*transp.* A¹) A^{ac} | ante esse *add.* id est (·|·) A² ^{supra} ‖ 4 cata Matthaeum hd κατὰ Ματθαῖον Σ cata matheum A ‖ 21 *post* ὁμοούσιον est *scribunt* A Σ apparet cum sapientia et de deo datur, utique Christo et spiritui sancto. et cum dictum est, quod cum deo semper fuerit, quod ὁμοούσιον est *qua e del.* hd *ut dittographiam* | ostenditur simul A Σ *transp.* A²? ‖ 25 et² A hd si Σ ‖ 26 primigenitus A^{ac} hd primogenitus (o *supra* i A²) A^{pc} Σ

principale vivere, quod est verum et principale esse. non enim est, quod non vivit. hoc ipsum vivere operatione ipsa conficere et generare vitam apertum fecimus. in eo vero, quod vita est, scientia et intellegentia inest. vivit ergo deus et vivendo vita est deus, et cum vita est, intellegentia est, sed haec tria ut unum ac simplex, et in eo ut principale sit, id est hoc sint, quod esse magis. exsistentia principalis est deus vivens necessario et semet ipsam intellegens. hinc enim omnia intellegens, quia semet ipsam intellegit. omnium exsistentiarum causa ipsa est et ideo omnia. ergo vita et intellegentia in id accepta, quod est esse, intus semper operantur, quod est vivere. vivere autem deo hoc est, quod est esse. esse igitur cuncta unus et omnipotens deus est.

Quid igitur? si intus in se operatur vel se potius operatur vita et intellegentia, quomodo ista veluti foras apparere potuerunt? et quid est foris aut intus? ὄν et λόγον quaesierunt philosophi et docti ad legem viri, quid sint et ubi sint. quid sint, substantiam eorum vel exsistentiam ut explicemus, ubi sint, utrum in de⟨o⟩ an extra et in omnibus reliquis, an in utroque et ubique.

19. Haec quidem nos in aliis libris exsequenter pleneque tradidimus. verum nunc ista summatim breviterque dicemus.

Ante ὄν et ante λόγον vis et potentia exsistendi illa est, quae significatur hoc verbo, quod est esse, Graece quod est τὸ εἶναι. hoc ipsum esse duobus accipiendum modis, unum, ut universale sit et principaliter principale, unde in ceteris esse sit, alioque modo esse est ceteris, quod est omnium post vel generum vel specierum atque huiusmodi ceterorum. verum esse primum ita inparticipatum est, ut nec unum dici possit nec solum, sed per praelationem ante unum et ante solum, ultra simplicitatem, praeexsistentiam potius quam exsistentiam, universalium omnium universale, infinitum, interminatum, sed aliis omnibus, non sibi, et idcirco sine forma. intellectu quodam auditur et praeintellegentia potius quam intellegentia accipitur, cognoscitur, creditur. hoc illud est, quod diximus vivere vel vivit, illud infinitum, illud, quod supra universalium omnium vivere est, ipsum esse, ipsum vivere, non aut aliquid esse aut aliquid vivere. unde nec ὄν. certum enim et iam quiddam est ὄν, intellegibile, cognoscibile. ergo si non ὄν, nec

---

3 apertum fecimus cf. IV 6, p. 139, 11 sqq.; 10, p. 143, 7−19; 15, p. 148, 1−7 ‖ 18 in aliis libris cf. Ad Cand. 14−18 et 21−23; I b 52−53; II 4, p. 104, 23−24 ‖ 31 diximus cf. IV 8, p. 141, 12; p. 145, 23; 18, p. 151, 30−152, 1

7 et 8 semet ipsam A hd semet ipsum Σ ‖ 13 foras A hd foris Σ ‖ 14 intus? ON et ΛΟΓΟΝ quaesierunt A(hd) intus ὄν et λόγον. quaesierunt Σ ‖ 16 in deo hd inde A Σ ‖ 23 modo A²supra om. A Σ hd

λόγος. λόγος enim et definitus est et definitor. sive enim est ratio, **1127 C**
sive exsistentiae ipsius potentia, sive res illae, quas intellegentia accipit, ut uniuscuiusque, ⟨quod⟩ sit ei esse, cognoscat. [quod] non cognoscit, nisi animadvertat et capiat, quae sint illa, quae praestant uni-
5 cuique substantiam. et hic λόγος rerum, *per quem creata sunt omnia*,
universalis potentia continens universaliter omnium res et praestans ad
exsistentiam unicuique sua et propria. ergo quia sua unicuique et
propria praestat, definit et determinat. etiam illud ὄν facit. impo-
nendo enim infinito terminum rebus ad exsistentiam sui unicuique
10 format rem et intellegentiae infinitate sublata subicit. est ergo in eo,
quod rerum est potentia, ad pariendas efficiendasque exsistentias
λόγος. ex eo autem, quod definit atque concludit unumquidque
formam tribuens, ὄν est iam exsistens, cum fuerit eius, quod est esse, **1127 D**
certa forma.

5 **20.** Hoc cum ita sit, videamus, an illius primi, quod est esse, sit
λόγος. si diximus infinitum, si dicimus immensum, indiscretum, res,
quibus eius esse consistit, non capimus, non tenemus. ergo λόγος
eius nullus est. sed quoniam fieri non potest, ut sit quoquo modo et
sine λόγῳ suo sit hoc ipsum exsistens, quod est infinitus, est sine dubio
10 ei λόγος suus, est, sed latitans et occultus, ut sit in eo, quod est esse,
ipsum λόγον esse, vel potius ipsum λόγον nihil aliud esse quam ipsum
esse. hoc autem est, quod dixi ⟨vi⟩vere primum illud et universaliter
universale vivere. et quamquam, ut docuimus, sit ipsum vivere et
vita et intellegentia (definita ac definientia, nam potentiae sunt τοῦ **1128 A**
15 λόγου. etenim vita definitum quiddam atque formatum est, intellegentia vero et definiens), tamen, quia ista intus sunt et in se conversa
sunt, omnia ἄγνωστα, ἀδιάκριτα, incognita et indiscreta sunt. ita et
deus, quod est esse, id est vivere, incognitus et indiscretus est, et eius
forma, id est vitae intellegentia, incognita et indiscreta est. sunt enim
20 ista nihil aliud quam esse, quod est vivere. quod cum infinitum, et

5 cf. Ioh 1, 3 ‖ 16 diximus cf. IV 19, p. 152, 28. 31 ‖ 22 dixi cf. IV 6, p. 139,
6−7. 14. 19−20; 15, p. 148, 2−3; 18, p. 151, 30−152, 1 ‖ 23 docuimus cf. IV
18, p. 152, 1−11

3 quod sit ei esse, cognoscat hd sit ei esse cognoscat quod A Σ ‖ 4 animadvertat A^{pc} Σ animanimadvertat (anim² eras.) A^{ac} ‖ 10 intellegentiae A hd intellegentiam Σ ‖ 15 illius A hd ullius Σ ‖ 16 diximus A hd (cf. IV 19, p. 152. 28.
31) dicimus Σ ‖ 19 λόγῳ Gallan d hd ΛΟΓΟΣ A λόγον Σ | infinitus A Σ hd scil.
λόγος, an -um legendum? ‖ 21 λόγον hd ΛΟΓΟΣ A (Σ) | esse A hd est Σ ‖ 22 vi-
vere hd (cf. IV 18, p. 152, 1) vere Σ ‖ 25 vita A hd om. Σ ‖ 26 definiens Σ hd
deficiens A ‖ 27 ἄγνωστα ἀδιάκριτα Σ hd agnosta adiacrita A | *post* adiacrita
add. id est (·|·) A²

forma eius infinita est ibi manens et nihil aliud quam esse exsistens. cum autem foris esse coeperit, tunc forma apparens imago dei est deum per semet ostendens, et est λόγος, non iam in deo, πρὸς τὸν θεὸν λόγος, inquam, vita et intellegentia, iam ὄν, quia certa cognitio et exsistentia, quae intellectu et cognitione capiatur.

1128 B Sed quemadmodum foris exstiterunt ista? et utrum ipsa forma, quae intus est, emissa foras est, an se ipsa eiecit? sed cum illa intus forma indiscreta et infinita sit, quomodo et in ea, quae foris est, illa cognoscitur? an alia est haec? sed si alia, non ergo ab illa nata vel emissione vel sua motione. et si ita ut alia, non par nec eadem nec omnino ὁμοούσιος. et deinde unde haec apparuit?

21. De altero? ergo duo principia? an de nihilo? nihilum non est sub deo τῶν ὄντων. deinde si dei potentia vel voluntate exstitit, non est nihilum dei potentia vel voluntas. etenim si omnipotens deus, omnipotentia eius et causa omnibus et ipsa exsistentia est. num ergo, quod reliquum est, dicere audemus? a se orta haec forma est. et quomodo,
1128 C cum esset in patre? inscio patre an iubente? si iubente, non ergo a se? an insciente? est ergo aliquid, quod non potentia dei fiat? aut est, quod sine illo fiat, cum de λόγῳ, qui eius dicitur forma, ita dictum sit: *per quem facta sunt omnia, et sine quo factum est nihil?* quid istud est? tantarum confusionum quae separatio? quae, si non veritas, vel, u⟨t⟩ ita est, veritatis adsit spiritus sanctus? quid inspiratum nobis sit, modo auditor attendat; pura exponentis simplicitate pandemus. interea unum moneo sine tempore haec accipi convenire, ex aeterno semper, nullo temporis principio, sed ut sit unum utrumque principium et generator et genitum.

Primum in rebus aeternis, divinis maximeque primis manentia quieta et in eo, quo sunt, exsistentia nulla sui per motum mutatione
1128 D generarunt primus deus, deinde λόγος vel νοῦς vel quicquid alter est vel uterque, ut spiritus, ut vivere vel vita, ut intellegentia vel cognoscentia. anima vero sola mota generationes habet. haec omnia sic docemus:

Τριδύναμος est deus, id est tres potentias habens, esse, vivere, intel-

---

3—4 cf. Ioh 1, 1 ‖ 20 cf. Ioh 1, 3 ‖ 27—31 cf. Plotin Enn. III 4, 1, 1—2 et Enn. V 2, 1, 14—18

3—4 πρὸς τὸν θεὸν λόγος, inquam hd ΠΡΟΣ ΤΟΝ ΘΕΟΝ; ΛΟΓΟΣ inquam A πρὸς τὸν θεὸν λόγος, in qua Σ ‖ 7 se ipsa A hd se ipsam Σ ‖ 10 par A hd pars Σ ‖ 18 insciente Σ hd sinente A ‖ 18 et 19 fiat A hd fuit Σ ‖ 21—22 ut ita hd vita A Σ ‖ 22 veritatis Σ hd veritas A ‖ 33 Τριδύναμος Σ hd tridynamus A

legere, ita, ut in singulis tria sint sitque ipsum unum quodlibet tria nomen, qua se praestat, accipiens, ut supra docui et in multis. nihil enim esse dicendum, nisi quod intellegit. triplex igitur in singulis singularitas et unalitas in trinitate. ista vero tria progressu suo, ut exponemus, **22.** omnium, quae sunt quaeque esse possunt aut esse potuerunt, exsistentiam, vitam, intellegentiam, qu⟨a⟩e pro rerum ac substan tiarum captu et participatione ⟨sui⟩ praestant, sortita sunt. est enim in omnibus esse suum, vivere suum, intellegere suum suumque sentire, ut sint ista umbra vel imago trium omnium superiorum. ergo deus cum sit, ut ab omnibus dicitur, unum et solum unum, nonnulli autem dixerunt deum esse *unum omnia et nec unum. omnium enim principium*, unde *non omnia, sed illo modo omnia.* istud autem hac de causa: et primum quidem deum esse unum et solum, quod illa tria, quia non copulatione consistunt, sed exsistendo, quod sunt, ipso et, quod alterum credimus, sunt, necessario unum sunt et solum unum nec ullo modo alterum, sed de hoc saepe dictum. quod vero dictum: *unum omnia et nec unum, omnium enim principium*, satis aperte dilucideque declarat patrem rerum *omnium* et *principium* deum, qui cum *unum non est*, magis *omnia* est, quia et *omnium* causa est atque *principium* et in omnibus *omnia*. quae cum ita sint, erit deus omnia exsistens, omnivivens, omnividens et omniintellegens. et quoniam diximus confici ab actu potentiam (sic enim se prima habent, ut cum sint omnia divina ἐνέργεια, id est actus et operationes), necessarium est, ut a deo principio omnium potentiarum universaliter universalium fons et origo nascatur. iste namque rerum progressus, ut cum omnia a deo, et potentiae et actus, a deo, qui supra potentias et actus accipitur, orta haec esse credantur.

23. Verum cum a nobis dictum sit deum actum quendam esse, quod est vivere, sed hoc vivere, quod supra omne est vivere et ex aeterno atque in aeternum vivere simul intellectu acceptis et eo, quod est esse, et eo, quod intellegere, sed sic simul, ut ne phantasia quidem copula-

---

2 docui *cf. IV 5, p. 138, 33−34* | in multis *cf. I b 54, p. 90, 4−6; II 3, p. 104, 2* ‖ 10−11 nonnulli ... dixerunt *cf. Plotin Enn. V 2, 1, 1−2* ‖ 16 dictum *cf. IV 1, p. 135, 10; 5, p. 139, 3−5; p. 154, 33−155, 2* ‖ 21 diximus *cf. IV 15, p. 148, 7−11* ‖ 28 dictum *cf. IV 15, p, 148, 3. 7*

1 sint $A^{pc}\Sigma$ sunt (i *supra* u A^2) A^{ac} | ipsum unum *w apud hd* ipse mundum A ipse unum Σ ‖ 4 ut A*hd om.* Σ ‖ 6 intellegentiam, quae *hd* intellegentiamque $A\Sigma$ ‖ 7 participatione sui *hd* participationes $A\Sigma$ ‖ 17 dilucideque $A^{pc}\Sigma$ delucide (i *supra* e A^2) A^{ac} ‖ 22 omnia divina A*hd* omnia a divina Σ ‖ 23 ἐνέργεια *scripsi* ENEPΓIA A energia Σhd

tionis sit, necessario autem vivendi actu, uti docui, conficitur atque
exsistit forma, quam universalem potentiam nominamus, per singula
illa formata, [quam] ex ⟨omniexsistenti⟩ omniexsistentia, ex omni-
viventi omniviventia, ex omnividenti omnividentia, haec singula potentiae ut nota et determinata.   5

Sed cum in uno omnia vel *unum omnia*, aut cum *unum omnia* vel
nec unum nec omnia, fit infinitum, fit incognitum, indiscernibile, incognoscibile et quod vere dicitur ἀοριστία, id est infinitas et indeterminatio. etenim cum omnium esse sit et omnium vivere et omnium intellegere et id unum et sine phantasia alterius unum, unde *nec unum*? 10
quia *omnium principium*, unde et ipsius unius. ex hoc cogimur iam
1129 D necessario et illa de eo dicere, ut eius incomprehensibile sit et esse et
vivere et intellegere, nec solum, ut incomprehensibile eius sit esse,
vivere et intellegere, ut nec esse quidem ista videantur, quod ille supra
omnia sit. quare et ἀνύπαρκτος et ἀνούσιος et ἄνους et ἄζων, sine 15
exsistentia, sine substantia, sine intellegentia, sine vita dicitur, non
quidem per στέρησιν, id est non per privationem, sed per supralatio-
nem. omnia enim, quae voces nominant, post ipsum sunt, unde nec ὄν,
sed magis προόν. eodem modo praeexsistentia, praeviventia, praecognoscentia haec, quae conficiuntur, ipse autem praeexsistens, prae- 20
vivens, praecognoscens, sed haec omnia apparentibus secundis et in-
1130 A tellecta sunt et nominata. postquam enim apparuit cognoscentia, et
intellecta et appellata est praecognoscentia. eodem modo et praeexsistentia et praeviventia. erant quidem haec, sed nondum animadversa,
nondum nominata. unde et incognoscibile omne, quod deus est. sed 25
quoniam tunc cognoscibile et habetur et dicitur, cum est cognoscentia (relativa sunt enim et se invicem tenent et pariunt, aut invicem
interimunt), nondum cognoscibile illud non fuit, quia non fuit cognoscentia, non quo non fuit illud, quod cognoscibile sibi fecit cognoscentia, sed quia erat quidem, quod cognoscibile esse posset, non quo co- 30
gnoscibile esset. quod tunc fit et accipitur, cum adintellegitur, quod et
intellegentia esse possit. hoc modo igitur et in deo et esse poterat, et

1 cf. *IV 15, p. 148, 7. 9−10; 22, p. 155, 22−23* || 6−7 et 10−11 cf. *IV 22,
p. 155, 12−13*

1 atque A[pc]Σ at (que A[2supra]) A[ac] || 3 ex omniexsistenti omniexsistentia
hd quam ex omni exsistentia AΣ || 8 ΑΟΡΙΣΤΙΑ A hd ἀορισία Σ || 11−15 ex
hoc − supra omnia sit *syntaxis durissima; an ante ut* (14) *sed supplendum* ? ||
15 ἄνους et ἄζων Σhd ΑΝΟΥΣΑΖΩΝ A || 17 ΣΤΕΡΗΣΙΝ A(hd) σέρησιν Σ ||
19 προόν hd ΠΡΟ ΟΝ A πρὸ ὄν Σ | praeviventia hd praevidentia AΣ ||
20 haec A hd horum Σ || 28 interimunt Σhd interiemunt A[ac] interierunt (r *supra*
m A[2]) A[pc] || 31 adintellegitur A[ac]Σ idintellegitur (i *supra* a A[2]) A[pc]

ADV. ARIVM IV

erat ex hoc cognoscibile, quia et esse poterat ⟨et⟩ ex hoc erat cognoscentia.

24. Quid ergo ex his? quoniam, si haec postea nata sunt, fuerunt in deo, et si fuerunt, quia deus unum, et ista unum, et id, quod deus, et
5 ista unum, quia deus ista. idem ergo cognoscibile et cognoscentia, sed ita, ut cognoscibile quod sit, hoc sit cognoscentia. etenim cum virtus horum trium una sit (esse enim nihil aliud est quam vivere atque ipsum vivere intellegere cum sit et intellectum esse), tota vis singulorum in eo est, quod est cognoscere vel esse cognoscentiam. sed esse co-
10 gnoscentia non potest, nisi sit cognoscibile. in his autem primis, ubi quod esse est, id est, quod vivere et quod intellegere, esse cognoscibile non potest nisi ipsa cognoscentia nondum apparens, sed se intus tenens manensque quieta, cessans atque in se versa sibi se cognoscibile praebens. cum enim ipsa cognoscentia lateat atque apud se sit ne fo-
15 rinsecus in se intrans, sed naturaliter mersa in eo, in quo ei esse est, manens, eius formae est, ut cognoscibile esse possit. cum excita cognoscentia velut egressa se circuminspiciens cognoscentiam se fecerit, cognoscendo se fit cognoscibile, cognoscibile suum facta. hoc igitur si fas est dicere, hoc, inquam, modo illud primum, illud unum, illud
20 solum, illud deus vel spiritus vel spirans vel lumen vel luminans vel exsistens vel omniexsistens vel exsistentia vel omniexsistentia vel vivens vel omnivivens vel vita vel viventia vel omniviventia vel intellegens atque cognoscens vel omniintellegens, omnicognoscens vel omniintellegentia, omnicognoscentia, omnipotens, omnimodis perfectus,
25 interminatus, immensus, sed ceteris, sibi terminatus et mensus super omnia, et idcirco nullum de omnibus ac magis, ex quo omnia. ergo unum et solum unum. *principium enim omnium*, unde non *unum omnia*, manens in se neque in se, ne duo, auditor, accipias, sed ipsum manens vel mansio, quies, quietus quiescens magis, quia a quiescente
30 quies, ut supra docuimus. unde dictus est et sedere quasi in centro τῶν πάντων ὄντων, id est omnium, quae sunt, unde universali oculo, id est lumine substantiae suae, qua vel esse est vel vivere vel intelle-

---

27 cf. *IV* 22, p. 155, 12−13 ∥ 30 docuimus cf. *IV* 5, p. 138, 15−17; 6, p. 139, 6−11. 16−20 ∣ dictus est sedere *auctor ignotus (an Parmenidis commentator? cf. Parmenides B 12 VS, V. 3)*

1 et *hd, aliquid deesse et i. t. et i. m. significat* A² ∥ 11 esse est A*hd transp.* Σ ∥ 14 lateat Σ*hd* latet A ∣ ne A Σ *(ita adhibitum ut μή cum participio?)* ∥ 17 circuminspiciens A*hd* circuminspiciens Σ ∥ 18 cognoscibile² A^{pc} Σ cognoscibilem (m *exp. m. inc.*) A^{ac}

gere, ideas τῶν ὄντων non versabili aspectu videt, quia et quies est et a centro simul in omnia unus est visus. haec deus.

1131 A Sed quomodo deus pater et quis filius? aut quomodo filius? et postea quomodo Iesus filius? *omnium* esse *principium* ante omnia esse est, *omnium* esse *principium* non tam quietum esse est quam ipsam quie- 5
tem esse. omnia enim, quae genita factave sunt, ex motu genita factave sunt. motus autem ipse, quo motus est, antequam moveatur, quies est. contrariis enim ortus contrariorum fiunt, ita ut contrario ortu contrarium, unde hoc ortum est, pereat, ut ex vita mors et ex morte vita, item ex eo, quod est esse, non esse, et ex eo, quod non esse, 10
esse, et item ex quiete motus et ex motu quies.

25. Sed advertamus acrius atque audaci intellegentia rerum vim altitudinemque videamus, ut proposita ista sunt. si diligens circumspector advertat, reperiet esse exsistentiam quandam et in his, quo-
1131 B rum phantasia quadam est interire. namque cum vita sit, cui adest 15
esse, ex qua mors nascitur, est etiam morti esse, si ex morte nascitur vita. itemque si ex eo, quod est esse, efficitur non esse, necessario erit etiam ipsum non esse, si ex eo nascitur, quod est esse. itemque si cessatio est motus, esse cessationem necesse est, si motus ex cessatione nascetur. quid igitur? nonne ortu contrariorum contraria aut mori aut 20
non esse creduntur? videtur ita, sed contra est. nam utraque manent nec intereunt aeterna substantiali sua qualitate. quomodo istud sit, dicam. adsit deus, fiet facilius explicatio.

Esse in aeternis, hoc est esse, quod vivere, quod intellegere, saepius haec et diximus et probavimus. id autem esse ita ibi est, ut sint ibi 25
1131 C viventes intellegentesque substantiae. has accipiamus pro modo exsistentium res tres praestare et participatione sui cuncta retinere et in noetis et in noeris vigere, sola esse simplicia, divina, aeterna. in mundanis vero et hylicis inesse quidem, sed carnalibus variis ac mortalibus sustineri. hic ergo mors si est, corporum mors est, et si plenior 30
adhibeatur intentio, nec corporum, id est in eo, quod hyle sunt, sed horum corporum in ea specie, quae nunc est effecta, quodam interitu

---

4—5 cf. *IV 22, p.155,12—13* || 25 diximus et probavimus cf. *III 4, p.118, 12. 25—31; IV 2, p.136,7—11; 8, p.141, 13—16; 16, p.149, 2—5; 24, p.157, 10—11*

1 ideas *Lambot apud hd cf. Plato Tim. 39e* ineas A Σ || 3 quomodo[2] Σ hd quomo (*in fine lineae*) A || 4 esse est A[pc] Σ essest (e A[1supra]) A[ac] || 8 contrariis A hd contrarius Σ || 15 namque Σ hd namquae A || 17 itemque Σ hd item quam A || 19 ex cessatione A hd om. Σ || 20 aut[1] Σ hd ut A || 22 *ante* aeterna *add.* ab Σ || 23 facilius A hd facilior Σ || 28 noeris A hd noetis Σ || 31 hyle Σ hd hylae A || 32 quodam interitu A Σ *transp.* A[1(2?)]

158

dissolutio. sola igitur corporis species dissoluta, cum in elementa dispergitur; manent ac sunt, unde victura reparentur. etenim cum in mundo et hyle sit, quae elementis certis semper exsistit, et cum imagines illorum trium hic quoque, id est in mundo, se praebeant, quid mors agit, illa cum et in suis imaginibus aeterna sint? imagines dico potentias per omnia lineis animae defluentes. cum igitur aeterna sint ista, aeterna et in hyle elementa, mors si sola composita solvit, nihil funditus interit. unde recte dicitur, quod ex vita mors efficiatur, quod ex vigore vivendi compositi cuiuslibet corporis fiat usque ad certa resolutio et rursus in aliam compositionem iisdem conductis fiat ex morte reparatio. hoc modo et esse in mundo accipiendum, hoc modo hic et quies et motus. at in divinis quia nulla sunt corpora, mors nulla, sed et vita alio modo, quippe illa principalis et vera. et idcirco ibi progressio non natalis, aut, si placet, natalis, magis apparentia et manifestatio. item illa alio modo esse et non esse et alio modo motus atque cessatio.

Etenim deus vivit. id autem est esse et intellegere, quae ista unum tria conficiunt potentias tres: exsistentiam, vitam, intellegentiam.

26. Sed quia illa tria unum (quomodo sunt, docui: ut unum quodlibet tria sit, sic et ista tria unum sunt, sed in deo haec tria esse sunt, in filio vivere, in spiritu sancto intellegere), ergo esse, vivere, intellegere in deo esse sunt, exsistentia autem, vita, intellegentia forma sunt, actu enim interiore et occulto eius, quod est esse, vivere, intellegere. intus enim ista sunt et occulta, magisque supra esse et supra vivere et supra intellegere deus est. unde et ἀνούσιος vel ἀνύπαρκτος et item ἄζων et ἄνους dicitur praeintellegentia quadam inventus ista et magis per formam suam cognitus, sed inhaerentem et consubstantialem sibi. et hoc est, quod est, quod in patre est filius. quod cum ita sit, est idem filius, quod pater. unde et filius deus, quia hoc est forma, quia id est, quod est is, cuius forma. etenim cum esse, vivere, intellegere deus sit, forma autem sit exsistentia, vita, intellegentia, ista me dicere sic accipias velim, ut supra ista sit deus. quod si ita est, fit idem forma, quod substantia. eodem enim modo valent et sunt ista habentia vel exsistentia esse, vivere, intellegere. ita, cum duo λόγοι sint, unus, per

---

19 docui *cf. I b 54, p. 90,4 sqq.; III 4, p. 118, 33—36; 9, p. 123, 19; 10, p. 124, 7*

---

2 reparentur A*hd* reparantur *Σ* ‖ 6 lineis A*hd* a lineis *Σ* ‖ 17 *post* esse *ins.* et vivere A[3 i.m.] ‖ 17—18 unum tria A*Σhd* transp. *m. inc. in* A ‖ 19 sunt A*hd* (*cf. I 26, p. 59, 22 app.*) sint *Σ* ‖ 24 ista A[ac]*hd* ita (s *eras. m. inc.*) A[pc]*Σ* ‖ 26 ista A*hd* (*cf. IV 28, p. 160, 29*) *om. Σ*

quem unumquidque sit, alius, per quem quomodo sit, tamen, quia eadem vi valet quomodo et quidque sit, necessario fit unus λόγος idem valente forma, quod substantia. ergo si idem valet et idem est forma, istius tamen substantiae, quod ipsa substantia (substantialis enim forma est), idem erit filius, quod pater, aut neque pater neque filius ante egressum foras, sed unum ipsum solum.

27. Hoc cum ita sit, cum sit ei intellegere et intellegentia, fit idem intellegentia, quod vita et quod est esse. cum autem magis agendi virtus sit intellegere, quam esse, quam vivere, et cum hoc esse sit, intellegere quod sit, et cum hoc sit vivere, intellegere, quod vivat, necessario, si intellegere vel intellegentia deus est, cum intellegit deus, se ipsum intellegit. cum autem se ipsum intellegit, non ut alter alterum, fit, ut intellegentia ipsa se intellegat. quod cum est, se esse efficit atque in exsistentiam provenit fitque sibi, quod est esse, atque eodem modo intellegendo exsistit et suum vivere. quibus cunctis a se natis vel magis a se exsistentibus ingenitus deus est exsistens ex ingenitis. quae unum cum sint, unum et simplex unus deus est. et haec est ut intus intellegentia, quae sine aliquo motu se intellegit, quippe quae cum intellegit, exsistit, et cum exsistit, intellegit, et hoc est deus, et utique haec ex aeterno atque in aeternum.

28. Verum quoniam imaginem dei filium dicimus dei (genita est enim forma, ut ab eo, quod est esse, vivere, intellegere, gigneretur exsistentia, vita, intellegentia. quaedam enim in his forma est, per quam, ut per imaginem, intellegatur, quid sit esse, vivere et intellegere), necessario per formam intellegitur deus. nam ipsum *nemo vidit umquam.* ergo forma dei cum accipitur in deo, deus est. cum autem intellegit se deus, per formam se intellegit. sed et ipsa forma intellegat necesse est. est enim intellegens ac vivens exsistentia, cum nihil aliud intellegat, quam quod ista deus sunt. et haec saepe iam docui. cum autem ipsa intellegentia intellegit, quod sit intellegentia (necessario enim sequitur, ut et se intellegat intellegentia), veluti exiens a semet ipsa se intellexit fecitque se extra, quod foris est, intellegendo se, id est motu suo. unde est haec foris intellegentia. et hic est filius, hic est λόγος, natus filius, quia alius a deo, de deo tamen, id est de eo, quod est exsistens et vivens intellegentia, quae deus est atque intus intelle-

---

25 *cf.* Ioh 1, 18 ∥ 29 docui *cf.* IV 26, *p.* 159, 21–23. 29–32. 160, 4

17 unum cum A Σ *transp.* A²ᵖ ∥ 20 haec A*hd* hoc Σ ∥ 31 exiens A*hd* exsistens Σ

ADV. ARIVM IV

gendo se intellegentia foras se protulit atque exstitit patris, in quo et
ipsa fuit atque est semper, imago exsistens per intellegentiam inter- 1133 B
nam, quae esse est atque exsistere, ac propterea imago imaginis, genita.
5 **29.** Duae igitur intellegentiae, una intus exsistens, quod est illi esse,
alia exsistens, quod est illi intellegendo esse. haec foris, haec filius.
quoniam vero intellegendo se intellegentia deum intellexit, utique intellegentiam
internam (illa autem deus est) intellexit et verum esse et
verum vivere et verum intellegere intellegendo exstitit et ipsa verum
10 esse, verum vivere, verum intellegere. etenim qui unum intellegit, et
habet unum et est unum secundum eius apud se intellegentiam. sic
ergo filius, id est intellegentiam intellegendo se genita intellegentia,
intellexit deum et omnia illa, quae ingenita deus sunt, et intellegendo
πλήρωμα quaerendo et πλήρωμα intellegendo. unde idem exstitit, 1133 C
15 quod pater. etenim cum πλήρωμα pater sit, necessario χώρημα suum
habet infinitum, licet et sibi finitum, ubi πλήρωμα suum tenet et capit,
eodemque modo filius recipiendo et quaerendo (hoc est enim recipere:
χώρημα exsistere), intellegendo autem totum, quod pater est,
πλήρωμα exstitit genitus et ipse *totus ex toto*. et quia intellegentia est
20 intellegens intellegentiam, cum lumen verum sit intellegentia, exsistit
lumen ex lumine, et quia intellegentia utraque, *verum lumen ex vero
lumine*. itemque cum deus sit intus intellegentia, ista intellegendo se
intellegentia *deus ex deo* est.
Ὁμοούσιον ergo in omnibus, in eo, quod est esse et vivere et intelle-
25 gere. item in eo, quod uterque χώρημα et πλήρωμα est. item in eo, 1133 D
quod imago et imago; dictum est enim: *ad imaginem nostram*; et in eo,
quod *lumen et lumen*, et in eo, quod *verum lumen et verum lumen*, et in
eo, quod *spiritus et spiritus*, et in eo, quod motus et motus, sed pater
motus quiescens, id est interior et nihil aliud quam motus, non mo-
30 tione motus, filius autem motione motus est, uterque tamen motus.
item uterque actio et opera, uterque vita et uterque a se habens vitam,
voluntas et voluntas eadem, *virtus, sapientia, verbum*, deus et deus,
deus vivus et deus vivus, ex aeterno et ex aeterno, invisibilis et invisibilis.
nam dictum a Matthaeo: *nemo novit filium nisi pater, neque*

19—23 cf. I 13, p. 42, 27; II 2, p. 102, 6—9 ‖ 26 cf. Gen 1, 26 ‖ 27—28 cf.
II 2, p. 102, 6—9 ‖ 32 cf. I Cor 1, 24 et Ioh 1, 1 ‖ 34—p. 162, 1 cf. Matth
11, 27

12 intellegentiam A*hd* intellegentia *Σ* ‖ 15 sit *Σhd* fit A ‖ 20 verum *hd*
rerum A*Σ* ‖ 27 lumen[4] *Σhd* om. A

161

1134 A *patrem nisi filius.* simul ambo. et hoc enim significat ὁμοούσιον: praeter eandem οὐσίαν.

Haec cuncta illo pleno intellegi possunt: *omnia, quae habet pater, mihi dedit, et omnia, quae habet pater, et ego habeo. omnia,* inquit. si *omnia,* ὁμοούσιος filius patri.

Idem ergo, et si idem, par. et si par, recte Paulus de filio, de Iesu Christo dixit: *qui cum esset in forma dei, non rapinam arbitratus est, ut esset aequalis deo.*

30. Multa hic divina et magnifica mysteria continentur. primum, quod Christus *forma dei* est, in quo ostenditur *omnia habere, quae deus habet.* hoc enim est *forma,* quae et *imago* dicitur, sicuti de ipso dictum: *qui est imago dei.* habet igitur et deus *imaginem* suam, et filius **1134 B** *imago* dei est. etenim si dictum: *faciem dei nemo umquam vidit,* et dictum: *posterganea mea videbis,* est sine dubio facies deo, est filio, vel potius est et filius *imago dei,* ut dictum est: *qui cum in forma dei fuisset.* unde iure dictum: *faciamus hominem ad imaginem et similitudinem nostram.*

Est ergo filius, et si est, alter est. non enim idem pater, idem filius illis rebus omnibus supra a me positis idem. idem autem, hoc est eadem habens exsistentia sua propria. unde et idem et alter. etenim cum hic dictum: *cum fuisset in forma dei,* utique aliud accipiendum, quod *forma* est, aliud *deus.* sed videris, sit calumniae locus, ut *forma dei* sit in ipso deo forma, ut sit una et indiscreta substantia. quid? sequentia quemadmodum intellegamus: *non est arbitratus rapinam se* **1134 C** *aequalem deo?* in sua exsistentia positi est se cum altero credere vel dicere aequalem. quid vero illud est: *se exinanivit et formam servi suscipiens?* de Christo accepimus, quod mortuus est. an de deo? at hoc nullus dixit umquam. deinde cum dicitur de patre: *qui filium suum excitavit a mortuis,* nonne satis clarum est alium esse patrem, alium filium? alium esse suscitantem, alium suscitatum? ergo *forma dei* aliud *forma,* aliud *deus* est. et est quidem deo forma, sed filius dei forma in manifesto, dei vero in occulto. sic enim omnia, et exsistentia et vita et

---

3–5 cf. Matth 11, 27 et Ioh 16, 15 ‖ 7–8 cf. Phil 2, 6 ‖ 10–31 cf. Phil 2, 6 ‖ 10–11 cf. Matth 11, 27 et Ioh 16, 15 ‖ 11–12 cf. Col 1, 15; Gen 1, 26 ‖ 13 cf. Ex 33, 20 ‖ 14 cf. Ex 33, 23 ‖ 15 cf. Col 1, 15 ‖ 16–17 cf. Gen 1, 26 ‖ 28–29 cf. Rm 8, 11

1 et A*hd* om. *Σ* ‖ 6 recte A[pc] *Σ* rec (te A[1 supra]) A[ac] | de[2] A*hd* dei *Σ* ‖ 11 forma A*hd* om. *Σ* ‖ 23–24 quid? sequentia quemadmodum intellegamus A quid sequentia? quemadmodum intellegamus *Σ* quid? sequentia quemadmodum intellegemus *hd* ‖ 27 accepimus A[ac] *Σ* accipimus (i *supra* e A[2]) A[pc] | at A[pc] *Σ* ad (d *in* t *mut.* A[2]) A[ac]

cognoscentia dei intus in occulto, filio in manifesto. sic cetera, χώρημα, πλήρωμα, *imago, lumen verum*, veritas, spiritus, motus, actio, operatio, vita et a semet ipso vita, voluntas, *virtus, sapientia, verbum*, deus, deus vivus et cetera alia omnia. sed haec veluti foris et in manifesto,
5 illa in se atque circa exsistentiam vel ipsa[m] potius, quod est exsistentia, haec autem in actu agente, quod est in manifesto. postremo haec *omnia filius habet*, sed patre dante, quod vehementer expressum in eo, quod cum *filius habeat a se vitam, a se*, inquit, sed adiunxit: *pater ei dedit, ut haberet a se vitam*. vera igitur imago atque exsistentia in omni-
10 bus eadem, sed patre dante. ergo ὁμοούσιον et pater et filius, sed patre dante. de eo enim, quod diximus patrem, esse, vivere, intellegere, exsistentia genita est ut vita, intellegentia. et haec est dei forma, haec est filius. sed filius cum in patre est, unum totum intus deus agens, operans, se utens, se fruens, fons atque in se plenitudo omnium.

15 **31.** Sed quoniam, uti docuimus, intellegentia vi potentiae suae necessario, dum in semet sese vertit, intellexit semet ipsam, hoc quodammodo gemina facta velut intus et foris, filius est genitus ab exsistentia patris. nam exsistentia est intellegentia, quae et vita est. apparens ergo et exsistens est deus de deo. et quoniam in quolibet uno de tribus
20 cuncta sunt, esse, vivere, intellegere, cum intellegentia intellegentiam genuerit, genitus est filius et *omnia habet filius, quae pater*, et habet a patre. item quoniam haec omnia sunt, per quae creantur omnia (quaecumque enim sunt, accipiunt suum esse, suum vivere, suum intellegere), filius, cum haec omnia sit, quippe imago patris, et actu
25 actuoso sit, id est, ut hoc praestet ceteris pro natura exsistentium, est necessario universis totisque cunctis λόγος, id est vis et potentia, per quam quae sunt, ut sint, esse provenit, *per quem* deus fecit et facit *omnia* et *sine quo nihil* fit. hoc appellant alii *motum activum, verbum activum, rationem operantem*. quoniam tamen, cum a patre ope-
30 retur, inest in illo vis patria, in se operatur. unde multa ita dicuntur, ut, cum ipsius sit, quod facit, tamen ipse in patrem refert omnia, ut: *pater me misit*, et: *non meam, sed patris facio voluntatem*, et mille talia.

2 cf. Col 1,15; II 2, p.102,8 || 3 cf. I Cor 1,24 et Ioh 1,1 || 7 cf. Matth 11, 27 et Ioh 16,15 || 8—9 cf. Ioh 5, 26 || 11 diximus cf. IV 26, p.159, 21—23; 28, p.160, 22—24 || 15 docuimus cf. IV 28, p.160, 29—161, 4; 29, p.161, 7—14 || 21 cf. Matth 11, 27 et Ioh 16, 15 || 27—28 cf. Ioh 1, 3 || 28—29 cf. Sen. epist. 65, 12, Hadot comm. 1046—1047 || 32 cf. Ioh 6, 38

4 foris **A**hd foras Σ || 5 exsistentiam Σhd exsistentia **A** | ipsa *La Bigne* hd ipsam **A**Σ || 23 suum[1] Σhd suum suum **A** *post* suum[1] *add.* id est **A**[2supra] || 28 appellant **A**pcΣ appellat (n **A**[1supra]) **A**ac || 31 refert **A**Σhd referat *Wöhrer Studien 31 falso (cf. I 26, p.59,22 app.)*

attendamus tamen istum locum, inveniemus quasi ipsum per se facere ut sua sponte: *non est arbitratus rapinam se aequalem deo.* et item:
1135 C *se exinanivit et formam servi sumens,* qui habebat domini. ista omnia sunt sua voluntate facientis. sed potest credi ipse facere, cum in ipso pater sit, ex quibus sunt et illa: *ego do vitam in aeternum,* et: *ego sum ianua, ego vita, ego veritas.* item: *sicut enim pater suscitat mortuos et vivificat, sic et filius, quos vult, vivificat.*

Haec vera, haec varia et in omnibus magis vera intellegentia facit et filium in patre esse et in filio patrem, et tamen ut alter et alter sint, et unum tamen duo sint. quoniam autem alter pater, alter filius, quippe cum pater filii fons, filius ut flumen, quod excurrit ex fonte, in fonte autem ut manens aqua et quieta est, pura, immaculata, sine scatendi specie, sibi occulto motu plenitudinem suam suggerens; item
1135 D ut flumen motu apertiore per diversa discurrens terrarum, quas sulcat, qualitatibus et afficitur et quodammodo patitur, sic et filius aqua sua suaque substantia, quae patris est, semper purus, immaculatus, impassibilis regionibus, per quas discurrit, locisque vel supracaelestibus vel caelestibus vel intracaelestibus nunc spumat ut occurrentibus saxis, quae sunt ex generibus animarum, ⟨nunc⟩ campis quietus excurrit, recipit igitur passiones non in eo, quod substantia est, sed in actu atque operatione. nam cum mysterium adventus sui compleret, tum iam passionem sustinuit, ut *se exinaniret,* ut personam *servi* susciperet. sic et reliqua, in quibus omnibus actus est et operatio,
1136 A quamquam et in primo exsistentiae suae actu, sicuti in multis libris docuimus, passio exstiterit recessionis a patre. unde tenebrae, id est ὕλη, consecuta est, non creata. sed haec plenius alibi.

32. Nunc quid assertum est, quid probatum? deum patrem, filium deum ὁμοούσιον esse, esse tamen et patrem in substantia et filium in ea quidem substantia, sed sibi exsistentem actum agente; in actu passiones exstitisse; numquam separatum a patre ex aeterno et esse et fuisse et futurum esse; actu, quia ita natura agendi est, et cum patre vel in patre esse et extra; hoc dici et intus et foris, cum ipse agat, quia de patre ei actus est patre agente; agere dicitur, et tamen omnia

---

2—3 *cf. Phil 2, 6—7* ∥ 5 *cf. Ioh 10, 28* ∥ 5—6 *cf. Ioh 10, 7; 14, 6* ∥ 6—7 *cf. Ioh 5, 21* ∥ 22 *cf. Phil 2, 7* ∥ 24 multis libris *cf. I b 51, p. 87, 13—16; etiam de libris non servatis? cf. Hadot Victorinus 258—260*

4 facientis A^{pc}Σ -tes (i *in* e *scr.* A¹) A^{ac} ∥ 9 ut alter et alter *hd* (*cf. IV 17, p. 150, 7*) ut pater ut alter AΣ ∥ 19 nunc *Wöhrer Studien 33 hd* ∥ 30 passiones A*hd* (*cf. l. 25*) passione Σ

ADV. ARIVM IV

patrem per illum agere; hunc esse λόγον, omnium et universaliter universalium et generum et specialium et partilium λόγον, et quia omnium et incorporalium, ergo et corporalium pro sua vi ad id, quod esse possunt, ut sint, λόγον.

Unde et mysterii ordinatione novissimis saeculis, λόγος quia omnium exsistentium, adumbrata per spiritum sanctum Maria virgine incarnatus est ipse ille, quem supra demonstravimus, filius, eodem modo ut esset in corpore, quo spiritus sanctus in nobis, non totus (nam ut deus ubique est), sed ut pars eius. omnium enim divinorum pars hoc semper est, quod est totum, ut est anima in corporibus, ut virtus ac disciplina in animis, ut sol aut eius lux in oculis. ipsum autem λόγον ipsumque illum, quem demonstravimus, filium fuisse in corpore omnia evangelia declarant, apostolus omnis, omnes prophetae. cum enim praedixerunt futurum Christum, in carne futurum praedixerunt, quippe cum ante carnem dicant et visum et apparuisse, ut Abrahae, ut Iacob, et ipse in carne dixerit: *Abraham vidit diem meum et gavisus est.* et apostolus in sacro isto ac mysteriis pleno loco declarat maxime filium dei ante carnem et ipsum postea sumpsisse carnem: *hoc enim sentite in vobis, quod et in Christo Iesu, qui cum in forma dei constitutus fuisset*, utique hoc, quando ante carnem fuit. ergo et ante carnem et fuit. qualis et quantus? *forma*, inquit, *dei*. quid istud est? *forma* idem, quod pater. quid est *forma*? in quo pater cernitur. *qui me vidit, vidit et patrem.* utique non in eo, quod videbatur, sed in eo, quod ipse deus, divina substantia, λόγος, vita. hoc igitur fuit ante carnem. namque quid adiungit? *non arbitratus est rapinam, ut esset aequalis deo.* de se ergo cogitat et de deo. facit igitur, ut non sit aequalis deo. ergo aequalis fuit. quid deinde adicit? *sed se exinanivit.* quid exinanivit aut unde, si non fuit? adicit adhuc: *et servi sumpsit formam in similitudinem hominum factus et habitu inventus tamquam homo. humiliavit se ipsum subditus factus usque ad mortem, mortem autem crucis.* quid hic non ex omni parte declarat Iesum Christum et filium dei? nam sic dictum: *deus misit filium suum* et missum suae potentiae ac suae etiam voluntatis arbitrio cuncta facientem, ut se nollet *aequalem*, ut *se exinaniat,*

---

7 demonstravimus *cf. IV 31, p. 163, 24–28* ‖ 12 demonstravimus *cf. IV 31, p. 163, 24–28; supra l. 5–9* ‖ 16–17 *cf. Ioh 8, 56* ‖ 18–20 *cf. Phil 2, 5–6* ‖ 21–22 *cf. Phil 2, 6* ‖ 22–23 *cf. Ioh 14, 9* ‖ 25 *cf. Phil 2, 6* ‖ 27–30 *cf. Phil 2, 7* ‖ 32 *cf. Gal 4, 4* ‖ 33–p. 166, 4 *cf. Phil 2, 6–7*

1 patrem A^{pc}Σ patre (*virg. supra e* A¹) A^{ac} ‖ 11 ut A*hd* vel Σ ‖ 19 sentite *La Bigne hd* sensi AΣ ‖ 22 vidit vidit A*hd* videt videt Σ ‖ 28 et servi sumpsit Σ et servi et sumpsit A*hd*

ut *induat servi formam.* fuit ergo, qui fuit *dei forma.* fuit, qui *se exina-*
1137 A *nivit.* is autem ipse est Iesus, qui *sumpsit imaginem servi et inventus homo est,* qui *se subdidit usque ad mortem* (designetur plenius Iesus Christus), *usque ad mortem crucis.*

33. Haec viris et fidelibus satis probata sunt et ante carnem fuisse et in carne eundem filium fuisse, illum, qui *ante saecula* est genitus, illum, qui *ascendit in caelum* et *inde descendit,* illum, qui *nobis de caelo panis est,* illum, qui in carne dicit: *redde mihi, pater, honorem meum, quem habui apud te,* utique supra caelos et ante carnem, illum, qui λόγος est et *in principio λόγος* et *iuxta deum λόγος,* et qui[a] λόγος deus est, et *per quem λόγον facta sunt omnia et sine quo factum est nihil,* illum, *qui illuminat hominem in hunc mundum venientem,* illum,
1137 B qui λόγος *caro factus est.* audisti *in principio λόγον,* audisti, quod λόγος ipse *caro factus est.* audi, quod ipse dei filius sit et de patre genitus, ut sit illa, quam diximus supra, generatio. dicit evangelista: *deum nemo vidit umquam, nisi unigenitus solus filius, qui est in sinu patris.* melius autem dicemus *gremio,* Graeci ἐν κόλπῳ, id est *in gremio.* sed vel hoc verbum vel illud significat et genitum filium, quod est foris esse, et tamen cum patre esse, cum dictum est: *qui est in sinu patris.* omnibus lectionibus ista esse diligens et fidelis quaesitor intelleget.

Iam vero spiritum sanctum alio quodam modo ipsum esse Iesum
1138 A Christum, occultum, interiorem, cum animis fabulantem, docentem ista intellegentiasque tribuentem et a patre per Christum genitum et in Christo, quippe cum unigenitus filius Christus sit, multis nos libris exposuimus; et quod exemplis plurimis approbavimus, satis clarum est.

Hoc modo atque hac intellegentia, ut pater et deus cum filio ὁμοούσιον, et filius, quod ipse vita est, cum eo, quia autem ipse intellegentia est, Christus et spiritus sanctus ὁμοούσιον intellegitur. unde iuncto patri filioque accepto, quod sit idem, quod spiritus sanctus, eo quidem modo, quo filius idem est, quod pater, ita tamen, ut quomodo

---

6 cf. Sir 1, 1 ‖ 7 cf. Ioh 3, 13 ‖ 7–8 cf. Ioh 6, 32 ‖ 8–9 cf. Ioh 17, 5 ‖ 10 cf. Ioh 1, 1 ‖ 11–12 cf. Ioh 1, 3 ‖ 12 cf. Ioh 1, 9 ‖ 13–14 cf. Ioh 1, 14; 1, 1; 1, 14 ‖ 15 diximus cf. IV 28, p. 160, 21–29, p. 161, 23 ‖ 15–16 cf. Ioh 1, 18 ‖ 17 et 19 cf. Ioh 1, 18 ‖ 25 exposuimus cf. III 8, p. 122, 23 sqq.; 14, p. 128, 6–12, p. 133, 5; IV 16, p. 148, 29–18, p. 151, 29

3 designetur plenius **A** hd ut designetur plenus Σ ‖ 5 et[1] **A** hd om. Σ ‖ 10 qui Lambot apud hd quia **A** Σ ‖ 13 ΛΟΓΟΝ **A** (hd) λόγος Σ recte ita legis suspic. hd ‖ 27 pater **A** hd patet Σ ‖ 28 quia Σ hd qui **A**

pater et filius unum cum sint, sit tamen pater pater, sit etiam filius, exsistentia unusquisque sua, sed ambo una eademque substantia, sic Christus et spiritus sanctus, cum ambo unum sint, exsistit tamen Christus sua et spiritus sanctus sua exsistentia, sed ambo una sub-   **1138 B**
5 stantia. ex quo omnes, id est tota trinitas una atque eodem modo iuncto patre cum filio filioque cum spiritu sancto atque ista ratione patre cum spiritu sancto per Christum iuncto, singulis quidem exsistentibus, unum omnis trinitas sit atque exsistat illud ὁμοούσιος, cum sit omnibus una eademque simul ex aeternitate substantia. haec nobis salus
10 est, haec liberatio, haec totius hominis plena salvatio, sic patrem omnipotentem deum credere, sic Iesum Christum filium, sic spiritum sanctum. amen.

MARII VICTORINI VIRI CLARISSIMI
DE *OMOOYΣIΩ*

De homoousio recipiendo

1. Miror adhuc rationem intellegendi unam inter nos certamen [te]   **1137 C**
tenere. omnes recte intellegimus, nec tamen iungimur. dicam ergo om-
15 ne mysterium, omnium verba, sententias, intellectus oratione brevi, Arium ut possimus excludere.

Graeci, quos Ἕλληνας vel paganos vocant, multos deos dicunt, Iudaei vel Hebraei unum, nos, quia posterior *veritas* et *gratia* est, adversum paganos unum deum dicimus, adversum Iudaeos patrem
20 et filium. ita dicentes duos, patrem et filium, sed unum tamen deum

---

18 cf. Ioh 1, 17

13 – p. 171, 16 C

1 sit[1] **A** *hd* sic *Σ* | pater pater **A**[pc] *Σ* pater (*post* pater *rasura i. t.* pater **A**[1 i.m.]) **A**[ac] ‖ 8 exsistat **A** *hd* existet *Σ* ‖ 12 *post* amen MARII VICTORINI DE *OMOOYCION* LIBER PRIMVS EXPLICIT INCIPIT LIBER DE TRINITATE **A** *sequitur hymnus I* Adesto *etc.* (*cf. p.172 app.*) ‖ *Titulos ex hd sumpsi; inscriptione caret hic tractatus in* **A** *ubi per notam illam confusionem* (*cf. praef. p. XV – XVII*) *inter hymn.* I *et* II *positus est* ITEM DE OMOVSION C (*at in indice codicis huius nulla fit mentio tractatus nostri*) MARII VICTORINI AFRI VIRI CONSVLARIS DE OMOOVSIO RECIPIENDO *Σ* Marii Victorini De *OMOOYCION* ⟨liber II⟩ *w* (*cf. Wöhrer Studien 37*) ‖ 13 – 14 certamen tenere *whd* certa mente tenere **A** certam tenere **C** non certa mente teneri *Σ*

complexi religiones ambas adversum utramque alterius contrario repugnamus. et pagani quidem lapsi multum et elementa et cibos suos deos esse dixerunt, Iudaei errore carnali Christum negant, quem aliter confitentur. nostrum igitur dogma est adprobandum, quod docuit veritatem et correxit errorem. id autem facile cognitu erit, si cognoscatur vis verbi a maioribus positi, quod ὁμοούσιον nominatum est. nec errare quemquam volo, cum tantum de patre et filio ὁμοούσιον dixero, quia spiritus sanctus et a patre est et in filio. haec autem ratio contra Arianos et contra haereticos maxime praevalebit.

Esse deum fatemur? ita est. esse Christum fatemur? sic. esse isto modo dico: est deus, est Christus. quid est autem istud esse? lumen esse, spiritum esse, deum esse, λόγον esse. fatemur ergo haec, nemo negat haec. esse Graeci οὐσίαν vel ὑπόστασιν dicunt, nos uno nomine Latine substantiam dicimus, et οὐσίαν Graeci pauci et raro, ὑπόστασιν omnes.

2. Distat quidem, verum nunc omittamus.

Scriptura divina Graece ὑπόστασιν saepe dixit, Latine substantiam. et dixit de dei substantia in propheta Hieremia: *quodsi stetissent hi in substantia domini, verbum meum vidissent*. quid autem est *stare in substantia*? intellegere dei substantiam, quod *lumen verum* sit, quod *spiritus* infinitus sit. hoc cum intellexissent, intellegerent λόγον domini, hoc est *verbum* domini *vidissent*. et sic et paulo post idem Hieremias loquitur. dicit David: *et substantia mea in inferioribus terrae*. et de deo dicit et substantiam dicit. et quid sit hoc, manifestum est. dicit apostolus ad Hebraeos: *qui est character substantiae eius*. characterem dixit Christum substantiae dei. sunt alia multa exempla. sed quid interest? lectum est, quod sit et dicatur dei substantia.

Est autem substantia dei lumen, spiritus, deus. item substantia Christi est λόγος, lumen, Christus. hinc omnes vere dicimus Christum *verum lumen de vero lumine, deum de deo*. recte ergo dicitur eiusdem

DE HOM. REC.

esse substantiae, hoc est ὁμοούσιον. fatemini ergo ὁμοούσιον, cum dicitis *lumen de lumine, deum de deo*. cur repugnatis? praeterea, quod est Graecum ὅμο, tale est, ut, cui iungitur, nunc significet eiusdem rei, nunc simul cum re. res est ut puta species, quod Graece εἶδος dici- **1139 A**
5 tur. iungantur ista ὅμο et εἶδος, et significat eiusdem speciei. sic et ὁμώνυμον eiusdem nominis. ergo cum iungitur ad οὐσίαν ὅμο, fit ὁμοούσιον, eiusdem οὐσίας, id est eiusdem substantiae. ex hoc excluditur Arius, qui dixit *ex nihilo* Christum. item diximus ὅμο ὁμοῦ significare, et, cum iungitur rei, nihil aliud quam simul esse rem dicere, ut
10 ὁμοηλικής, simul una aetate, et ὁμοτρόφους, ὁμοῦ τραφέντας, simul nutritos. ergo ὁμοούσιον simul substantiale dicemus vel consubstantiale. ecce habemus et Latine nomina. quod si ita est, et ex hoc excluditur Arius, qui dixit: *fuit quando non fuit*. etenim si dicimus *semper pater, semper filius* et si *in principio erat λόγος et λόγος erat apud*
15 *deum*, quoniam principium sine ortu est et sine tempore, semper fuit **1139 B** deus, semper λόγος, semper pater, semper filius. hoc si ita est, exclusum est, ut dixi, *fuit quando non fuit*. ecce est in utroque ὁμοούσιον contrarium positum universae Arii haeresi.

3. Haec si vera sunt, accipite ὁμοούσιον. nam si non vultis, novelli
20 Arii non latetis. sed ut ex vestris actibus clarum est, dicitis quidem Christum *deum de deo, lumen de lumine*, verum factum atque hoc modo natum non de substantia dei, sed de nihilo, idque ab aliis cogitis per argumenta vestra, ut audire possitis magis quam dicatis ipsi. et qua re argumenta? o deus, o Christe, succurre! si de deo natus est Christus, aut
25 divisus aut minutus est deus. haec atque huiusmodi indigna saepe profertis, quasi corpus sit deus aut corporeus aut hyle. hic enim divi- **1139 C** sio vel diminutio potest esse. sed de isto multa iam diximus, quemad-

8. 13. 17 *cf. I 23, p. 55, 15 – 16; 28, p. 62, 6* || 14 – 15 *cf. Ioh 1, 1* || 20 – 21 *cf. 2, p. 168, 29 – 30 et supra l. 2* || 27 diximus *cf. Ad Cand. 30, p. 26, 20 – 27, 13; I 4, p. 35, 23 – 36, 4; 43, p. 79, 8 – 15; I b 50, p. 86, 11 – 13; 57, p. 92, 28 – 29; III 2, p. 115, 27 – 116, 29; IV 21, p. 154, 27 – 32*

2 praeterea A C*hd* propterea Σ || 3 est graecum A Σ*hd transp.* C || 4 ΕΙΔΟC A^(pc) Σ*hd* ΙΔΟC A^(ac) (*E add.* A^4) C || 6 ὁμώνυμον Σ*hd* ΟΜΟΝΥΜΟΝ A C || 6 *et* 9 cum iungitur A Σ*hd* coniungitur C || 7 οὐσίας Σ*hd* ΟΥCΙΑΙ A C || 10 ὁμοηλικής Σ*hd* ΟΜΟΕΙΛΚΕC A ΟΜΟΕΙΑΚΕC C | *et* ΟΜΟΤΡΟΦΟΥC A(Σ*hd*) ΕΟ-ΜΟΤΡΟΦΟΥC C | ΟΜΟΥΤΡΑΦΕΝΤΑC A(*hd*) ΟΜΟΥΤΡΟΦΕΝΤΑC C(Σ) || 11 substantiale CΣ*hd* substiale A || 12 latine AΣ*hd* latina C || 14 erat² A C*hd om.* Σ || 17 ecce est in utroque A Σ*hd om.* C (*in fine paginae*) || 18 contrarium positum universae Arii haeresi *hd* contra Arium positum universae Arrii haeresi A*w* contra Arrium positum universae arrianae heresi C contra Arium positum universamque Arii haeresim Σ || 21 factum A^(pc) Σ*hd* factus A^(ac) (m A^(2 i.m.)) C|| 26 hic A Σ*hd* haec C

modum in divinis, in incorporeis maximeque in anima, in spiritu, in mente et magis in deo aut motus sit aut partus. omnimodis enim perfecta neque augeri neque minui possunt, maxime circa substantiam. *αὐτόγονα* enim cum sunt et *αὐτοδύναμα* (de deo dico, de spiritu), qualia ipsa sunt, talia emittunt, nec ibi generatio immutatione generatio, neque ulla passio ibi vel phantasia aliqua passionis. interea his rationibus vestris quid cogitis nos fateri de nihilo Christum esse natum? num minor vestra blasphemia est, cum vos eadem sentiatis? aut cur non est aperta vestra professio, si ita sentitis? verum contraria vos loqui non videtis? dicitis enim *deum de deo, lumen de lumine*. hoc de nihilo est, cum dicatis unde? ergo de deo Christus, non ergo de nihilo, de lumine, non de nihilo. *de deo* enim de ipsius substantia intellegitur. nam aliud est, quod a deo est. nam omnia a deo. Christus autem de deo. ipse vero Christus *λόγος* est vel *λόγος* Christus est.

4. Postremo quaerite, quid sit *λόγος*, et invenietis *λόγον* de nihilo esse non posse. sed illi vos fallunt, illi, inquam, qui non intellegentes modum generationis dicunt: *nativitatem domini quis enarrare potest?* primum de hominibus dictum videri potest *quis* vel *nemo*. spiritus autem sanctus et insinuare et narrare potest, unde et nos dei patris et Iesu Christi domini nostri permissu diximus. et certe non desperatum hoc, sed cum miraculo dictum est. deinde sit modus generationis ignotus, nos de substantia loquimur, si pater et filius *ὁμοούσιον*. quomodo autem deus pater et quomodo *λόγος* filius sit, cognitu difficile. nunc autem hoc non videtur esse quaerendum. prius enim confitendum, quod de substantia patris filius, et sic, quomodo filius, qui modus est vere difficilis et a nobis alibi tractatus. ergo nunc de *ὁμοουσίῳ* certe, ut satisfiat vobis (pacem enim volumus cum omnibus), habemus quomodo exprimamus *ὁμοούσιον*: primum consubstantiale vel simul [con]substantiale. deinde si dicimus *deum de deo, lumen de lumine*

---

10 cf. 3, p. 169, 21 ∥ 16 illi cf. Hilar., De synodis 11 (PL 10, 488 B) ∥ 17 cf. Is 53, 8 ∥ 18 cf. Is 53, 8 ∥ 20 diximus cf. I b 57, p. 92, 18–58, p. 93, 19; IV 28, p. 160, 21–29, p. 161, 23 ∥ 26 alibi cf. l. 20 ∥ 29 et p. 171, 3 cf. II 2, p. 102, 7–8

3 maxime A C^{pc} Σ hd maximeque (que exp.) C^{ac} ∥ 13–14 nam omnia – de deo A Σ hd om. C ∥ 14 ipse vero Christus ΛΟΓΟC est vel ΛΟΓΟC Christus est A (Σ hd) ipse vero Christus ΛΟΓΟC est Christus est vel ΛΟΓΟC Christus est C ∥ 23 cognitu A C^{pc} Σ hd cognatu (i in a scr. C^1) C^{ac} ∥ 24 quaerendum A^{pc} C Σ hd quaedendum (r supra d A^2) A^{ac} ∥ 26 ὁμοουσίῳ Σ hd OMOOYCIO A C ∥ 27 vobis A Σ hd nobis C ∥ 28 ante OMOOYCION interp. A hd post C Σ ∥ 28–29 vel simul substantiale hd vel simul consubstantiale A Σ w vel primum simul substantiale C

(lumen autem pater est et item filius lumen), cum dicamus, quia in patre est filius et in filio pater est, dicamus etiam, quia recte dicimus: *deum in deo, lumen in lumine*, quod verum erit et plenum ὁμοούσιον. an dubitatis? quid, si et hoc lectum est? blasphemia est contradicere.
5 David trigesimo quinto psalmo: *est enim fons vitae et in lumine tuo videbimus lumen.* fatemini iam et hoc et ὁμοούσιον. similiter hoc obici potest ei, qui dicit similem substantiam. eandem enim nos dicimus et simul substantiam. certe dictum in Isaia: *nemo ante te deus et nemo post te similis deus.* et David: *quis tibi similis erit deus?* haec adversus eos,
10 qui similem substantiam dicunt, sed et multa praeterea, quae plenius uberiusque tractata sunt contra eos tractatus, quos ipsi emiserunt. nam de illis non loquendum, qui dissimilem dicunt, nec de illis, qui eos, qui ista tractant, quae dicimus, patripassianos putant. omnes enim isti et alii haeretici facile refutati sunt maiore tractatu.
15 Deus adesto pater et deus domine Iesu Christe, ut sit in plebe tua ὁμόνοια per ὁμοούσιον. amen

1140 C

1140 D

5—6 *cf. Ps 35, 10* ‖ 8—9 *cf. Is 43, 10* ‖ 9 *cf. Ps 34, 10* ‖ 11 tractata *cf. I 28, p.61, 15—32, p.66, 24* ‖ 14 maiore tractatu *cf. I 1—47*

1 et A C hd om. Σ ‖ 3 deum C hd deus A Σ | deum in deo, lumen in lumine *scripsi* — de deo, — de lumine A Σ hd *post* lumine *ultro addit* deum in deo, lumen in lumine hd: *intuenti syllogismum (p. 170, 29—171, 2) probatum erit nihil nisi in . . . in legi posse* ‖ 5 est enim A Σ hd etenim apud te est C *ita legi posse suspic.* hd *conferendo vet. lat. et II 12, p. 112, 20* ‖ 8 dictum A Σ hd dictum est C ‖ 10 praeterea A C[ac] hd praetereo (*a not. et o scr.* C[1 i.m.]) C[pc] Σ ‖ 13 patripassianos C Σ hd patropassianos A patropassianos putant *post* qui eos *transp.* A[2?] ‖ 16 ὁμόνοια Σ hd OMONOEA A C | *post* amen *add.* finit C *subscriptione carent* A Σ

HYMNVS I DE TRINITATE

Adesto, lumen verum, pater omnipotens deus.
Adesto, lumen luminis, *mysterium* et *virtus dei*.
Adesto, sancte spiritus, patris et filii copula.
Tu cum quiescis, pater es, cum procedis, filius,
In unum qui cuncta nectis, tu es sanctus spiritus.

Unum primum, unum a se ortum, unum ante unum, deus.
Praecedis omne quantum nullis notus terminis.
Nihil in te quantum, quia neque quantum ex te est.
Namque ex te natum unum gignit magis quantum quam tenet.
1141 A Hinc immensus pater est, mensus atque immensus filius.
Unum autem et tu pater es, unum, quem genuis, filius.

Quod multa vel cuncta sunt, hoc unum est, quod genuit filius,
Cunctis qui ὄντος semen est. tu vero virtus seminis,
In quo atque ex quo gignuntur cuncta, *virtus* quae fundit *dei*,
Rursusque in semen redeunt genita quaeque ex semine.
Operatur ergo cuncta Christus, qui omnis est *virtus dei*.
Namque Christus, in quiete motus, est summus deus.
Atque ipse motus *sapientia* est et *virtus dei*,

---

2 *cf. Rm 16, 25—26; Eph 3, 9; Col 4, 3; I Cor 1, 24* || 18 *cf. I Cor 1, 24*

textum hymnorum tum referendo tum miscendo et mutando accedit ad A Σ *partim Alcuinus, De fide III (PL 101, 54—56)*

HYMNVS PRIMVS DE TRINITATE *hd* INCIPIT LIBER DE TRINITATE (*cf. Wöhrer Studien 37*) A MARII VICTORINI AFRI VIRI CONSVLARIS HYMNVS DE TRINITATE PRIMVS Σ || *lineationem huius hymni ex hd recepi, qui paucis locis exceptis (ratione metrica)* Σ *secutus est. lineas vel versus non distinxit* A || 5 sanctus spiritus A (sc̄s sp̄s; *sed* c *in* p *erasum scr. videtur*) *hd* spiritus sanctus Σ || 9 quantum quam tenet *hd* (*ratione cretici*) quam tenet quantum A Σ || 11 quem genuis *hd* quam genuit A Σ || 13 ὄντος Σ *hd* ontis A || 17 in quiete A *hd* inquiete Σ | deus A^{ac} Σ dei (ds *in* dī *mut. m. inc.*) A^{pc}

HYMN. I

Nullo a substantia distans, quia quod motus, hoc substantia est,   **1141 B**
Quique motus, quia in ipso atque ipse est,
Ex deo dictus *deus*, natus autem, quia motus est
(Omnis enim motus natus est) unumque cum sit deus
Ac dei motus, unus et idem exsistit deus.
Tamen motus ipse, esse ut sibi sit, hoc, quod ipse motus est.
5 Sed quia dei motus est, habet in se motus deum.
Rursusque isto ipso, quia dei motus est, habet in se motum deus.
In filio igitur pater est et in patre est ipse filius.

Sunt ergo singuli, atque in semet semper cum sint singuli,
Hinc duobus una virtus, hinc una substantia est,
Sed patre dante, quae sibi fit, filius substantia est.   **1141 C**
Esse enim prius est, sic moveri posterum,
Non quo tempus illi adsit, sed in divinis ordo virtus est.
Esse nam praecedit motum re prius, non tempore.
Hoc esse docti in deo memorant substantiam.
5 Hic autem motus ortus est, nam gignit motum substantia
Substantiaeque generatio quid aliud quam substantia est?
Ergo motus et patris est. filius ergo eadem substantia.

Hunc λόγον Graeci vocarunt, intus in patre deum,
Causa qui sit ad partum atque ad ortus omnium.
Nihil namque *absque hoc* creatum est, *per hunc* creata cuncta sunt.   **1141 D**
Hic λόγος si Christus est et si λόγος vita est,
Genitus λόγος a patre est. est enim *vivus deus*.
In quo, cum substantia deus sit deusque sit vita substantia,
Genitus autem filius vita est, una est substantia, λόγος, deus.

5 Indiscretus ergo semper, semper et alter simul,
Missus mittenti par, et fons tamen manet,
Semper discurrit, spargens vitas, missus ut flumen filius.
Hinc substantia unum ambo, fons deus, flumen filius.

21 *ex confessione fidei* ‖ 40 *cf. Ioh 1, 3* ‖ 42 *cf. Ioh 6, 57*

22 motus natus *hd* (*qui quidem signa critica* ⌊ ⌋ *falso illo verbo* natus *apponit, quod est in praecedenti linea*) motus motus A Σ ‖ 23 exsistit deus *hd* (*ratione cretici*) deus exsistit A Σ ‖ 32 illi Σ *hd* illum A^{ac} ullum (u *supra* i A²) A^{pc} ‖ 35 substantia A^{pc}*hd* substantiam (m *exp. m. inc.*) A^{ac} Σ ‖ 46 manet A *hd* manans Σ

Sed quia in divinis substantia hoc idem quod vita est,
Vitaque ipsa ipsa est sapientia, ut praecedit esse, cui inest
Princeps ac simplex vivere, sic adest
Intellegens sapiensque, semper cum praecedit vivere,

1142 A Non quo praecedat quidquam alterum neque quod sit omnino alterum,
Sed quo progressu actuum sit ter triplex alterum.
Christus igitur actus omnis, actus, cum procedit, filius,
Actusque vita est, qua praecedunt et creantur omnia,
Fit idem doctor et magister, idem perfector spiritus,
Seminatas saeclis animas irrigans scitis sophiae.
Sophia autem cum sit Christus, idem Christus filius docet
Profectus patre patrem et Christum spiritus.
Hinc patris cuncta Christus, hinc habet Christi cuncta spiritus.
Sic Christus me⟨di⟩us inter parentem et sese alterum
Spiritum implet parentem, dum esse praestat omnibus

1142 B Atque esse cunctis *vita* est, et hoc est, *quod* in Christo *factum est*.
Quid quia iungit ac salvat omnia ac docet verum deum,
Christum sequentes, Christo renatos sanctus iungit spiritus?

Ergo Christus omnia, hinc Christus *mysterium*,
Per ipsum cuncta et *in ipso* cuncta atque *in ipsum* omnia.
Cuius altitudo pater est, ipse vero totus
Progressu suo longitudo et altitudo patris est.
Hinc Christus apparens saeculis ad profundum docendum idque
[arcanum
Et intimum intus docendo Christus occultus sanctus spiritus.

1142 C Omnes ergo unum spiritu, omnes unum lumine.
Hinc singulis vera, hinc tribus una substantia est,
Progressa a patre filio et regressa spiritu,
Quia tres exsistunt singuli et tres in uno singuli.
Haec est beata trinitas, haec beata unitas.

---

61 cf. *Ioh 16, 15* ∥ **64** cf. *Ioh 1, 3 – 4* ∥ **67** cf. *Rm 16, 25 – 26; Eph 3, 9; Col 4, 3* ∥ **68** cf. *Rm 11, 36; Col 1, 16 – 17*

53 quod **A** *hd* quo **Σ** ∥ **56** praecedunt **A** procedunt **Σ** *hd* ∥ **61** spiritus *hd* Christus **A Σ** ∥ **62** medius *hd* (cf. *I b 56, p. 91, 26*) meus **A Σ** ∥ **68** ipsum² **A**^{ac} **Σ** ipso (o *supra* u **A**²) **A**^{pc} ∥ **70** altitudo **A Σ** latitudo *hd* (cf. *III 10, p. 124, 12 et comm. in ep. ad Eph. 3, 18, p. 170, 31*) *at utrobique post* longitudo *sequitur* altitudo ∥ **71** docendum *hd* cf. **72** doctum **A Σ** ∥ **73** lumine *hd* (*ratione cretici et symmetriae*) lumen **A Σ** ∥ **77** *post* unitas MARII VICTORINI V̄C̄ DE TRINITATE HYMNVS SECVNDVS EXPLICIT FELICITER **A** *quod hymnum hunc secun-*

HYMNVS II

Miserere domine, miserere Christe!
Miserere domine,
Quia credidi in te,
Miserere domine,
5 Quia misericordia tua cognovi te.

Miserere domine, miserere Christe!
Tu spiritus mei λόγος es,
Tu animae meae λόγος es,
Tu carnis meae λόγος es.

10 Miserere domine, miserere Christe!
Vivit deus,
Et semper vivit deus,
Et quia ante ipsum nihil est, a se vivit deus.   1142 D

Miserere domine, miserere Christe!
15 Vivit Christus,
Et quia deus ei generando dedit, ut a semet ipso vivat Christus,
Quia a semet vivit, semper vivit Christus.

Miserere domine, miserere Christe!
Quia vivit deus et semper vivit deus,
20 Hinc aeterna vita nata est,
Aeterna autem vita filius dei Christus est.

---

16 cf. Ioh 5, 26

dum appellat subscriptio, cf. Wöhrer Studien 37, at ordinem vulgatum retinendo (cf. p. 172 app.) hd secutus sum; sequitur paulo infra sine inscriptione, sed littera initiali (M) amplius quam duarum linearum altitudine: Miror adhuc ... etc. (cf. p. 167 app.) in A subscriptione caret Σ

Titulum ex hd sumpsi, inscriptione caret A MARII VICTORINI AFRI VIRI CONSVLARIS HYMNVS SECVNDVS Σ ǁ stropharum ordinem ex A Σ, linearum ex hd recepi ǁ 17 quia a Σ hd qui a A

Miserere domine, miserere Christe!
Quodsi a semet ipso vivit pater
Et patre generante a se vivit filius,
Consubstantiale patri est, quod ut semper vivit filius.   25

Miserere domine, miserere Christe!
Animam, deus, dedisti mihi.
Anima autem imago vitae est, quia vivit anima.
In aeternum vivat et anima mea.

Miserere domine, miserere Christe!   30
Si *ad similitudinem* tuam, deus pater,
1143 A   Et *ad imaginem* filii homo factus sum,
Vivam creatus saeculis, quia me cognovit filius.

Miserere domine, miserere Christe!
Amavi mundum, quia tu mundum feceras.   35
Detentus mundo sum, dum invidet mundus tuis.
Nunc odi mundum, quia nunc percepi spiritum.

Miserere domine, miserere Christe!
Succurre lapsis, domine, succurre poenitentibus,
Quia divino et sancto iudicio tuo   40
Quod peccavi mysterium est.

Miserere domine, miserere Christe!
Cognosco, domine, mandatum tuum,
Cognosco reditum in anima scriptum mea.
Propero, si iubes redire, nostri salvator, deus.   45

Miserere domine, miserere Christe!
Diu repugno, diu resisto inimico meo,
1143 B   Sed adhuc mihi caro est, in qua victus diabolus
Tibi triumphum magnum, nobis fidei murum dedit.

---

24 cf. Ioh 5, 26 || **31—32** cf. Gen 1, 26 || **47—48** cf. Rm 7, 14—25 || **49** cf. Col 2, 15

39 poenitentibus Σhd paenitentibus A || **44** scriptum mea $A^{ac} \Sigma$ mea scriptum (*transp.* $A^{2?}$) A^{pc} || **49** tibi $A^{pc} \Sigma$ tib (i $A^{1 supra}$) A^{ac}

50 Miserere domine, miserere Christe!
   Velle mihi adiacet mundum et terras linquere,
   Sed imbecilla pluma est velle sine subsidio tuo.
   Da fidei pennas, ut volem sursum deo.

   Miserere domine, miserere Christe!
55 Iam portas quaero, sanctus quas pandit spiritus
   Testimonium de Christo dicens
   Et, quid sit mundus, docens.

   Miserere domine, miserere Christe!
   Patrem, quo genitus semper qui repraesentas deum,
60 Da claves caeli atque in me vince diabolum,
   Sede lucis ut quiescam gratia salvatus tua.

HYMNVS III DE TRINITATE

Deus,
Dominus,
Sanctus spiritus,
   O beata trinitas.

5 Pater,
Filius,
Paracletus,
   O beata trinitas.

Praestator,
10 Minister,
Divisor,
   O beata trinitas.

1143 C

---

51 *cf. Rm 7, 18* || 56—57 *cf. Ioh 15, 26; 16, 8*

53 pennas A^{pc} Σ pinnas (i *in* e *corr.* A^2) A^{ac} || 55 sanctus A*hd* spiritus Σ || 59 patrem quo A *hd* patre qui Σ || *nulla nisi lineae et permagnae litterae initialis* (D) *Hymni II et III distinctio in* A *propria inscriptione distinxit hymnum III* Σ || *Titulus* HYMNVS III DE TRINITATE, *quem ex hd recepi, partim ex subscriptione huius hymni in codice* A, *partim ex* Σ *sumptus est* MARII VICTORINI HYMNVS DE TRINITATE EXPLICIT. DEO GRATIAS AMEN A *in fine huius hymni* (*cf. p. 186 app.*) MARII VICTORINI AFRI VIRI CONSVLARIS HYMNVS TERTIVS Σ || *stropharum distinctionem cum hd ex* A (*Σ nullam distinctionem habet*) *recepi, linearum ordinem ex hd*

Spiritus operationum,
Spiritus ministeriorum,
Spiritus gratiarum,
    O beata trinitas.

Unum principium,
Et alterum cum altero,
Et semper alterum cum altero,
    O beata trinitas.

Deus, quia pater substantiae et ipse substantia,
Filius spiritusque substantia,
Sed ter ipsa una substantia,
    O beata trinitas.

Pater perfectus,
Perfectus patre *perfecto* filius,
Perfecto filio sanctus perfectus spiritus,
    O beata trinitas.

Fons,
Flumen,
Irrigatio,
    O beata trinitas.

In tribus,
Tergemina,
Sed una actio,
    O beata trinitas.

Exsistentia,
Vita,
Cognitio,
    O beata trinitas.

Caritas,
Gratia,
Communicatio,
    O beata trinitas.

---

26 cf. Hilar. De synodis 29 (PL 10, 502 B) || 41—50 cf. II Cor 13, 13

21 substantiae A*hd* cf. II 3, p. 103, 13—15 substantia Σ

HYMN. III

45 Caritas deus est,
   Gratia Christus,
   Communicatio sanctus spiritus,
      O beata trinitas.

   Si caritas est, gratia est;
50 Si caritas et gratia, communicatio est;
   Omnes ergo in singulis, et unum in tribus;
      O beata trinitas.

   Hinc ex deo apostolus Paulus: *gratia domini nostri Iesu Christi*
   Et caritas dei
55 *Et communicatio sancti spiritus vobiscum.*
      O beata trinitas.

   Ingenitus,   1144 A
   Unigenitus,
   Genito genitus,
60   O beata trinitas.

   Generator,
   Genitus,
   Regenerans,
      O beata trinitas.

65 Verum lumen,
   Verum lumen ex lumine,
   Vera illuminatio,
      O beata trinitas.

   Status,
70 Progressio,
   Regressus,
      O beata trinitas.

   Invisibilis invisibiliter,
   Visibilis invisibiliter,
75 Invisibilis visibiliter,
      O beata trinitas.

53—55 cf. *II Cor* 13, 13

Omnis potentia,
Omnis actio,
Omnis agnitio,
    O beata trinitas.

Impassibilis impassibiliter,
Impassibilis passibiliter,
Passibilis impassibiliter,
    O beata trinitas.

Semen,
Arbor,
Fructus,
    O beata trinitas.

Ab uno omnia,
Per unum omnia,
In uno omnia,
    O beata trinitas.

1144 B Unus, simplex unus, unum et solum, unum et solum et semper;
Unus, alter unus, *ex uno unus*, idem unus et omnia;
Unus, unitor omnium, virtus unius operans, unum ut fiant omnia,
    O beata trinitas.

Ex aeterno ingenite,
Ex aeterno genite,
Ut omnia aeterna sint, genite,
    O beata trinitas.

Tu creari imperas,
Tu creas,
Tu creata recreas,
    O beata trinitas.

Tu, pater, cunctis substantia es,
Tu, fili, vita,
Tu, spiritus, salvatio,
    O beata trinitas.

89—94 *cf.* Hilar. *De synodis* 29 (*PL* 10, 502 B)

106 tu fili A^{pc}hd tui filii (i¹ *et* i⁴ *exp. m. inc.*) A^{ac} Σ

HYMN. III

Substantia ipsa vita est,
110 Vita ipsa, quia est aeterna, salvatio est,
Pater ergo et filius et spiritus sanctus est,
    O beata trinitas.

Tu esse cunctis praestas,
Tu, fili, formam,
115 Tu, spiritus, reformationem,
    O beata trinitas.

Tu, deus, infiniti et definiti pater es.   **1144 C**
    O beata trinitas.

Tu, o fili, quia vita es, infinitus es;
120 Quia a mortuis vitam revocas, definitus es;
Tu quoque et infiniti et definiti pater es,
    O beata trinitas.

Tu etiam, spiritus sancte, quia salvatio es, definitus es;
Et quia definito, quod infinitum est, retines,
125 Et infiniti et definiti pater es,
    O beata trinitas.

Si ergo ter pater unitas,
Omnis autem *a te*, o deus, *paternitas*,
Unum et deus et omnis paternitas.
130   O beata trinitas.

Tu λόγον, deus, creasti, hinc deus factus pater;
Et quia a te creatus est λόγος et ipse, quia in illo es, factus est
                                                                    [λόγος deus;
Haec duo unum sancto ⟨i⟩unxisti spiritu; simplex ergo et unum es
    factus in tribus, spiritus, λόγος, deus;   **1144 D**
135   O beata trinitas.

---

128 *cf. Eph 3, 15*

114 fili A^{pc}*hd* filii (i³ *exp. m. inc.*) A^{ac} Σ || **124** definito A^{pc} Σ *hd* definitio (i³ *eras. m. inc.*) A^{ac} | infinitum Σ *hd* infinitus A || **133** iunxisti *hd recte cf. comm. in ep. ad Gal 4, 6, p. 45, 4–7* unxisti A^{ac} unxisti (c *eras.*) A^{pc} Σ

Primum ὄν,
ʾΟν secundum,
ʾΟν tertium,
Unum ὄν et simplex tria,
    O beata trinitas.   140

ʾΟν omne substantia est,
ʾΟν formata substantia est,
Formata substantia aut sibi tantum, aut alteris, aut sibi et alteri
                                                  [nota est,
    O beata trinitas.

Substantia deus es,   145
Forma filius,
Notio spiritus,
    O beata trinitas.

ʾΟν primum,
ʾΟν verum deus es,   150
Ergo omnis et tota substantia deus es,
    O beata trinitas.

ʾΟν secundum, omnis forma, Christus est;
Universalis autem substantia, cum universalis est, forma est;
1145 A Substantia igitur cum forma est, et deus Christus est.   155
    O beata trinitas.

ʾΟν tertium sanctus est spiritus; sanctus spiritus totius exsistentiae
                                                  [demonstratio est;
Demonstratio autem numquam nisi nota demonstrat; nosse autem in divinis hoc est, quod habere est; cognoscentia enim ipsa eademque substantia est;
Habet ergo deum, habet Christum, quem demonstrat, sanctus
                                                  [spiritus;
    O beata trinitas.   160

136—139 primum *ON*, *ON* secundum *ON* tertium unum *ON* **A** (*hd*) primum ὄν secundum ὄν tertium ὄν unum ὄν *Σ* || 143 et **A***hd* aut *Σ* || 159 sanctus spiritus **A***hd transp.* *Σ*

HYMN. III

Immensus, infinitus, invisibilis deus es, sed aliis immensus, infinitus,
aliis et invisibilis, tibi mensus, tibi finitus, tibi visibilis;
Hinc ergo et forma tibi est; ergo et λόγος idem es, quia λόγος forma
[est;
Et quia forma tibi notitia es, notitia autem spiritus sanctus est, id ergo
et deus et λόγος et spiritus sanctus es,
    O beata trinitas.   1145 B

55 Tu, fili, visibilis; es enim universalis et omnium forma; cum enim
vivificas cuncta, fit forma de vita;
Forma autem semper in substantia et forma omnis notitia est;
Ergo in substantia deus es, in forma λόγος, in notitia spiritus
[sanctus;
    O beata trinitas.

Tu quoque, spiritus sancte, notio es;
70 Omnis autem notio formae et substantiae notio est; cognoscis igitur
deum et habes dei formam;
Hinc et deus et filius spiritus sanctus es;
    O beata trinitas.

Esse, deus, es,
Spiritum esse Christus,
75 Apparere, quod sit spiritus, paracletus,
    O beata trinitas.

Hinc Christum misit pater,
Christus paracletum, Christus ut paracleto,
Christo ut appareret pater;
80   O beata trinitas.

Secreta atque in occulto substantia, deus, es;   1145 C
Secreta atque in occulto forma, deus, es;
Secreta atque in occulto notio, deus, es;
Hinc προὸν istorum τῶν ὄντων, deus, es;
85   O beata trinitas.

---

   169 sancte $A^{pc}hd$ sanctus (e *supra* us $A^{2?}$) A^{ac} Σ || **174** spiritum $A\Sigma hd$
supra spiritum *signum posuit* A^2 (− | −) *quod quid velit parum intellegitur* (id
est ?)|| **184** προὸν hd pro ON $A(\Sigma)$

Publica iam apparensque substantia, λόγος, es; et quia publica et apparens, forma autem, quia patris forma es, hinc tibi substantia es;
Ergo in te pater est, quia pater substantia est; eadem autem substantia, neque enim alia ulla substantia;
Si ergo λόγος apparens forma est formaque ipsa substantia est, apparens autem forma apparensque substantia notio est, idem tu, λόγος, et deus et spiritus sanctus es.
    O beata trinitas.

Omnis notio cognoscentia est; omnis cognoscentia substantia est cognoscentiaque ipsa forma est;
1145 D Es ergo spiritus sanctus publicata forma apparensque substantia;
1146 A Sed salvans regeneransque, non manens generansve substantia es.
    O beata trinitas.

Una igitur deus, λόγος spiritusque substantia est, manens in tribus exsistensque ter in omnibus tribus;
Hoc autem et forma et cognoscentia est;
Sic triplicatur omnis simplex singularitas.
    O beata trinitas.

Tu, deus incognite, tu incomprehensibilis deus es;
Sed incogniti atque incomprehensibilis quasi quaedam forma sine forma est;
Hinc προόν quam ὄν diceris, magis defectus ac requies; hinc cessantis cognoscentiae forma est noscentiae.
    O beata trinitas.

Tu, λόγος, forma cum sis, forma patris es; hinc ergo et imago patris es. et cum forma patris es, est tibi forma et ipsa substantia; et quia forma eadem et substantia est, hinc in te pater est et tu in patre.

---

188 formaque ipsa substantia est **A***hd* forma substantiaque ipsa (*omisso* est) *Σ* ‖ 191 spiritus sanctus **A** *Σ* spiritus sancte *hd* | publicata **A***pc Σ* publica (ta **A**[1supra]) **A**[ac] ‖ 192 non *tribus punctis suprapositis* not. et i. m. scr. ex superioribus temet ipsum convincis **A**[1] *parum intellegens* ‖ 198 *post* incomprehensibilis[2] *iter.* deus es *Σ* ‖ 199 προόν *hd* pro ΟΝ **A**(*Σ*) | quam **A***hd* cum *Σ* | cessantis cognoscentiae forma est noscentiae **A** *Σ hd* noscentiae *fortasse sanandum suspic. hd an* noscentia *legendum?*

HYMN. III

Item quia forma es, notio tibi est. ergo et substantia tibi nota. ex hoc **1146 B**
notus et pater est, quippe cum *in sinu* eius sis, ab eo genitus.
Verum ergo et tu ὄν, verum ἐκ τοῦ ὄντος τὸ ὄν; omne autem ὄν
semper in tribus.
     O beata trinitas.

Tu, spiritus sancte, connexio es; connexio autem est, quicquid connectit duo.
Ita ut connectas omnia, primo connectis duo;
Esque ipsa tertia complexio duorum atque ipsa complexio nihil
distans uno, unum cum facis duo.
     O beata trinitas.

Tres ergo unum;
Et ter ergo unum;
Ergo ter tres unum,
     O beata trinitas.

Hinc pater summus mittit λόγον, missus creat et ministrat omnia,
Portans in salutem nobis carnem simul et sanctam crucem,
Remeans victor ad patrem, salvandis nobis sese misit alterum.
     O beata trinitas.   **1146 C**

Semper cum deo Christus est iuxta substantiam; etenim vita semper est.
At quoniam vita actio est, actio autem, ut agat, incipit, hoc est Christus natus est,
Ex aeterno autem deus et Christus agit, ex aeterno igitur deus Christus natus est.
     O beata trinitas.

In caelos *qui ascendit*, Christus est;
De caelis *qui descendit*, idem est;
Non ergo ab homine, sed usque ad hominem Christus est.
     O beata trinitas.

Hic est deus noster;
Hic est deus unus;
Hic unus et solus deus.
     O beata trinitas.

---

202 cf. Ioh 1, 18 ‖ **221**–**222** cf. Ioh 3, 13; Eph 4, 9

202 tibi¹ A*hd* ibi Σ ‖ **215** sese *hd* esse AΣ

Hunc oramus cuncti,
Et oramus unum,
Unum patrem et filium sanctumque spiritum.
    O beata trinitas.

Da peccatis veniam,
Praesta aeternam vitam,
Dona pacem et gloriam,
    O beata trinitas.

Libera nos,
Salva nos,
Iustifica nos,
    O beata trinitas.

---

241 MARII VICTORINI HYMNVS DE TRINITATE EXPLICIT DEO GRATIAS AMEN A *subscriptione caret* Σ *sequitur in* A *orthographia mendosa et additis quibusdam (ab* A⁴; *cf. praef. p. XIV et XVI) Hieron. De vir. ill. 101* Victorinus — et commentarios in apostolum A²

INDEX I

INDEX VERBORVM AD RES PHILOSOPHICAS THEOLOGICASVE SPECTANS[1])

absolutus 113, 13; 121, 8
accidens 16, 27; 17, 3; 53, 29; 62, 28; 64, 5. 7; 65, 18. 19; 76, 8; 84, 6; 122, 11
actio 2, 2. 4. 27; 4, 2. 27; 6, 21. 22. 25. 26. 27; 7, 2. 3; 9, 18; 18, 10; 21, 4; 22, 12. 15. 17; 23, 3. 4. 6. 14. 16. 19. 20; 24, 6. 9; 25, 17. 26; 28, 4. 5; 36, 2. 4; 40, 1. 3; 42, 30; 43, 3. 21; 45, 28; 46, 29; 48, 34; 49, 9. 9 − 10. 31. 32. 34; 50, 14. 15. 16; 51, 8; 54, 15; 55, 2; 56, 30. 33; 58, 22. 23. 24; 60, 33; 65, 15; 67, 12; 68, 26. 29. 30. 31. 32; 69, 5. 7; 73, 6. 7. 9; 75, 9. 19. 20. 23; 77, 3; 78, 7. 8. 9. 11. 12; 79, 13. 25. 27; 83, 5. 23; 86, 17. 19; 90, 27; 91, 25; 94, 12; 102, 33; 103, 29. 31; 104, 1. 4. 5; 115, 5. 6. 7. 8. 12. 23. 24. 31; 118, 7; 121, 23. 24. 26. 27. 28; 127, 5; 128, 13; 133, 9; 135, 3; 136, 26. 28; 138, 17; 139, 16. 17; 145, 27. 30; 146, 2. 6; 148, 3. 10; 149, 11; 161, 31; 163, 2; 178, 35; 180, 78; 185, 218
activus 20, 24; 21, 2; 74, 9. 22; 75, 20; 82, 31; 91, 13; 121, 28; 163, 28. 29
actor 138, 17
actualis 134, 1
actuosus 66, 20; 68, 27; 72, 12. 13; 86, 17; 163, 25
actus 2, 1; 6, 24; 20, 25; 21, 24; 26, 15; 85, 9; 98, 12; 101, 27; 115, 13; 116, 27. 31; 118, 8; 121, 19; 127, 13.

14; 130, 26; 131, 16; 133, 7. 15; 134, 2; 135, 2; 139, 9; 141, 9; 142, 1. 2; 143, 9. 21; 145, 14. 25. 29; 146, 4. 5. 6; 148, 7; 149, 16. 17. 18; 151, 9; 155, 23. 24. 27. 29; 156, 1; 159, 23; 163, 6. 24; 164, 21. 23. 24. 29. 31. 33; 169, 20; 174, 54. 55. 56
adintellegentia 30, 3
adintellego 77, 21; 156, 31
aer 16, 25; 49, 21; 75, 4; 76, 5; 122, 14
aereus (-ius) 117, 11; 144, 29
aether 15, 26; 146, 1
aethereus (-ius) 117, 11; 144, 29
affectio 29, 12; 31, 11; 46, 28; 63, 23
agnitio 180, 79
agnosco 120, 1; 129, 1; 142, 6
ago 2, 27; 6, 23; 15, 24; 21, 22. 24; 22, 15; 23, 8. 9. 11. 12. 16; 25, 18. 18 − 19. 19; 26, 27. 28; 39, 20; 43, 3. 22; 51, 4. 5. 7. 9. 10. 12. 27. 29; 61, 5; 68, 15; 76, 17; 79, 14; 82, 16; 83, 23; 86, 6. 19; 101, 20; 103, 32; 115, 33; 116, 9; 122, 13. 15. 24. 32; 127, 15. 17. 18; 131, 4; 132, 6; 134, 10; 136, 26. 28; 138, 17; 139, 9. 16. 17. 18. 19; 141, 8; 142, 4. 32; 146, 10. 21; 148, 4; 151, 9; 159, 5; 160, 8; 163, 6. 13; 164, 29. 31. 32. 33; 165, 1; 185, 218. 219
alteritas 55, 22; 58, 1; 84, 19. 20; 85, 1; 89, 6; 90, 9; 92, 29; 94, 12
anima 10, 3. 4. 6; 14, 8. 17. 19. 20. 21. 22. 23. 24. 25. 26. 27; 15, 1. 2; 16, 5.

---

[1]) Exstat indicis huius et editio amplior, scilicet qua loci cuiusque contextus continetur. illius indicis manuscriptum, quia imprimi propter ingentem verborum ambitum non potuit, redactoribus THESAVRI LINGVAE LATINAE traditum est.

INDEX I

12. 14. 15. 17. 20; 17, 1. 3. 4. 5. 6. 7. 10. 12. 13. 14. 25; 24, 15. 17. 19. 23. 24; 51, 18. 19. 21. 22. 23. 24. 29. 30. 32; 52, 1. 3. 10. 11; 57, 30; 59, 3; 61, 6; 66, 26. 27. 28; 67, 3. 8. 13. 22. 28 – 29. 29; 68, 7. 11; 77, 16; 80, 2. 20. 21; 91, 14. 18; 93, 23. 24. 26; 94, 28. 30; 95, 9. 33; 96, 10. 18. 24. 25. 26. 28. 31; 97, 6. 8. 9. 11. 13. 15. 16. 17. 18. 21. 22. 25. 26; 98, 4. 5. 6. 12. 13. 17. 20. 22. 23. 24; 101, 6; 102, 19. 20; 103, 12; 114, 1. 2. 7; 117, 21. 22. 23. 24. 25. 26. 31; 118, 1; 120, 9; 122, 28; 126, 7. 9. 10. 13 (*bis*). 17. 18. 21. 23. 28. 30. 31. 33; 127, 1. 2. 4. 7. 11. 12. 14. 15; 128, 1; 129, 13; 138, 8; 139, 28; 140, 20. 25. 26; 144, 23. 25; 145, 1; 146, 7. 8. 15; 154, 31; 159, 6; 164, 19; 165, 10. 11; 166, 22; 170, 1; 174, 58; 175, 8; 176, 27. 28. 29. 44

animalis (animal) 16, 15; 27, 18; 55, 31; 56, 1. 3; 65, 10; 67, 5; 80, 19. 20; 97, 10. 11. 23; 101, 6; 117, 14; 129, 25; 138, 4

animatio 17, 14

animo (animatus) 16, 15; 80, 20; 96, 15; 117, 13; 144, 25 (*bis*)

apparentia 22, 17; 87, 2. 14; 89, 19; 95, 29; 115, 4; 121, 16. 17; 148, 20; 159, 14

appareo 3, 30; 5, 23. 25; 7, 17; 8, 6. 9. 11, 4; 13, 27; 15, 20; 23, 8. 14; 24, 9. 11; 29, 10; 34, 10; 35, 30; 41, 26; 48, 9; 59, 15; 60, 6. 7. 8. 10; 65, 30; 72, 5; 75, 26; 78, 15; 81, 27; 83, 22; 84, 21; 86, 33; 87, 3; 89, 14. 23; 90, 9. 24; 94, 12. 17; 104, 3; 113, 3; 122, 4; 129, 28; 132, 7; 136, 2; 151, 19; 152, 13; 154, 2. 11; 156, 21. 22; 157, 12; 163, 18; 165, 15; 174, 71; 183, 175. 179; 184, 186. 188. 191

autogonus 133, 10. 11

beatitudo 22, 21 (*bis*); 35, 19. 21; 85, 26; 86, 2. 4. 5. 8; 87, 28; 90, 2; 92, 18; 124, 25

beatus 10, 8. 11. 18; 11, 16; 42, 30; 45, 22; 53, 25; 57, 1; 68, 19; 91, 28; 116, 2; 174, 78; 177, 4 – 186, 240 *sexagies*

caelestis 15, 25; 52, 28; 97, 5. 6. 7. 15. 25; 114, 2; 117, 11; 144, 29; 164, 18

caelum 16, 3; 25, 11; 26, 8; 36, 28; 37, 16. 18. 26; 57, 3. 10. 18; 59, 31; 64, 21; 68, 27. 28; 71, 13; 76, 13; 83, 25; 92, 15; 96, 5; 101, 6; 107, 34; 117, 11; 132, 16. 23. 29; 133, 3; 140, 16; 146, 2; 166, 7. 9; 177, 60; 185, 221. 222

carnalis 97, 18; 99, 8; 127, 10; 140, 24; 144, 27; 158, 29; 168, 3

caro 9, 4; 39, 10. 26; 40, 13; 41, 22; 42, 6; 43, 10; 44, 8. 9. 19; 47, 3. 12; 48, 1; 52, 23. 25. 26. 29; 54, 8. 9. 11. 12. 18; 55, 7; 56, 23. 24; 58, 9; 59, 14. 18. 24. 25; 60, 6. 8; 61, 10. 11; 76, 14; 79, 20; 80, 2. 4. 12. 30. 31; 81, 4. 5. 6. 9; 92, 8. 9. 11. 13. 15. 16; 93, 25. 26. 31; 94, 4; 98, 26. 27. 28. 31. 32; 99, 1. 6; 100, 11. 13; 102, 1; 117, 12. 15. 16. 17. 18. 19. 20. 21; 118, 1; 124, 5; 128, 23; 132, 14; 134, 7. 8. 9. 10; 140, 15. 19. 20. 25. 26; 150, 19; 151, 22; 165, 14. 15. 16. 18. 20. 24; 166, 5. 6. 8. 9. 13. 14; 175, 9; 176, 48; 185, 214

causa 1, 3. 16. 18; 3, 7. 8. 9. 10; 6, 25; 7, 1; 8, 6; 11, 6; 12, 15. 17. 18. 19. 13, 4. 5. 8. 10. 25; 17, 29; 18, 13; 19, 3. 4; 21, 17. 18. 19; 22, 12. 15. 25; 23, 1; 35, 15. 16; 42, 29; 45, 25; 49, 8; 50, 5. 8. 10. 12; 56, 11; 57, 20. 22; 59, 11; 61, 2; 62, 21; 63, 10; 66, 8; 68, 20; 69, 9. 18; 73, 27; 74, 2; 77, 28; 78, 17; 79, 28; 85, 14; 92, 9; 95, 4; 96, 15; 103, 16; 104, 12. 24; 108, 22; 116, 31. 32; 125, 6; 135, 14; 136, 20. 21. 27. 30. 34; 137, 1. 3; 140, 4. 33; 141, 1. 16; 145, 19; 152, 8; 154, 15; 155, 13. 20; 173, 39

causativus 143, 36

cessatio 61, 13; 116, 14. 15; 121, 15. 20. 22. 23. 25; 158, 18. 19; 159, 16

cesso 115, 10. 11; 116, 14. 18; 141, 27. 28; 157, 13; 184, 199

character 3, 32; 5, 10. 13; 62, 25; 75, 25; 77, 1; 83, 21; 104, 19; 168, 25

circularis 95, 3. 4. 12

circulo 95, 16. 21

circumsisto 144, 15

188

INDEX VERBORVM

circumtermino 65, 23
coexsisto 69, 2. 13
cognitio 10, 11; 61, 26; 122, 23. 24 (bis). 31; 150, 29; 154, 4. 5; 178, 39
cognoscentia 10, 9; 14, 8; 18, 16; 21, 11; 28, 13. 14. 15; 49, 32; 66, 5; 85, 10; 92, 2. 23. 24; 93, 1. 2. 3. 11. 12. 14. 27; 122, 25. 28. 29; 123, 1. 2. 11. 15; 150, 3; 154, 30; 156, 22. 26. 28. 29; 157, 1. 5. 6. 9 (bis). 12. 14. 16. 17; 163, 1; 182, 158; 184, 190. 195. 199
cognoscibilis 152, 34; 156, 26. 28. 29. 30 (bis); 157, 1. 6. 10. 11. 13. 16. 18
cognosco 10, 10; 21, 9; 26, 12; 31, 26; 34, 10; 41, 7 (bis). 8. 23. 30; 43, 28; 44, 12. 17; 45, 24. 25. 26. 28. 30; 46, 4; 48, 3; 53, 15. 25; 72, 7; 92, 3. 24; 94, 18; 105, 6; 120, 15; 122, 19. 21. 32; 123, 21; 125, 19. 22. 28; 127, 32; 128, 32; 129, 1; 141, 33; 152, 30; 153, 3 (bis); 154, 9; 157, 9. 18. 23; 159, 27; 168, 5 (bis); 170, 23; 175, 5; 176, 33. 43. 44; 183, 170
commixtio 16, 4. 26
communicatio 178, 43; 179, 47. 50. 55
communio 84, 2. 3 (bis). 4. 13. 17; 144, 22
commutatio 52, 22
complector 143, 15; 168, 1
complexio 17, 18; 136, 16; 185, 207
comprehendibilis 104, 28
comprehendo 14, 12. 26. 27; 15, 26; 16, 9. 10. 21; 34, 4; 65, 6; 67, 25; 89, 22; 119, 24; 124, 11; 144, 14
comprehensibilis 48, 5. 14. 16
comprehensio 14, 14
conficio 141, 30; 146, 23. 24. 26 (bis). 29. 30. 31; 147, 1. 2. 25; 148, 7. 8. 10. 19; 152, 2; 155, 22; 156, 1. 20; 159, 18
congeneratus 90, 7
connaturalis 69, 34
consistentia 85, 10
consisto 16, 3; 46, 3; 54, 31; 57, 5; 64, 24; 71, 16; 88, 4; 96, 26; 153, 17; 155, 15
constitutivus 21, 18. 22
consubsisto 30, 2
consubstantialis 5, 12. 23. 28; 6, 4. 18; 7, 4. 7. 16; 8, 11; 69, 13; 82, 30;
90, 8. 11; 91, 3; 94, 22. 25; 97, 14; 102, 26. 31; 108, 2; 110, 29. 30; 113, 11; 116, 29; 140, 30; 143, 32. 36; 146, 27; 147, 20; 159, 27; 169, 11; 170, 28; 176, 25
consubstantiatus 59, 6; 82, 23
continuatio 85, 18
conversio 5, 24; 6, 4; 8, 8; 15, 5; 17, 18; 95, 23; 143, 28. 31
converto 22, 20; 58, 13; 81, 4; 87, 7. 17. 19; 95, 5; 96, 11; 115, 30; 116, 12; 119, 13; 153, 26
corporalis 31, 6; 49, 22; 58, 19; 59, 3; 75, 1; 85, 23; 103, 26. 28; 108, 7; 129, 16. 25; 165, 3
corporatus 144, 15
corporeus 144, 32; 169, 26
corpus 9, 19; 10, 7; 24, 22. 23. 25; 39, 24. 25; 47, 14. 17; 49, 24; 53, 2. 17; 57, 6; 58, 27. 29; 59, 1. 2; 64, 20; 66, 26. 27 (bis). 28. 30; 75, 1; 80, 20; 81, 7; 82, 5. 6; 85, 19. 20; 87, 20; 96, 23. 24. 25. 26. 27. 28. 31; 97, 3. 8. 9. 10. 18; 98, 29. 30. 31; 99, 6; 103, 12; 108, 6; 114, 1. 3; 117, 12; 127, 16; 129, 23; 137, 33; 140, 17; 158, 30. 31. 32; 159, 1. 9. 12; 165, 8. 10. 12; 169, 26
counio 86, 1; 89, 6
counitio 66, 19; 86, 7. 10; 91, 32; 92, 35
creator 24, 16; 55, 8; 98, 18
creatura 25, 16; 26, 8; 28, 4; 34, 23; 52, 19. 20. 21. 23; 57, 2. 12. 13. 15. 17. 19; 70, 23. 25. 27. 33; 71, 2. 5. 6. 7. 13. 31. 32; 75, 23; 80, 26; 82, 25; 83, 26; 101, 11. 17
creo 23, 1; 25, 14; 30, 17; 33, 12. 14; 35, 2; 52, 20; 57, 2. 12. 13. 16. 30; 66, 2; 71, 13. 16. 17. 26. 32; 72, 24; 83, 4; 101, 11; 138, 5. 16; 141, 9; 151, 22; 153, 5; 163, 22; 164, 26; 173, 40; 174, 56; 176, 33; 180, 101. 102. 103; 181, 131. 132; 185, 13
cyclicus 95, 4. 28
cyclus 95, 21

definio 30, 17; 32, 18; 48, 17; 64, 2; 67, 2. 10. 23. 25; 82, 9; 85, 9. 19; 151, 16; 153, 1. 8. 12. 24. 25. 26; 181, 117. 120. 121. 123. 124. 125

14a BT Locher, Theologica

INDEX I

definitio 51, 32; 67, 4; 77, 16
definitor 153, 1
deificus 111, 23
deitas 133, 7
descendo 36, 18; 37, 18. 27; 81, 33; 92, 8; 94, 27; 96, 16; 107, 34; 140, 16; 166, 7; 185, 222
descensio 59, 30; 87, 9
descensus 27, 25
determino 16, 24; 153, 8; 156, 5
deus 1, 2. 4. 6. 9. 12. 15. 18; 2, 3. 4. 5. 7. 10. 11. 12. 13. 14. 25. 29; 3, 6. 7. 8. 19. 24. 25. 28. 30; 4, 21. 24. 25; 5, 2. 3. 8. 12. 13. 14. 18. 20. 24. 25. 29; 6, 4. 5. 6. 8. 9. 11. 17. 19. 23. 24. 27; 7, 6. 8. 9. 10. 11. 12. 15. 16. 17. 18. 19; 8, 2. 12. 14. 16. 19. 21; 9, 10. 15; 10, 2. 5. 9. 12. 16; 11, 2. 3. 5. 6. 8. 10. 14. 17. 20. 22; 12, 2. 6. 8. 14. 15. 19; 13, 1. 6. 10. 11. 24. 26; 14, 1; 15, 19; 17, 22. 27; 18, 4. 11. 13. 15. 20. 25. 26. 27; 19, 4. 11; 20, 3. 4. 9. 11. 15. 16. 17; 21, 1. 2. 6. 7. 17. 19. 20; 22, 7. 8. 10. 11. 22. 24. 27; 23, 4. 5. 6. 17. 19. 20. 25. 26. 27; 24, 1. 6. 10. 11. 13. 14. 15. 26; 25, 1. 2. 3. 4. 6. 8. 11. 12. 13. 17. 22. 23. 24. 25. 26. 29; 26, 8. 13. 17. 22. 23. 24. 26; 27, 1. 4. 8. 10. 17. 22; 28, 11. 16; 29, 7. 12. 15; 30, 1. 4. 8. 16. 18. 20; 31, 18; 32, 1. 6. 8. 9; 33, 10. 13. 23. 29; 34, 7. 10. 12. 13. 16. 17. 22. 31. 32; 35, 7. 8; 36, 8. 11. 12. 17. 23. 28. 29; 37, 3. 6. 7. 8. 11. 17. 19. 22. 23. 24. 30. 31. 32; 38, 1. 5. 6. 8. 10. 31; 39, 3. 7. 9. 14. 17. 18. 19. 22. 23; 40, 3. 11; 41, 1. 6. 26. 28; 42, 2. 4. 12. 14. 16. 24; 43, 8. 10. 14. 27. 28. 29. 30. 31. 33; 44, 2. 5. 11. 12. 15. 19. 20. 26. 27; 45, 1. 7. 8. 9. 11. 13. 17. 20. 21. 29. 30; 46, 2. 13. 14. 20. 21. 31; 47, 3. 4. 6. 7. 8. 9. 11. 12. 21. 22. 24; 48, 1. 2. 4. 7. 8. 10. 13. 21. 24. 26. 30. 31. 34; 49, 5. 6. 8. 14. 15. 16. 17. 26. 30; 50, 28. 29. 31. 32; 51, 20. 21. 24. 25; 52, 7. 11. 12. 31; 53, 3. 5. 6. 11. 12. 16. 19. 25. 27. 28. 30; 54, 1. 3. 24. 27. 28. 30; 55, 13. 28; 56, 14. 19. 23. 26; 57, 1. 11; 58, 4. 6. 10. 14. 21. 26. 28; 59, 2. 5. 9. 12. 17. 18. 21. 22; 60, 15. 16. 20. 21. 22. 24. 25. 26. 27. 28. 29. 32; 61, 2. 9; 62, 20. 23. 26. 27. 28; 63, 1. 11. 16. 17. 18. 19. 24. 25. 26. 27; 65, 6. 7. 8. 9. 10. 11. 12. 17. 28. 31; 66, 5. 17. 18; 68, 12. 15. 16. 23. 25. 27. 29. 31; 69, 4. 5. 7. 15. 16. 17. 25; 70, 9. 11. 13. 19. 20. 22. 26. 27. 28. 29. 31. 33. 34; 71, 2. 3. 5. 11. 29. 30; 72, 1. 2. 28; 73, 2. 5. 6. 8. 13. 15. 28; 74, 1. 11. 23. 25. 27. 28. 29. 31; 75, 1. 14. 18. 20. 21. 22. 26. 28; 76, 11. 15. 29; 77, 1. 4. 18; 78, 10. 14. 18. 19. 28. 29; 79, 1. 4. 9. 18. 24; 80, 22. 27. 28. 32; 81, 14. 17. 24; 82, 1. 10. 14. 20. 21. 22. 28; 83, 2. 14. 15. 18. 20. 21. 22. 28; 84, 22; 85, 25; 86, 27; 87, 13. 27. 88, 1. 6. 8; 89, 2. 3. 8. 15. 16. 17. 18. 25. 26. 28; 90, 18. 19; 91, 19. 20. 21. 28. 31; 92, 6. 33; 93, 31; 94, 2. 7. 11. 13. 19. 30; 95, 22. 23. 30. 31; 96, 29; 97, 12. 21. 27. 28; 98, 28. 30; 99, 2. 3. 5. 9; 100, 1. 2. 4. 6. 7. 10. 16. 20; 101, 5. 8. 10. 14. 16. 24. 28. 29. 30; 102, 5. 7. 13. 14. 15. 16. 23. 26. 27. 28; 103, 9. 10. 15. 17. 20. 22. 25. 29; 104, 13. 14. 23. 25. 26. 27; 105, 5. 7. 13. 19. 20. 23. 28. 32. 34; 106, 7. 9. 10. 18. 20. 21. 25. 26. 27. 28. 31. 32; 107, 3. 8. 12. 13. 15. 18. 19. 20. 23. 30. 32; 108, 1. 2. 3. 9. 11. 23. 25; 109, 2. 5. 28; 110, 8. 10. 11. 14. 16. 17. 22. 31; 111, 1. 2. 10. 11. 13. 18. 33; 112, 2. 6. 10. 12. 13. 19. 20. 22. 25; 113, 2. 5. 10. 11. 16. 21; 114, 6. 7. 12. 13. 18; 115, 10. 12. 15. 17. 21. 23. 24. 25. 26. 27. 30; 116, 6. 15. 19; 117, 14. 20; 118, 7. 8. 14; 120, 1. 5. 9. 12. 14. 15. 16. 19. 30. 31; 121, 9. 12. 14. 18. 19. 20. 25; 122, 18. 19. 20. 21. 32. 33; 123, 24; 124, 1. 6. 8. 9. 10. 13. 17. 23; 125, 16. 19. 20. 22; 126, 2. 10. 12. 14. 16. 19. 24. 25. 26. 31; 127, 1. 12. 29. 31; 128, 1. 4. 12. 18. 19; 130, 11. 13. 17. 21; 131, 9. 10. 11. 18. 19. 20. 27; 132, 12. 15. 20. 21. 24. 32; 133, 19. 21. 27. 31; 134, 9. 12. 13; 137, 10. 11. 12. 14. 17. 20. 23. 24. 25. 29. 31. 35; 138, 1. 7. 8. 19. 21. 24. 28; 139, 6. 14. 19. 23. 26. 32; 140, 29. 34; 141, 12. 15. 16. 19; 142, 2. 3. 7. 8. 9. 10. 11. 14.

INDEX VERBORVM

15. 20. 25; 143, 7. 8. 10. 20. 28; 145, 4. 15. 27; 146, 13. 28; 147, 3. 4. 17. 18. 20. 23. 24. 29; 148, 2. 25. 30; 149, 2. 29. 30. 32; 150, 9. 10. 11. 13. 18. 19. 21. 22. 28; 151, 15. 16. 17. 18. 19. 20. 28. 30; 152, 4. 7. 10. 11. 16; 153, 28; 154, 2. 3. 13. 14. 18. 29. 33; 155, 10. 12. 14. 19. 21. 24; 155, 26. 27. 29; 156, 25. 32; 157, 4. 5. 20; 158, 2. 3. 23; 159, 17. 20. 22. 24. 29. 31. 32; 160, 11. 16. 17. 19. 21. 25. 26. 27. 29. 34. 35; 161, 7. 8. 13. 22. 23. 32. 33; 162, 7. 8. 10. 11. 12. 13. 14. 15. 21. 22. 23. 25. 27. 30. 31. 32; 163, 1. 3. 4. 12. 13. 19. 27; 164, 2. 27. 28; 165, 9. 18. 19. 21. 23. 25. 26. 31. 32; 166, 1. 10. 11. 14. 15. 27; 167, 11. 17. 19. 20; 168, 3. 10. 12. 18. 20. 23. 26. 27. 28. 30; 169, 2. 15. 16. 21. 22. 24. 25. 26; 170, 2. 4. 10. 11. 12. 13. 14. 19. 23. 29; 171, 3. 8. 9. 15; 172, 1. 2. 6. 14. 16. 17. 18; 173, 21. 22. 23. 25. 26. 34. 38. 42. 43. 44. 48; 174, 65; 175, 11. 12. 13. 16. 19. 21; 176, 27. 31. 45; 177, 53. 59. 1; 178, 21; 179, 45. 53. 54; 181, 117. 128. 129. 131. 134; 182, 145. 150. 151. 155. 159; 183, 161. 163. 167. 170. 171. 173. 181. 182. 183. 184; 184, 188. 194. 198; 185, 217. 219. 225. 226. 227
diffinio 12, 21; 50, 4
diffinitio 14, 14
disciplina 14, 8; 27, 19
divinitas 4, 26; 28, 7; 34, 22. 24; 35, 18; 39, 28; 40, 3. 6; 45, 27; 46, 3; 56, 16. 18. 21; 58, 19; 59, 11; 60, 16; 61, 12; 63, 20; 72, 5; 80, 17; 86, 8; 94, 10; 95, 29; 103, 28; 108, 7; 136, 32
divinitus 32, 10
divinus 1, 2; 20, 20; 27, 7. 20; 28, 11; 32, 12; 46, 28; 48, 22; 56, 22; 60, 5; 61, 6; 68, 13; 80, 7. 8. 19. 22; 86, 25; 87, 22; 93, 13. 20. 27; 94, 3. 18; 96, 11; 97, 13. 16. 25; 98, 19; 101, 26; 102, 23; 103, 11; 104, 9; 111, 24; 114, 1. 4. 5. 6. 17; 117, 10; 120, 3; 121, 9; 126, 33; 136, 23; 137, 10; 144, 5; 150, 23. 25; 154, 27; 155, 23; 158, 28; 159, 12; 162, 9; 165, 9. 24; 168, 17; 170, 1; 173, 32; 174, 49; 176, 40; 182, 158
dogma 20, 21; 28, 1; 39, 28; 40, 16; 61, 16. 18. 25. 27; 79, 17; 80, 5; 81, 18; 82, 11; 111, 16; 168, 4

effectio 5, 29; 6, 25; 13, 26; 18, 5; 27, 7; 79, 27
effector 8, 23; 9, 22; 79, 19; 86, 22; 88, 3; 95, 8
effectus 136, 34
efficio 2, 15; 4, 15; 6, 3; 7, 5. 8; 8, 5. 15. 18. 21; 9, 12. 22; 11, 11. 16; 14, 14; 15, 2. 13. 24; 21, 15; 22, 3. 26; 23, 8. 28; 24, 6; 26, 4. 11; 31, 11; 32, 6; 35, 10; 36, 15; 37, 1; 38, 21; 41, 6; 43, 4; 43, 33; 53, 13; 59, 1; 60, 4. 8; 62, 1; 63, 23; 66, 6. 13; 70, 29; 71, 26; 72, 21; 79, 8; 81, 5; 87, 9. 17. 18; 89, 29; 93, 3. 6; 95, 33; 96, 4. 22; 97, 22; 118, 15; 130, 11; 136, 27. 30; 153, 11; 158, 17. 32; 159, 8; 160, 13
effluentia 31, 20; 33, 5. 7. 22; 49, 22
effulgentia 3, 31; 4, 9; 8, 10; 60, 33; 66, 9; 77, 1; 78, 14; 88, 21; 92, 30; 114, 10; 115, 8
effulgeo 98, 20; 116, 5
effulsio 115, 4
effundo 6, 8. 9. 12. 13. 14. 16. 19; 8, 5; 38, 21; 139, 18
effusio 98, 9; 115, 4
egredior 69, 30; 92, 28; 149, 32; 157, 17
egressus 160, 6
elementum 58, 17; 96, 27; 138, 5; 144, 27; 159, 1. 3. 7; 168, 2
elucescentia 92, 1
eminentia 18, 15
emphasis 14, 2; 22, 18. 25
energia 58, 18
essentia 121, 20. 24. 25; 139, 10
essentialitas 62, 22; 121, 5
essentitas 1, 8; 85, 5; 88, 23; 138, 30; 139, 9
exeo 39, 9; 43, 29. 31. 32. 33; 44, 2. 4; 58, 23; 59, 31; 95, 5. 20; 119, 17; 139, 23; 142, 16; 160, 31
exsilio 20, 19; 23, 4; 81, 19
exsistentia 1, 8. 10; 2, 7. 17. 18. 20. 21. 25. 26; 3, 1. 4; 12, 1. 7. 10; 14, 9;

INDEX I

15, 9; 18, 16; 22, 10; 25, 28; 26, 15; 49, 1; 55, 26; 64, 3 (*bis*). 8. 10; 68, 31; 85, 2. 6. 9; 86, 1. 3. 4. 7. 12 (*bis*); 87, 1. 4. 7. 17. 22. 23. 27; 88, 14. 21. 31; 89, 17; 90, 1. 10. 16. 27. 29. 31; 91, 24. 33; 105, 15. 18; 114, 19; 115, 27; 118, 9; 121, 3; 123, 3. 6; 125, 26; 133, 9; 134, 1; 136, 16. 19; 138, 25; 141, 13. 16. 18; 143, 29; 144, 9; 147, 12. 25; 148, 5; 149, 7; 150, 2; 152, 6. 8. 15. 27; 153, 2. 7. 9. 11; 154, 5. 15; 155, 7; 156, 16; 157, 21; 158, 14; 159, 18. 22. 31; 160, 14. 22. 28; 162, 20. 25. 32; 163, 5 (*bis*). 9. 12. 17 (*bis*); 164, 24; 167, 2. 4; 178, 37; 182, 157

exsistentialis 2, 26; 86, 13. 14; 129, 26; 134, 2

exsistentialitas 1, 8; 2, 17. 18. 19. 25; 3, 1. 3; 14, 9; 62, 22; 64, 4; 85, 3; 121, 5; 138, 30

exsisto 1, 8; 2, 27; 11, 10; 12, 23; 13, 14. 18; 14, 2. 13; 22, 24; 24, 5. 14; 25, 21. 26. 27 (*bis*); 26, 18. 28; 28, 7; 30, 19; 31, 22; 33, 20. 22; 35, 16; 36, 15; 39, 18; 42, 15; 46, 27; 50, 1; 51, 3. 5. 6. 9. 12; 53, 11. 16. 19. 27; 55, 1. 4. 10; 58, 5. 7. 12; 60, 9; 61, 30; 63, 10; 64, 7; 65, 29; 66, 10. 11; 67, 3. 10. 11. 13; 68, 6. 17. 21. 33. 34; 69, 1. 9. 13. 14. 35; 70, 2. 4 (*bis*); 72, 14. 15. 20; 74, 27; 75, 5. 13. 16; 77, 32; 78, 11. 31; 79, 19. 34; 81, 18. 30; 83, 1. 22; 85, 22. 24. 32; 86, 4. 11. 23; 87, 11. 15. 16; 88, 23; 89, 8. 19; 90, 24. 31; 91, 32; 92, 4. 20. 23; 93, 21; 95, 4. 6. 16. 22. 30; 98, 10; 99, 7; 102, 22. 27. 30; 103, 18; 105, 16; 116, 12. 23. 25; 117, 14; 118, 6. 16; 119, 4. 9. 14; 121, 19; 123, 2. 3; 133, 13; 134, 5. 10; 135, 14; 136, 2. 30; 137, 16; 138, 10. 12. 14. 23. 26; 139, 8. 18; 140, 5. 10. 31; 141, 23. 28; 142, 4. 31; 143, 14. 16. 35; 145, 7. 19. 29. 30; 146, 14; 148, 4. 6. 20. 22. 25; 149, 21. 28; 152, 20; 153, 13. 19; 154, 1. 6. 13. 28; 155, 15. 21; 156, 2; 157, 21; 158, 26; 159, 3. 34; 160, 15. 16. 19. 35; 161, 1. 2. 3. 5. 6. 9. 14. 18. 19. 20; 163, 19. 25; 164, 25. 29. 30; 165, 6; 167, 3. 7. 8; 173, 23; 174, 77; 184, 194

exterminatio 15, 7
extermino 20, 21; 48, 23; 73, 10

facio 1, 14; 8, 11. 18. 20. 21. 22; 9, 8. 10. 11. 13. 16. 18; 11, 12. 19; 17, 14; 20, 11; 21, 9. 15. 16; 24, 12; 25, 2. 5. 6. 8. 11. 12. 13; 26, 1. 2. 3. 4. 5. 7. 8. 9. 10. 11. 13. 26. 27. 28; 27, 2. 3. 4. 9. 10. 11. 23; 28, 3; 29, 2; 30, 8; 31, 1. 8. 9. 11. 16. 17; 32, 5. 8. 11; 33, 7. 12. 13. 15. 27; 34, 7. 23; 35, 3. 8. 12; 36, 6; 37, 11. 12; 39, 29; 41, 16. 17; 42, 5; 43, 4; 45, 16; 48, 26; 49, 6. 8; 50, 4. 28. 30; 51, 14. 17; 52, 24; 53, 15. 18; 54, 18. 19; 55, 1; 56, 17; 57, 7; 58, 13. 15; 59, 20; 60, 2; 63, 6; 65, 5; 67, 2; 68, 27. 28; 69, 19; 71, 3; 72, 19; 73, 12; 74, 2. 3. 4. 9. 10. 17. 18. 20. 21; 75, 22. 28; 76, 13. 20; 79, 20; 80, 6. 7. 12. 28; 81, 4. 6. 9. 14. 15. 20. 21. 28. 33; 82, 2. 3. 4. 16. 31; 86, 27; 88, 29; 89, 26; 91, 14. 15. 30; 92, 4. 8. 10. 22; 93, 4; 94, 4. 30; 96, 7. 8. 9. 11. 18; 97, 10; 98, 20. 32; 99, 1. 2. 3. 4. 5; 100, 11; 101, 15. 30; 102, 6; 103, 2. 25; 105, 4; 108, 30; 109, 10; 115, 32. 33; 117, 4. 5. 6. 7. 16. 29. 30; 118, 3. 17. 24; 121, 18; 122, 6. 7. 32; 123, 14; 124, 15. 30; 125, 11. 13. 34; 126, 1. 23. 24. 26. 27; 127, 34; 128, 1. 25; 130, 16; 131, 9. 11. 20; 132, 15; 133, 3; 136, 34; 137, 7; 138, 2; 139, 21. 30. 31; 140, 23; 142, 1; 143, 22; 144, 18. 25; 146, 3. 11. 14. 15; 150, 15; 152, 3; 153, 8. 18; 154, 18. 19. 20; 156, 7. 29. 31; 157, 17. 18; 158, 6 (*bis*). 8. 23; 159, 9. 10. 32; 160, 2. 7. 13. 14. 32; 162, 16; 163, 17. 27. 28. 31. 32; 164, 1. 4. 8; 165, 26. 29. 30. 33; 166, 11. 13. 14; 169, 6. 21; 173, 30; 174, 57. 64; 176, 32. 35; 180, 95; 181, 131. 132. 134; 183, 165; 185, 207

factio 81, 22
factura 59, 21. 23; 62, 7; 81, 17. 18
figura 42, 9; 53, 13; 85, 11; 104, 32
figuratio 10, 3
figuro 5, 11; 14, 20; 15, 9; 49, 22. 25

INDEX VERBORVM

filietas 7, 6; 8, 1; 27, 21; 56, 22; 60, 33; 65, 32; 86, 27
finitus 161, 16; 183, 161
forma 39, 18; 53, 11. 12. 16. 17. 19; 54, 1. 2. 6. 7. 19. 20. 21. 23. 24. 25. 27; 59, 18; 62, 25; 63, 23; 65, 25; 66, 5. 29; 67, 23; 70, 3; 75, 24; 77, 1; 81, 8; 82, 22; 83, 20; 85, 12 (bis). 13; 89, 12. 16. 18. 25; 102, 28; 104, 28; 105, 2. 3. 4. 5. 6. 8. 9. 11. 12. 14. 24. 26. 30; 116, 16; 120, 4; 121, 10. 11. 12. 13; 141, 31. 32; 142, 4. 5. 8. 9. 11. 12; 144, 12; 146, 16. 23 (bis); 148, 7. 10; 152, 29; 153, 13. 14. 29; 154, 1. 2. 6. 8. 16. 19; 156, 2; 157, 16; 159, 22. 27. 29. 30. 31. 32; 160, 3. 4. 5. 22. 23. 25. 26. 27; 162, 7. 10. 11. 15. 21. 22. 23. 26. 30. 31; 163, 12; 164, 3; 165, 19. 21. 22. 28; 166, 1; 181, 114; 182, 146. 152. 154. 155; 183, 162. 163. 165. 166. 167. 170. 182; 184, 186. 188. 190. 191. 195. 198. 199. 201; 185, 202
formatio 148, 20
formo 14, 12; 24, 18; 44, 19; 85, 13; 104, 32; 105, 2. 3. 27; 106, 1; 141, 32; 144, 15; 146, 21; 148, 20; 153, 10. 25; 156, 3; 182, 142. 143
fruor 91, 19; 163, 14

generalis 19, 12. 20; 126, 27; 145, 18
generatio 1, 1. 6. 7; 2, 3; 3, 30; 4, 7. 13. 15. 17. 24. 25; 5, 3. 13. 14. 18. 24. 26. 27; 6, 3. 5. 6. 9. 10. 11. 17. 21; 7, 5. 6. 18; 8, 2. 6. 12. 15; 12, 1. 4; 13, 8. 12. 19. 20. 26; 18, 5; 19, 2. 3. 4. 7; 20, 21; 22, 17; 25, 8; 26, 6. 11. 13. 16. 21. 23. 24; 27, 7. 8. 11. 12. 18. 21; 32, 4; 34, 9; 35, 30; 48, 9. 10. 14. 22; 54, 30; 55, 8; 56, 21. 23. 24. 25. 26; 57, 19; 59, 16. 19; 60, 32; 66, 14; 69, 10. 11. 12; 78, 4. 16; 79, 10; 81, 14. 15. 17. 21. 22; 82, 23; 83, 1. 19; 92, 18. 19. 22; 93, 32; 139, 9; 154, 31; 166, 15; 170, 5 (bis). 17. 21; 173, 36
generator 13, 25; 17, 13; 21, 14; 75, 16; 90, 30; 95, 8; 116, 33; 143, 21; 154, 26; 179, 61
genero 1, 5. 12. 16. 18; 3, 25. 26. 27. 29; 5, 12; 7, 8; 8, 7; 13, 21; 19, 1. 3. 10; 21, 5; 22, 15; 24, 2; 27, 12; 32, 4; 42, 19; 55, 1; 66, 13. 14. 15. 16. 17. (bis); 67, 12; 68, 32; 69, 11; 74, 10. 13; 75, 6. 13; 78, 2; 82, 31; 87, 13; 90, 28; 91, 2; 93, 16; 94, 15; 98, 16; 139, 14; 143, 11. 22. 26. 27; 144, 1; 145, 15; 148, 11; 152, 2; 154, 29; 175, 16; 176, 24; 184, 192
genitor 19, 6
genuo 172, 11. 12(?)
genus 19, 12. 20; 55, 31; 56, 1. 3. 9. 13; 64, 12; 69, 22; 79, 30. 33; 83, 7; 84, 8; 85, 21; 102, 18; 114, 7; 120, 5; 127, 28; 138, 12. 26. 28; 142, 19; 152, 24; 164, 19; 165, 2
gignibilis 26, 23
gigno 1, 5. 14. 17; 3, 4. 5; 4, 15; 5, 8. 20; 7, 5. 6; 10, 17; 12, 5; 16, 1; 18, 24; 19, 17; 21, 2. 7. 9; 23, 7; 26, 7; 27, 20; 30, 2. 16; 31, 19; 32, 1. 2; 33, 11; 37, 22; 39, 22; 40, 14; 41, 15; 43, 5; 50, 24; 56, 29; 57, 15. 16; 60, 9; 65, 20; 75, 7. 19; 80, 26; 82, 7. 8. 13; 98, 24; 101, 10. 11. 12; 102, 6; 104, 1; 116, 25. 26; 126, 14; 138, 17; 139, 7. 13. 20; 140, 6; 141, 22. 31; 144, 2; 145, 31; 146, 2. 7. 21; 147, 12. 22; 154, 26; 158, 6; 160, 21. 22; 161, 3. 12. 19; 163, 12. 17. 21; 166, 6. 14. 18. 23; 172, 9. 14. 15; 173, 35. 42. 44; 177, 59; 179, 59. 62; 180, 98; 185, 202

hyle 144, 32; 158, 31; 159, 3. 7; 169, 26
hylicus 16, 29; 56, 32; 67, 1; 93, 24; 95, 10; 97, 6. 7. 10. 14. 15. 17; 103, 12; 144, 9. 17. 31; 145, 9; 158, 29

idea 86, 5; 138, 25; 158, 1
identitas 31, 25; 84, 18. 20; 88, 10; 89, 5; 90, 12; 92, 29; 94, 8
idolum 144, 28
illuminatio 49, 15; 179, 67
illumino 14, 20; 36, 5; 116, 5; 149, 2; 166, 12
illustro 14, 20; 149, 2
imaginalis 5, 5; 49, 16. 17. 18. 19. 23; 50, 22
imaginatio 3, 11; 85, 1; 98, 22

15 BT Locher, Theologica

INDEX I

imago 3, 2. 32; 5, 4. 6. 8. 9; 19, 24; 49, 15. 16. 17. 18. 20. 21. 26. 27. 30. 34; 50, 8. 9. 21. 22. 29. 31. 32. 33. 34; 51, 1. 3. 14. 16. 17. 20. 21. 24. 31; 52, 2. 3. 4. 7. 11. 14. 15. 16. 17; 54, 2. 3. 4. 28; 56, 26. 27. 28; 57, 1. 11; 58, 21. 23; 59, 10; 62, 25; 63, 24. 25. 26; 65, 22. 25; 67, 4; 69, 7. 10; 70, 2. 19. 20. 22. 26. 27. 28. 30. 33; 71, 1. 2. 3. 5. 9. 10. 11. 31; 75, 25; 77, 2; 82, 1; 83, 20; 91, 16; 94, 21. 30; 95, 30. 31. 33; 96, 19. 20. 21. 22; 97, 21. 27. 28. 29; 98, 5. 10. 13. 24. 30; 99, 1. 3. 4. 5; 101, 7; 114, 4. 6. 7. 8. 10. 11; 115, 3. 22; 120, 4; 121, 13; 126, 24; 127, 2; 142, 10. 11. 12. 13. 14; 144, 10. 24; 146, 12; 148, 14. 18; 154, 2; 155, 10; 159, 3. 5; 160, 21. 24; 161, 2. 3. 26; 162, 11. 12. 13. 15. 16; 163, 2. 9. 24; 166, 2; 176, 28. 32; 184, 201
immensus 85, 7; 153, 16; 157, 25; 170, 5; 172, 10; 183, 161
immutabilis 1, 2. 4; 3, 22. 24; 16, 8; 30, 16; 31, 16; 33, 15; 70, 1; 79, 30; 80, 17; 83, 5
immutatio 3, 23. 25; 5, 27; 6, 16; 26, 21. 22. 27; 27, 1. 3. 5. 6; 69, 35; 79, 9. 11
immuto 4, 20; 5, 1; 98, 34
impartilis 85, 11
impassibilis 9, 3; 43, 1. 6; 55, 4. 6; 75, 12. 19; 78, 9; 79, 23; 80, 10. 11. 22; 83, 5. 6; 88, 12; 164, 16; 180, 81. 82. 83
impassionalis 67, 11
imperfectus 1, 13. 15. 17; 5, 21; 8, 4. 8; 82, 5
improprius 26, 17
inactuosus 42, 30
inanimus 16, 19. 20
incarnatus (incarnor) 82, 15. 28; 83, 24; 89, 28. 29; 93, 22; 165, 7
incognitus 153, 27. 28. 29; 156, 7; 184, 198
incognoscibilis 3, 22; 18, 18; 35, 19; 156, 7. 25
incommutabilis 109, 21
incomprehensibilis 3, 21; 31, 13; 48, 4. 17; 156, 12. 13; 184, 198

incorporalis 67, 3; 85, 20. 23; 98, 29; 103, 12; 165, 3
incorporeus 170, 1
incorporor 96, 11
incorpus (?) 9, 19; 144, 21
indeterminatio 156, 8
indeterminatus 16, 23
indiscernibilis 85, 7; 86, 7; 156, 7
indiscretus 153, 27. 28. 29; 154, 8; 162, 23; 173, 45
individuus 69, 22
inexsistens 86, 7
inexsistentialis 86, 14
infiguratus 15, 8. 10 (*bis*)
infinitas 143, 10; 156, 8
infinitus 3, 21; 18, 17; 67, 24; 68, 33; 86, 22. 32; 92, 5. 7. 8; 110, 12; 117, 9; 141, 9; 144, 16; 152, 28. 31; 153, 9. 16. 19. 30; 154, 1. 8; 156, 7; 161, 16; 168, 21; 181, 117. 119. 121. 124. 125; 183, 161
ingenerabilis 69, 11
ingenero 105, 2
ingenitogenitus 30, 2
ingenitus 1, 6; 2, 5. 12; 3, 5. 7. 19. 20; 30, 2. 11. 13. 14. 17; 31, 5. 7. 9. 22. 23; 33, 1. 2. 3. 5. 14; 48, 18; 50, 24; 63, 18; 78, 16; 86, 9; 92, 18; 101, 29; 147, 12; 160, 16; 161, 13; 179, 57; 180, 97. 99
inimmutabilis 68, 34; 83, 3
inintellegens 17, 8
inintellegibilis 18, 17; 120, 7
initium 9, 18. 19; 30, 19; 60, 17
inoperans 42, 19
inparticipatus 152, 25
inqualitas 85, 11
insubstantialis 7, 15; 18, 18
insubstantiatus 59, 6 (*bis*)
intellectibilis 9, 19; 14, 16; 56, 32; 98, 21; 136, 7; 138, 11
intellectualis 9, 20; 14, 15. 17. 18. 19. 27; 15, 1. 19. 21; 16, 5. 20; 17, 1. 7; 59, 26; 95, 9; 96, 1; 136, 8; 138, 11
intellectus 7, 14; 11, 17; 14, 18; 18, 18; 23, 22; 25, 24; 35, 26; 45, 15; 48, 15; 50, 17; 65, 2; 73, 22; 74, 12; 77, 10; 79, 12; 92, 27; 105, 2; 108, 23; 136, 13; 151, 24. 25; 152, 29; 154, 5; 155, 31; 157, 8; 167, 15

INDEX VERBORVM

intellegentia 10, 1. 4; 12, 7. 10; 14, 2. 9. 12. 13. 18. 21; 15, 2. 5. 19. 20. 23. 25; 16, 2. 6. 7. 8; 17, 9. 23. 26; 22, 14. 19; 23, 6; 25, 12; 27, 8; 44, 28; 49, 24; 56, 31; 61, 7; 62, 26; 65, 14; 67, 9. 11. 19 (bis). 21. 25. 26. 27. 34; 68, 3. 4. 8. 9. 10. 13. 23; 73, 32; 74, 11; 76, 30; 77, 20; 85, 6. 15. 20; 87, 3. 26; 90, 6; 93, 3. 11. 13. 14. 16. 27; 94, 16; 95, 11. 14. 15; 96, 28; 98, 7. 13; 101, 9; 103, 22; 107, 24; 114, 19; 115, 11. 13. 16. 18. 20. 28. 29; 116, 2. 4. 5. 7. 10; 118, 18. 20 (bis). 21. 22; 119, 8. 22; 120, 7. 13. 14; 123, 18; 125, 5; 128, 24; 129, 4; 130, 8; 136, 31; 138, 22; 139, 2. 10. 11; 141, 14. 18. 20. 21. 24; 148, 31; 149, 18. 19. 27; 150, 2. 5. 23. 32; 151, 9. 14; 152, 3. 5. 9. 13. 30; 153, 2. 10. 24. 25. 29; 154, 4. 30; 155, 7; 156, 16. 32; 158, 12; 159, 18. 22. 31; 160, 7. 8. 11. 13. 18. 23. 30. 31. 33. 35; 161, 1. 2. 5. 7 (bis). 11. 12. 19. 20. 21. 22 .23; 163, 12. 15. 18. 20; 164, 8; 166, 23. 27. 28
intellegentialis 67, 4; 74, 9
intellegentialitas 86, 8
intellegentitas 14, 10
intellegibilis 15, 19; 18, 22; 59, 25; 65, 24; 68, 4; 95, 9; 96, 4. 10; 120, 8; 152, 34
intellego 2, 17; 3, 12. 13; 9, 20; 10, 7; 12, 21; 13, 4. 14; 15, 1. 6. 21. 22. 23; 16, 14 (bis); 17, 7; 18, 21; 21, 21. 23; 22, 9. 20. 25; 24, 14; 25, 25; 26, 18. 22; 34, 8. 24; 43, 23; 44, 6; 48, 7. 12; 49, 19. 20. 27; 51, 19. 25; 52, 8; 56, 22; 61, 15; 62, 26; 63, 5. 8; 65, 2. 24; 67, 9; 69, 8. 30; 73, 27; 74, 1; 76, 30. 31; 77, 8; 80, 10; 82, 9. 11; 85, 1; 87, 28. 31; 89, 10. 13. 20; 90, 2. 3. 10. 17; 92, 5; 94, 10; 95, 13; 96, 4. 12. 24; 98, 2. 5. 7; 105, 1. 4; 106, 6. 8. 9. 11. 14. 15. 17. 24; 107, 2. 4; 108, 9. 13. 19. 30. 31. 32; 109, 3. 6. 8. 26; 110, 25. 30; 111, 13. 31; 112, 9; 113, 4; 114, 15; 116, 4 (bis). 6. 18. 22. 23. 25; 118, 9. 10. 12. 19. 20. 23. 24. 25. 30. 31. 32. 33; 119, 2. 6. 12; 120, 1. 4. 6. 25. 31. 32; 125, 27; 129, 15; 133, 26; 136, 9. 10. 11; 137, 15. 16; 138, 2. 32; 139, 10; 140, 11. 28; 141, 15. 20; 142, 23; 143, 4; 149, 5. 9. 12. 15. 16. 21. 24. 26. 27; 150, 12. 22; 151, 3. 11. 12; 152, 7. 8; 154, 33; 155, 3. 9. 32; 156, 9. 13. 14. 21. 23; 157, 8. 11. 22. 32; 158, 24. 26; 159, 17. 21(bis). 23. 24. 30. 34; 160, 7. 9 (bis). 10. 11. 12. 13. 15. 18. 19. 22. 24. 25. 26. 27. 28. 29. 30. 31. 32. 35; 161, 6. 7. 8. 9. 10. 12. 13. 14. 18. 20. 22. 24; 162, 3. 24; 163, 11. 16. 20. 24; 166, 20. 29; 167, 13. 14; 168, 20. 21; 170, 12. 16; 174, 52
interminatus 152, 28; 157, 25
intracaelestis 164, 18
inversabilis 55, 4
inversibilis 1, 4; 3, 22. 24; 4, 21; 16, 8. 11; 79, 30; 83, 2; 183, 161
inversio 1, 6; 3, 22. 26; 4, 3. 9. 11. 15; 6, 1. 17
invisibilis 3, 22; 18, 17; 34, 23; 57, 1. 3. 11. 18; 71, 14; 83, 11; 85, 7; 107, 13; 125, 26; 142, 10. 13. 14; 161, 33 (bis); 179, 73. 74. 75; 183, 161

linea 159, 6
lineamentum 142, 3; 144, 17
localis 61, 5; 69, 35; 79, 9
lumen 36, 4. 5. 7. 16. 24. 25; 39, 1. 13; 41, 1. 4. 5; 42, 27; 44, 27 (bis). 29; 49, 22; 61, 24; 65, 12. 17. 20. 21. 22; 66, 7. 10; 67, 5; 69, 33. 34; 70, 4. 5. 6. 7. 8; 75, 2. 4 (bis). 24; 77, 1; 78, 14; 82, 21. 22; 91, 12. 22. 23; 92, 15. 30. 32; 93, 24; 96, 6. 12. 16; 97, 19; 102, 8; 103, 10. 11. 25; 106, 7. 27; 107, 8. 13. 14. 15. 17. 18. 20. 23; 109, 28; 110, 10. 13. 14. 15. 16. 18. 22; 111, 33; 112, 1. 2. 7. 10. 11. 12. 13. 14. 20. 24. 25; 113, 10. 11; 114, 10. 11. 18; 115, 8; 137, 14; 144, 30; 148, 31; 149, 1. 5; 157, 20. 32; 161, 20. 21. 22. 27; 163, 2; 168, 11. 20. 28. 29. 30; 169, 2. 21; 170, 10. 12. 29; 171, 1. 3. 5. 6; 172, 1. 2; 174, 74; 179, 65. 66
lumino 157, 20

manifestatio 18, 23; 19, 2. 8; 20, 19; 35, 18; 56, 24; 58, 18; 65, 29; 78, 10; 88, 22; 92, 22; 101, 28; 159, 14

15*   195

INDEX I

manifesto 44, 15; 48, 23; 59, 14. 24. 25. 26; 151, 13
manifestus 8, 10; 14, 7; 20, 16; 22, 6; 26, 16; 39, 5; 41, 10; 42, 2; 43, 10; 44, 16; 49, 31. 33; 52, 2; 54, 6; 60, 21; 70, 31; 71, 4. 8; 72, 3; 73, 19. 31; 77, 30. 32; 79, 8. 25; 87, 26. 29. 32; 88, 1. 30; 89, 18; 90, 10; 91, 9. 10. 15; 99, 5; 105, 2. 17; 106, 10; 107, 19; 117, 22. 25; 126, 1. 10; 142, 24; 147, 32; 162, 32; 163, 1. 4. 6; 168, 24
mano 33, 7 (*bis*); 38, 20. 24
materia 55, 3; 60, 3. 4. 6; 80, 16; 117, 13; 144, 28
mixtio 77, 22
motio 8, 1; 43, 21; 59, 30; 61, 6 (*bis*). 13; 64, 11. 12; 66, 21. 22. 23; 67, 9. 10. 12. 18. 19. 20. 22. 24. 30. 31 (*bis*).32. 33; 68, 8. 21; 76, 6; 77, 3. 19. 27. 28. 29. 31. 32; 78, 3. 4; 79, 25. 26; 80, 8; 81, 25; 83, 6; 85, 16. 17. 18. 26; 86, 22. 29. 30; 87, 1. 6. 8. 13. 15; 88, 12. 16. 17. 18. 19. 24. 25. 26. 28. 29. 30; 89, 1. 2. 20; 92, 20; 93, 9. 13; 95, 10. 12. 23. 28. 29; 98, 17; 116, 21; 128, 22; 149, 11; 154, 10; 161, 29. 30
motus 4, 1. 5. 23; 5, 14. 15. 16. 17. 25. 26. 27; 6, 1; 7, 20; 12, 5; 20, 24; 21, 3; 23, 7; 25, 17; 26, 21. 26. 27. 28; 27, 2. 3. 4. 5. 6. 9; 35, 21. 26; 36, 2. 3; 43, 4; 49, 23. 33; 51, 27. 28; 55, 8; 67, 7. 11. 28; 68, 20; 69, 35; 75, 11; 77, 15. 20. 22. 23. 28; 78, 3; 79, 9; 80, 25; 86, 12. 13. 24. 25. 31; 87, 4; 88, 10; 89, 7. 17. 19; 91, 24; 92, 8. 29. 35; 93, 5. 29. 32 (*bis*); 94, 13; 95, 3. 21; 98, 11. 13. 16; 101, 28; 115, 20. 30; 116, 2. 7. 9. 10. 11. 12. 13. 14. 15. 18. 20. 21. 28. 31. 32; 117, 1. 2; 119, 19; 121, 7. 20. 23. 24. 26. 27. 28. 29. 30. 31. 32. 33; 122, 1. 3. 4. 5. 8. 10. 11. 15. 23. 24. 25. 26; 123, 1. 6. 7. 9. 10. 17. 32; 125, 4. 6. 7. 8. 10; 127, 1. 2. 19; 128, 15. 16. 20; 129, 8. 12; 130, 7. 8; 133, 10. 11. 24. 25; 134, 3; 141, 3. 8. 23. 25. 26. 27. 28. 29; 144, 9. 16; 146, 8. 10. 11. 13. 15. 21; 148, 4; 149, 9. 12. 14. 17. 23. 24. 25. 28; 150, 1. 3. 7 (*bis*). 10.

11; 154, 28; 158, 6. 7. 11. 19; 159, 12. 15; 160, 18. 33; 161, 28. 29. 30; 163, 2. 28; 164, 13. 14; 170, 2; 172, 17. 18; 173, 19. 20. 21. 22. 23. 24. 25. 26. 33. 35. 37
moveo 6, 1; 10, 4; 17, 2; 21, 12. 21. 23; 22, 20. 22; 29, 14; 35, 17; 51, 31; 52, 1. 3; 61, 5; 66, 11. 14; 67, 17; 77, 17. 18. 19. 30; 79, 11; 82, 7; 86, 24. 29. 30; 87, 8; 88, 12. 16; 91, 2 (*bis*); 92, 20; 93, 12. 15; 94, 13; 98, 16; 116, 14; 121, 31. 32. 33; 125, 5; 128, 22; 136, 4; 149, 14. 22. 23. 27; 154, 31; 158, 7; 173, 31
mundanus 64, 10; 65, 10; 66, 29; 98, 24; 127, 6; 128, 3; 139, 28; 144, 26; 145, 8; 146, 7; 150, 24; 158, 29
mundus 6, 15; 13, 14; 16, 3. 4. 14; 24, 23; 34, 23; 36, 5. 7. 24. 25; 37, 3. 18; 39, 1. 2. 10. 13; 40, 11; 41, 1. 20; 43, 32. 33; 44, 13. 14. 22; 45, 3. 18; 48, 24; 52, 12. 29; 59, 15; 60, 11. 16; 71, 27; 78, 31; 79, 19; 82, 24; 91, 18. 20; 96, 8; 98, 16. 20. 23; 101, 6; 104, 23; 105, 21; 114, 17; 117, 13; 120, 2; 125, 33; 127, 6. 8. 9. 13. 14. 15; 128, 27. 30. 31; 129, 1. 4; 130, 19. 28; 131, 7. 13; 132, 19; 138, 5. 6. 7; 144, 20; 146, 1. 5; 150, 22; 159, 3. 4. 11; 166, 12; 176, 35. 36. 37; 177, 51. 57
mutabilis 16, 8
mutatio 1, 1. 6; 27, 10; 154, 28
muto 27, 5; 78, 23; 80, 16; 109, 26; 127, 28
mysterium 10, 5; 39, 25. 26. 28; 42, 18; 47, 17; 54, 9; 57, 10; 58, 9; 59, 14. 17. 24; 60, 6; 78, 17; 82, 15; 92, 14; 93, 25; 98, 19; 100, 13; 103, 26; 112, 18; 117, 16; 122, 28. 29; 125, 2. 19; 129, 16. 18. 33. 34; 130, 23. 28. 31; 131, 17. 19; 142, 19; 162, 9; 164, 21; 165, 5. 17; 167, 15; 172, 2; 174, 67; 176, 41
mysticus 92, 33; 99, 6; 127, 33

natura 7, 19; 12, 23; 13, 22; 14, 6. 18; 15, 26; 16, 6; 18, 9; 27, 15. 17; 31, 8. 10. 16. 25; 32, 3; 36, 1; 39, 19. 20; 40, 12. 15; 56, 15; 57, 19; 60, 4; 61, 10; 65, 22; 80, 14. 16. 17. 23. 26.

INDEX VERBORVM

28; 82, 22; 88, 20; 90, 27; 94, 4; 114, 8; 119, 2. 9; 120, 5; 136, 23. 29; 138, 33; 141, 14; 143, 35; 144, 8. 11; 145, 9. 21; 146, 4; 163, 25; 164, 31
naturalis 15, 14; 31, 27; 43, 32; 56, 18; 88, 11. 13; 93, 3. 13; 101, 11; 136, 15. 32; 138, 17; 143, 29; 144, 21; 157, 15
nihil /-um 5, 11; 6, 15; 8, 15; 9, 23; 13, 13; 16, 9. 29; 18, 8. 19. 26; 19, 1. 3. 11. 17; 21, 2. 15; 23, 13. 23. 24; 24, 2; 25, 1; 26, 23; 32, 4; 35, 3. 12; 40, 5; 44, 28; 47, 8; 49, 23. 25. 29; 50, 1. 26; 51, 19; 56, 9. 10. 12. 26; 57, 27; 59, 20. 23; 60, 24; 62, 6. 18; 65, 2; 67, 29; 68, 22. 24; 70, 30; 72, 23; 74, 6. 7; 75, 7; 77, 19; 81, 19. 30; 82, 3; 84, 7; 98, 34; 101, 15. 18. 29; 106, 29; 107, 1; 111, 1. 6. 10. 11; 117, 6; 118, 26; 119, 12; 121, 26; 125, 13; 127, 3. 27; 128, 3; 136, 8. 17; 138, 34; 144, 8; 145, 8; 146, 21; 148, 2; 149, 1; 153, 21. 30; 154, 1. 12. 14. 20; 155, 2; 157, 7; 159, 7; 160, 28; 161, 29; 163, 28; 166, 12; 169, 8. 9. 22; 170, 7. 11. 12. 15; 172, 8; 173, 40; 175, 13; 185, 207
noerus 158, 28
noetus 103, 21; 158, 28
noscentia 184, 199
nosco 33, 22; 34, 19. 20. 21. 22. 24; 39, 4; 52, 24. 25; 90, 18; 116, 22; 120, 2. 14; 126, 4; 141, 17; 142, 1; 156, 5; 161, 34; 172, 7; 182, 143. 158; 185, 202
notio 67, 25; 182, 47; 183, 170. 183; 184, 188. 190; 185, 202
notitia 104, 29; 183, 163. 166. 167

omnicognoscens 157, 23
omnicognoscentia 157, 24
omniexsistens 156, 3; 157, 21
omniexsistentia 156, 3; 157, 21
omniintellegens 155, 22; 157, 23
omniintellegentia 157, 23
omnipotens 11, 14; 28, 13; 66, 12; 68, 33; 82, 20; 87, 18; 90, 29; 95, 24; 100, 1; 103, 15; 104, 24; 106, 8; 110, 12; 113, 5; 121, 10; 137, 11; 152, 11; 154, 14; 157, 24; 167, 10; 172, 1
omnipotentia 91, 1; 138, 20; 154, 14

omnividens 155, 22; 156, 4
omnividentia 156, 4
omnivivens 155, 21; 156, 3; 157, 22
omniviventia 156, 4; 157, 22
operatio 2, 1; 8, 16. 24. 26; 9, 16; 10, 5; 11, 15; 12, 4; 15, 23; 19, 3. 8. 9. 10. 24; 24, 11; 35, 25. 26. 30; 36, 3; 42, 19. 20. 25; 48, 29; 49, 3. 4. 5. 6. 7. 8; 58, 20; 61, 8; 65, 30; 74, 5; 75, 16; 86, 16; 119, 15; 136, 26; 146, 3. 21; 152, 2; 155, 24; 163, 2; 164, 21. 23; 178, 13
operator 7, 4; 88, 22
operor 6, 3; 7, 3. 4; 8, 26. 27; 15, 20. 24; 19, 13; 21, 2. 3; 22, 1. 11. 13. 16. 22; 34, 8; 35, 18. 19. 20 (bis). 21. 23. 24. 28. 29. 31. 32. 33; 36, 14. 16; 37, 4; 42, 19. 20; 48, 30; 49, 3. 7; 51, 2; 62, 2; 66, 10; 68, 25; 69, 5. 14; 73, 26; 75, 6; 78, 10. 11; 95, 19; 116, 9; 119, 14. 19; 121, 29; 122, 13. 28; 124, 28; 127, 9; 128, 22; 141, 26. 28; 143, 10; 146, 20; 150, 26; 152, 10. 12; 163, 14. 29 (bis); 172, 16; 180, 95
opinio 14, 8; 78, 23
optimitas 86, 8
opus 7, 3. 4. 6; 8, 16; 9, 6. 14; 11, 3; 23, 18; 32, 14; 64, 25; 72, 19. 22. 23; 123, 2; 138, 21; 139, 7. 8. 18; 143, 9; 145, 29; 148, 9
originalis 133, 17
origo 102, 23; 103, 16; 104, 24; 126, 28; 136, 27; 137, 4; 145, 19; 155, 26
orior 77, 8; 101, 26; 103, 1; 117, 12; 121, 30; 126, 25; 139, 22; 146, 8. 13; 148, 22. 25; 154, 16; 155, 27; 158, 9; 172, 6
ortus, -ūs 3, 19. 20; 102, 24; 138, 23; 146, 3; 147, 8. 10; 148, 21; 158, 8. 9. 20; 169, 15; 173, 35. 39

parilitas 144, 4
particeps 68, 2
participatio 32, 7; 84, 12. 15; 108, 3; 126, 23; 155, 8; 158, 27
participo 16, 5; 31, 9; 95, 16
partilis 28, 13; 85, 14; 96, 26; 165, 2
passibilis 9, 2; 43, 6; 55, 6; 56, 34; 80, 13. 25; 180, 82. 83

197

INDEX I

passio 39, 24; 47, 27. 28; 55, 6. 8. 11; 58, 6; 67, 29. 31. 32. 33. 34; 68, 1. 2. 5; 75, 12. 13. 23; 78, 32; 79, 10. 32; 80, 3. 5. 6. 7. 8. 10. 14. 22; 81, 6. 7. 25. 26. 28; 88, 13; 130, 23; 133, 15; 141, 8. 10; 164, 20. 22. 25. 30; 170, 6
patior 5, 2. 29; 29, 8; 31, 6; 44, 6; 48, 20; 54, 8; 55, 2. 3; 56, 34; 59, 18; 61, 12; 67, 29. 31; 68, 2. 7; 76, 17; 79, 23; 80, 4. 11. 16. 18. 21; 81, 26; 83, 5. 7; 87, 21; 103, 3; 164, 15
perfectio 5, 22; 14, 9. 21; 35, 20; 43, 3; 52, 8. 11; 69, 20; 91, 1. 28; 121, 9
perfector 174, 57
perficio/perfectus 1, 15. 16. 17; 4, 30; 8, 21. 26; 9, 15; 12, 5. 7. 11; 15, 23; 19, 17. 18. 21; 22, 21. 27 (bis); 25, 9; 28, 15; 31, 10; 35, 22; 38, 7; 43, 2; 50, 1; 52, 10. 11. 15; 56, 7; 60, 5; 68, 33; 76, 21. 22; 77, 21; 82, 5; 85, 27 (bis). 28; 87, 17. 18; 91, 30; 92, 2. 3. 20. 31; 94, 3; 95, 2. 11. 13. 17; 97, 19; 145, 26; 157, 24; 170, 2; 178, 25. 26. 27
persona 41, 13; 76, 17; 164, 22
petulans 96, 7; 144, 26
phantasia 68, 6; 115, 2; 120, 6. 30; 139, 17; 141, 4; 155, 32; 156, 10; 158, 15; 170, 6
phantasma 5, 6
plenitudo 4, 30; 9, 22; 14, 1. 2; 34, 6; 43, 4. 5; 57, 8. 25. 29. 30; 58, 19; 59, 4; 65, 28; 72, 21; 103, 28; 107, 6; 163, 14; 164, 13
plenus 6, 8. 11. 16; 11, 17; 17, 22; 28, 2; 30, 16; 33, 13; 47, 29; 74, 28; 113, 13; 116, 1; 121, 8; 125, 23; 127, 15; 128, 6; 133, 26; 145, 26; 150, 15; 152, 18; 158, 30; 162, 3; 164, 26; 165, 17; 166, 3; 167, 10; 171, 3. 10
positio 27, 15. 18
potentia 1, 9. 10. 14. 19; 2, 1. 2. 3. 19. 25; 3, 1; 4, 28; 5, 1; 8, 19; 9, 16; 11, 14; 12, 3. 5; 13, 20; 14, 20; 15, 19. 21; 16, 1. 5; 18, 10. 23; 19, 3. 8. 13. 21; 20, 18. 19. 24. 25; 21, 3. 4. 16. 17. 22; 23, 2. 27; 24, 1. 2. 4. 5. 6. 7. 9; 26, 15; 27, 22; 31, 10. 11; 33, 18; 34, 22; 35, 1. 16; 39, 16. 20. 22. 27; 40, 3. 6; 41, 23; 43, 10; 45, 27; 47, 18; 49, 31. 32. 34 (bis); 50, 14; 53, 20; 54, 30. 31; 55, 1. 10. 26; 56, 23. 29; 58, 2. 10. 12. 15. 22; 59, 27; 60, 1. 3; 61, 8; 63, 20; 65, 13. 14. 28. 29; 66, 2. 9. 15. 20; 67, 4. 11. 13. 23. 24. 25. 30; 68, 8. 17. 18. 29. 30; 69, 17. 19; 71, 24; 72, 5. 12. 13. 15. 16; 73, 12. 14. 25. 30; 74, 2. 9. 15. 20. 22. 24; 75, 5. 6. 8. 9. 10. 12. 18. 20; 77, 3; 78, 11; 79, 13. 26. 27; 80, 1. 7; 82, 8. 30. 31; 83, 8. 13. 19. 22; 85, 16. 21. 24; 86, 1. 3. 4. 5. 14. 15. 17. 19. 29. 30; 87, 2. 5. 8. 12. 14. 27; 88, 1. 3. 10. 11. 14. 15. 17. 20. 27. 31; 89, 17. 19. 26; 90, 6. 9. 11. 27. 31; 91, 13; 92, 6. 9. 21. 26. 35; 93, 14. 24. 32; 94, 12. 13. 28; 95, 19; 96, 1. 7. 25; 97, 12. 14; 98, 12. 15. 29; 101, 26; 103, 14. 15. 19. 29. 30. 31. 32; 104, 1. 4; 105, 10; 106, 7. 25; 110, 31; 111, 7; 115, 4. 5 (bis). 6. 9. 10. 23. 24. 27; 118, 6. 8. 16; 119, 10. 11. 12; 120, 6; 121, 7. 10. 12. 15. 19; 123, 18; 126, 23; 127, 4. 5. 8; 133, 6. 14; 136, 22. 23. 26; 137, 28; 138, 13. 29. 31. 32; 140, 32; 144, 18; 145, 10. 17. 21. 27 (bis). 32; 148, 10; 150, 2; 152, 20; 153, 2. 6. 11. 24; 154, 13. 14. 18. 33; 155, 27; 156, 2. 4; 159, 6. 18; 163, 15. 26; 165, 32; 180, 77
potentialis 2, 4; 50, 15. 16. 17; 51, 8; 54, 21; 58, 20. 24; 91, 25; 104, 31; 116, 30; 119, 9; 129, 26
potentifico 2, 2; 92, 34; 121, 8
praeaeternus 92, 1
praecausa 9, 21; 35, 17; 98, 18
praecedo 3, 17; 20, 7; 21, 23; 30, 3; 46, 24; 55, 2; 56, 3; 93, 2; 102, 21; 172, 7; 173, 33; 174, 50. 52. 53. 56
praecognoscentia 93, 2; 156, 19. 23
praecognosco 156, 21
praeexsistentia 85, 25; 86, 30; 87, 1; 152, 27; 156, 19. 23
praeexsistentialis 68, 16
praeexsisto 2, 12. 14. 25; 27, 9; 30, 8; 62, 19. 21; 63, 4. 5; 64, 4; 68, 18. 22; 76, 19; 81, 21; 85, 25; 90, 29; 91, 27; 92, 26; 102, 22; 156, 20
praeintellegentia 85, 15. 25; 87, 3; 152, 29; 159, 26
praelatio 18, 14; 152, 26
praenoscentia 68, 21

198

INDEX VERBORVM

praepotens 74, 2
praeprincipalis 77, 33
praeprincipium 9, 21; 68, 18; 74, 2; 85, 15; 95, 8; 98, 18
praestatio 9, 21
praevivens 156, 20
praeviventia 156, 19. 24
principalis 35, 16; 49, 18; 54, 21; 68, 32; 69, 19; 77, 29; 105, 20. 30; 117, 1; 121, 30; 123, 10; 130, 7; 136, 31; 137, 3; 138, 20. 26. 29; 139, 7. 19; 140, 9. 21. 31; 143, 1; 145, 7; 147, 21. 25; 148, 3. 6; 149, 3. 8; 152, 1. 5. 6. 22. 23; 159, 13
principium 3, 16. 17. 18. 23; 20, 1. 3. 6. 7. 8. 10. 15; 21, 5. 7; 22, 7; 25, 11. 13. 14; 30, 8. 18; 31, 11. 18. 23; 33, 17. 20. 22 (bis); 34, 31; 35, 4. 5. 7. 8. 9. 10; 36, 12; 50, 25; 54, 4; 56, 10. 11; 57, 6; 62, 24; 63, 18; 68, 25. 27. 32; 69, 20; 70, 9. 28; 71, 12; 77, 33; 85, 15; 93, 32; 96, 31; 98, 17; 100, 10. 11. 12. 14; 101, 14; 110, 31; 111, 1. 2; 120, 29; 137, 1; 138, 15; 139, 16. 17; 145, 19; 147, 10; 154, 12. 25 (bis); 155, 12. 18. 19. 20. 25; 156, 11; 157, 27; 158, 4. 5; 166, 10. 13; 169, 14. 15; 178, 17
privatio 12, 23; 13, 6. 13. 15. 16; 17, 25; 84, 15; 96, 12; 156, 17
procedo 4, 19. 20; 5, 29; 6, 2; 23, 7; 34, 15; 39, 21; 43, 3. 26. 27. 28. 33; 44, 3; 46, 5; 54, 30. 31; 56, 31; 67, 30; 69, 14. 15; 77, 31; 79, 24; 81, 33; 89, 1; 123, 5; 136, 13; 172, 4; 174, 55
processio 60, 33; 145, 29
processus 101, 27; 145, 30
procreo 139, 8
proexsilio 86, 11
profundo 138, 28
progigno 138, 25; 139, 18; 146, 17
progredior 5, 1. 19. 26. 27. 28; 47, 28; 66, 20; 86, 29; 88, 27; 119, 16; 121, 16 (bis); 138, 13. 15; 174, 76
progressio 5, 15. 16. 17. 21; 27, 24; 55, 7; 60, 32; 69, 29; 88, 21; 114, 9; 119, 16; 121, 15 (bis). 16. 17. 18. 19; 159, 13; 179, 70
progressus 4, 1. 14; 5, 14. 18. 20; 19, 25; 55, 6; 70, 3; 155, 4. 26; 174, 54. 70

proprius 4, 6; 8, 26. 27; 15, 21; 17, 12; 23, 7; 25, 25; 28, 4; 46, 29; 49, 23; 52, 1; 55, 3; 56, 16; 57, 13; 60, 1; 61, 3. 4. 6. 8; 62, 9; 64, 14; 66, 4. 21; 71, 23; 72, 18 (bis). 26; 73, 9. 12; 74, 7; 80, 1; 88, 3. 18; 96, 6. 11. 13; 98, 21; 103, 21; 105, 29; 119, 17; 133, 6. 13; 141, 23; 145, 14; 146, 3; 153, 7. 8; 162, 20
prosilio 65, 28
protentio 98, 9; 115, 4

quale 2, 23; 37, 21; 52, 8. 9; 85, 12
qualitas 2, 24. 30; 5, 5; 9, 7; 15, 9; 16, 9. 11. 18. 21. 22. 23. 24. 25. 26. 27. 28; 17, 3. 4. 6; 37, 22; 52, 6; 53, 22; 55, 20. 26; 63, 22; 76, 5. 6. 9; 83, 7; 85, 11. 12; 110, 13. 19; 114, 16; 136, 8; 158, 22; 164, 15
quantitas 53, 21; 67, 1. 2
quantum 53, 24. 25; 172, 7. 8. 9
quies 68, 19; 121, 14. 22; 146, 20; 149, 9. 10. 23; 157, 29. 30; 158, 1. 5. 8. 11; 159, 12; 172, 17
quiesco 35, 28; 61, 4; 74, 24; 75, 11; 88, 9; 157, 29; 161, 29; 172, 4; 177, 61
quietus 119, 13; 154, 28; 157, 13. 29; 158, 5; 164, 12. 19

ratio 1, 16; 5, 10; 6, 10; 7, 12; 12, 19; 18, 4; 29, 10; 43, 6; 50, 20; 52, 14; 62, 16; 63, 7; 95, 18; 102, 10; 104, 12. 26; 108, 26; 112, 7; 118, 18; 133, 8. 24; 136, 15. 33; 138, 19; 153, 1; 163, 29; 167, 6. 13; 168, 8. 170, 7
rationalis 51, 22; 52, 3. 4. 10. 14
receptaculum 2, 15. 16; 43, 6; 57, 23. 24; 72, 20; 24
receptibilis 55, 23. 25. 29
receptor 9, 7
recipio 2, 10; 13, 29; 40, 5; 55, 25; 59, 15; 60, 16; 79, 33; 138, 12; 144, 11. 12; 161, 17 (bis); 164, 20
recreo 180, 104
redeo 117, 5; 127, 12. 17; 172, 15; 176, 45
reditus 176, 44
reformatio 181, 115
refulgentia 4, 5. 6. 10; 8, 3; 60, 33; 69, 33; 70, 4. 5; 75, 24; 83, 21

199

INDEX I

regeneratio 82, 26
regenero 42, 20; 74, 10. 13; 179, 63; 184, 192
regigno 16, 1
regredior 174, 76
regressio 27, 25
regressus 179, 71
relativus 156, 27
remeo 185, 215
requies 22, 20; 184, 199
requiesco 21, 8; 35, 20; 36, 1; 43, 2; 74, 22; 77, 29
revertor 87, 23
revivefacio 59, 28
reviviscentia 83, 1; 93, 25
revivisco 82, 26
revivo 82, 26

sapientia 10, 9; 60, 28. 32; 73, 14. 15; 74, 30. 31; 75, 14. 16. 17. 20. 22. 25; 76, 29; 83, 2. 21; 84, 1; 87, 7. 10; 89, 32; 90, 16; 91, 24. 29. 30; 94, 1. 17. 19 (bis); 95, 1. 24; 102, 29; 106, 30. 31. 32; 111, 27; 118, 6; 123, 18. 20. 23; 124, 9. 10. 11; 130, 17; 133, 25; 151, 14. 15. 17. 18. 19. 23; 161, 32; 172, 18; 174, 50
semen 24, 10; 25, 15; 35, 3; 49, 28; 58, 17; 68, 8; 93, 6; 118, 6; 126, 28; 145, 31; 172, 13. 15; 180, 85
seminarium 93, 20
semino 150, 27; 174 ,58
sensibilis 9, 21; 49, 20; 59, 26; 67, 20; 68, 5; 80, 2. 19; 97, 12. 14; 98, 23; 114, 17
sensualis 16, 2; 114, 2 (bis). 8
sensus 9, 21; 15, 22. 24; 16, 7. 9. 21; 17, 9; 49, 24; 57, 14; 60, 8; 72, 1; 80, 18. 21; 88, 27; 97, 13; 119, 21; 144, 17
silentium 27, 10; 43, 16; 77, 3; 78, 14; 91, 9; 94, 14; 121, 14. 20. 21. 24. 25; 124, 25; 131, 15
sileo 21, 8; 27, 10; 43, 16; 61, 26; 124, 26
simplex 2, 11; 3, 16; 7, 14; 16, 4; 22, 1. 4; 23, 5. 12; 35, 33; 40, 4; 50, 18; 51, 2. 28; 62, 27; 64, 12; 65, 21; 75, 14; 78, 33; 79, 1. 12; 85, 2; 86, 2; 87, 31; 105, 17; 114, 18. 20; 115, 2; 116, 17; 119, 29; 133, 13; 136, 10.

22; 137, 10; 138, 3. 14; 139, 3; 141, 18; 146, 19; 149, 6; 152, 5; 158, 28; 160, 17; 174, 51; 180, 93; 181, 133; 182, 139; 184, 196
simplicitas 3, 2; 22, 14; 66, 19; 69, 2; 85, 32; 87, 31; 136, 16; 139, 3; 143, 16; 146, 20; 152, 27; 154, 23
simplus 7, 15
singularitas 155, 3; 184, 196
sophia 174, 58. 59
specialis 165, 2
species 16, 4; 50, 1. 2. 3. 4. 5. 6. 7; 51, 2. 32; 66, 30; 67, 10; 69, 22; 77, 2; 85, 12. 22; 102, 30; 110, 27; 126, 15; 138, 26; 141, 31; 142, 4; 144, 10. 16; 152, 24; 158, 32; 159, 1; 164, 13; 169, 4. 5
sphaera 95, 12. 13. 17. 18. 22
sphaericus 95, 12. 18
spiritalis 26, 6; 52, 28; 58, 13; 71, 27. 30; 74, 21. 24; 82, 6; 91, 11; 95, 7; 97, 23; 98, 32. 34; 99, 8; 127, 10; 128, 3; 129, 17; 130, 11; 140, 24
spiritus 7, 19; 8, 9; 9, 15. 16; 10, 3; 14, 7. 24; 24, 23. 26; 25, 1; 27, 25; 28, 2. 4. 12. 17; 34, 2. 24. 26. 28, 38, 5. 6. 18. 21. 22. 23. 24. 25. 26. 28.29. 30; 39, 2. 3. 5. 7; 41, 20. 26. 27. 28. 31; 42, 1. 2. 3. 5. 7. 8. 14. 20; 43, 9. 11. 12. 13. 15. 17. 22. 24. 25; 44, 28; 45, 3. 4; 46, 9. 12. 13. 14. 15. 16. 20. 21. 23. 24. 25. 26; 47, 3. 11. 12. 13. 14. 15. 17. 18. 19. 20. 21. 22. 23. 24. 25. 26. 27. 28. 31; 48, 8. 22. 24. 25. 26. 27. 28. 30. 31. 32. 33. 34; 49, 1. 2. 5. 9. 10. 11. 12. 13; 53, 1. 2. 9; 54, 15; 58, 8; 59, 2. 14; 60, 10. 19; 65, 13. 17. 20. 21. 22; 66, 7; 68, 11. 13; 74, 21; 75, 26; 76, 15; 78, 18; 80, 4. 15. 22. 32; 82, 11; 83, 13. 15. 19; 84, 1. 24; 85, 28. 29. 30; 86, 7; 87, 10. 18. 20; 88, 22; 89, 29. 32; 90, 1. 15. 16. 18. 19. 20. 21. 25. 26; 91, 7. 10. 15. 27. 30. 33; 92, 10. 12. 13. 16. 17. 18. 19. 35; 93, 10. 18. 20. 26. 28. 30. 32; 94, 9. 12. 14. 17; 95, 25; 96, 10. 26; 97, 16. 17; 98, 2; 101, 6; 102, 8; 103, 10. 25; 105, 33; 106, 7. 21. 27; 107, 13 (bis). 14; 109, 28; 110, 11. 13. 18. 22; 111, 17; 114, 12. 13; 115, 25; 119, 34; 120, 13. 19. 20.

200

INDEX VERBORVM

22; 121, 1; 122, 30; 123, 3. 4. 5. 7. 15. 19. 22. 24. 27. 28. 29. 30. 31; 124, 2. 3. 6. 17. 23; 125, 17. 2ᴏ. 31; 126, 11. 20. 21. 29. 32; 127, 5. 6. 7. 15. 17. 18. 20. 23; 128, 6. 11. 14. 15 (*bis*). 16. 17. 18. 19. 22. 23. 26. 28. 29; 129, 4. 6. 10. 13. 18. 19; 130, 3. 4. 6. 11. 12. 13. 14 (*bis*). 15. 17. 30; 131, 1. 2. 4. 16. 17. 19. 20. 23. 25. 27. 28. 30. 31. 32; 180, 107; 181, 111. 115; 181, 123. 133. 134; 182, 147. 157. 159; 183, 163. 167. 169. 171. 174; 184, 188. 191. 194; 185, 205; 186, 231

status 64, 12; 67, 32. 33; 85, 17; 146, 16; 179, 69
subaudio 17, 19
subiaceo 2, 23; 14, 23
subicio/subiectus 2, 8. 14. 22. 24; 7, 13. 15; 14, 22; 16, 10. 23; 17, 6; 29, 5; 30, 14. 21; 33, 3. 8. 9; 35, 1. 2; 56, 5; 64, 2. 6; 67, 8; 71, 28; 73, 1. 3. 5. 6. 10. 11. 15. 16. 17. 20. 24. 28. 30. 31; 74, 14. 16. 21. 22; 84, 5; 105, 16. 20. 21
subiectio 14, 3
subintellegentia 13, 16. 17
subintellego 13, 17; 16, 19; 93, 17
subsistentia 31, 24; 46, 29; 64, 4; 65, 1. 6; 68, 6; 71, 24; 74, 7; 85, 5; 95, 7; 98, 21; 105, 15. 18. 19. 27. 28. 30. 31; 118, 33; 121, 4; 123, 16
subsisto 5, 7; 13, 15. 17; 30, 15; 33, 10. 19; 56, 29; 60, 30; 61, 7; 64, 6. 11; 67, 2. 27; 68, 4; 69, 19. 31; 73, 16; 88, 5; 89, 14; 92, 32; 105, 16. 32; 111, 30; 118, 13; 144, 11; 145, 14; 150, 5
substantia 1, 7. 10; 2, 6. 8. 12. 13. 14; 2, 20. 22. 30; 3, 3; 4, 6. 9. 10. 11. 26; 5, 5. 6. 11. 28; 6, 1. 2; 7, 2. 7. 9. 10. 11. 12. 13; 9, 6. 16. 17; 14, 21. 22. 24; 16, 10. 11. 12; 17, 4. 6. 26; 20, 1; 25, 21. 28; 26, 17. 18; 27, 16 (*bis*); 31, 8. 9. 16. 20. 25; 32, 3. 8; 33, 16; 34, 18; 35, 16; 36, 2; 38, 1. 3. 10. 12. 15; 39, 16. 19. 21. 28; 40, 2. 3. 4. 5; 41, 13.1 4 (*ter*). 27; 42, 28; 44, 26. 29; 45, 26. 29. 30; 46, 2. 3. 21. 22. 27; 47, 25. 26; 48, 16; 49, 1. 3. 4. 9. 10. 11. 19. 20. 23; 50, 2. 3; 51, 1. 2.

3. 23. 26. 29. 30. 31. 32; 52, 2. 5. 6. 7. 18; 53, 20. 22. 23. 24. 25. 28. 30; 54, 2. 5. 8. 19 (*bis*). 20. 22. 23. 24. 25. 27; 55, 3. 9. 10. 14. 17 (*bis*). 19. 22. 24. 27. 28. 31; 56, 4. 5. 27. 28. 31. 32; 58, 2. 3; 59, 5. 10. 27. 28; 60, 33; 62, 19. 20. 21. 23. 24; 63, 4. 6. 8. 11. 20. 21. 22. 26. 28; 64, 1. 3. 6. 8. 11. 13. 14. 16. 17. 18. 19. 22. 23. 26. 27; 65, 1 (*bis*). 3. 6. 8. 10. 11. 17. 20; 66, 4. 7 (*bis*). 21. 22. 24. 28. 29; 67, 2. 3. 7. 15. 26. 27; 68, 7. 31; 69, 7. 9; 72, 5. 15 (*bis*). 16; 73, 6. 7. 25; 74, 8. 25; 75, 15; 76, 1. 2. 3. 4. 5. 10. 11. 15. 16. 17. 19. 26. 28; 77, 2. 3. 4. 12. 17. 18. 19. 20. 24; 78, 21. 32. 33; 80, 14; 81, 13. 26. 28. 29; 82, 22. 25. 31; 83, 12; 84, 1. 7. 8; 85, 5. 6; 86, 11; 88, 12; 89, 12. 13. 14. 17. 33; 90, 16. 24. 25. 30; 91, 14. 25; 92, 29; 94, 8. 9. 21. 23 (*bis*). 26. 27; 95, 6. 7. 8. 9. 10. 24; 98, 8. 15. 21. 22; 100, 15. 17. 19. 20. 21; 101, 1. 2. 3. 4. 11. 18. 19; 102, 10. 17. 18. 19. 20. 21. 23. 24. 25; 103, 1. 6 (*bis*). 8. 9. 11. 12. 13. 14 (*ter*). 18. 20. 23. 24. 26; 104, 5. 6. 7. 13. 14. 15. 16. 17. 18. 19; 105, 15. 18. 19. 21. 25. 26. 29. 31. 34. 35; 106, 14. 20. 21. 28; 108, 5. 8. 9. 11; 109, 27. 29; 110, 8. 9. 11. 12. 14. 15. 17 (*ter*). 18. 20. 21. 22. 25. 29; 111, 6 .8. 10. 12. 19. 26. 29; 112, 23; 113, 13. 14; 114, 10. 12. 13. 14. 16; 115, 22. 26; 116, 6. 8. 12. 15. 20. 28. 29. 31. 32; 118, 7. 33; 120, 27. 28; 121, 13; 123, 16. 17; 124, 23. 29. 31; 125, 1. 26. 27. 28. 32; 126, 13. 14; 128, 19. 20; 130, 11; 133, 7. 9. 10. 12. 32; 136, 2. 6 (*bis*). 9. 12; 137, 16. 18. 20 (*bis*). 22. 25 (*bis*). 26. 27; 138, 3. 25. 32; 140, 31; 141, 2. 7. 13; 142, 20. 21. 22; 143, 1. 2. 3. 5. 11. 12. 17. 27. 33. 34. 35; 144, 4. 21; 145, 2. 20. 21. 24; 146, 11. 14. 18; 147, 2. 4. 7. 13. 14. 15. 16 (*bis*). 17. 18. 20. 26. 27. 32; 148, 5. 11; 149, 7. 13. 15; 150, 3; 152, 15; 153, 5; 155, 7; 156, 16; 157, 32; 158, 26; 159, 33; 160, 3. 4; 162, 23; 164, 16. 20. 28. 29; 165, 24; 167, 2. 4. 9; 168, 14. 17. 18. 19. 20. 23. 25

INDEX I

(*bis*). 27. 28; 169, 1. 7. 22; 170, 3.
12. 22. 25; 171, 7. 8. 10; 173, 19. 29.
30. 34. 35. 36. 37. 43. 44. 48; 174,
49. 75; 178, 21. 22. 23; 180, 105;
181, 109; 182, 141. 142. 145. 151.
154. 155. 158; 183, 166. 167. 170.
181; 184, 186. 187. 188. 190. 191.
192. 194. 201; 185, 202. 217
substantialis 4, 10; 5, 13; 23, 15; 33,
28; 34, 20; 52, 1. 2; 55, 9; 58, 20;
67, 19; 68, 34; 80, 8; 90, 23; 98, 10;
113, 11; 114, 20; 118, 12; 128, 19;
133, 17; 138, 2; 158, 22; 160, 4; 169,
11; 170, 29
substantialitas 1, 7; 2, 6; 3, 3; 86, 8;
88, 15; 121, 5; 124, 24; 134, 1
substantiatus 102, 32; 111, 13
substantivus 95, 24
substituo 31, 14; 90, 28; 91, 2; 94, 16
substitutivus 1, 13
subsum 126, 15
sum = exstare (*vel ubi suspicari quidem licet hanc significationem*) 1, 9.
11. 16. 19; 2, 1. 4. 7. 9. 10. 11. 19.
20. 21. 22. 23. 26. 29; 3, 1. 5. 6. 8.
10. 12. 13. 14. 31; 4, 3. 4. 5. 8; 5, 7.
18; 6, 3; 7, 1. 14. 18; 8, 7. 11. 19. 20.
21. 23. 24; 9, 19; 11, 16. 17. 18. 19.
20. 22; 12, 2. 3. 9. 13. 14. 15. 16. 18.
19. 20. 21. 24. 25; 13, 2. 3. 4. 6. 7.
8. 9. 11. 12. 13. 15. 16. 18. 19. 20.
21. 22. 23. 24. 26. 28. 29; 14, 1. 3. 4.
5. 6. 7. 15. 16. 17. 26; 15, 2. 3. 4. 8.
10. 11. 12. 13. 15. 16. 17. 18. 20; 16,
1. 2. 4. 6. 14. 16. 18. 21. 28. 29; 17,
10. 11. 15. 17. 18. 19. 20. 21. 22. 23.
24. 26. 27. 28; 18, 1. 2. 4. 6. 7. 10.
12. 13. 14. 19. 20. 24. 25; 19, 7. 8.
10. 11. 18. 22. 23. 27; 20, 8. 9. 10.
11. 15. 18. 22. 24. 25; 21, 4. 5. 10. 13.
21. 23. 24. 25. 26; 22, 1. 7. 11. 12.
13. 15. 16. 19. 23; 23, 3. 4. 7. 9. 10.
11. 12. 13. 14. 15. 16. 18. 20. 23. 24.
27. 28; 24, 1. 3. 5. 6. 7. 8. 9. 10. 21;
25, 6. 8. 16. 18. 19. 22. 23. 29; 26, 2.
3. 4. 10. 18. 22; 27, 7. 11. 12. 14. 15.
18; 28, 6; 30, 4. 17; 31, 17. 19. 25;
32, 1; 33, 8. 14. 27. 31; 35, 1. 2. 3.
4. 5. 6. 7. 8. 13. 14. 15. 19. 23. 24.
25. 26. 27. 28. 30. 31. 32. 33; 36, 2.
3. 4. 11. 12. 13. 14. 27. 30; 37, 19;
38, 4. 5. 10. 18; 39, 10. 12. 25; 40, 5.
15; 41, 10. 11. 19. 25; 42, 6. 8. 9. 29.
30; 43, 1. 2. 4. 22; 44, 2. 6. 13. 15.
18. 21; 45, 15. 16. 17. 29; 46, 2. 6.
7. 8. 25. 26; 47, 10. 11. 13. 19; 48,
15; 49, 7. 14. 26. 28. 32. 33; 50, 2.
4. 5. 6. 7. 8. 9. 10. 11. 13. 14. 15. 16.
17. 18. 20. 21; 51, 2. 4. 5. 6. 7. 8. 10.
11. 17. 20. 26. 27. 29. 30; 52, 4. 5.
23. 24. 25. 26. 29; 53, 18. 23; 54, 11.
20. 22. 23. 29; 55, 4. 15. 16; 56, 11.
12. 32; 57, 5. 20. 22. 23. 25; 58, 3. 4.
6. 8. 18. 19. 22. 23. 24. 25. 27. 29;
59, 9. 11. 21. 24. 25; 60, 1. 3. 7. 11.
24. 26. 27. 28. 29. 30. 31. 34; 61, 2.
3. 4. 9. 15. 25; 62, 6. 20, 21. 23. 28.
29; 63, 1. 9. 10. 13. 16; 64, 2. 3. 5. 6.
9. 14; 65, 3. 5. 9. 12. 13. 15. 16. 18.
19. 20; 66, 3. 9; 67, 14. 15. 17. 22.
23. 24. 32. 33; 68, 15. 16. 17. 18. 19.
23. 24. 26; 69, 1. 3. 4. 8. 9. 17. 18.
19. 20. 21. 22. 23. 24. 25. 26. 27. 28.
29. 32; 70, 3. 9. 11. 18. 26. 28. 29;
71, 12. 24. 25; 72, 12. 13. 21; 73, 4.
25. 26; 74, 13. 23; 75, 23; 76, 16. 17.
27. 30. 31; 77, 5. 6. 17. 25. 26. 27;
78, 8; 79, 12. 14. 18. 27. 28. 30. 31.
33; 80, 5. 22. 32; 81, 14. 17. 19. 20.
22; 82, 12; 83, 12; 84, 8. 9. 10. 13.
14. 16. 29. 30; 85, 14. 22. 24. 29; 86,
3. 4. 18. 22. 23; 87, 3. 12. 28. 30. 32;
88, 2. 3. 6. 7. 8. 9. 13. 14. 15. 18; 89,
21. 22. 23. 24; 90, 2. 3. 6. 12. 17. 18.
19. 20. 21. 23. 25. 28. 32; 91, 3. 4.
15; 92, 27. 28; 93, 7. 8. 16. 21; 94, 9.
16; 95, 13. 14; 97, 29; 98, 1. 4. 6. 8.
11. 13. 27. 33; 100, 3. 9. 10. 11. 12.
14. 16. 20; 101, 1. 2. 4. 5. 14. 18. 20.
21. 22. 23. 24. 25. 26. 27; 102, 13.
27; 103, 6. 8. 9. 13. 15. 23. 30. 31;
104, 19. 22. 24. 25. 26. 27. 28. 29.
30; 105, 1. 4. 5. 6. 8. 9. 10. 11. 12.
14. 16. 22. 23. 24. 25. 26. 27. 30. 32.
35; 110, 16. 31; 111, 4. 5. 6. 10. 15.
29; 112, 13; 114, 14. 15; 115, 28. 29;
117, 6. 7. 9. 31; 118, 5. 10. 11. 12.
13. 16. 17. 19. 20. 22. 23. 24. 25. 26.
27. 28. 32; 119, 1. 3. 4. 5. 6. 10. 12.
14. 28; 120, 29. 31; 121, 1. 3. 14. 18.
21; 122, 13; 123, 16; 125, 4. 5. 7. 8.
9. 30; 127, 26. 27. 28; 128, 7; 130,

INDEX VERBORVM

10; 136, 3. 5. 6. 10. 11. 19. 21. 24.
31; 137, 13. 19. 22. 24. 25; 138, 34;
139, 1. 4. 9; 141, 10. 14. 16. 17. 19.
22. 23. 26; 142, 22; 143, 4. 5; 144, 3.
12. 13. 14. 16. 18; 145, 6. 10. 12. 20.
26. 28; 146, 22; 147, 21; 148, 4. 30;
149, 3. 4. 5. 7. 8. 10. 11. 14. 20. 22.
25. 28; 151, 2. 18. 20; 152, 1. 6. 10.
11. 21. 22. 23. 25. 32. 33; 153, 3. 13.
15. 17. 20. 22. 28. 30; 154, 1. 18. 28.
33; 155, 3. 6. 9. 15. 16. 23. 31; 156,
9. 12. 13. 14. 24. 28. 29. 30. 32; 157,
1. 3. 4. 7. 9. 10. 11. 15. 31. 32; 158,
4. 10. 11. 15. 16. 17. 18. 19. 21. 24.
25. 30; 159, 2. 11. 15. 17. 20. 21. 22.
23. 24. 30. 33. 34; 160, 1. 2. 8. 9. 13.
14. 22. 24; 161, 3. 5. 6. 10. 24; 163,
11. 20. 22. 23. 27; 164, 30. 31; 165,
4. 14. 21. 28; 166, 1. 5; 168, 10. 11.
13. 27; 169, 13. 14. 1. 5. 17. 27; 172,
12; 173, 24. 28. 31. 33. 34; 174, 50.
53. 54. 63. 64; 175, 13; 179, 49. 50;
181, 113; 183, 173. 175
summitas 95, 14; 96, 15. 30; 138, 20
superelativus 85, 18
superplenus 4, 1; 6, 6. 7. 10. 13. 18
supracaelestis 14, 7; 117, 10; 144, 31;
146, 6; 164, 17
supralatio 155, 4; 156, 17

trias 62, 8; 98, 5
trinitas 28, 1; 81, 2; 91, 26; 98, 19.
22; 123, 12; 130, 13; 134, 5; 149,
29; 167, 5. 8; 174, 78; 177, 4 − 186,
240 (*sexagies*)
typus 4, 2; 7, 18. 20; 87, 19

unalis 28, 1; 98, 20. 22
unalitas 3, 16; 60, 29; 84, 29; 85, 28;
86, 10. 19; 98, 15; 102, 26; 123, 12;
155, 4
unicus 121, 26; 122, 5. 8. 9. 26
unigenitus 7, 7; 8, 17; 9, 16; 10, 16;
20, 12; 22, 8; 30, 16; 33, 13; 34, 12;
36, 9. 13. 20. 21; 46, 1; 65, 27; 67,
13. 28. 30; 70, 34; 71, 8; 72, 2; 75, 7;
82, 21; 101, 9. 12. 16. 17; 102, 6;
113, 5; 116, 10. 26; 117, 2; 142, 15;
143, 32; 151, 27; 166, 16. 24; 179,
58

unitas 28, 1; 53, 2; 68, 14; 133, 7; 174,
78; 181, 127
unitio 69, 2; 87, 31; 96, 2
unitor 180, 95
unitus 69, 16; 128, 4; 135, 20; 136, 22
universalis 12, 7; 19, 19; 25, 9; 31, 8;
54, 17. 29; 55, 4; 65, 14. 15. 27; 69,
21. 24. 25. 26. 27. 28. 29. 31.
32; 74, 12; 78, 1; 79, 31. 34; 82, 27;
85, 7. 13; 86, 9; 88, 28; 92, 9; 93, 20.
21; 95, 2; 101, 2; 115, 27; 116, 27;
117, 18. 21. 24. 26. 31. 32; 118, 1.
2. 3; 121, 29; 122, 6; 126, 27. 29;
130, 8; 138, 9. 24 (*bis*). 29. 31; 139,
11; 141, 17; 143, 1; 145, 4; 147, 21;
148, 6; 152, 22. 27. 28. 32; 153, 6.
22. 23; 155, 25; 156, 2; 157, 31; 165,
1. 2; 182, 154; 183, 165
universitas 84, 2. 4; 105, 22
universus 9, 23; 11, 14; 13, 7; 16, 3;
44, 9; 58, 30; 62, 22; 85, 19; 95, 9.
10. 30; 98, 29; 113, 20; 163, 26; 169,
18
unus 2, 22; 3, 11. 15. 16; 5, 1; 8, 25;
11, 1; 14, 11; 16, 26; 17, 20; 18, 1.
11; 19, 19. 20; 22, 2. 4. 14; 23, 2. 12.
15; 26, 2. 14; 28, 7. 8. 9; 31, 5. 7;
38, 3. 31; 39, 17. 19. 20; 40, 4. 8; 41,
13. 14. 27. 28; 42, 15. 25; 43, 10. 15.
21. 26; 44, 12; 46, 26. 27; 47, 24. 27;
48, 25; 50, 24. 34; 51, 1. 11; 52, 19.
20; 53, 2. 3; 56, 10. 21; 58, 4. 5. 13.
15. 29; 59, 5; 60, 25. 26. 28; 62, 1;
63, 2. 26. 27. 28. 29. 30; 65, 7; 66,
18. 19. 21. 30; 67, 9. 10. 11. 12. 22.
28; 69, 2. 4. 14. 16; 70, 4; 72, 5. 14.
15. 22. 27. 28. 29; 74, 6. 7. 8; 75, 10.
14. 15; 76, 10. 11. 16. 24. 26; 77, 23.
26; 78, 5. 15. 17. 18. 19. 29; 79, 2.
12. 21. 22. 23; 81, 11; 83, 14. 17. 18;
84, 23. 24. 25. 26. 29. 30; 85, 1. 2. 4.
6. 32; 86, 2. 11. 12. 13. 14. 15. 21;
87, 6. 11; 88, 8; 89, 3; 90, 4. 5. 12.
22. 26. 27; 91, 8. 12. 13. 31. 33; 92,
31. 34; 93, 9; 94, 9. 10. 11; 95, 11.
15; 97, 1. 2. 3. 4. 23; 98, 3. 7; 100, 5.
6. 7; 101, 12; 102, 20; 104, 2. 6; 105,
13. 17. 31; 106, 26; 107, 7; 111, 16.
30; 112, 3. 5. 8. 16; 113, 5; 114, 16.
17. 20; 115, 1. 2; 116, 9. 10. 17. 27.
29; 117, 2; 118, 8. 10. 13. 17. 21. 23.

16*   203

INDEX I

24. 25. 31. 32. 33. 35. 36; 119, 29.
33; 120, 27. 28. 30; 121, 27; 122, 3.
5. 8. 9. 15. 16. 23; 123, 4. 6. 15. 16.
31; 124, 2. 7. 18. 22. 24. 29. 31; 125,
32; 126, 2. 12; 127, 19. 22. 23; 128,
10; 129, 8; 133, 13. 15. 22. 29. 31.
32; 134, 3. 4. 5. 13; 135, 1. 9. 12. 13.
20; 136, 1. 3. 5. 10. 12. 17. 18; 137,
7; 138, 3; 140, 31. 34; 141, 3. 7; 142,
20. 21; 143, 27. 28. 29. 30. 32. 33;
144, 7; 146, 18. 19; 147, 2. 3. 13. 16.
25; 149, 6. 12. 13. 17. 29. 30; 151,
10; 152, 5. 11. 22. 25. 26; 154, 24.
25; 155, 1. 11. 12. 14. 16. 17. 18. 19;
156, 6. 7. 10. 11; 157, 4. 5. 7. 19. 27;
158, 2; 159, 17. 19. 20. 34; 160, 2. 6.
17; 161, 5. 10. 11; 162, 23; 163, 13.
19; 164, 10; 167, 1. 2. 3. 4. 5. 8. 9.
13. 18. 19. 20; 168, 13; 169, 10; 172,
5. 6. 9. 11. 12; 173, 22. 23. 29. 44.
48; 174, 74. 75. 77; 178, 17. 23. 35;
179, 51; 180, 89. 90. 91. 93. 94. 95;
181, 129. 133. 134; 182, 139; 184,
194; 185, 207. 209. 210. 211. 226.
227; 186, 230. 231
usia 94, 29
utor 16, 6; 68, 13; 80, 20; 114, 1; 119,
15; 148, 13; 163, 14

verbum 25, 5. 6. 7. 8. 9. 17; 27, 10. 11.
12; 28, 17; 38, 7. 9; 44, 17; 60, 22;
64, 27; 66, 7; 91, 8. 13. 16. 23. 29;
94, 23. 24; 101, 9; 103, 21; 104, 15.
17; 106, 5. 6. 11. 13; 107, 29; 109,
10. 23. 29; 110, 25; 111, 7. 18; 112,
3. 23; 113, 15; 121, 20. 22. 24. 26.
27. 28; 122, 12 (*quater*). 14 (*bis*); 124,
25. 26. 27. 28. 29; 125, 1. 17. 18. 20.
21. 31. 34; 126, 1. 2. 3. 4. 5. 20; 133,
28; 137, 19. 21; 140, 13; 147, 9; 152,
21; 161, 32; 163, 3. 28; 166, 18; 167,
15; 168, 6. 19. 22
veritas 27, 14. 15. 20; 29, 9; 37, 8;
41, 6. 20; 43, 9. 17; 61, 26; 74, 11;
78, 26. 27. 28. 30. 31. 32. 33; 79, 1.
2. 3. 4. 5. 6. 17; 81, 10; 86, 16; 89,
5; 102, 10; 121, 10. 11; 123, 25. 26.
30; 127, 25; 128, 17. 29. 30; 130, 6;
131, 21. 23. 28 (*ter*). 30; 136, 33;
137, 24; 139, 22; 154, 21. 22; 163, 2;
164, 6; 167, 18; 168, 5

versabilis 158, 1
versibilis 16, 7. 11. 12. 18. 22
verus 7, 13; 11, 13; 12, 3. 9. 17; 13, 10.
28. 29; 14, 2. 3. 4. 7. 16. 25. 26; 15,
3. 4. 12. 13. 16. 17; 16, 6. 16; 17, 11.
17. 19. 20. 21. 22. 24. 26. 27; 18, 11.
12. 14. 28; 19, 9. 11. 22; 21, 6; 22,
11; 23, 24. 25. 26. 27. 28; 24, 3; 31,
8. 21; 36, 4. 6. 7. 21. 25; 37, 17; 39,
9; 40, 16; 42, 6; 43, 18; 44, 12. 27;
64, 11; 65, 16; 68, 17. 19. 29; 71, 30;
78, 26. 29; 80, 21; 82, 21; 84, 10. 11.
29; 85, 22. 24; 86, 18. 22; 87, 3; 89,
27; 91, 12. 25; 95, 13; 96, 6. 12; 101,
25; 102, 7. 8; 103, 10; 105, 22; 107,
14; 110, 14. 15; 111, 18; 112, 2. 13.
28; 114, 12. 13; 115, 21. 22; 119, 31;
120, 27; 122, 18. 21. 32; 125, 32;
126, 14; 127, 26. 27. 29; 128, 22;
135, 13; 136, 26; 137, 14; 138, 19;
139, 5; 145, 22; 146, 18; 150, 8. 9;
151, 11. 12; 152, 1; 152, 25 (?); 156,
8; 159, 13; 161, 8. 9. 10. 20. 21. 27;
163, 2. 9; 164, 8; 168, 20. 29. 30;
169, 19; 170, 26; 171, 3; 172, 1; 174,
65. 75; 179, 65. 66. 67; 182, 150;
185, 203
virifico 87, 9; 121, 7. 8
virtus 2, 28; 9, 15; 14, 8; 17, 12; 22,
13; 24, 11. 18; 26, 16; 34, 2. 8.
24; 60, 28. 31; 63, 23; 66, 4; 73, 3. 4.
12; 74, 29. 31; 75, 1. 13. 16. 17 (*bis*).
20. 25; 76, 7. 29; 79, 33; 83, 2. 21;
87, 18. 22; 91, 28. 29. 30; 92, 10. 12.
14; 93, 15. 29; 94, 1. 19; 102, 27. 29.
33; 103, 16; 106, 26. 32; 111, 26. 29;
118, 6; 119, 34; 125, 34; 131, 32;
132, 3; 135, 14; 138, 32; 140, 32;
143, 35; 149, 12; 150, 2. 16; 151, 17;
157, 6; 160, 8; 161, 32; 163, 3; 165,
10; 172, 2. 13. 14. 16. 18; 173, 29.
32; 180, 95
vita 9, 13. 14; 11, 15; 12, 2. 7; 14, 9;
17, 13; 16. 16; 23, 6; 26, 7; 35, 26;
36. 6. 16. 18. 19. 22. 30; 37, 2. 13.
18. 19. 21. 22. 23. 24. 26; 38, 2. 7. 9;
40, 10; 41, 6; 44, 10. 11. 12. 24. 25;
47, 15; 49, 3. 4. 12. 32; 51, 23; 56,
31; 58, 8. 10. 11. 12. 14; 59, 27. 28.
30; 60, 1. 5. 9. 31; 61, 7. 27; 64, 20.
22. 24; 65, 15; 67, 5. 11. 13. 14. 15.

204

INDEX VERBORVM

16. 18. 19. 21. 23. 26. 27. 34; 68, 1.
8. 9. 10; 73, 23; 74, 10; 75, 25. 27.
29. 30. 31. 32; 76, 30. 31; 77, 5. 6. 8.
9. 12. 13. 14. 15. 16. 18. 19. 20. 22.
23. 27. 28. 29. 32. 33; 78, 2. 3. 4. 8.
9; 80, 15; 83, 2. 12; 86, 1. 3. 5. 21.
26. 32. 33; 87, 1. 4. 6. 7. 9. 10. 11.
15. 27; 88, 4. 6. 7. 8. 9. 12. 16. 18.
19. 20. 23. 24. 25. 29. 31; 89, 2. 3. 6.
7. 17. 18. 19. 21. 22. 23. 25. 26. 27;
90, 1. 2. 6. 20; 91, 23. 32; 92, 1. 2. 8.
9. 14. 20; 93, 4. 5. 7. 10. 12. 15; 94,
10. 15; 95, 10. 14. 33; 96, 1; 97, 19.
28. 29. 30; 98, 2. 6; 107, 23. 24. 25.
26. 30. 31. 33. 34; 108, 2. 3. 5. 6. 14.
15. 20; 112, 20; 114, 19; 115, 11. 12.
16. 18. 19. 21. 28. 29; 116, 2. 3. 5. 7.
10. 11. 12. 35. 36; 117, 1. 3. 5. 6. 7. 8.
15; 118, 14. 15. 20. 21. 28; 119, 19;
120, 19. 21. 22. 24. 25. 26; 121, 20.
25. 26. 27. 28; 122, 2. 6. 8. 9. 10. 16.
18. 19. 21. 24. 25. 27. 29. 31. 32;
123, 1. 2. 10. 11. 14. 31. 32; 124, 3.
6. 8. 15. 18. 19. 20; 125, 1. 2. 8. 10.
15. 16. 17. 18. 20. 21. 26. 27. 28;
126, 16. 17. 18. 20. 22. 30. 31; 127,
3. 4. 7. 25. 26. 27. 28. 29. 30. 31;
128, 2. 5; 129, 3. 11. 20. 21. 22; 130,
8. 9. 12. 21; 131, 19; 133, 25. 29;
135, 1. 4. 5. 17. 18. 21. 22. 23; 136,
1. 4. 5. 12. 14. 17. 20. 21. 28. 33. 34.
36; 137, 2. 3. 6. 28. 30. 31. 33. 34;
138, 2. 4. 12. 16. 31; 139, 1. 10. 12.
13. 15. 20. 21. 22. 30. 32; 140, 6. 7.
8. 10. 16. 17. 18. 19. 20. 21. 22. 29;
141, 14. 17. 20. 21. 24. 32; 142, 1. 3.
5. 6. 8; 143, 9. 10. 11. 12. 13. 14. 18.
20. 21. 22. 28. 30. 31; 144, 1. 5. 19.
30; 145, 2. 4. 6. 17; 146, 15. 16. 18.
22. 26. 28. 29; 147, 17. 19. 22. 24.
25. 28. 29. 30. 31. 34. 35; 148, 8. 9.
10. 19. 22. 23. 24. 25. 26. 27; 149,
18. 21. 27; 150, 5. 8. 9. 18. 19. 28.
32. 33; 151, 10; 152, 3. 4. 9. 12; 153,
24. 25. 29; 154, 4. 20; 155, 7; 156,
16; 157, 22; 158, 9. 10. 15. 17; 159,
8. 13. 18. 22. 31; 160, 8. 23; 161, 31;
162, 32; 163, 3. 8. 9. 12. 18; 164, 5.
6; 165, 24; 166, 28; 171, 5; 173, 41.
43. 44. 47; 174, 49. 50. 56. 64; 175,
20. 21. 28; 178, 38; 180, 106; 181,
109. 110. 119. 120; 183, 165; 185,
217. 218; 186, 234
vitalis 67, 4; 87, 1; 117, 13; 130, 8;
144, 9. 16. 18. 31; 145, 11. 13
vitalitas 14, 10; 83, 13; 86, 8; 123, 18;
124, 24; 126, 18; 138, 30; 139, 10;
148, 10
vivefacio 49, 27; 59, 28. 29; 60, 3 (bis). 4;
68, 2; 87, 15; 88, 22; 92, 8; 93, 27;
116, 11; 145, 10
viventia 157, 22
vivificatio 60, 5; 86, 32; 98, 12
vivifico 38, 6; 47, 9. 16; 49, 13; 58, 8;
67, 5. 8. 16; 74, 9; 75, 22; 77, 15. 16;
87, 5; 96, 7; 116, 3; 137, 28; 142, 27.
31; 164, 7; 183, 165
vivo 3, 12. 13. 14; 24, 20; 25, 25; 36,
31; 37, 20. 21. 22. 23. 24. 25.
26. 28; 38, 1. 2. 3. 9. 20. 22 (bis).
24; 39, 2; 43, 22. 23; 44, 25. 26; 49,
27; 51, 23; 67, 8; 73, 26; 74, 12; 77,
21; 78, 1. 2; 83, 26; 86, 6; 87, 28.
31; 88, 5; 89, 2. 8; 95, 13; 96, 8; 97,
30; 98, 4; 107, 25; 115, 14. 15; 117,
1. 3; 118, 9. 10. 12. 13. 14. 15. 17.
23. 24. 26. 27. 28. 29. 30. 31. 32;
119, 2. 5. 6. 11. 17. 20. 23; 120, 31.
32; 121, 21; 122, 7; 124, 21; 125, 11;
126, 23. 32; 127, 4. 29. 30; 128, 2.
28; 129, 3. 4; 130, 10; 135, 1. 4. 5.
16. 17. 18. 21. 22. 23; 136, 5. 9. 10.
11. 14. 15. 17. 18. 19. 20. 21. 28. 32.
34. 35; 137, 1. 2. 3. 4. 6. 7. 16. 26.
27. 28. 29. 31; 138, 1. 2. 3. 4. 7. 8.
11. 12. 13. 16. 32; 139, 1. 2. 6. 7. 10.
12. 13. 14. 15. 19. 20. 22; 140, 2. 3.
5 (bis). 7. 9. 10. 14; 141, 12. 13. 15.
20. 29 (bis). 30. 31; 142, 1. 3. 4.
5. 6. 8. 17. 28. 29. 30. 31. 32; 143, 1.
2. 3. 4. 8. 9. 10. 11. 12. 13. 14. 18.
19. 20. 21. 22. 27. 28. 30. 31; 144, 1.
5. 9. 28. 29. 31. 32; 145, 4. 5. 6. 7. 8.
9. 11. 12. 16 (bis). 18. 21. 23. 24;
146, 2. 16. 17. 22. 23. 24. 25. 27. 28.
29; 147, 4. 6. 7. 8. 10. 11. 12. 13. 17.
21. 23. 24. 28. 29. 33. 34. 35; 148, 2.
3. 7. 9. 11. 12. 13. 19. 22. 23. 24. 25.
26. 27. 31; 149, 4. 8. 11. 15. 16. 17.
21. 24. 26; 150, 19. 33; 151, 2. 11.
12; 152, 1. 2. 4. 7. 10. 31. 32. 33;
153, 22. 23. 28. 30; 154, 30. 33; 155,

INDEX I

9. 30. 31; 156, 1. 9. 13. 14; 157, 7. 8.
11. 22. 32; 158, 24. 26; 159, 2. 9. 17.
21. 23. 24. 30. 34; 160, 9. 10. 15. 22.
24. 28. 35; 161, 9. 10. 24; 163, 11.
20. 23; 174, 51. 52; 175, 1. 12. 13.
15. 16. 17. 19; 176, 23. 24. 25. 28.
29. 33
vivus 97, 11; 124, 21; 139, 25. 27; 140,
14; 145, 2?. 23; 161, 33; 163, 4; 173,
42
volo 1, 12; 6, 23. 24. 25; 7, 8; 8, 27;
9, 1; 10, 6; 12, 13; 18, 1 (*bis*); 23, 3;
28, 12; 32, 17; 39, 24. 25; 45, 25; 46,
5; 68, 1; 74, 1; 88, 11; 90, 18; 91,
19; 92, 21; 102, 11; 103, 27; 106, 22;
109, 3. 7; 110, 7; 115, 17; 116, 22;
120, 2; 125, 2; 128, 16; 129, 28; 130,
24; 133, 26; 159, 32; 164, 7; 165, 33;
168, 7; 169, 19; 170, 27; 177, 51. 52
voluntas 4, 2; 6, 21. 22. 25. 26. 27; 7,
1. 2; 8, 27; 9, 1. 2; 10, 5; 13, 11; 23,
4. 5. 6; 25, 17; 30, 15; 32, 4. 5; 33,
10. 19; 46, 17; 48, 21; 65, 23. 25. 26.
27. 30. 31. 32; 66, 1. 15. 16. 17. 18.
20. 22. 23; 80, 17; 81, 24. 27. 28.
33; 82, 4; 88, 11. 13. 16. 17. 20;
95, 25; 117, 30; 124, 26. 30. 31.
31; 125, 9. 10. 11. 12. 14; 130,
24; 141, 3. 4; 154, 13. 14; 161, 31;
163, 3. 32; 164, 4; 165, 32

ἄγνωστος 153, 27
ἀδιάκριτος 153, 27
ἄζων 156, 15; 159, 26
αἰών 148, 8. 15. 18
ἀκίνητος 146, 9
ἄνους 156, 15; 159, 26
ἀνούσιος 100, 17. 18; 101, 3. 21. 23;
156, 15; 159, 25
ἀνύπαρκτος 156, 15; 159, 25
ἀοριστία 156, 8
ἄυλος 144, 21
αὐτόγονος 146, 8. 12; 170, 4
αὐτοδύναμος 170, 4
αὐτοκίνητος 146, 9

γραμμή 95, 19

εἶδος 169, 4. 5
εἰμί 111, 15; 119, 1; 147, 32; 152, 21
ἐνέργεια 146, 10; 155, 24
ἐνούσιος 100, 17; 101, 5. 8. 21. 23
ἐπακτός 147, 22
ἑτερότης 138, 27
ἑτερώνυμος 84, 7

ζωή 126, 18
ζωότης 126, 1; 138, 27. 30

κίνησις 146, 12

λογισμός 31, 14
λόγος 8, 14; 9, 18; 11, 14; 12, 8. 9;
14, 8; 18, 24; 20, 2. 3. 4. 6. 9. 14.
23; 21, 1. 2. 3. 6. 7. 8. 9. 12. 14.
16. 18. 20; 22, 6. 7. 11; 23, 5. 21;
24, 10. 13; 25, 10. 15; 27, 13. 17;
32, 7; 33, 22; 34, 31. 32; 35, 1. 7.
13. 14. 24; 36, 5. 7. 10. 11. 16. 17;
37, 14. 15; 43, 10. 11. 12; 42, 22;
49, 28. 30. 31; 51, 21. 22. 26. 27;
52, 4; 53, 19; 54, 3. 4. 14. 17. 18.
26. 29. 30; 55, 5. 10. 14. 28; 56,
11. 31. 33; 57, 20. 22; 58, 5. 7. 11.
17. 21; 59, 7. 12. 27. 30; 60, 2. 5.
8. 25. 26. 28. 29. 31; 61, 3. 4; 63,
1. 17. 24. 27; 65, 4. 7. 25. 28. 29.
31; 66, 1. 2. 4. 5. 6. 11; 68, 12; 69,
1. 3. 4. 16. 18. 23. 24. 25; 70, 9.
11. 12. 13. 27. 28. 30; 71, 10. 11.
12. 20. 21. 23. 24. 31; 72, 3. 12.
19; 73, 14. 16. 17; 74, 8. 12. 15.
20. 24. 26; 76, 15. 29; 77, 18; 78,
14; 79, 26. 28. 29. 31. 34; 80, 3.
12. 22. 30. 31. 32. 33; 81, 2. 3. 4.
5. 9. 30; 82, 15. 27. 28; 83, 3. 4.
15. 20. 23; 84, 1. 22. 23; 86, 6. 23.
26; 88, 4; 89, 32; 90, 15; 91, 8. 13.
24; 92, 7. 9. 14. 17; 93, 5. 9. 10.
15. 21. 24. 25. 30; 94, 1. 2. 4. 14.
17; 95, 2. 23. 30; 96, 9. 10; 97, 5.
7. 15. 28. 30; 98, 28; 99, 1. 6; 100,
10. 11. 12; 101, 14; 102, 1. 2. 28;
103, 25. 29; 105, 28. 33. 34; 106,
9. 33; 110, 13. 18. 22. 31; 111, 1.
2. 10. 11. 13. 18; 114, 1. 2. 6. 7;

INDEX VERBORVM

115, 18. 19. 25; 117, 3. 8. 15. 16.
18. 21. 24. 26. 31; 118, 2. 5; 120, 3;
122, 6. 26. 27; 123, 1; 124, 15. 24;
125, 7. 11; 126, 11. 12. 19. 25. 26.
28. 31; 127, 1. 3. 6. 15. 18. 24. 31;
129, 21; 130, 7; 136, 22; 140, 21;
144, 19. 24. 30; 152, 14. 20; 153,
1. 5. 12. 16. 17. 19. 20. 21. 25; 154,
3. 4. 19. 29; 159, 34; 160, 2. 34;
163, 26; 165, 1. 2. 4. 5. 11. 24;
166, 10. 11. 13. 14; 168, 12. 21.
29; 169, 14. 16; 170, 14. 15. 23. 38.
41. 42. 44; 175, 7. 8. 9; 181, 131.
132. 134; 183, 162. 163. 167; 184,
186. 188. 194. 201; 185, 213
μήτρα 46, 2

νοότης 138, 27. 32; 139, 10
νοῦς 10, 3; 12, 1; 14, 8. 11. 19. 24. 27;
27, 12; 48, 10. 12; 59, 3; 60, 31;
65, 5; 67, 6. 13; 84, 1; 88, 27. 29;
89, 32; 90, 15; 91, 24; 94, 17. 18;
95, 1. 8. 23; 96, 1. 2. 3. 6. 9. 11.
13. 26. 28. 31; 97, 5. 7. 13. 14. 16.
25; 114, 1. 2; 121, 10. 11; 154, 29

ὁμοειδής 102, 30; 110, 26; 111, 9
ὁμοιούσιος 45, 1; 52, 17; 55, 17.
21. 30; 56, 3; 57, 29; 58, 1; 61, 16.
18; 62, 11. 17; 63, 5. 8. 11. 14; 78,
16. 21. 25; 81, 10. 12; 109, 4. 7;
126, 33
ὁμοούσιος 23, 15; 25, 19. 21; 26,
17. 19; 38, 30; 39, 6. 7; 41, 6. 12.
15. 27; 42, 15; 44, 27. 29; 45, 1;
46, 2. 22. 27. 28; 47, 25; 48, 17.
18. 19. 20. 23; 49, 1. 4. 9. 10. 30;
50, 9. 13. 21. 22; 51, 1. 3. 13; 53,
10; 54, 3. 5. 20; 55, 5. 12. 14; 56,
27; 57, 11. 28; 58, 5. 14. 25; 59, 8.
11; 60, 19. 26. 30; 61, 15. 18; 62,
5. 11. 14. 17. 18. 24. 29; 63, 3. 4.
8. 9; 65, 4. 7; 66, 24; 67, 6. 7. 21;
68, 14; 69, 5. 16. 27. 35; 70, 9; 72,
3. 10. 33; 73, 3. 7. 14. 22. 24; 75,
10. 19. 25. 28; 76, 2; 77, 24; 78, 5.
15. 19. 29; 79, 13. 22; 81, 10. 12.
31. 32; 82, 8. 24. 30; 83, 18; 89,
5; 90, 25; 94, 8; 98, 3. 7. 14; 102,
16. 29. 31; 103, 2; 104, 8. 13; 106,
12; 107, 7. 9. 10. 11. 16. 17. 21.
28; 108, 25; 109, 2. 7. 14. 22. 29;
110, 9. 24. 30; 111, 6. 8. 12. 16. 20.
23; 113, 3. 13. 17; 116, 29; 120,
28; 122, 9; 126, 19. 33; 136, 36;
140, 30; 143, 34; 147, 19. 27. 31;
148, 28; 149, 30. 31; 151, 3. 18.
21. 28; 154, 11; 161, 24; 162, 1. 5;
163, 10; 164, 28; 166, 27. 29; 167,
8; 168, 6. 7; 169, 1. 7. 11. 17. 19;
170, 22. 26. 28; 171, 3. 6. 16
ὁμώνυμος 84, 12; 105, 23; 110, 27;
169, 6
ὄν 1, 10; 2, 29; 3, 2; 12, 3. 4. 5. 6. 8.
11. 16. 17. 18; 13, 1. 2. 4. 5. 6. 7.
8. 9. 15. 27; 14, 10. 11. 14. 15. 25;
15, 1. 5. 6. 7. 8. 9. 10. 11. 13. 14.
15; 16, 16. 17. 19. 21. 22; 17, 15;
18, 5. 15. 17. 20. 21. 22. 23. 25. 27.
28; 19, 1. 2. 3. 4. 5. 8. 9. 11. 12.
13. 14. 15. 17. 18. 19. 20. 21. 22.
23. 24. 26; 20, 1. 14. 17. 18. 19;
24, 8; 25, 27. 28; 31, 9; 45, 16; 47,
8; 59, 7; 61, 11; 64, 15; 67, 10; 68,
19. 32; 80, 27. 28; 84, 8. 9. 10. 11.
14; 85, 4. 22; 91, 25. 26; 96, 14;
103, 18; 104, 22. 25. 28. 29. 31.
32; 105, 13. 14. 15; 111, 5; 152,
14. 20. 33. 34; 153, 8. 13; 154, 4.
13; 156, 18; 157, 31; 158, 1; 172,
13; 182, 136. 137. 138. 139. 141.
142. 149. 150. 153. 156; 183, 184;
184, 199; 185, 203
ὀντότης 2, 29; 3, 2; 66, 4; 121, 6;
138, 27. 29
οὐσία 25, 29; 46, 22; 59, 9; 104, 21;
106, 2. 3. 17; 107, 2. 4. 23; 108, 2.
25. 26; 109, 2. 3. 5; 118, 36; 122,
10. 11. 13. 14; 143, 34; 147, 32;
162, 2; 168, 13. 14; 169, 6. 7
οὐσιότης 121, 6
οὐσιώδης 103, 29

πλήρωμα 161, 14. 15. 16. 19. 25; 163, 2
πνεῦμα 126, 12
προόν 12, 6. 18; 19, 12. 17; 86, 9;
156, 19; 183, 184; 184, 199

σημεῖον 95, 3. 4. 19. 20. 22. 28 (bis)
στέρησις 156, 17
συνώνυμος 84, 12; 90, 4. 7

207

INDEX I

ταυτότης 138, 27
τριδύναμος 154, 33

ὕλη 16, 1. 3. 18. 19. 23. 24. 26. 27.
  29; 17, 4. 5. 7. 8. 10. 12. 13; 66,
  28. 29; 67, 2; 76, 6; 80, 25; 83, 5;
  93, 22; 95, 10; 96, 11. 15; 126, 15;
  144, 26; 164, 26
ὑλικός 66, 31

ὑπαρκτότης 121, 6
ὕπαρξις 104, 29. 30. 31; 105, 7. 8
ὑπερούσιος 100, 20; 101, 3
ὑπόστασις 104, 21; 105, 26. 33; 106,
  1. 3. 5. 6. 10. 12. 17. 18. 23. 25.
  28; 107, 1. 2. 4. 7. 14; 119, 1; 168,
  13. 14. 17

χώρημα 161, 15. 18. 25; 163, 1

INDEX II

LOCI SACRAE SCRIPTVRAE, QVI CITANTVR IN OPERIBVS THEOLOGICIS MARII VICTORINI

Gen 1, 1: 25, 11;   26, 8–9;   68, 27–28
1, 20–25: 24, 18–21
   1, 26: 50, 25–33; 51, 14–24. 25; 52, 5. 10. 11–18; 53, 29; 94, 30–31; 95, 31; 96, 18–19. 20–23; 97, 21–22. 27; 98, 10–11. 13. 14. 24–25; 101, 7; 126, 24–25; 127, 2; 146, 11–12;   161, 26; 162, 11–12. 16–17; 176, 31–32
1, 26–27: 99, 1–5
   2, 6: 83, 10
   2, 7: 24, 15–19; 96, 29; 97, 10–11
   15, 6: 131, 12
Ex 3, 13–14:19, 14
   33, 20: 115, 15; 142, 16–17; 162, 13
   33, 23: 92, 33;   142, 17–18; 162, 14
Deut 32, 18: 32, 1–2
Iob 38, 28: 32, 2
   Ps 2, 7: 10, 17; 40, 13–14
   15, 10: 117, 23–24; 127, 12
   20, 8: 37, 32–38, 1
   32, 6: 91, 28–30
   33, 9: 25, 6
   34, 10: 102, 16–17; 171, 9
   35, 10: 112, 20. 24–25; 171, 5–6
   43, 10: 171, 8–9
   45, 2: 25, 4–5
45, 14–15: 60, 12–16
   60, 13: 37, 32
   64, 3: 117, 20–21

   68, 19: 133, 1–2
   108, 13: 37, 32
   110, 1: 132, 22–24
   138, 15: 104, 18; 168, 23
   139, 15: 106, 18–20
Prov 8, 22: 9, 11; 26, 5–6; 31, 18–19
   8, 22–23: 30, 16–17
   8, 23: 26, 6–7; 31, 18–19
   8, 25: 31, 18–19
Sir 1, 1: 94, 19–20; 151, 17–19. 20 et 21–22; 166, 6
   1, 4: 151, 22–26
   24, 3: 40, 20–21; 123, 5
Is 1, 2: 32, 1; 101, 10–11
   11, 2: 130, 17–18
   40, 5: 117, 20
   40, 13: 10, 10–11
   43, 10: 63, 16. 19; 102, 13
   45, 14: 60, 20–22
45, 14–15: 112, 28–113, 2
   53, 8: 170, 17. 18
   57, 16: 25, 1–2
Ier 23, 18: 64, 27–28; 94, 22–23; 104, 15–17; 106, 5–15; 137, 20–21; 168, 18–20. 22
23, 18–22: 65, 1–6
   23, 22: 64, 28–65, 2; 94, 23–24; 104, 15–17; 106, 5–15; 112, 22–23
   Ez 18, 4: 117, 25–26
Matth 4, 3: 45, 7–8
   4, 6: 45, 7–8. 9–11
   6, 11: 64, 19; 94, 25; 107, 33; 108, 1. 4–11
   8, 29: 45, 21
   10, 15: 117, 27–28

INDEX II

    11, 6: 45, 22−23
    11, 27: 161, 34 − 162, 1. 3−5.
          10−11; 163, 7. 21
    11, 37: 45, 23−25
    12, 28: 46, 14
  12, 31−32: 46, 9−12
  24, 39−41: 97, 1−3
    26, 38: 117, 22−23
    26, 39: 9, 1; 117, 29−30; 130, 24
    27, 46: 109, 16
  28, 19−20: 151, 5−8
Marc 16, 16: 150, 15
  Luc 1, 35: 92, 10−11; 93, 28−29; 94, 1. 2
     3, 6: 117, 20
    4, 41: 20, 4; 45, 11−13
    4, 48: 132, 4−6
    11, 14: 128, 4−5
    15, 12: 106, 23−24
  15, 12−13: 94, 26−27; 106, 26−27
  17, 34−35: 97, 3−4
  20, 41−44: 46, 32−47, 3
    Ioh 1, 1: 8, 14−15;   20, 3−4. 6. 7−10. 14−15; 21, 1. 5−7; 22, 7−8. 9; 23, 5−6. 17; 24, 13; 25, 3; 36, 17; 43, 10; 54, 26−27; 56, 11−12; 60, 25; 61, 1; 65, 32 et 66, 6; 70, 9. 11−12. 28; 71, 12; 75, 21 et 24; 81, 30; 82, 28; 110, 31−111, 1; 154, 3−4; 161, 32; 163, 3; 166, 10. 13−14; 169, 13−15
    1, 1−2: 34, 31; 35, 1−10; 100, 9−12
    1, 1−3: 36, 11−12; 70, 29−30; 86, 33; 101, 14−15
      1, 3: 8, 20; 9, 22−23; 21, 2. 15; 35, 12; 49, 29; 60, 2;   71, 20−21;   81, 5; 82, 2; 93, 6−7; 103, 25−26; 115, 19; 117, 4−6; 118, 3; 122, 6; 124, 15;   126, 27−28; 153, 5; 154, 20; 163, 28; 166, 11−12; 173, 40
    1, 3−4: 9, 12−13; 26, 7; 36, 6−7; 75, 28−29;

          117, 4−6; 122, 7; 139 21; 174, 64
    1, 8: 9, 22−23
    1, 9: 36, 4−5; 44, 27−28; 75, 21 et 24; 166, 11−12
  1, 10: 36, 7−8
  1, 11: 128, 32−129, 1
  1, 14: 80, 12; 81, 4. 5−6. 9; 92, 7−10; 94, 4; 100, 11; 117, 16; 166, 13−14
  1, 17: 167, 18
  1, 18: 20, 11−12; 15−16; 22, 8; 23, 17; 24, 14; 25, 3; 34, 12−13; 36, 8−9. 12−15; 38, 30; 39, 9; 46, 1−2. 6; 89, 16; 115, 10; 120, 16; 142, 2−3. 15−16; 160, 25; 166, 15−16. 17 et 19; 185, 202
  1, 23: 91, 17−18
  1, 34: 20, 4
  2, 26: 77, 8−10 et 12
    3, 6: 142, 26−27;   147, 14−15
  3, 6 et 8: 140, 1−2
    3, 8: 128, 16
  3, 13: 36, 18;   166, 7;   185, 221−222
  3, 15: 36, 19−20. 22; 150, 8−9
  3, 16: 36, 20
  3, 17: 36, 23−24
  3, 19: 36, 24−25
  3, 28: 36, 26
  3, 31: 36, 27
  3, 34: 36, 28−29
  3, 63: 142, 27
  4, 10: 36, 30−37, 2; 139, 26−30
4, 13−14: 36, 30−37, 2; 139, 26−30
  4, 24: 38, 6; 39, 3; 65, 17; 130, 13; 137, 14−15. 23−24
  4, 42: 37, 2−3
  5, 17: 37, 3−4
  5, 18: 37, 5
  5, 19: 74, 4; 115, 31−33
5, 19−21: 37, 11−12

LOCI SACRAE SCRIPTVRAE

5, 21: 164, 6−7
5, 26: 37, 11−12; 75, 29−30; 86, 25−27; 107, 25−26; 116, 35; 120, 21; 122, 1−2; 124, 19−21; 147, 18−19. 30−31; 163, 8−9; 175, 16; 176, 24
5, 30: 124, 29−31
5, 38: 37, 14−16
5, 40: 125, 2
6, 31−33: 64, 21
6, 32: 166, 7−8
6, 32−33: 37, 16−18
6, 35: 37, 19; 38, 2−3
6, 37: 79, 7; 125, 3−4
6, 38: 125, 9; 163, 32
6, 39−40: 125, 12−15
6, 46: 37, 19−20
6, 50: 140, 15−16
6, 53−54: 140, 17−19
6, 57: 37, 20; 38, 1−2; 44, 26; 78, 1−2; 107, 25−26; 120, 19−20; 124, 19−21; 127, 29−30; 140, 14; 147, 10−11; 173, 41
6, 58: 37, 25−28; 38, 2−3; 107, 34
6, 59: 38, 9−10
6, 62: 38, 4−5; 140, 25−26
6, 62−63: 140, 28−29
6, 63: 38, 6; 49, 12−13; 58, 8; 137, 27−28. 30−31
6, 68−69: 38, 7−8; 125, 18−19
7, 29: 38, 10
7, 37−38: 38, 18−20; 139, 23−25
7, 39: 38, 23. 25−27
8, 12: 39, 1
8, 19: 34, 19−20. 21; 39, 3−5; 125, 24−25. 29−30
8, 26: 125, 32−33
8, 42: 39, 9
8, 51: 126, 3−4
8, 55: 126, 4−5
8, 56: 39, 10−12; 165, 16−17
8, 58: 39, 12; 40, 14
9, 5: 39, 12−13
9, 35−37: 39, 14−16
10, 7: 164, 5−6
10, 17−18: 126, 6−9. 21−22

10, 18: 126, 30
10, 28: 164, 5−6
10, 30: 8, 25; 10, 19−11, 1; 39, 16−17. 20; 42, 25; 63, 2; 133, 21−22; 144, 6−7
11, 25: 40, 10
11, 27: 40, 11
11, 41: 40, 20−21
11, 52: 40, 16−17
12, 27: 40, 20−21
12, 28: 40, 25−26
12, 30: 40, 28−29
12, 34−36: 41, 2−6
14, 3: 127, 19−20
14, 6: 75, 25; 77, 14; 78, 26; 120, 20−21; 127, 24−25; 128, 29−30; 139, 21−22; 164, 5−6
14, 6−7: 41, 6−8
14, 7: 127, 31−32
14, 8−10: 120, 17−18
14, 9: 11, 1; 63, 3; 69, 8; 89, 11; 105, 7; 112, 24; 115, 9. 24; 127, 31−32; 142, 7; 165, 22−23
14, 9−10: 41, 9−10
14, 10: 8, 24; 11, 1−2; 38, 11; 39, 17. 21; 60, 21; 107, 5; 111, 25−26; 127, 33; 133, 21−22; 144, 6
14, 12−13: 41, 16−17
14, 13: 127, 34; 128, 4−5
14, 15−16: 41, 18−20; 128, 7−9
14, 16: 42, 16−17; 128, 11−12. 29; 150, 17
14, 17: 41, 23−24. 24−25; 128, 17. 30. 31−32; 129, 1−2. 5
14, 18: 41, 29; 128, 26
14, 19: 128, 27−28. 31; 129, 2. 3−4
14, 20: 41, 29−30
14, 25−26: 129, 9−11
14, 26: 34, 26−27; 41, 31−42, 2; 42, 9−10; 122, 31; 130, 1−6; 150, 15−16
14, 28: 38, 13; 42, 16−17. 23. 26; 129, 15. 33
14, 39: 63, 3

15, 26: 43, 8 – 9; 122, 31. 33; 130, 1 – 6; 150, 15; 177, 56 – 57
16, 3: 132, 19
16, 7: 43, 13
16, 8: 150, 22; 177, 56 – 57
16, 8 – 9: 130, 19 – 20
16, 9 – 10: 131, 6 – 8; 132, 30 – 31
16, 10: 130, 22; 132, 25
16, 11: 130, 27 – 28; 131, 13; 133, 4 – 5
16, 13: 91, 5 – 7; 130, 30
16, 13 – 14: 43, 17 – 20; 150, 30 – 32
16, 13 – 15: 149, 19 – 20
16, 14: 43, 21
16, 14 – 15: 42, 17 – 18; 123, 6 – 10; 150, 6
16, 15: 42, 27; 43, 20 – 21; 44, 29 – 45, 1; 50, 19 – 20; 91, 5 – 7; 107, 25 – 26; 116, 34; 120, 23 – 24; 123, 12 – 13; 131, 2; 151, 1 – 2; 162, 3 – 5. 10 – 11; 163, 7. 21; 174, 61
16, 27: 139, 23
16, 27 – 28: 43, 28 – 44, 3
16, 30: 44, 4
16, 32: 44, 5 – 6
17, 1 – 2: 44, 8
17, 3: 44, 12 – 13; 122, 20 – 22
17, 5: 44, 13 – 15; 166, 8 – 9
17, 6 – 7: 44, 15 – 18
17, 12: 44, 23
17, 17: 131, 20 – 21. 27 – 28
17, 19: 131, 22 – 23
18, 37: 45, 3
20, 17: 129, 28
20, 18 – 29: 129, 29 – 32
20, 22: 45, 3 – 4
Act *1, 5*: 131, 24 – 25
1, 8: 131, 31 – 32; 132, 3 – 4
1, 9 – 10: 132, 28 – 29
2, 2: 132, 15 – 18
2, 4: 132, 15 – 18
2, 22 – 24: 132, 20 – 22
2, 30 – 32: 132, 11 – 15
2, 34: 132, 22 – 24
2, 36: 9, 9 – 10
2, 36: 26, 12 – 13
Rm *1, 7*: 133, 19 – 20

1, 16: 74, 29 – 75, 1; 75, 13 – 20; 91, 28 – 30; 151, 16 – 17
1, 20: 34, 23 – 24
2, 5: 47, 6 – 7
4, 17: 47, 8 – 10
4, 22: 131, 12
5, 10: 150, 10
7, 14 – 25: 176, 47 – 48
7, 18: 177, 51
8, 1 – 2: 137, 32 – 34
8, 6: 124, 3 – 6
8, 9 – 11: 47, 11 – 17. 19. 20 – 22. 24
8, 11: 162, 28 – 29
8, 16: 123, 21 – 22. 24
8, 17: 11, 9 – 12
8, 27: 123, 24
8, 32: 10, 18
8, 34: 130, 27; 132, 24. 26
9, 1: 123, 25 – 26. 27 – 28
9, 5: 48, 1 – 2
11, 33: 10, 8 – 10; 106, 30 – 32; 124, 9
11, 34: 10, 10 – 11; 94, 18 – 19; 123, 21 – 22
11, 34 – 36: 72, 7 – 9
11, 36: 47, 29 – 31; 72, 11 – 26. 31; 91, 25 – 26; 174, 68
16, 20: 132, 32 – 133, 1
16, 25 – 26: 172, 2; 174, 67
I Cor *1, 3*: 133, 19 – 20
1, 4 – 5: 133, 26 – 28
1, 5: 133, 29 – 30
1, 24: 60, 28 et 31 – 32; 73, 14 – 15; 75, 13 – 20. 21 et 24; 83, 2; 91, 28 – 30; 94, 1 – 2. 19; 102, 26 – 27. 29; 106, 30 – 32; 118, 6; 124, 11; 151, 16 – 17; 161, 32; 163, 3; 172, 2. 14 – 18
2, 2: 82, 18 – 19
2, 6: 49, 6 – 7
2, 8: 48, 3 – 4; 101, 31
2, 9: 48, 5 – 7. 13
2, 10 – 11: 48, 21 – 22
2, 11: 48, 8
2, 11 – 16: 123, 21 – 22
2, 12: 48, 23 – 24
4, 15: 27, 19 – 20

LOCI SACRAE SCRIPTVRAE

8, 6: 72, 28 – 29. 30; 91, 25 – 26; 115, 19
9, 22: 26, 3
12, 3 – 6: 48, 25 – 32
14, 53: 98, 31 – 32
15, 24: 73, 8
15, 24 – 25: 73, 28 – 31
15, 24 – 28: 73, 8 – 13. 15 – 18; 74, 14 – 26
15, 25: 73, 18 – 19
15, 25 – 28: 73, 20 – 21
15, 26 – 28: 73, 22 – 24
15, 27: 73, 28 – 31
15, 28: 58, 6; 71, 27 – 29; 73, 1 – 2. 3 – 6; 103, 17 – 18
15, 44: 98, 32
15, 46: 97, 23 – 24
15, 51 – 52: 98, 34
16, 22: 109, 17 – 18
II Cor 1, 2: 133, 19 – 20
2, 16: 80, 15 – 16
3, 17: 49, 13; 120, 20; 130, 14 – 15
4, 4: 49, 14 – 15. 26. 30; 51, 24 – 25
5, 17: 52, 22 – 23
5, 21: 52, 23 – 24
13, 13: 178, 41 – 50; 179, 53 – 55
Gal 1, 1: 53, 5 – 6; 133, 20 – 21
1, 3: 83, 28 – 29; 133, 19 – 20
1, 5: 83, 28 – 29
1, 11 – 12: 53, 7 – 8
4, 4: 26, 11; 165, 32
Eph 1, 2: 133, 19 – 20
1, 3: 10, 18 – 19
1, 3 – 4: 52, 26 – 29
1, 5: 11, 6 – 7
2, 12: 52, 30 – 31. 31
3, 9: 124, 11; 172, 2; 174, 67
3, 10: 124, 10
3, 14 – 21: 33, 31 – 34, 9
3, 15: 181, 128
3, 16: 97, 23 – 24
3, 16 – 18: 150, 12 – 15
3, 18: 53, 25 – 26
3, 18 – 19: 124, 11 – 14
3, 19: 124, 16
4, 3 – 6: 53, 1 – 4
4, 8: 133, 1 – 2
4, 9: 185, 221 – 222

Phil 1, 2: 133, 19 – 20
1, 19: 53, 9 – 10
2, 5 – 6: 165, 18 – 20
2, 5 – 7: 53, 10 – 13. 15 – 16 et 19 – 20. 27 – 54, 17
2, 6: 39, 18 – 19. 20 – 24; 40, 1; 42, 24; 56, 15; 62, 25; 75, 21 et 24; 89, 12. 25; 105, 5; 120, 4; 121, 11 et 13; 142, 9 – 10; 162, 7 – 8. 9 – 31; 165, 21 – 22. 25
2, 6 – 7: 59, 21 et 22. 17 – 18; 81, 8 – 9; 164, 2 – 3; 165, 33 – 166, 4
2, 7: 94, 5 – 6; 164, 22; 165, 27 – 30
2, 8: 40, 26
2, 9: 8, 17; 12, 11; 19, 27
Col 1, 2: 133, 19 – 20
1, 13: 70, 14 – 15
1, 13 – 16: 70, 19 – 28
1, 14: 70, 15 – 17
1, 14 – 15: 70, 32 – 71, 5
1, 15: 62, 25; 63, 24 – 25; 71, 11; 75, 21 et 24; 80, 26; 82, 24 – 25; 120, 4; 121, 11 et 13; 142, 10 – 11. 12; 162, 11 – 12. 15; 163, 2
1, 15 – 17: 25, 15
1, 15 – 18: 19, 26
1, 15 – 20: 57, 1 – 26; 58, 12 – 16
1, 16: 59, 8; 70, 11 – 12; 71, 32; 91, 28 – 30; 117, 4 – 6; 151, 22 – 26
1, 16 – 17: 19, 22; 43, 4 – 5; 47, 31 – 48, 1; 71, 12 – 26; 72, 11 – 26. 32; 174, 68
1, 17: 56, 20
1, 18: 82, 26 – 27
2, 2: 124, 11
2, 8 – 9: 103, 27 – 28
2, 9: 58, 19 – 20
2, 15: 117, 18; 176, 49
2, 19: 58, 27 – 28; 59, 3 – 4
4, 3: 172, 2; 174, 67
II Thess 1, 2: 133, 19 – 20
I Tim 1, 2: 133, 19 – 20

INDEX II

3, 16: 59, 13 – 16. 17 – 18. 23 – 25; 60, 10 – 11 et 16
II Tim 1, 2: 133, 19 – 20
Tit 1, 4: 133, 19 – 20
2, 14: 64, 23; 94, 22; 108, 16 – 24
Philem 3: 133, 19 – 20

Hebr 1, 3: 62, 25; 75, 21 et 24. 25; 94, 21; 104, 19; 130, 27; 168, 25
I Ioh 1, 1: 132, 9 – 10
1, 5: 65, 17
5, 10 – 11: 91, 21
Apoc 1, 18: 133, 2 – 3
12, 7: 133, 3 – 4

BIBLIOTHECA TEUBNERIANA
Lateinisch

Cicero. Scripta quae manserunt omnia

Fasc. 18. Oratio pro L. Murena

Herausgegeben von Dr. H. KASTEN, Hamburg
3. Auflage. 58 Seiten. Kartoniert 3,60 M
Bestell-Nr. 665 615 2   Bestellwort: Kasten, Cicero 18 lat.

Fasc. 46. De divinatione. De fato. Timaeus

Herausgegeben von Prof. Dr. R. GIOMINI, Rom
XLVII, 237 Seiten mit 1 Abbildung. In Leinen 38,— M
Bestell-Nr. 665 685 7   Bestellwort: Giomini, Cicero 46 lat.

Dictys Cretensis. Belli Troiani libri

Herausgegeben von Prof. Dr. W. EISENHUT, Berlin (West)
2. Auflage. LII, 152 Seiten. In Leinen 15,— M
Bestell-Nr. 665 649 4   Bestellwort: Eisenhut, Dictys lat.

Frontinus. De aquaeductu urbis Romae

Herausgegeben von Prof. Dr. C. KUNDEREWICZ, Lodz
XVIII, 69 Seiten. In Leinen 15,— M
Bestell-Nr. 665 651 5   Bestellwort: Kunderewicz, Front. lat.

Livius. Ab urbe condita libri XXI–XXII

Herausgegeben von Prof. Dr. T. A. DOREY, Jersey C. I.
XIX, 140 Seiten. In Leinen 12,50 M
Bestell-Nr. 665 537 9   Bestellwort: Dorey, Liv. XXI–XXII lat.

BSB B. G. TEUBNER VERLAGSGESELLSCHAFT · LEIPZIG

BIBLIOTHECA TEUBNERIANA
Lateinisch

Palladius. Opus agriculturae, de veterinaria medicina, de insitione
Herausgegeben von Prof. Dr. R. H. RODGERS, Berkeley
XXVIII, 336 Seiten. In Leinen 49,— M
Bestell-Nr. 665 729 4   Bestellwort: Rodgers, Palladius lat.

Statius. Achilleis
Herausgegeben von Prof. Dr. A. MARASTONI, Mailand
XLIX, 53 Seiten. In Leinen 18,— M
Bestell-Nr. 665 686 5   Bestellwort: Marastoni, Stat. lat.

Statius. Thebais
Herausgegeben von Prof. Dr. A. KLOTZ und Dr. T. C. KLINNERT, Ettlingen
2. Auflage. 2^x, LXXVIII, 630 Seiten. In Leinen 42,— M
Bestell-Nr. 665 650 7   Bestellwort: Klinnert, Stat. Theb. lat.

Suetonius. Praeter Caesarum libros reliquiae
Herausgegeben von Prof. Dr. G. BRUGNOLI, Rom
Pars I. De grammaticis et rhetoribus
3. Auflage. XXXIV, 41 Seiten. In Leinen 6,— M
Bestell-Nr. 665 334 9   Bestellwort: Brugnoli, Suetonius I lat.

Marius Victorinus. Commentarii in epistulas Pauli: ad Galatas,
ad Philippenses, ad Ephesios
Herausgegeben von Dr. A. LOCHER, Tübingen
XVI, 208 Seiten. In Leinen 30,— M
Bestell-Nr. 665 619 5   Bestellwort: Locher, M. Vict. Comm. lat.

BSB B. G. TEUBNER VERLAGSGESELLSCHAFT · LEIPZIG